최신
개정판

배관공학

김동우 | 윤경열 지음

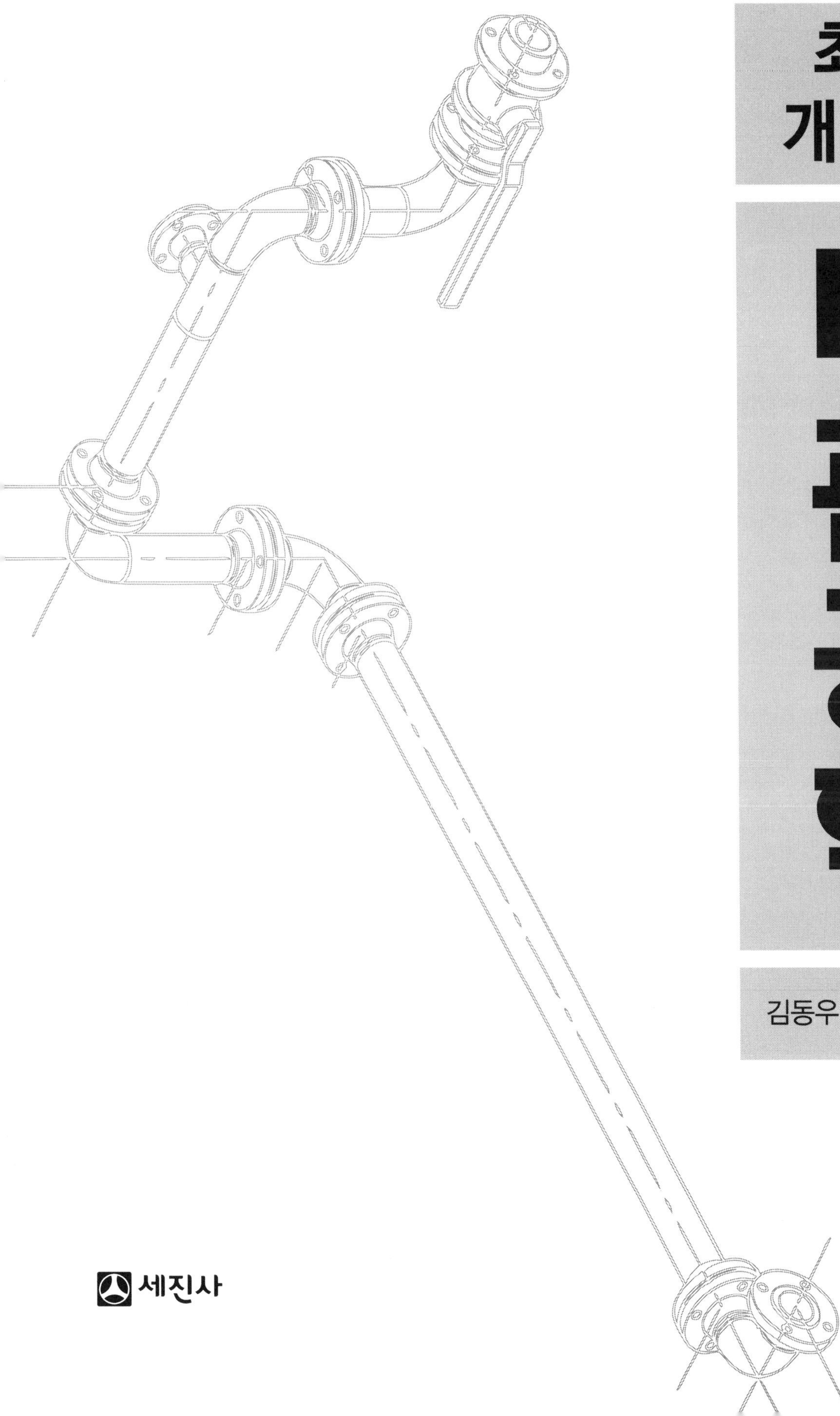

세진사

Preface

오늘날 과학기술의 발달에 힘입어 국민생활수준의 향상은 물론 생산형태의 변화, 극심한 국가간 경쟁에 따라 건축 및 플랜트설비 비용 상승에 대응한 생산성 제고의 노력은 산업현장에서의 자동화와 무인화로 표출되고 있으며 고도의 정밀도를 요구받고 있다. 이러한 현실에 비추어 배관설비 분야가 건축 및 산업설비의 일부분으로만 취급되어진다면 설비공간의 활용은 물론 플랜트설비 전체에도 커다란 손실을 가져오게 될 것이다.

최근, 고도화되어가는 설비기술을 학교에서 현장성 있는 내용으로 교육함으로써 기업으로서는 우수한 기술인력 확보는 물론 어느 때보다도 고품질의 시공지식을 겸비한 기술인이 필요한 실정이다.

특히 현재의 배관시공에 있어서는 배관재료의 고급화 및 다양화 추세에 힘입어 자재나 배관기기 성능에 합치되는 고기능 및 고품격 시공이 요구되어진다.

이에, 본 책은 우수한 건축설비 기술자와 플랜트설비 기술자를 양성하기 위해서 설비 전반에 대한 폭넓은 이해를 돕고자 현장시공을 중심으로 집필하였다.

주요 내용으로는 배관의 기초지식, 관의 종류와 용도, 배관공작 및 시공, 플랜트배관설비 등으로 세분하였으며, 단위로는 국제단위계인 SI단위를 주로 사용하였으나 필요상 공학단위도 함께 혼용 기술하여 학생 스스로 현장 실무응용에 도움이 되도록 노력하였다.

이 책을 학습함에 있어 배관설비의 개념을 올바르게 이해하고 사회에 필요한 유능한 기술인이 되어 국가산업발전에 이바지하는 배관인이 되기를 간절히 바란다. 또한 이 책이 출간되기까지 많은 도움을 주신 도서출판 세진사 문형진 사장님께 감사드리는 바이다.

저 자

Contents

제5장 관 이음재료

제6장 밸브·스트레이너·트랩

제7장 관 지지장치

제8장 기타 배관용 재료

제9장 배관공작

제10장 배관시공

제11장 배관시험 및 안전관리

제12장 플랜트설비 배관

제1장 배관기초

배관공학을 입문함에 있어 기초 공학적 지식 즉, 단위와 열과 유체공학적 지식을 교육하는 것은 매우 중요하다. 특히 건축구조의 기본지식의 함양은 배관공학과 매우 밀접한 관계를 가지고 있다. 이에 본 장에서는 배관 입문의 주요 사항을 정리하였다.

1 배관 기초지식

배관공학의 기초 분야의 기본단위와 단위계, 열과 열 교환분야 및 유체의 일반적 성질에 대한 기본사항을 중점적으로 정리하였다.

1 단위와 단위계

길이, 질량, 시간, 속도, 힘 등의 물리량은 수(數)와 단위의 결합으로 나타난다. 예로서 단순히 5는 수이지만 미터(m)라는 단위와 결합하여 5m로 표시하면 길이를 나타내는데 사용되는 단위가 되며 기본단위라고 부른다. 또한, 기본단위로부터 유도된 단위를 유도단위라고 부르며, 속도, 가속도, 힘, 중량 등이 있다. 또한 국제적으로 널리 사용되고 있는 단위계에는 MKS 단위계, CGS 단위계, 영국단위계 등이 있다.

〈표 1-1〉 단위계의 종류

단위계	사용단위		
	길이	질량	시간
MKS	m	kg	sec
CGS	cm	g	sec
영국	ft	slug	sec
SI	MKS + K, Cd, A, mol		

이들 단위계 외에도 국제단위계인 SI단위계가 있으며, 이것은 길이, 질량, 시간에는 MKS와 같이 m, kg, sec를 사용하고 그 이외에 온도, 광도, 전류, 물리량 등에는 K(켈빈), Cd(칸델라), A(암페어), mol(몰)을 사용하는 단위계이다.

가. 절대단위

기본량은 길이, 질량, 시간이며, 중력가속도를 고려하지 않은 것으로 무중력 상태로 측정한 것을 말한다.

(1) CGS단위

질량(g_m), 길이(cm), 시간(sec), 힘(dyne), 일(erg) 등의 단위를 사용한다.

① 힘 : $1\ dyne = 1\ g_m \cdot 1 cm/sec^2$

② 일 : $1\ erg = 1\ dyne \cdot 1 cm$

(2) MKS단위

질량(kg_m), 길이(m), 시간(sec), 힘(Newton), 일(Joule) 등의 단위를 사용한다.

① 힘 : $1\ Newton = 1\ kg_m \cdot 1 m/sec^2 = 10^3 \cdot 10^2\ cm/sec^2 = 10^5\ g \cdot cm/sec^2 = 10^5\ dyne$

② 일 : $1\ Joule = 1\ N \cdot 1 m$

(3) 영국단위의 절대단위

영국단위의 절대단위에서는 lb_{mass}, ft, second, poundal 등의 단위를 사용한다.

① 힘 : $1\ poundal = 1\ lb_{mass} \cdot 1\ ft/sec^2$

② 일 : $1\ poundal \cdot 1\ ft$

(4) FSS단위(Foot Slug Second unit)

ft, slug, second 등의 단위를 사용하며, British unit(절대단위)라고도 한다.

① 힘 : $1\ poundal = 1\ lb_{mass} \cdot 1\ ft/sec^2$

② 일 : $1\ poundal \cdot ft$

③ $1\ slug = 32.2\ lb_{mass}$

(5) SI단위(System International of Units)

kg_m, m, second, Newton, Joule 등의 단위를 사용한다.

① 힘 : $1\ Newton = 1\ kg_m \cdot 1 m/sec^2$

② 일 : $1\ Joule = 1\ N \cdot 1 m$

* $1\ Pa(Pascal) = 1\ N/m^2$, 1 kPa = 1,000 Pa, 1 bar = 100,000 Pa = 100 kPa = 0.1 MPa, 1 W = 1 Joule/sec

나. 중력단위(공학단위)

중력가속도를 고려한 것으로 측정하는 위치에 따라 다르며, 절대단위를 그 지역의 중력가속도로 나누어주면 공학단위가 되며, $kg_{force}(kg_f)$, m, second, kcal, $kg_f \cdot m$, ps, kW 등의 단위를 사용한다.

(1) 질량

질량을 공학단위로 표시하면 Newton의 운동법칙에 의해 $F = ma$이 되며, 이에 따라 $m = F/a$이므로 질량의 단위는 $kg_f \cdot sec^2/m$가 된다.

(2) 중량 : 중량을 공학단위로 표시하면 다음과 같다.

① $1\ kg_f = 1\ kg_m \cdot g$(중력가속도)$= 1\ kg_m \cdot 9.81\ m/sec^2 = 9.81\ kg_m \cdot m/sec^2 = 9.81\ N$
② $1\ kg_f = 1\ g_m \cdot g$(중력가속도)$= 981\ g_m \cdot cm/sec^2 = 981\ dyne$

(3) 영국단위의 중력단위 : lbf, ft, second, psi, ksi 등이 있다.

① 중량 : $1\ lb_f = 1\ slug \cdot 1ft/sec^2 = 32.2\ lb_m \cdot ft/sec^2 = 32.2\ poundal$
② $1\ lb_f = 32.2\ lb_m \cdot ft/sec^2 \times \dfrac{0.4536\ kg_m}{1\ lb_m} \times \dfrac{0.3048\ m}{1\ ft} = 4.448\ N$

* $1\ lb_f = 0.4536\ kg_f = 0.4536\ kg_m \times g = 0.4536\ kg_m \times 9.81\ m/sec^2 = 4.448\ N$

2 열에 관한 기초

어떤 물체에 열(熱)을 가하거나 물체로부터 열을 제거하면 그 물체에는 어떤 변화가 일어난다. 이때 이 변화에는 물질이 열에 의한 팽창 또는 증발과 같은 물리적 변화와 연소등과 같은 화학적 변화로 구분되는데 주요 물리적 변화만을 본 절에서는 취급하도록 한다.

가. 온도

온도란 물체가 갖는 분자운동에너지의 정도를 양적으로 나타낸 것으로서 차갑고 뜨거운 정도를 표시하는 척도로서 강도성 상태량이다.

(1) 섭씨온도(Celsius)와 화씨온도(Fahrenheit)

$℃ = \frac{5}{9}(℉ - 32)$: 화씨온도를 섭씨온도로 바꾸는 식

$℉ = \frac{5}{9}(℃ + 32)$: 섭씨온도를 화씨온도로 바꾸는 식

$\frac{℃}{100} = \frac{℉ - 32}{180}$: 섭씨온도와 화씨온도의 관계

(2) 절대온도

완전가스(perfect gas)는 압력이 일정할 때 온도 1℃ 증감에 따라 기체의 체적은 $\frac{1}{273.15}$ 씩 증감을 한다. 따라서 −273.15℃에서는 기체의 분자운동이 정지되는데 이 온도를 기준으로 나타낸 온도를 절대온도라 한다(가장 낮은 온도는 −273.15℃(−460°F)이다).

그림 1-1 온도의 비교

① °K(Kelvin) = 273.15 + °C ≒ 273 + °C
°C = °K − 273

② °R(Rankine) = 459.67 + °F ≒ 460 + °F
°F = °R − 460

나. 열(heat)

물질을 구성하고 있는 분자의 운동에너지를 뜻하며, 물질에 출입해서 그 물질의 온도변화를 일으키는 원인이다.

① 1 kcal란 순수 1 kg을 1℃ 높이는데 필요한 열량이다.
② 1 Btu(Britich thermal unit)란 순수 1 Lb를 60℉에서 61℉로 1℉ 높이는데 필요한 열량이다.
③ 1 Chu(Centigrade heat unit)란 순수 1 Lb를 1℃ 높이는데 필요한 열량이다.
④ 1 Therm이란 100,000 Btu를 말한다.
⑤ 열량단위의 관계로 1 kcal = 3.968 Btu = 2.205 Chu = 4.2 kJ
⑥ 열량의 계량단위로서 Wh(Ws), kWh, HPh, PSh, Joule(J) 등이 사용된다.
(1 kWh = 860 kcal, 1 HPh = 641 kcal, 1 PSh = 632 kcal, 1 J = 0.24 cal)

다. 비열(specific heat)

어떤 물질 1 kg을 온도 1℃ 높이는데 필요한 열량으로 즉, 어떤 물질의 단위 중량당의 열용량이다. 단위로는 kcal/kg℃가 사용된다.

〈표 1-2〉 각 물질의 비열값(kcal/kg℃)

물	얼음	증기	중유	금	은
1	0.5	0.46	0.45	0.03	0.05
알코올	**바닷물**	**수은**	**아연**	**알루미늄**	**동**
0.58	0.94	0.035	0.094	0.24	0.094

라. 열용량(quantity of heat)

어떤 물질의 온도를 1℃ 상승시키는데 필요한 열량으로 단위로는 kcal/℃로서 열용량의 단위에는 kg이 없다.

- 열용량=비열(kcal/kg℃) × 질량(kg)
- 열용량=체적(ℓ) × 비중(kg/ℓ) × 비열(kcal/kg℃)

마. 현열(sensible heat)과 잠열(latent heat)

물체의 상태는 변화 없이 온도를 변화시키는데 소요되는 열량을 현열 또는 감열이라고도 하며, 잠열은 물체의 온도는 변화 없이 상태를 변화시키는데 소용되는 열량으로 숨은 열이라고도 한다.

현열 : $Q = G \times C \times \Delta t$

잠열 : $Q = G \times \gamma$

여기서,
- Q : 열량(kcal)
- G : 질량(kg)
- C : 비열(kcal/kg℃)
- γ : 잠열(kcal/kg)
- Δt : 온도차(℃)

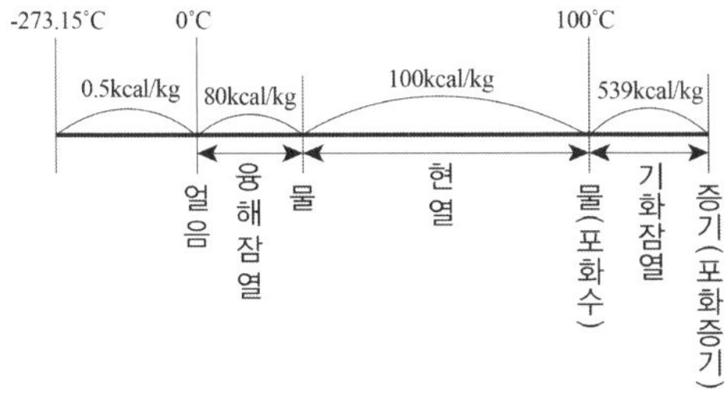

그림 1-2 현열과 잠열

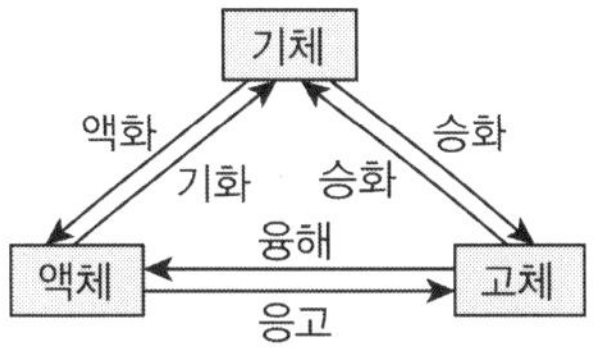

그림 1-3 물질의 3태

바. 열역학의 제법칙

(1) 열역학 제0법칙(열평형의 법칙)

온도가 서로 다른 물체를 접촉시키면 높은 온도의 물체는 열을 빼앗겨 온도가 내려가고 낮은 온도의 물체는 열을 받아 온도가 높아져 온도가 같아져 열의 이동이 정지되는데 이 때 두 물체는 열적평형이 되었다고 말하며 이 상태를 열역학 0법칙이라고 한다.

(2) 열역학 제1법칙(에너지 보존의 법칙)

열은 본질상 에너지의 일종이며 열과 일은 서로 전환이 가능하다. 이때 열과 일 사이에는 일정한 상호관계가 성립된다. 일(work)이란 어떤 물질에 힘이 작용하여 움직인 거리를 말하며 단위는 (kg·m)이다.
1 kg·m=9.8 J이다.

$Q = A \times W$ ······ 일을 열로 전환하는 식

$W = \frac{1}{A} \times Q = J \times Q$ ······ 열을 일로 전환하는 식

여기서,
- Q : 열량(kcal)
- W : 일량(kg·m)
- A : 일의 열당량($\frac{1}{427}$ kcal/kg·m)
- J : 열의 일당량(427 kg·m/kcal)

(3) 열역학 제2법칙(엔트로피 증가의 법칙)

일은 열로의 전환은 용이하나, 열을 일로 전환시는 손실이 따른다는 법칙으로 열은 외부에서 일을 해주지 않는 한 고온의 물체에서 저온의 물체로만 이동한다. 즉, 100% 열효율을 가진 제2종 영구운동기관은 존재하지 않는다.

(4) 열역학 제3법칙

열역학과정에서의 엔트로피의 변화 ΔS는 절대온도 T가 0으로 접근할 때 일정한 값을 갖고, 그 계는 가장 낮은 상태의 에너지를 갖게 된다는 법칙이다. 이 법칙에 의하면 절대영도(0 K=−273℃)에서 열용량은 0이 된다.

(5) 엔탈피(enthalpy)와 엔트로피(entropy)

엔탈피(i 또는 h)는 단위 중량의 물체가 보유하는 전체열량이며, 단위는 (kcal/kg)로 표시된다.

엔탈피=내부에너지+외부에너지 $= U + A \cdot P \cdot v$

엔탈피=현열+잠열

여기서,
- U : 내부에너지(kcal/kg)
- A : 일의 열당량($\frac{1}{427}$ kcal/kg·m)
- P : 압력($kg/m^2 = kg/cm^2 \times 10{,}000$)
- v : 비체적(m^3/kg)

또한, 엔트로피(s)는 엔탈피의 증가량을 그 상태의 절대온도로 나눈 것으로 단위는 (kcal/kg·K)이고 계산식으로는 엔트로피 증가량(S) $= \frac{dQ}{T}$ 이다.

여기서, dQ: 열량변화(엔탈피), T: 그 상태의 절대온도(K)

사. 완전가스의 상태변화

완전가스란 분자 간에 거리가 멀고 가스를 구성하고 있는 분자 간에 작용하는 분자력과 분자 간의 크기를 무시할 수 있는 기체를 완전가스(이상기체)라 한다.

- $PV = RT$ 즉, 보일-샤를의 법칙을 만족하는 기체이다.
- 분자 상호간의 인력이 작용하지 않는다.(실제가스는 분자 상호간의 인력이 존재한다)
- 분자 자신의 부피가 없다.(질량은 있으나 부피는 없다)
- 아보가드로의 법칙을 따른다.

(1) 보일(Boyle's)의 법칙

온도가 일정할 때 기체의 체적은 절대압력에 반비례한다는 법칙으로,

$$P_1 V_1 = P_2 V_2$$

여기서, P : 절대압력(atm)
V : 체적(ℓ)

(2) 샤를(Charle's)의 법칙

압력이 일정할 때 일정량의 기체가 차지하고 있는 부피는 온도 1℃ 상승에 따라 0℃ 때의 부피의 1/273씩 증가한다. 다시 말하면 일정한 압력일 때 기체 분자의 운동은 온도가 높아짐에 따라 활발해져서 용기의 벽에 충돌하는 횟수가 증가하므로 부피가 커지게 된다. V를 온도 t℃에서의 기체의 부피라 하고, V_0을 0℃에서의 부피라고 하면, 다음의 관계식이 성립된다.

$$V = V_0 \times \left(1 + \frac{t}{273}\right)$$

(3) 보일-샤를의 법칙

가스의 체적은 절대온도에 비례하고 절대압력에는 반비례한다.

$$\frac{P_1 V_1}{T_1} = \frac{P_2 V_2}{T_2}$$

(4) 완전가스(이상기체)의 식

$PV = RT$ ·· 기체 1몰의 경우

$PV = nRT = \dfrac{W}{M}RT$ ·· 기체 n몰의 경우

여기서,
- P : 절대압력(absolute pressure)
- V : 부피(ℓ)
- n : 몰수($\dfrac{\text{질량}(W)}{\text{분자량}(M)}$)
- R : 기체상수($\dfrac{1\text{atm} \times 22.4\ell}{1\text{mol} \times 273\text{K}} \fallingdotseq 0.082 \dfrac{\text{atm}\cdot\ell}{\text{mol}\cdot\text{K}}$)
- T : 절대온도(K)

$PV = GRT$

여기서,
- P : 절대압력(kg/m^2)
- V : 부피(m^3)
- G : 질량(kg)
- R : 기체상수($\dfrac{848}{M}$[kg·m/kg·K])
- T : 절대온도(K)
- M : 분자량

단, 기체상수$(R) = \dfrac{10332\ \text{kg/m}^2 \times 22.4\,\text{m}^3}{1\,\text{kg}\cdot 273\,\text{K}} \fallingdotseq 848\ \text{kg}\cdot\text{m/kg}\cdot\text{K}$

아. 열전달의 기초이론

(1) 열전달(heat transfer)

열전달은 고체벽의 표면과 이 면에 닿아 있는 유체 사이의 전열작용을 말하며, 열의 전달 방법에는 전도, 대류, 복사 3가지로 분류하는데 대부분이 전도와 대류 및 복사가 복합적으로 이루어진다. 고체 표면에서의 열전달량은 다음과 같다.

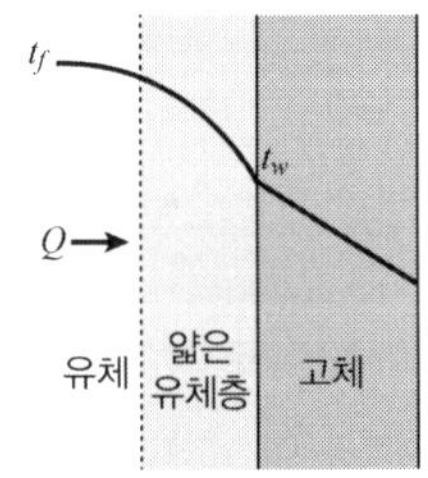

그림 1-4 고체 표면에서의 열전달

$Q_o = \alpha F(t_f - t_w)$

여기서,
- Q : 고체 표면에서의 열전달량(kcal/h)
- F : 고체의 전열면적(m^2)
- t_f : 유체의 온도(℃)
- t_w : 고체 벽면의 표면온도(℃)
- α : 열전달계수(heat transfer coefficient)($\text{kcal/m}^2\text{h}$℃)

① **전도(conduction)**

철사의 한쪽 끝을 불로 달구면 다른 쪽 끝도 뜨거워진다. 에너지가 불에서 철사를 따라 한쪽 끝에서 다른 쪽 끝으로 전도되었기 때문이다. 불에 의해 열에너지가 가해지면, 열을 받은 금속 원자들과 전자가 굉장히 큰 진폭으로 진동하게 되고, 그 에너지는 주변의 원자들에게도 전달된다.

열전도율은 두께에 반비례하며 맞닿은 면적, 온도 차에 비례한다. 여기서는 열전도도로 물질의 종류에 따라 달라지는 비례 상수다. 값이 클수록 열전도율이 크며, 대부분의 금속의 값은 비금속에 비해 훨씬 크다.

〈표 1-3〉 여러 가지 물체의 열전도도

	강철	납	철	구리	공기	헬륨	나무	유리
열전도도	14	35	67	401	0.026	0.15	0.11	1.0

㉠ 단층 평면벽(single flat wall)에서의 열전도 : 한 가지 재료로만 된 단층 평면벽에서 열전도에 의한 전열량

$$Q = \lambda F\left(\frac{t_1 - t_2}{\delta}\right) = \frac{t_1 - t_2}{R}$$

여기서, Q : 열전도에 의한 전열량(kcal/h)
F : 전열면적(m^2)
t_1 : 고온측 벽체의 온도(℃)
t_2 : 저온측 벽체의 온도(℃)
λ : 벽체의 열전도율(thermal conductivity)(kcal/mh℃)
δ : 벽체의 두께(m)

윗 식에서 $R = \dfrac{\delta}{\lambda F}$를 벽체의 열저항(thermal resistance)이라 하며, 특히 $\dfrac{t_1 - t_2}{\delta}$를 온도구배(temperature gradient) 또는 열구배라 한다.

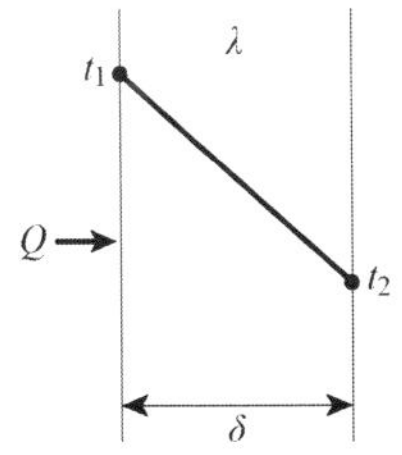

그림 1-5 단층 평면벽에서의 열전도

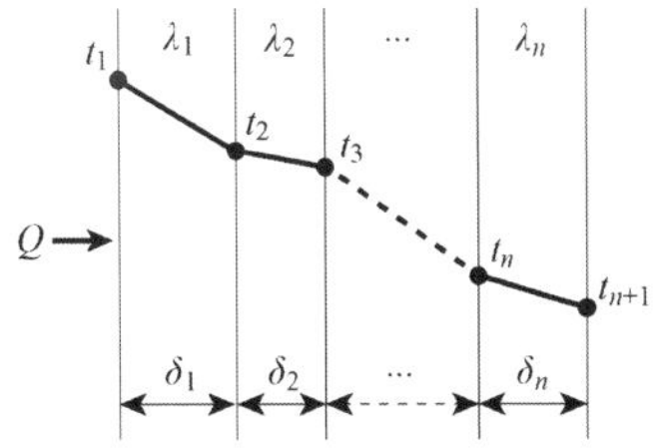

그림 1-6 다층 평면벽에서의 열전도

㉡ 다층 평면벽(multi flat wall)에서의 열전도 : 벽체가 열전도율이 서로 다른 여러 개의 층(layer)으로 되어 있는 경우 열전도에 의한 전열량은 다음과 같다.

$$Q = \frac{F(t_1 - t_{n+1})}{\left(\frac{\delta_1}{\lambda_1} + \frac{\delta_2}{\lambda_2} + \cdots + \frac{\delta_n}{\lambda_n}\right)}$$

여기서, Q : 열전도에 의한 전열량(kcal/h)
t_1 : 고온측 벽체의 온도(℃)
t_{n+1} : 저온측 벽체의 온도(℃)
$\delta_1,\ \delta_2,\ \delta_3 \cdots$: 고온측으로부터 각 평면벽의 두께(m)
$\lambda_1,\ \lambda_2,\ \lambda_3 \cdots$: 고온측으로부터 각 평면벽의 열전도율(kcal/mh℃)
F : 전열면적(m^2)

㉢ 단층 원형벽(single cylindrical wall)에서의 열전도 : (그림 1-7)과 같이 한 가지 재료로만 되어 있는 단층 원형벽에서 열전도에 의한 전열량은 다음과 같다.

$$Q = \frac{2\pi L(t_1 - t_2)}{\frac{1}{\lambda}\ln\left(\frac{d_2}{d_1}\right)} = \frac{2.729L(t_1 - t_2)}{\frac{1}{\lambda}\log_{10}\left(\frac{d_2}{d_1}\right)}$$

여기서, Q : 열전도에 의한 전열량(kcal/h)
d_1 : 고온측 원형벽의 직경(m)
d_2 : 저온측 원형벽의 직경(m)
L : 원형벽(관)의 길이(m)
λ : 원형벽의 열전도율(kcal/mh℃)
t_1 : 고온측 벽체의 온도(℃)
t_2 : 저온측 벽체의 온도(℃)

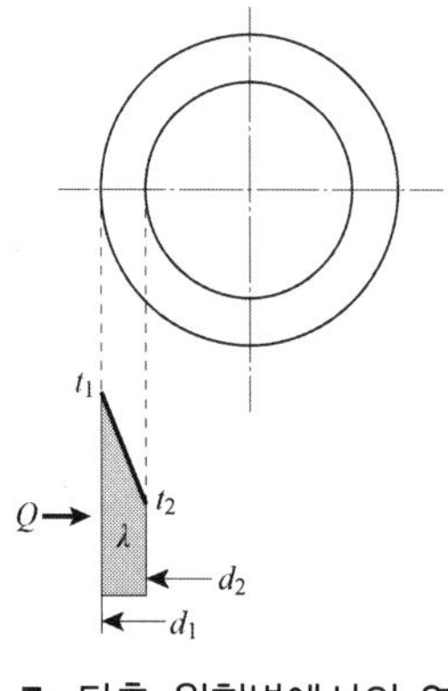

그림 1-7 단층 원형벽에서의 열전도

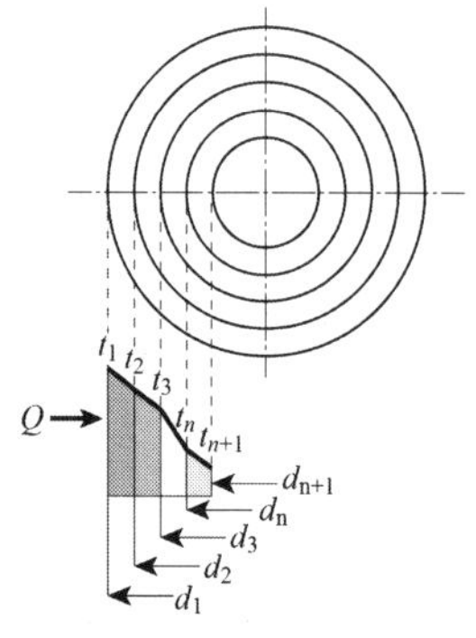

그림 1-8 다층 원형벽에서의 열전도

또한, (그림 1－8)과 같이 원형벽이 열전도율이 서로 다른 여러 개의 층(layer)으로 되어 있는 경우 열전도에 의한 다층 원형벽(multi cylindrical wall)에서의 열전도에 의한 전열량은 다음과 같다.

$$Q=\frac{2\pi L(t_1-t_{n+1})}{\frac{1}{\lambda}\ln(\frac{d_2}{d_1})+\frac{1}{\lambda}\ln(\frac{d_3}{d_2})+\cdots+\frac{1}{\lambda}\ln(\frac{d_{n+1}}{d_n})}$$

$$=\frac{2\pi L(t_1-t_{n+1})}{\frac{1}{\lambda_1}\log_{10}(\frac{d_2}{d_1})+\frac{1}{\lambda_2}\log_{10}(\frac{d_3}{d_2})+\cdots+\frac{1}{\lambda_n}\log_{10}(\frac{d_{n+1}}{d_n})}$$

여기서,
- Q : 열전도에 의한 전열량(kcal/h)
- $d_1, d_2, \ldots$: 고온측으로부터 각 층의 내경(m)
- d_{n+1}: 고온측으로부터 각 층의 외경(m)
- L : 원형벽(관)의 길이(m)
- λ_1, λ_2, $\lambda_n \cdots\cdots$: 각층의 열전도율(kcal/mh℃)
- t_1 : 고온측 벽의 온도(℃)
- t_{n+1} : 저온측 벽의 온도(℃)

② **대류(convection)**

뜨거운 물체와 접촉하고 있는 유체 부분의 온도가 올라가면 유체의 부피가 팽창하게 되며 밀도가 낮아지게 된다. 팽창한 유체는 주변의 차가운 유체에 비해 가벼워졌기 때문에 위로 올라가게 되며, 다시 같은 과정이 반복된다.

대류는 기상상태를 결정하는 중요한 요인이 된다. 적도에서는 상승하고, 극지방에서 공기가 하강하는 지구 대순환은 바로 대류에 의한 것이다. 바다에서도 대류과정으로 굉장히 큰 규모의 에너지가 전달된다. 또 태양 중심의 핵융합 과정에서 발생한 에너지는 대류를 통해 태양 표면으로 전달된다.

③ **복사(radiation)**

태양에서 방출되는 엄청난 양의 에너지는 어떻게 지구에 전달되는가? 태양과 지구 사이는 어떠한 매질도 존재하지 않는다. 전도나 대류가 일어날 수가 없다. 따라서 이 경우에는 복사라는 특별한 방법을 이용해 열을 전달한다. 복사는 열전달을 위한 매개체가 필요 없으며, 진공을 통해서도 전달될 수 있다. 불 옆에 서 있으면 따뜻한 것은 바로 불이 방출하는 열복사에너지를 받기 때문이다.

방울뱀은 사냥을 할 때 열복사를 이용한다. 방울뱀 근처로 생물체가 지나가면, 생물체에서 복사되는 열에너지를 방울뱀이 감지하여 생물체를 사냥한다.

(2) 열관류(overall heat transmission)

열이 한 유체에서 벽이나 유리창 등과 같은 고체 물체를 통과하여 다른 유체로 전달되는 현상을 말하며 열통과라고도 한다.

① 다층 평면벽에서의 열관류

$$Q_o = KF(t_a - t_b)$$

단, $K = \dfrac{1}{\dfrac{1}{\alpha_1} + \dfrac{\delta_1}{\lambda_1} + \dfrac{\delta_2}{\lambda_2} + \cdots + \dfrac{\delta_n}{\lambda_n} + \dfrac{1}{\alpha_2}}$

여기서, Q : 열관류량(kcal/h)
F : 전열면적(m^2)
t_a : 고온유체의 온도(℃)
t_b : 저온유체의 온도(℃)
K : 열관류율(kcal/m^2h℃)
δ_1, δ_2, $\delta_3 \cdots$: 각 평면벽의 두께(m)
λ_1, λ_2, $\lambda_3 \cdots$: 각 평면벽의 열전도율(kcal/mh℃)
α_1 : 고온유체와 벽 사이의 열전달계수(kcal/m^2h℃)
α_2 : 저온유체와 벽 사이의 열전달계수(kcal/m^2h℃)

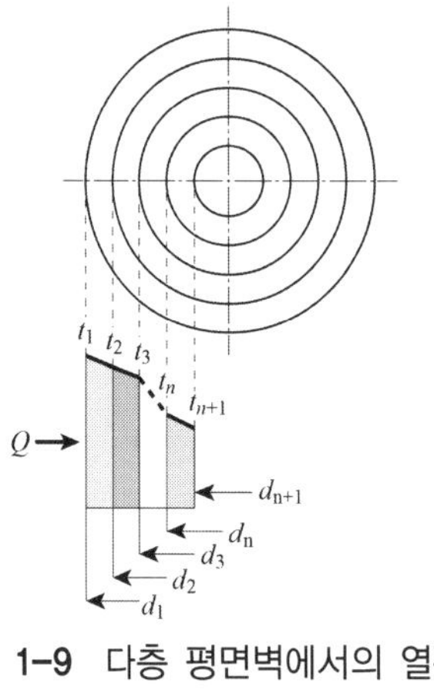

그림 1-9 다층 평면벽에서의 열관류

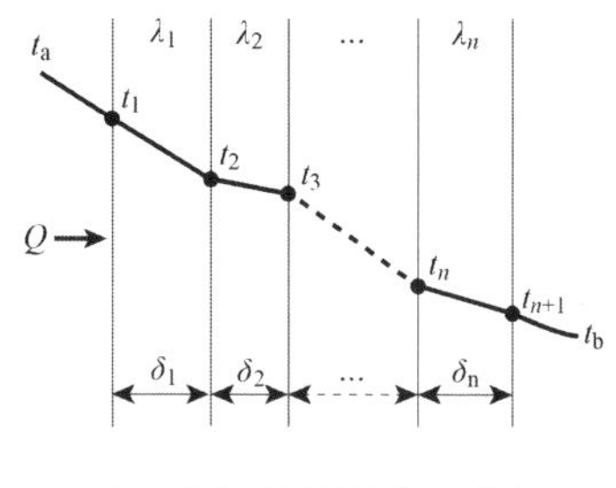

그림 1-10 다층 원형벽에서의 열관류

만일 단층 평면벽이라 하면 다층 평면벽에서
$\delta_1 = \delta_3 = \cdots = \delta_n = 0$, $\lambda_2 = \lambda_3 = \cdots = \lambda_n = 0$이므로 열관류율은 다음과 같다.

$$K = \frac{1}{\dfrac{1}{\alpha_1} + \dfrac{\delta}{\lambda} + \dfrac{1}{\alpha_2}}$$

열관류율(coefficient of overall heat transmission) K를 열통과율이라고도 한다.

② 다층 원형벽에서의 열관류

$$Q = KL(t_a - t_b)$$

단, $$K_c = \frac{1}{\frac{1}{\alpha_1 d_1} + \frac{1.151}{\lambda_1}\log_{10}\left(\frac{d_2}{d_1}\right) + \frac{1.151}{\lambda_1}\log_{10}\left(\frac{d_3}{d_2}\right) + \dots + \frac{1}{\alpha_2 d_{n+1}}}$$

여기서,
- Q : 열관류량(kcal/h)
- d_1, $d_2 \cdots$: 고온측으로부터 각 층의 내경(m)
- d_{n+1} : 고온측으로부터 각 층의 외경(m)
- L : 원형벽(관)의 길이(m)
- t_a : 고온유체의 온도(℃)
- t_b : 저온 유체의 온도(℃)
- K_c : 열관류율(kcal/m^{2}h℃)
- λ_1, λ_2, $\lambda_3 \cdots$: 고온측으로부터 각 원통벽의 열전도율(kcal/mh℃)
- α_1 : 고온유체와 벽 사이의 열전달계수(kcal/m^{2}h℃)
- α_2 : 저온유체와 벽 사이의 열전달계수(kcal/m^{2}h℃)

만일 단층 원형벽이라 하면 다층 원형벽 식에서

$$d_2 = d_3 = \cdots = d_{n+1} = 0,\ \lambda_2 = \lambda_3 = \cdots = \lambda_n = 0$$

이므로 열관류율은 다음과 같다.

$$K_c = \frac{1}{\frac{1}{\alpha_1 d_1} + \frac{1.151}{\lambda_1}\log_{10}\left(\frac{d_2}{d_1}\right) + \frac{1}{\alpha_2 d_2}}$$

③ 열교환기(heat exchanger)에서의 전열

응축기나 증발기와 같은 열교환기에서의 열관류량과 교환열량은 다음과 같다.

㉠ 열관류량 : Q

- 평면벽 $Q = KF\Delta t_m$
- 원통벽 $Q = K_c F\Delta t_m$

여기서, Δt_m : 열교환을 하는 두 유체간의 평균온도차

ⓐ 평행류 열교환기(그림 1-11(a))

$$\Delta t' = t_{h1} - t_{c1},\quad \Delta t'' = t_{h2} - t_{c2}$$

여기서, t_1, t_1' : 입구에서 두 유체의 온도(℃)

t_2, t_2' : 출구에서 두 유체의 온도(℃)

ⓑ 대향류(counter flow) 열교환기(그림 1－11(b))

$$\Delta t' = t_{h1} - t_{c2},\ \Delta t'' = t_{h2} - t_{c1}$$

㉡ 교환열량

- 고온유체측 : $Q = G_1 C_1 (t_1 - t_2)$
- 저온유체측

ⓐ 평행류 열교환기 : $Q = G_2 C_2 (t_2 - t_1')$

ⓑ 대향류 열교환기 : $Q = G_2 C_2 (t_1 - t_2')$

여기서, G_1, G_2 : 고온유체 및 저온유체의 유량(kg/h)

C_1, C_2 : 고온유체 및 저온유체의 비열(kcal/kg℃)

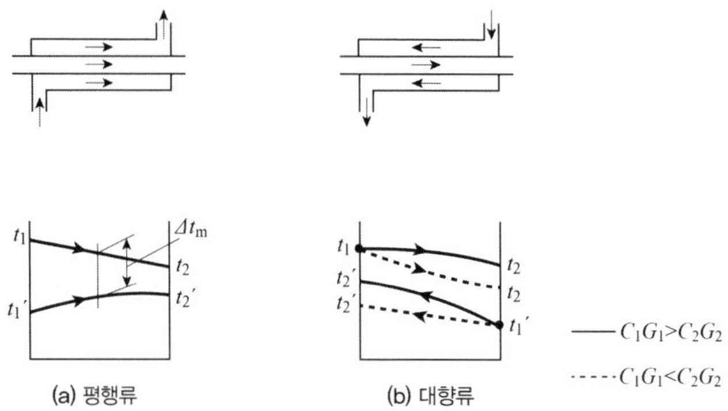

그림 1－11 열교환기에서의 전열

3 유체의 일반적 성질

유체(流體)란 정지 상태에 있을 때에는 그 내부의 일면에 항상 수직응력(normal stress), 즉 면과 수직한 압력만이 작용하고 있는 물질로서 전단력이 미치면 계속 연속적인 변형을 하여 위치를 바꾸는 물질이라고 정의할 수 있다.

가. 물의 무게

순수한 물은 1기압 4℃일 때 가장 무겁고, 이 온도보다 높거나 낮아지면 가벼워진다. 물의 비중량을 γ라 하면 다음과 같이 표시한다.

$$\gamma = 1\text{g/cm}^3 = 1\text{kg}/\ell = 1{,}000\text{kg/m}^3 = 1\text{ton/m}^3$$

나. 압력(壓力, pressure)

(1) **압력** : 단위 면적당에 작용하는 수직방향의 힘을 말한다.

유체의 비중량에 의한 압력(kg/m^2) = 유체의 비중량(kg/m^3) × 높이(m)

(물의 비중량 1,000 kg/m^3)

(2) **압력의 단위와 구분**

공학단위는 mmHg, kg/cm^2, kg/m^2, mH_2O(mAq), mmH_2O(mmAq), Lb/in^2(PSI)이며, 물리단위는 bar이다. 또한 SI단위는 N/m^2, Pa을 사용한다.

$1\ Pa = 1\ N/m^2 = 1/9.81\ kg \cdot 1/m^2 = 1/9.81\ kg/m^2$

① **표준 대기압(0℃, 1atm)**

$1물리기압 = 1\ atm = 760\ mmHg = 1.03323\ kg_f/cm^2 = 1.03323 \cdot 10^4\ kg_f/m^2$

$= 1.03323\ at = 10.3323\ mH_2O = 10332\ mmH_2O = 14.7\ lb/in^2$

$= 1.01325\ bar = 1013.25\ mmbar = 101.325\ kPa = 101,325\ N/m^2$

$1\ bar = 10^5\ Pa = 1,000\ mmbar = 1.0197\ kg_f/cm^2$

1 torr = 1 mmHg

② **공학기압(1at)** $= 735.6\ mmHg = 1\ kg/cm^2 = 10,000\ kg/m^2 = 10\ mH_2O \fallingdotseq 98\ kPa$

③ **절대압력(absolute pressure)** : "완전진공을 0으로 기준"해서 나타내는 압력으로 kg/cm^2abs, ata 등으로 표시한다.

㉠ 절대압력 = 대기압 + 게이지압력

㉡ 절대압력 = 대기압 − 진공 게이지압력

㉢ $1\ b/in^2(at) = kg/cm^2(at) \times 14.2$, $kg/cm^2(at) = 1b/in^2(at) \div 14.2$

④ **진공압력(vacuum)** : 표준 대기압보다 낮은 압력으로 mmHgv로 표시한다.

$$진공도 = \frac{진공\ 게이지압력}{대기압} \times 100\%$$

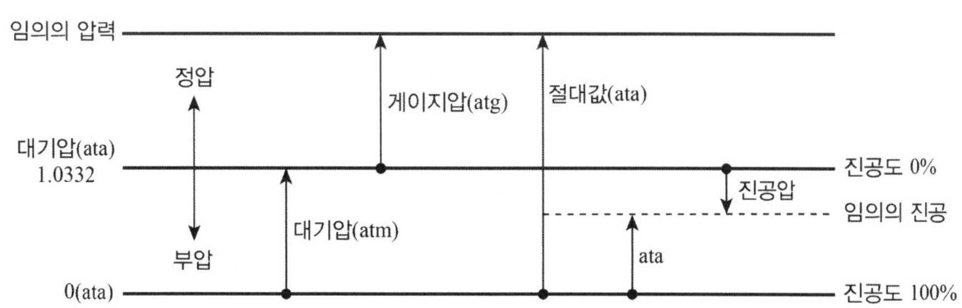

그림 1-12 각종 압력의 관계

다. 밀도(密度), 비중량(比重量), 비체적(比體積)

밀도(비질량) ρ는 체적이 가진 유체의 질량을, 비중량 γ는 단위 체적의 유체가 가진 중량으로 정의되며, 그리고 비체적 ν는 단위 질량의 유체가 가진 체적을 나타내며 밀도와는 역수의 관계가 있다.

① 밀도$(\rho) = \dfrac{질량(M)}{체적(V)}(\text{kg/m}^3)$, $\rho = \dfrac{\gamma}{g}(\text{kg}\cdot\text{sec}^2/\text{m}^4)$

② 비중량$(\gamma) = \dfrac{중량(W)}{체적(V)}(\text{N/m}^3)$

③ 비체적$(\nu) = \dfrac{체적(V)}{질량(M)}(\text{m}^3/\text{kg})$, $\nu = \dfrac{1}{\rho}(\text{m}^3/\text{kg})$

라. 부력(Archimedes' Principle)

물 속에서 돌을 들면 가볍게 들어 올려진다. 이것은 물 속에 있는 물체의 체적과 같은 무게에 상당하는 힘이 물체를 밀어 올리기 때문이다. 이것을 아르키메데스의 원리(Archimedes' principle)라 한다. 물체가 수면에 떠 있는 경우 물체의 무게를 W(kg), 수면 아래에 잠겨 있는 부분의 체적을 $V(\text{m}^3)$, 부력은 B(kg), 물의 비중량을 γ라 하면 다음과 같은 식이 성립된다.

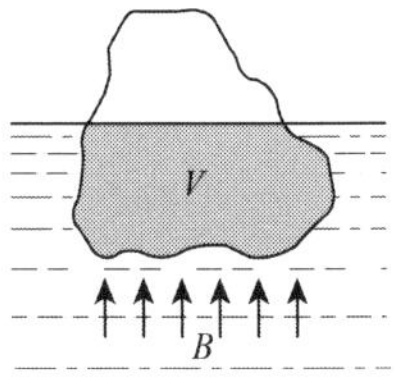

그림 1-13 부력

$\therefore\ B = \gamma V = W$

마. 수문과 관에 작용하는 압력

(그림 1-14)와 같이 폭 B, 깊이 H인 물통이 있다. 이 물통의 측면 AM에 작용하는 전압력 F를 구하여 보면, 수면 위의 A점의 압력은 0이고, H의 밑면 M에 작용하는 압력은 rH이다. 물의 압력은 깊이에 비례하므로 MN$= rH$ 길이로 긋고 AM$= H$로 그은 다음 AN을 연결하면, 작용하는 압력은 화살표와 같아진다.

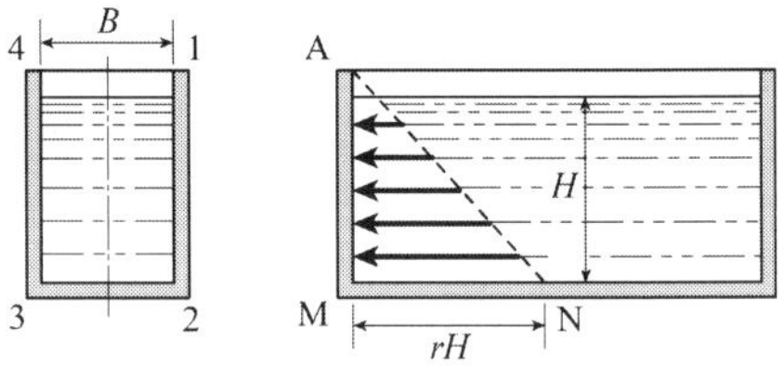

그림 1-14 벽면에 작용하는 압력

즉, 삼각형의 면적에 해당하는 압력 $\dfrac{1}{2}rH^2$은 폭 1m, 높이 H(m)에 작용하는 힘으로, 전압력 F는 다음 식으로 구할 수 있다.

$$F = \frac{1}{2}rBH^2$$

바. 유체의 동수력학

유속에는 베르누이의 정리(Bernoulli's theory)가 있고, (그림 1-15)에서 정상류의 경우 관의 단면 ① 및 ②에 관하여 그 유속을 v_1, v_2, 압력을 P_1, P_2, 어느 수준에서의 높이를 Z_1, Z_2라고 하면, 베르누이 정리에 의해 다음 식이 성립된다.

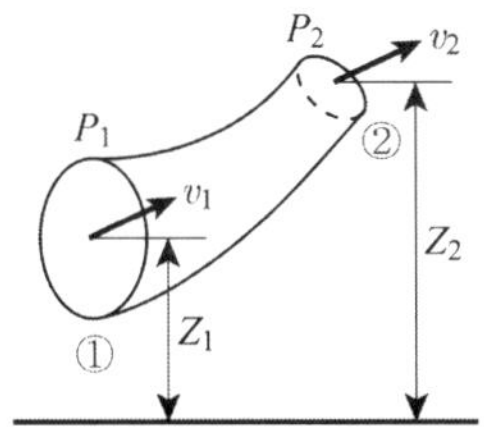

그림 1-15 베르누이의 식

$$P_1 + Z_1 + \frac{v_1^2}{2g}r = P_2 + Z_2 r + \frac{v_2^2}{2g}r$$

여기서,
- P : 정압
- Z : 높이에 의한 압력
- $\frac{v^2}{2g}$: 동압 또는 속도압
- r : 유체의 비중량

일반의 경우에는 이것에 마찰저항 h_f(kg/m^2 or mmH_2O)를 고려하여

$$P_1 + Z_1 r + \frac{v_1^2}{2g}r = P_2 + Z_2 r + \frac{v_2^2}{2g}r + h_f$$

가 된다.

공기 덕트에 관한 베르누이의 정리는 다음에 나타난 것과 이 상기식의 양변 제2항의 Z, r을 생략한 것이 된다.

$$P_1 + \frac{v_1^2}{2g}r = P_2 + \frac{v_2^2}{2g}r$$

식 중 P_1 또는 P_2를 정압이라 하고 제1항과 제2항의 합 $(P_1 + \frac{v_1^2}{2g}r)$ 또는 $(P_2 + \frac{v_1^2}{2g}r)$을 풍도 전압(total pressure)이라 한다.

사. 유량(流量)

유량에 관해서는 연속의 법칙(principle of continuity)이 있고 시간적으로 유량이 일정한 흐름을 정상류라고 한다. 정상류에서는 단면적이 변화해도 유량 Q는 일정하므로 (그림 1-16)과 같이 A, B의 각 단면적 A_1, A_2, 유속 V_1, V_2라고 하면 다음식이 성립되고 이것을 연속의 법칙이라 한다.

$$Q = A_1 V_1 = A_2 V_2$$

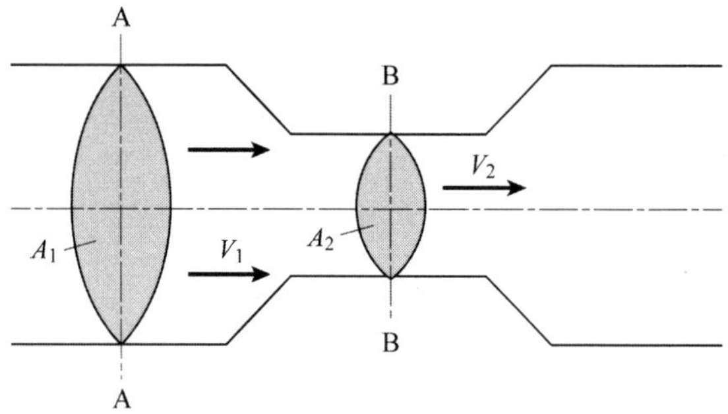

그림 1-16 연속의 법칙

$$\therefore \ V_1 = \frac{A_2}{A_1} V_2$$

여기서, V_1, V_2 : A, B점에서의 속도
A_1, A_2 : A, B의 단면적

(1) 유량의 측정

① **직접법**

㉠ 용적을 측정하여 유량을 아는 방법

$$유량(\ell/sec) = \frac{용기의\ 용적(\ell)}{만수되기까지의\ 소요시간(sec)}$$

㉡ 중량을 측정하여 유량을 아는 방법

$$유량(\ell/sec) = \frac{물을\ 받은\ 용기의\ 전중량(kg) - 용기만의\ 중량(kg) \times 1(\ell/kg)}{물을\ 받는데\ 소요된\ 시간(sec)}$$

㉢ 찌를 띄워 유량을 측정

$$유량(\ell/sec) = \frac{유수의\ 일정거리(m) \times 유수의\ 단면적(m^2)}{일정한\ 거리를\ 찌가\ 흐르는데\ 소요된\ 시간(sec)}$$

② **간접법**

㉠ 압력수두를 측정하여 유속을 구한 후 유량을 산출한다.

- 벤투리관(venturi tube) : 굵은 부분과 가는 부분의 압력수두차 H를 구한다.

$$Q = CA_1\sqrt{\frac{2gH}{m^2 - 1}}\ (m^3/sec)$$

- 피토관(pitot tube): 동압과 저압의 차 H를 측정하여 유속을 구한다.

$$V = K\sqrt{2gH}\ (m/sec)$$

- 관 내 오리피스(orifice in tube)
- 관 내 노즐(nozzle in tube)

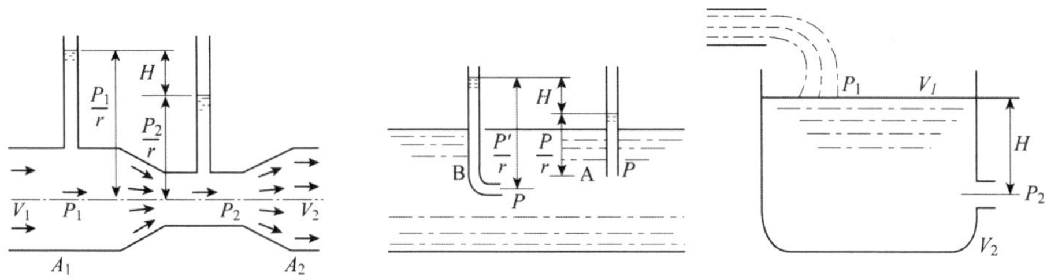

(a) 벤투리관 (b) 피토우관 (c) 관내 오리피스

그림 1-17 간접법에 의한 유량 측정

㉡ 둑(weir)을 만들어 유량을 측정한다.

- 삼각노치 : 우물의 수량, 펌프의 양수량을 측정한다.
- 구형노치 : 유량이 많을 때, 대형 펌프의 양수량 측정에 이용된다.

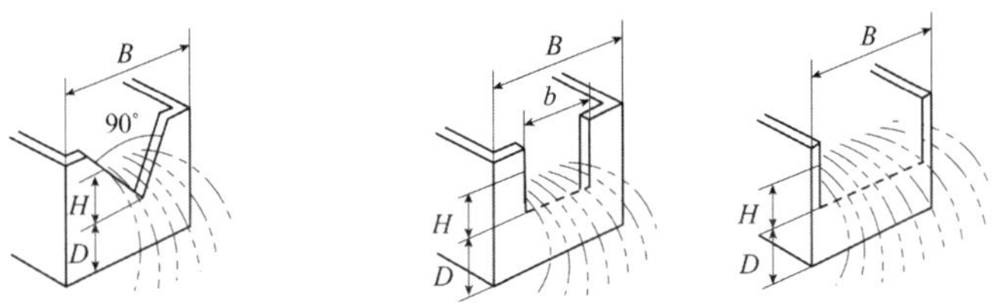

(a) 삼각노치 (b) 구형노치

그림 1-18 둑에 의한 유량 측정

(2) 압력의 측정

압력의 세기 정도는 압력계로 측정하며 일반적으로 부르동관(bourdon tube) 압력계, 다이어프램(diaphragm) 압력계, 액주계(manometer) 등이 사용된다.

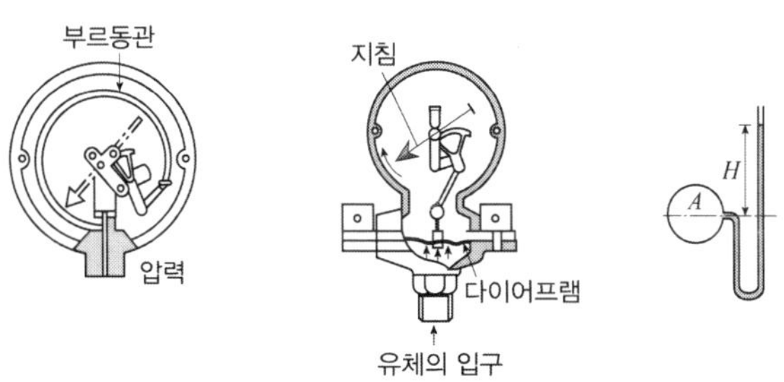

(a) 부르동관식 (b) 다이어프램식 (c) 액주계

그림 1-19 압력계의 종류

아. 마찰저항

관 내를 물이 흐를 때 수압은 하류로 내려감에 따라 차차 저하한다. 이것은 관 내의 주벽과 물과의 마찰 및 유체 내의 내부마찰에 의해 물의 에너지가 저하하기 때문이다. 압력차 h_f(mH$_2$O or mmAq)를 마찰 손실 또는 마찰저항이라 한다. 마찰저항은 실험의 결과에 의해 다음 식으로 표시된다.

$$h_f = \frac{\lambda \frac{l}{d} \cdot v^2}{2g} r$$

여기서,
- h_f : 마찰저항(kg/m^2 또는 mmH$_2$O)
- λ : 마찰저항계수
- l : 관 길이
- d : 관의 내경
- v : 유속(m/sec)
- g : 가속도(9.8m/sec^2)
- r : 유체의 비중량(kg/m^3)
- $\frac{v^2}{2g}$: 속도수두(velocity head)

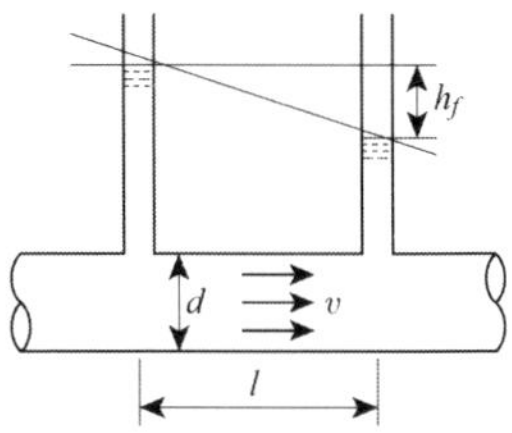

그림 1-20 마찰저항

자. 배관의 국부저항(局部抵抗)

관 내에 물을 통과시키는 경우 직관부분 외에 곡관, 분기관, 밸브 등에 의해 저항을 생기게 하는 것을 국부저항이라 한다.
이 크기를 h_L(kg/m^2 또는 mmH$_2$O)로 하면

$$h_L = \zeta \frac{v^2}{2g} r$$

여기서,
- ζ : 국부저항계수
- v : 유속(m/sec)
- g : 가속도(9.8m/sec^2)
- r : 유체의 비중량(kg/m^3)

배관설비의 계산에는 이 국부저항을 직관의 길이로 바꾸어 계산하는 것이 있다. 이 길이를 국부저항의 상당관장이라 하고, 이것을 l_e(m)로 표시하면 다음 식과 같다.

$l_e = \frac{\zeta}{\lambda} d$ 또는 $\frac{l_e}{d} = \frac{\zeta}{\lambda}$가 되고 $\frac{l_e}{d}$의 개략치는 <표 1-4>와 같다.

〈표 1-4〉 국부저항의 상당길이 관경에 대한 비(l_e/d)

명 칭	l_e/d	명 칭	l_e/d
45° 엘보 90° 엘보 90° 밴드곡률/d=3 90° 밴드곡률/d=4 T(티)	15 32 24 10 40~80	게이트밸브(open) 1/2(close) 글로브밸브(open) 앵글밸브(open) 푸트밸브(open) 체크밸브(open)	0~7 200 300 170 70 60

② 건축일반

1 건축계획

다양한 건축유형 가운데 인간, 환경, 에너지의 문제는 매우 귀중하다. 또한, 환경의 공간 구성이 그 성패를 좌우할 만큼 중요한 역할을 담당하는 최근의 건축물은 시대에 따라 그 사회적 역할이 변화하여 왔다. 본 장에서는 이러한 사회적 역할의 변화에 적절하게 대응하며 변화되어온 일반적 건축계획을 다루고자 한다.

가. 건축계획 일반

건축물이란 대지 위에 지붕과 벽 또는 기둥을 거주, 작업, 저장 등의 용도에 따라 사용하는 것으로서 역할로는 원초적 역할과 현대적 역할론을 말할 수 있다. 현대적 건축물은 인간의 육체적, 정신적 생활을 쾌적하고 안락하게 영위할 수 있도록 함에 그 의의가 있다.

(1) 건축의 구성요소

건축의 구성요소로는 기능(용도, 규모, 개성), 구조(내구력, 내용연한), 아름다움(형태, 색채)을 나타내는 것을 말한다.

(2) 건축계획의 원리

건축계획의 원리로는 건물의 목적과 기능에 맞도록 계획하며, 인간생활에 편리하도록 인간본위로 계획되어야 한다. 또한 보건성과 외력에 대한 지진충격, 진동 등을 고려하여 안전하도록 계획하며 경제적과 사회적으로 도움이 되는 건축계획이어야 한다.

(3) 치수계획

치수조정(modular coordination)은 기준치수(module)를 설계와 시공에 적용하는 것을 말하며, 다음과 같은 특징이 있다.

① 설계의 단순화
② 시공의 간편화로 공기단축
③ 부재의 대량생산으로 경제성 증가
④ 외관 획일화(단점)

(4) 계획의 기초지식

① 대지(대지의 적절한 용도, 형태, 구조를 선정)
② 계획 전 조사사항으로 법규사항으로는 건축법, 도시계획법을 검토하며, 풍토조건(일조, 풍량, 강우량), 지질조건(지내력, 지하수위, 땅의 고저차 등) 지리조건(교통, 주변환경 등) 건축주 및 건물사용자의 의견과 공공시설의 조건(상하수도, 전력, 가스 등)이 있다.
③ 건축면적과 관련되는 용어는 다음과 같다. 건축면적이란 건물1층 바닥면적을 말한다. 연면적은 건물 총 바닥면적이며, 건폐율이란 건축면적을 대지면적으로 나눈 값을 말한다. 용적률은 연면적을 대지면적으로 나눈 값을 말한다.

(5) 건축계획방법

① 기획 및 스케치한다.
② 평면 및 단면의 동선(moving line)기능을 검토한다.
③ 구조, 재료, 전기, 위생, 공조 등의 기술적 견지에서 검토와 수정을 거친다.
④ 각 분야별 전문가가 작성하며 서로 협조하여 보완과 수정이 필요하다. 설계도에는 건축설계도, 구조설계도, 설비설계도, 시방서(specification) 등이 있다.
⑤ 허가 및 공사비를 산출한다.
⑥ 공사를 시공한다.

나. 건축계획에 필요한 설비지식

(1) 설비계획

① 건축설비의 정의

건축물에 설치되는 전기, 전화, 가스, 급수, 배수, 환기, 냉·난방, 소화 또는 오물처리의 설비나 굴뚝, 승강기, 피뢰침, 국기게양대, 공동시청안테나, 우편물 수취함, 기타 유사한 설비를 말한다.

② **설비의 계획**

건축물의 스케치와 동시에 시작해서 처음부터 건축설계자와 협조하여 건축물과 설비공간이 잘 맞도록 계획한다. 설비계획의 순서로는 건축물의 용도, 규모, 예산에 따라 결정 지워지는 방식결정과 공간을 고려한 배치와 크기 등과 층별을 고려한 소화전, 분전반의 배치와 옥상 냉각탑의 위치결정으로 순서를 정리한다.

(2) 설비용 공간

① **급수, 배수, 위생설비** : 고가수조, 지하저수조, 배수조, 팽창탱크의 크기를 고려하여 설비용 공간을 확보한다.

② **공기조화설비** : 소요전력은 공조면적 100W/m^2이며, 소규모의 것을 제외하고는 변전실이 필요하다. 천정고는 단일 대형 덕트가 설치될 경우 연면적 5,000m^2 정도까지는 최소 4.5m, 그 이상일 경우 4.5～6.0m 정도가 필요하다.

〈표 1-5〉 공조실 바닥면적(m^2)

연면적	대략면적	
	계통복잡	계통단순
1,000	–	50
3,000	210	130
5,000	370	220
10,000	600	350
15,000	850	–
20,000	1,100	–
30,000	1,500	–

〈표 1-6〉 덕트 차지 면적비(%)

용 도	면적비(%)
송풍용	1.0～1.2
리턴용	0.6～0.9
외기용	0.2～0.4
계	1.8～2.5

③ **난방설비** : 보일러실의 천정높이는 연면적 10,000 m^2 미만은 3.5～4.0 m이고, 10,000 m^2 이상일 경우는 4.0～4.5m이다. 병원이나 호텔의 경우에는 위의 값에 20% 증가하여 설계한다. 보일러실의 바닥면적은 보일러 및 각종펌프의 면적에 포함되며, 공조기기는 제외된다.

〈표 1-7〉 보일러실 바닥면적(m^2)

연면적	대략면적		
	일반건축	병원건축	호텔건축
500	12.5	–	–
1,000	22	53	–
2,000	36	80	120
5,000	76	130	200
10,000	125	180	280
20,000	200	270	380
30,000	270	360	450

④ **기계 환기설비** : 연료가 연소되면 생성물 즉 폐가스가 발생되므로 실내공기가 오염되지 않도록 환기가 필요하다. 각 식별의 필요환기 횟수는 다음과 같다.

〈표 1-8〉 각 실별 필요 환기횟수

실별	목적	환기횟수/시간
변소	취기제거	5~10
주방	취기 및 열제거	40~60
주차장	유독가스 제거	10
세탁소	열 제거	20~40
창고	습기제거	5~10
전기실	열 및 습기제거	10~15
기계실	열 및 습기제거	10~15

⑤ **전기설비** : 변전실의 천정높이는 보통고압선일 경우는 3.6m 내외, 특별고압은 5~6m이며, 발전실은 4m 이상으로 한다.

〈표 1-9〉 변전실 바닥면적(m^2)

연면적	보통고압	
	공조유	공조무
1,000	35	13
2,000	53	23
5,000	91	2
10,000	132	58
20,000	183	82
30,000	212	100
50,000	248	–

〈표 1-10〉 발전실 바닥면적(m^2)

연면적	대략면적
1,000	8
2,000	13
5,000	27
10,000	45
20,000	70
30,000	85

2 건축구조(建築構造)

건축물(建築物)이라 함은 토지에 정착하는 공작물 중 지붕 및 기둥 또는 벽이 있는 것과, 이에 부수되는 시설, 공중(公衆)의 용(用)에 공(供)하는 관람시설, 지하 또는 고가(高架)의 공작물에 설치하는 사무소, 공연장, 점포, 창고와 기타 대통령령으로 정하는 공작물을 말한다. 다만, 철도의 선로부지 내에 있는 운전보안시설, 과선교(跨線橋), 플랫폼의 지붕과 당해 철도 또는 궤도(軌度) 사업용 급수, 급탄, 급유시설은 제외한다. (건축법 제2조 제2항)

가. 건축구조의 종류 및 특징

건축물의 종류는 세계 어느 나라에서도 장소, 시대에 따라 다르다. 주된 원인이 되는 것은 그 나라의 지형, 기후, 국민의 관습, 건축재료 등과 밀접한 관계가 있다. 또 외국과의 교통, 무역, 전쟁, 종교 등의 영향을 받아 건축물의 종류와 특성이 달라진다.

건축물은 지진, 태풍, 적설 등의 외력에 항상 견딜 수 있도록 안전해야 하며, 건축물의 이같은 작용에 관계되는 부분이 구조이다.
건축구조란 재료의 성능을 살려 아름답고, 견고하고, 내구적이면서, 건축물 고유의 기능을 발휘할 수 있도록 경제적으로 건설하는 방법을 말한다. 건축구조는 주체구조부의 사용재료에 따라 나무구조, 벽돌구조, 시멘트블록구조, 돌구조, 철골·철근콘크리트구조로 분류할 수 있다.

(1) 나무구조

건물의 벽체, 바닥, 지붕 등의 뼈대를 나무로 짜서 가구식으로 구조체를 만든 것을 나무구조라 한다. 나무구조는 건축비가 싸고 시공이 간단하여 공사기간이 단축되며, 건축물의 무게가 가볍고 개방적으로 할 수 있는 이점이 있다. 그러나 고층이나 간사이가 큰 건축물에는 곤란하고, 내화, 내구적이 아닌 점이 큰 결점이다.

(2) 조적조(組積造)

조적조는 건축물의 벽체나 기초 등에 벽돌, 시멘트블록, 돌 등을 각각 시멘트 모르타르로 부착시켜 쌓아 만드는 구조이다. 지붕틀, 천장, 보, 창문틀, 바닥 등은 나무구조나 철근콘크리트구조로 한다.
조적조는 일반적으로 구조, 시공이 간단하고 내화, 내구적이지만, 벽 두께가 크므로 실내면적이 감소하고, 횡력에 약하므로 대규모인 경우에는 부적당하고, 자체 무게가 큰 결점이 있다. 조적조에는 벽돌구조, 시멘트블록구조, 돌구조가 있다.

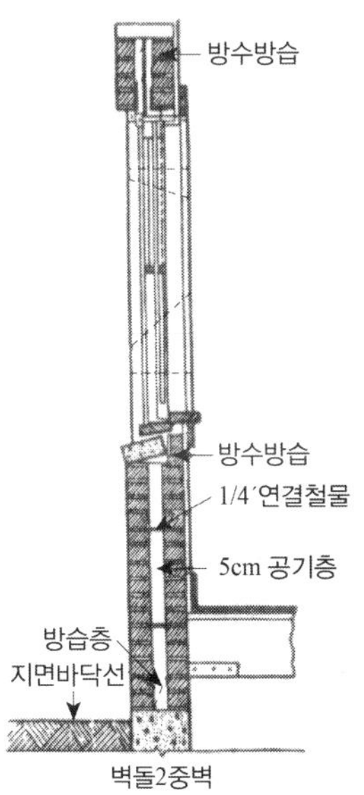

그림 1-21 벽돌이중벽 공간쌓기

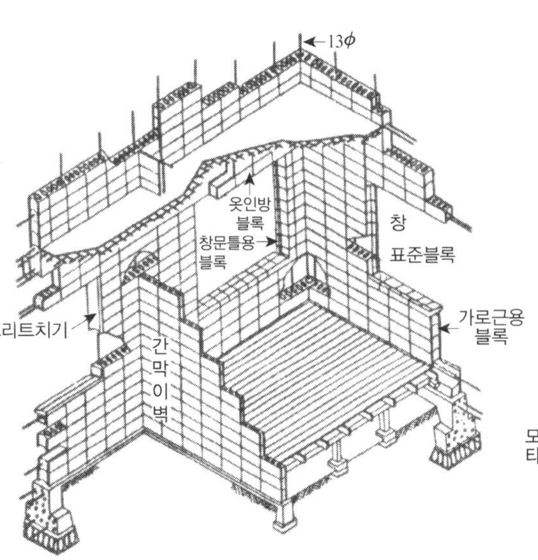

그림 1-22 보강 콘크리트블록구조

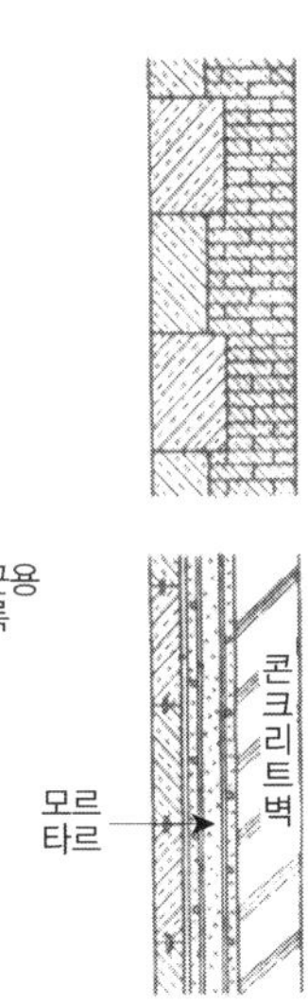

그림 1-23 돌구조

(3) 철근(鐵筋)콘크리트구조

철근콘크리트구조는 콘크리트구조의 인장력(引張力)이 일어나는 곳에 철근을 넣어서 보강한 구조이다, 콘크리트는 시멘트 : 모래 : 자갈의 비율을 1:2:4로 하여 물로 비빈 것으로 압축력에 강하나 인장력에는 약하다. 그러나 철근은 인장력에 강하므로 이 두 가지 재료의 장점을 이용하는 것이 철근콘크리트구조의 원리이다.

철근콘크리트구조는 부재사이의 접합이 일체화된 강구조(steel construction, 剛構造)로 횡력에도 강하며, 내구, 내화적이며 형태나 크기에 구애됨이 없어 설계가 자유로운 장점이 있다. 그러나 자체 중량이 크고, 공사 기간이 길며, 균일한 시공이 어려운 단점이 있다.

시공은 철근과 거푸집을 짜 세우고, 거푸집 안에 콘크리트를 부어 넣어, 굳은 다음에 거푸집을 제거하고 마무리하는 순서로 한다. 철근콘크리트의 강도를 좋게 하기 위해서는 다음 사항이 중요하다.

① 비빔 후 1시간 이상 지난 콘크리트는 사용해서는 안 된다.
② 콘크리트는 기온이 낮으면 경화가 늦어지므로 기온이 4℃ 이하가 되면 공사를 중지한다.
③ 부어넣기를 끝낸 콘크리트면은 온도와 습기에 주의하여 양생한다.

또한, 콘크리트는 알칼리성이므로 철근이 녹스는 것을 막아 주나 알루미늄, 납 등의 금속을 침해시키므로 관련된 공사시에는 유의해야 한다.

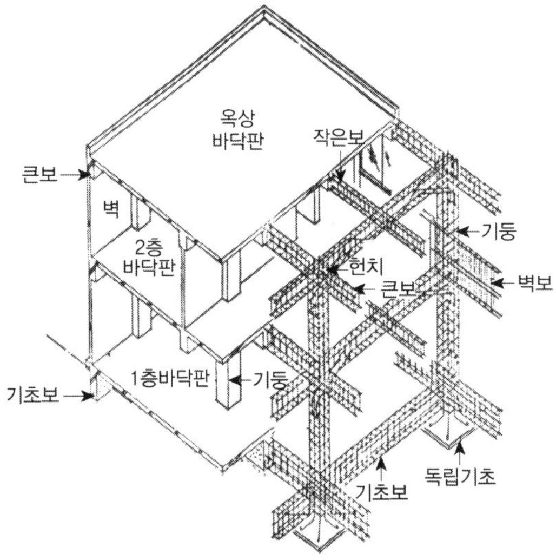

그림 1-24 철근콘크리트구조

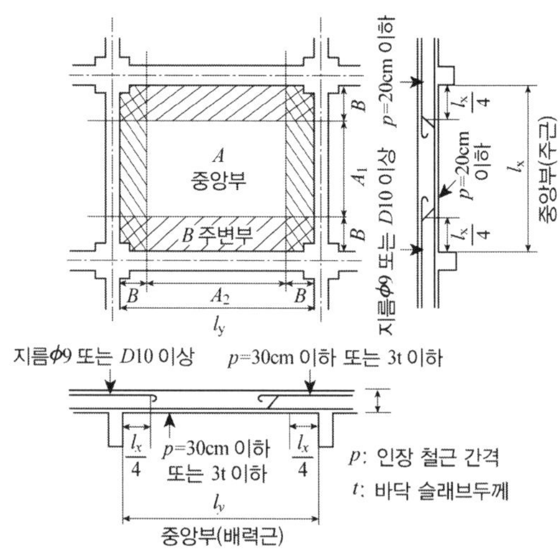

그림 1-25 바닥 슬래브의 배근

(4) 철골구조

철골구조는 건물의 뼈대에 각종 형강(形鋼)과 강판(鋼板)을 사용하여 리벳, 볼트, 용접 등의 접합방식으로 조립한 구조이다. 철골구조는 강도가 커서 큰 간 사이나 고층의 구조에 적합하며, 적당한 피복을 하면 내화, 내구적인 장점이 있다. 그러나 높은 열에 약하고, 다른 구조체보다 비싼 단점이 있다.

현대 건축이 더욱 고층화, 대형화됨에 따라 덕트나 배관의 크기도 커지고 있다. 그런데 철근콘크리트구조에서는 덕트가 보를 뚫고 지나갈 수 없으나, 철골구조에서는 보에 구멍을 뚫거나 허니콤 보(honey comb beam), 조립식 보를 사용하면 덕트가 지나갈 수 있다.

(5) 철골철근콘크리트구조

철골철근콘크리트구조는 철골 뼈대의 주위에 철근을 조립하고 콘크리트를 부어넣어 이들이 일체화하도록 한 구조이다. 콘크리트가 철골을 피복하여 주므로 내화적이고, 내구·내진적이어서 고층 및 대규모 건축에 가장 적합하다. 그러나 중량이 크고, 시공이 복잡하여 공기가 길며, 값이 비싼 점이 있다.

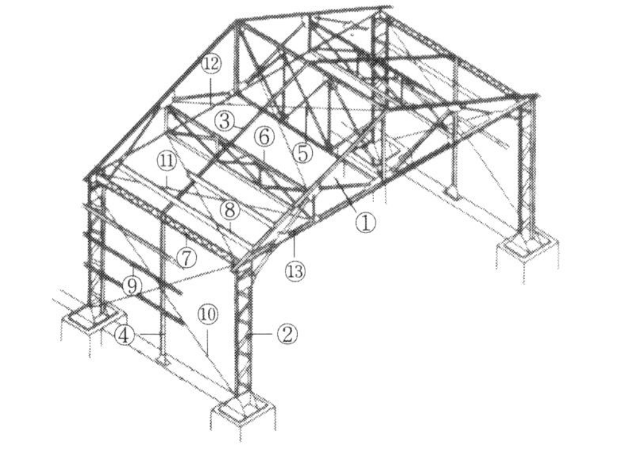

① 주트러스 ② 기둥 ③ subbeam ④ 샛기둥
⑤ 마룻대 연결보 ⑥ 중간 연결보 ⑦ 처마도리 ⑧ 도리
⑨ 띠장 ⑩ 벽면가새 ⑪ 수평면가새 ⑫ 지붕면가새
⑬ 내풍보

그림 1-26 철골트러스구조

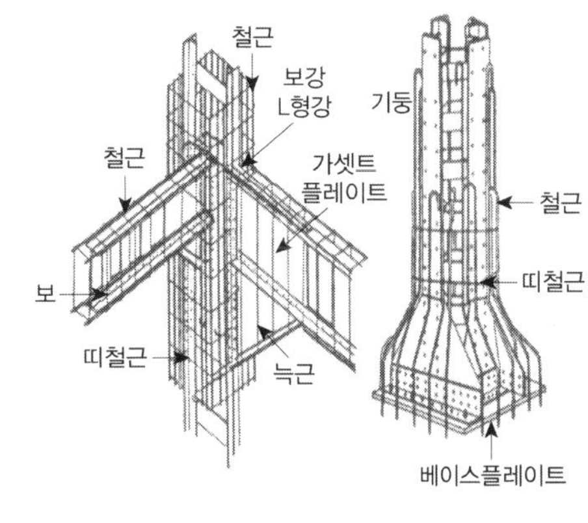

그림 1-27 철골철근콘크리트구조 기둥

(6) 조립구조

조립구조란 공장에서 바닥, 벽 등의 부품을 제작하여 이것을 현장에서 조립하는 것으로 프리패브구조(Prefabricated structure) 또는 공업화 건축구조라고도 한다. 이 구조는 현장의 작업공정을 줄이고 시공능률, 정밀도의 향상, 공기단축, 대량생산, 경비절감의 장점이 있다. 그러나 대량수요에만 가능하고, 접합부 처리가 어렵다.

조립구조는 다음과 같이 여러 방식이 있다.

① 기둥, 보는 현장 제작하고, 바닥, 벽판은 공장 제작하여 현장에서 조립하는 방식
② 기둥, 보, 바닥, 벽판을 공장 제작하여 현장에서 조립하는 방식
③ 바닥, 벽판 자체가 하중을 견디도록 공장 제작하여 현장에서 조립하는 방식
④ 화장실, 부엌, 1주거 세대 등으로 단위별로 공장 제작하여 현장에서 설치·조립하는 방식

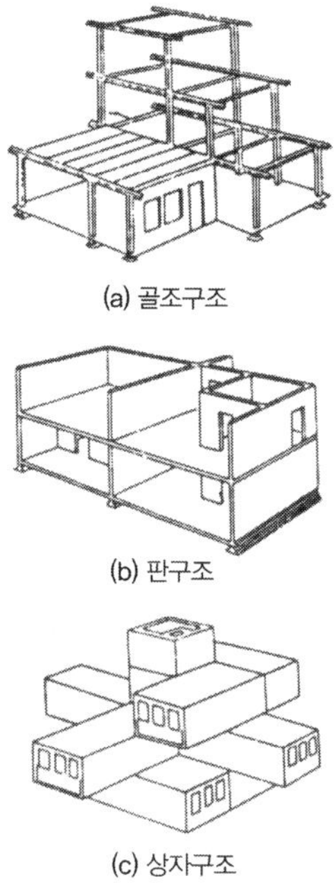

(a) 골조구조

(b) 판구조

(c) 상자구조

그림 1-28 조립구조

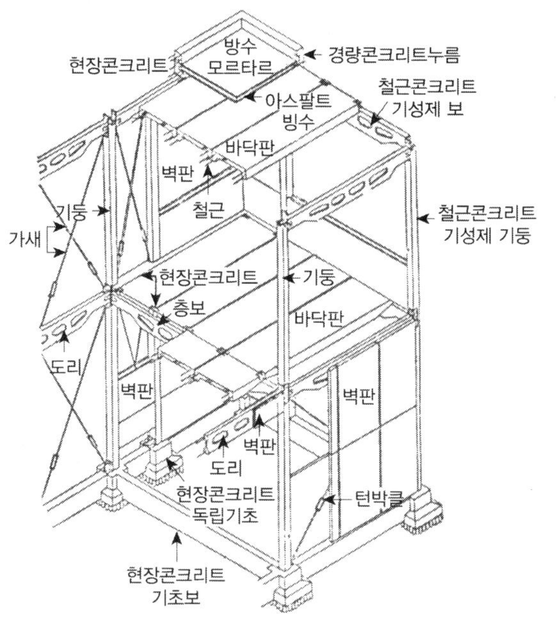

그림 1-29 가구식 조립구조

나. 건축물의 주요부분의 종류

(1) 기초

기초는 건축물의 자중, 적재 하중, 풍력, 지진력과 기타의 외력을 받아서, 안전한 상태로 지반에 전달하는 건축물의 하부 지중구조 부분을 의미한다. 건축물의 기초를 축조함에 있어서 중요한 것은 굳은 지반위에 축조하는 것이다. 지반이 연약한 경우는 말뚝박기로 하고 말뚝의 끝부분을 굳은 지반까지 닿게 하는 것이 중요하다.
기초는 일반적으로 다음과 같이 분류한다.

① **기초판의 형식에 의한 분류**

㉠ 독립기초(isolated footing) : 하나의 기둥을 받침
㉡ 복합기초(combined footing) : 2개 이상의 기둥을 받침
㉢ 연속기초(continuous footing) : 벽 또는 연속된 기둥을 받침
㉣ 온통기초(mat foundation) : 지하실 바닥 전체를 기초판으로 하여 건물을 받침

② **지정의 형식에 의한 불류**

㉠ 직접기초(spread foundation) : 기초판이 지반 또는 잡석다짐 위에 직접 오는 기초
㉡ 말뚝기초(pile foundation) : 기초판에 말뚝을 박아 댄 기초
㉢ 피어기초(pier foundation) : 상부하중의 피어를 통하여 힘을 받게 한 기초

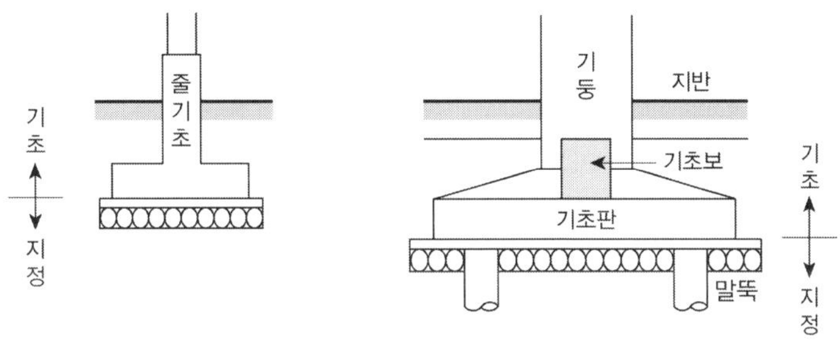

그림 1-30 기초 및 지정

(2) 기둥

기둥은 구조적인 기능을 가진 것과 간막이용의 기능을 가진 것이 있다. 일반적인 의미로서의 구조적인 기둥은 외력과 지붕, 보, 바닥의 하중을 받아 기초로 전달하는 수직재이고, 간막이용의 기둥은 구획을 위하여 구조적인 기둥 사이에서 보조해 주는 것과 벽 자체를 지탱하기 위한 것이 있다.

나무구조에서의 기둥 간격은 1.8m 정도가 적당하고, 조적조 기둥은 횡력에 약하므로 구조 기둥으로는 잘 쓰이지 않고 붙임기둥이나 부축벽의 용도로 쓰인다. 철근콘크리트구조의 기둥 간격은 일반적으로 7~8m 내외가 경제적이고, 철골구조나 철골, 철근콘크리트구조의 기둥은 강도가 크므로 기둥 간격이 더 커질 수 있다.

기둥과 기둥 사이에 걸쳐지는 부재가 큰 보이고, 큰 보와 큰 보 사이에 걸쳐지는 부재가 작은 보이다. 즉, 바닥에 걸리는 하중을 모아서 보가 받고, 이를 다시 기둥으로 집중적으로 전하게 된다.

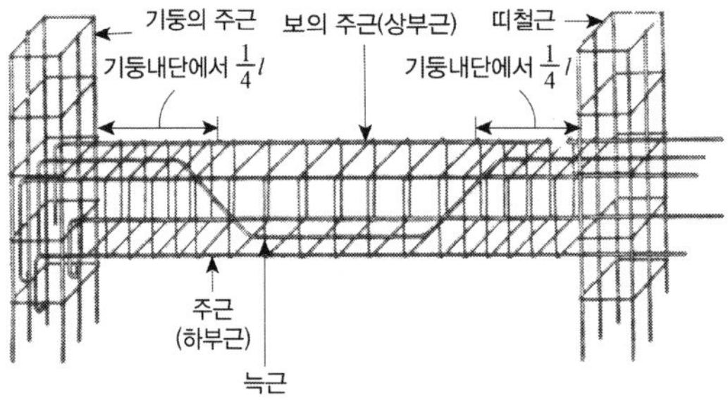

그림 1-31 철근콘크리트구조의 기둥과 보

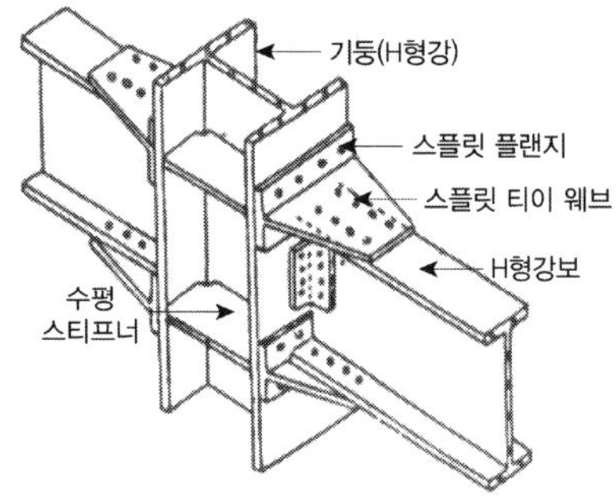

그림 1-32 철골구조의 기둥과 보

(3) 벽

건축물의 공간을 구획하여 단열, 방수, 방음, 시선차단을 하여 주는 수직면을 벽이라 한다. 벽체의 위치에 따라 외벽과 내벽으로 구분하며, 구조적으로는 내력벽(耐力壁)과 비 내력벽으로 구분한다.

외벽은 외부에 면한 벽이므로 방수, 단열이 중요하고, 내벽은 방과 방을 나누어 주는 벽으로 내화, 방음 등이 중요하다.

내력벽은 상부의 하중을 받는 벽체로 벽돌조, 블록조의 벽에 많다. 비내력벽은 철근콘크리트조나 철골조에서 하중은 보와 기둥을 통해 전달되므로, 하중을 받지 않는 장막벽을 말한다.

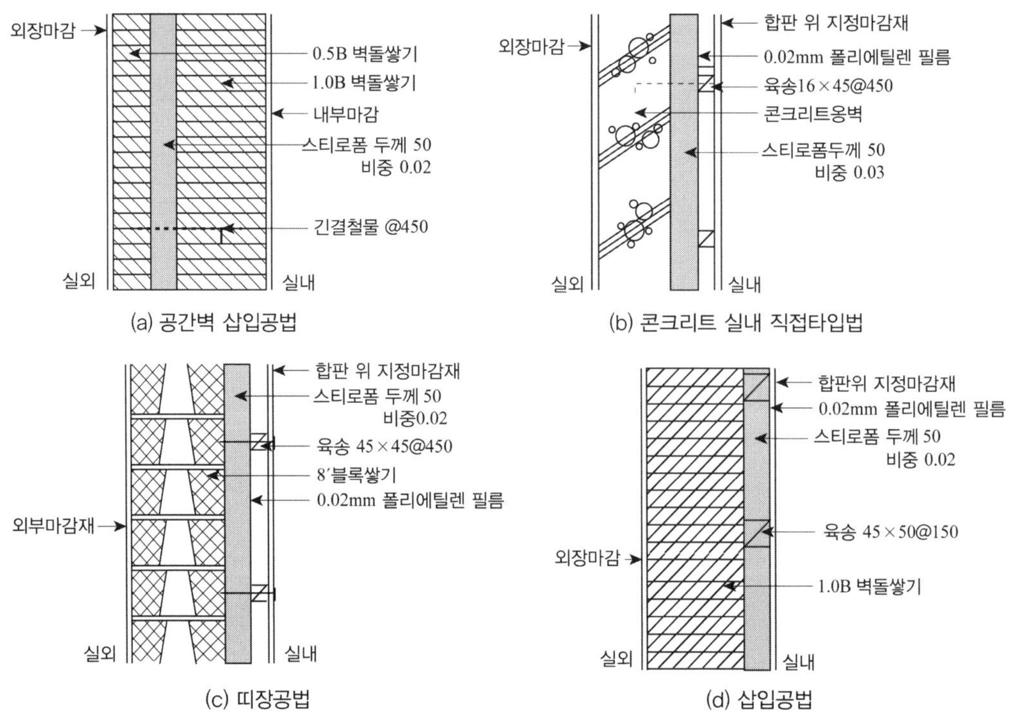

그림 1-33 벽체와 마무리

(4) 바닥

바닥은 공간을 상하로 구획하고, 그 위에 실리는 하중을 보, 기둥, 벽에 전달하여 주는 수평면을 말한다. 또 수직 구조체를 서로 연결시켜 튼튼하게 하는 역할도 한다. 바닥에는 철근콘크리트구조가 주로 쓰이며, 두께는 8cm 이상으로 해야 한다. 1층 바닥인 경우 잡석 다짐한 위에 두께 10∼15cm의 콘크리트로 하는 경우가 많다. 고층이나 대형 건물인 경우에는 프리캐스트(precast) 바닥판이나 데크 플레이트(deck plate)가 효과적이다.

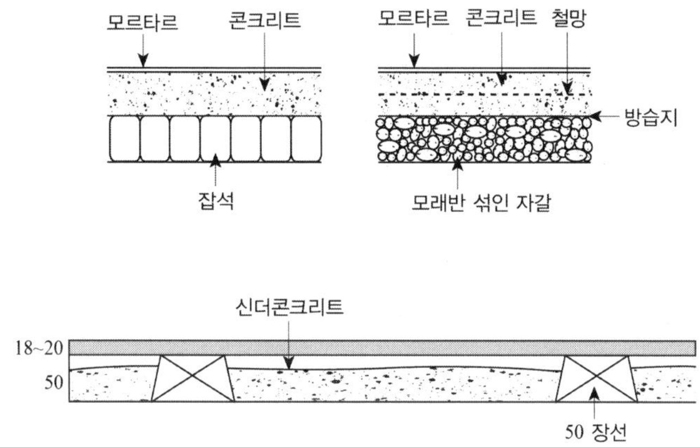

그림 1-34 콘크리트 바닥

(5) 지붕

지붕은 건물의 최상부를 덮어서 비, 눈, 햇볕 등을 막는 역할을 하며, 지역의 기후에 따라 여러 모양의 지붕이 있고, 지붕 재료도 다양하다.

지붕의 구조체를 지붕틀이라 하며, 나무구조나 철골구조가 많이 쓰인다. 지붕틀에는 절충식과 양식 지붕틀이 있으며, 양식 지붕틀에는 왕대공, 쌍대공 등 여러 종류가 있다. 절충식은 보위에 대공 또는 동자기둥을 세워 대고, 지붕을 받는 도리를 걸쳐 댄 것이다. 양식 지붕틀은 여러 부재를 삼각형의 연속으로 짜서, 전체가 일체로 되어 간 사이가 큰 건물에도 쓸 수 있다.

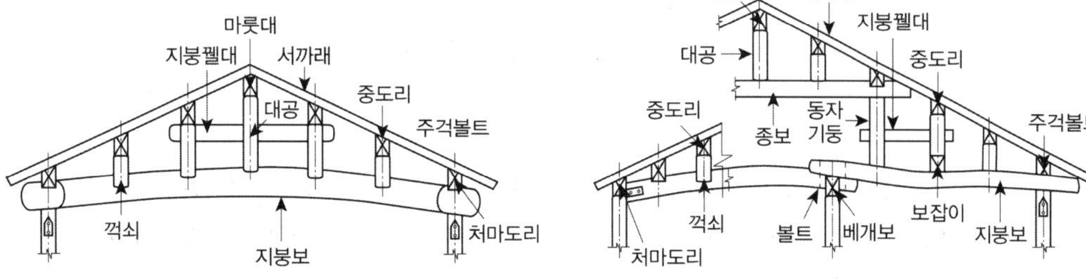

그림 1-35 절충식 지붕틀

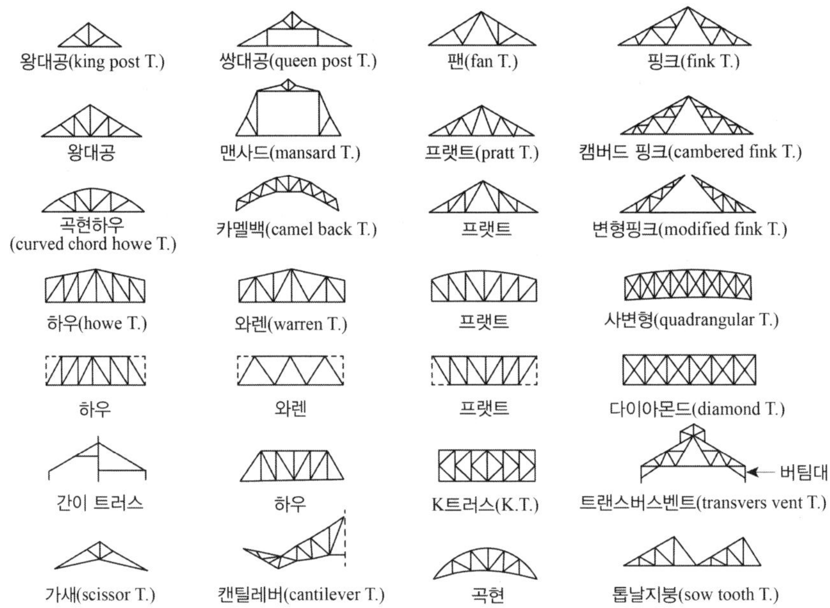

그림 1-36 양식 지붕틀

(6) 천장(天障)

천장은 지붕 및 윗층 바닥 밑을 막아 단열, 차음, 흡음, 장식의 역할을 한다. 천정(天井)이라고도 하며, 천정을 가려 댄 구조체를 반자라고 한다.

반자는 윗층의 바닥 또는 지붕틀에 달아 맨 달반자와 바닥판 밑을 직접 바르는 제물반자가 있다. 재료에 따라서는 모르타르나 회반죽의 바름반자, 널반자, 합판반자, 석고판이나 금속판의 건축판재반자, 층단을 두는 구성반자, 종이반자 등이 있다.

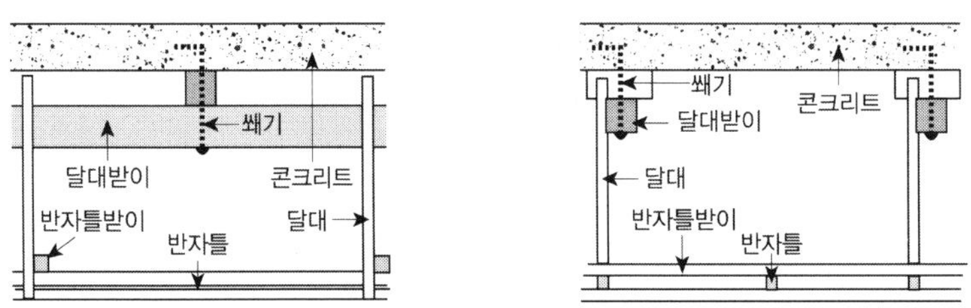

(a) 횡단면 (b) 종단면

그림 1-37 반자틀

(7) 계단

계단은 상하층을 연결하는 통로로서 안전한 구조여야 한다. 계단 한 단의 수평면을 디딤판, 수직면을 챌판이라 하고, 중간에 단이 없이 넓게 된 다리쉽과 돌림에 쓰이는 부분은 계단참이라 한다.

계단은 형태에 따라 곧은 계단, 꺾은 계단, 돌음 계단, 경사로가 있다. 또 재료에 따라 나무구조, 돌 또는 벽돌조, 철근콘크리트 조, 철골조의 계단이 있다.

(8) 창호, 수장, 마무리

창호는 창과 문을 총칭하는 말이다. 구성재료에 따라 목재, 금속재로 나누며 개폐방법에 따라 여닫이, 미닫이, 미서기 등으로 나눈다. 수장(修裝)은 건물의 뼈대가 완성된 후 벽, 바닥, 반자, 계단, 창호에 부속되는 끝마감의 일이고, 마무리는 미장(美匠)이나 도장(塗裝)의 일을 말한다. 미장은 벽, 반자, 바닥 등에 플라스터, 모르타르 등을 바르거나, 인조석 혹은 테라조갈기 하는 것을 말한다. 도장은 목재부, 금속면, 모르타르면에 도료를 칠하여 녹막이, 방수, 방습하여 주고 색채와 광택으로 치장하는 것을 말한다. 도료에는 페인트, 바니시, 에나멜, 락카 등이 있다.

익힘문제

1. 두께가 25cm인 콘크리트벽의 넓이가 $6m^2$이고 벽의 내부와 외부의 표면온도가 각각 18℃, −10℃이다. 열전도에 의한 콘크리트벽의 방열량과 열저항을 구하시오. (단, 벽의 열전도율은 0.45kcal/mh℃이다.)

2. 어떤 노벽이 안으로부터 두께 200mm의 내화벽돌(λ = 1.2kcal/mh℃), 100mm의 단열벽돌(λ =0.05kcal/mh℃), 100mm의 보통벽돌(λ =0.05kcal/mh℃)로 되어있다. 노 내벽의 온도가 1500℃이고 외벽의 온도가 150℃일 때 단위면적($1m^2$)당 손실열량은 얼마인가?

3. 내경이 200mm, 외경이 210mm인 긴 강관(λ =50kcal/mh℃)이 있다. 내벽의 온도가 300℃이고 외벽의 온도가 100℃이다. 단위길이(1m)당 강관의 방열량을 구하라.

4. 냉장고의 내부온도가 −40℃ 외부온도가 30℃ 일 때 냉장고의 벽체를 통해 침입하는 열량은 단위면적($1m^2$)당 얼마인가? (단 냉장고 벽체의 열관류율은 0.35kcal/m^2h℃이다.)

5. 20℃ 의 물 200ℓ와 80℃ 의 물 $0.4m^3$이 혼합할 때 열평형 후에 물의 온도는 얼마인가? 단, 열손실이 없다고 한다.

6. 가로 1m, 세로 1.2m인 사각 판재가 물 속 20m의 깊이에 수평으로 놓여 있다. 이 판재에 작용하는 압력과 힘은 얼마인가?

7. 안지름 30mm인 노즐로부터 물이 30m/s의 속도로 분출하고 있다. 이것을 평면판에 수직으로 작용시키려면 평판에 작용하는 힘은 얼마인가?

8. 지상 30m 높이에 있는 지름 3m, 높이 5m인 원통형 탱크에 물이 가득 채워져 있다. 이 물이 가지고 있는 위치 에너지는 몇 kJ인가?

9. 절대 압력 200kPa, 온도 20℃인 공기 3kg이 차지하는 부피를 구하여라. 다만 공기의 기체상수는 0.287kJ/kg·K이다.

10. 공기 10kg을 압력 400kPa, 온도 20℃ 로 일정한 상태에서 150kPa까지 팽창시킬 경우에 외부에 한 일을 구하시오.

제2장 배관시방

1 관의 일반지식

1 관(管)과 배관(配管)

관(pipe)이란 "둥글고 속이 텅 비어 있는 긴 통"을 말하며, 배관(piping)이란 기체, 액체 또는 분체를 이송할 목적으로 관과 부속품들을 이어 배열하는 행위 또는 배열된 상태(pipe line)를 말한다.

2 건축배관과 산업배관

배관을 사용 목적에 따라 크게 나눌 때, 일반적으로 건축배관(建築配管)과 산업배관(産業配管)으로 구분하는 것이 통념으로 되어 있다.

〈표 2-1〉 건축배관과 산업배관의 비교

구 분	건축배관	산업배관
관경 및 두께	작은 직경에 두께는 가는 편	큰 직경에 두께가 굵은 편
이음 방법	나사 이음, 플랜지, 본드, 용접 등	주로 용접
취급 압력	주로 저압용	주로 고압용
이송 물질	물, 증기, 기름, 도시가스 등	산, 알칼리, 기타 유·무기질 등의 액체나 기체
관 재질	배관용 탄소강관, 합성수지관, 주철관, 콘크리트관, 동관, 스테인리스관 등	탄소강관, 합금강관, 스테인리스강관, 동관, 동합금관, 알루미늄 및 그 합금관, 합성수지관, 연관 등
목적	일반 생활용 목적	산업생산을 목적
용도	·생활용수 공급 ·가스 공급 및 증기 공급 ·배수 및 배기 ·공기조화 ·압축공기 공급 등	·원유수송 ·화학물질 수송 ·집진장치 ·수력장치 등
배관 설비명	·급수배관 및 급탕배관 ·냉난방배관 ·배수배관 및 배기배관 등	·원유수송배관 ·플랜트배관 ·집진장치배관(集塵裝置配管) ·발전소배관 등

② 관의 시방(示方)

관을 선택하여 시공할 때는 반드시 경제성을 충분히 고려하여 사용 목적과 용도, 접촉유체의 성격에 따라 적합한 조건을 갖춘 관을 결정하여야 할 것이다. 즉, 목적이 이송용인지 구조용인지 또는 전열용(傳熱用)인지에 따라 관의 종류와 사용처를 구분·사용하여야 한다. 또한 접촉유체의 성격에 따라 부식성에 강하거나 높은 온도에 견디어야 할 때, 관이 이에 적합한 재질인지 선택해야 할 것임은 물론, 유체의 최고 사용 압력과 최고·최저 사용 온도에 견딜 수 있는 적합한 재질과 관의 두께를 선택하여야 하며, 아울러 유체의 흐름량에 따라 관의 굵기를 알맞게 결정하여야 할 것이다.

1 관의 종류

재질에 따라 강관, 주철관, 비철금속관, 비금속관 등이 주로 사용된다.

2 관의 굵기

관의 굵기를 표시하는 기준은 크게 바깥지름과 안지름의 두 가지로 나눌 수 있다. 강관을 비롯하여 주철관, 비철금속관, 합성수지관 등 거의 모든 관의 경우 안지름(내경)을 기준으로 정하고 있으나, 동판, 알루미늄판 등은 바깥지름(외경)을 기준으로 하고 있다.

3 관의 두께(schedule number)

강관의 두께를 계열화(系列化)하여 작업상이나 경제적으로 도움을 주기 위한 것으로서 Sch.라고 약기(略記)하고 있다. 이에 관 두께와 스케줄 번호는 다음 식으로 주어진다.

$$t = \left(\frac{P}{S} \times \frac{D}{175}\right) + 2.54 = \frac{PD}{175S} + 2.54$$

사용 압력과 허용응력의 단위가 같을 때 : $\text{Sch No.} = 10 \times \frac{P}{S}$

또는 사용 압력과 허용응력의 단위가 다를 때 : $\text{Sch No.} = \frac{1,000P}{S}$

여기서, t : 관의 두께(mm)
P : 유체의 사용 압력(MPa, kg/cm^2) 또는 (lb/in^2)
S : 배관재료의 허용응력(MPa, kg/mm^2) 또는 (lb/in^2)
D : 관의 바깥지름(mm)

4 강관의 제조방법

강관은 제조방법에 따라 이음매 없는 관(seamless pipe)과 이음매 있는 관(seamed pipe)의 2 종류로 크게 구분할 수 있다.

가. 이음매 없는 관(seamless pipe)

이음매 없는 강관의 제조 공정은 강편 소재를 1250℃ 정도로 가열하여 천공기(穿孔機)로 속이 빈 원통형으로 만든 다음, 이것을 회전식 압연기를 통하여 두께가 얇고 길이가 긴 소정의 규격치수로 제조한다. 이때 일반적으로 열간가공하여 완성하지만, 특수 용도나 치수의 정밀도에 따라 냉간가공으로 완성하는 것도 있다.

나. 이음매 있는 관(seamed pipe)

이음매 있는 관은 강판을 원통형으로 말아 가열 단접이나 용접에 의하여 제조하는 것으로 다음과 같이 용접 방법에 의해 관을 분류할 수 있다.

(1) 가스용접관

띠강판을 성형 롤러에 의하여 원통형으로 만든 다음 산소-아세틸렌가스용접에 의한 방법으로 주로 자동가스용접에 의하여 제조되며 호칭지름 50A 이하의 관에 사용된다.

(2) 전기저항용접관

전기저항용접관(電氣抵抗鎔接管)은 띠강을 압연기에 의해서 연속적으로 둥글게 성형하여 이음선을 전기저항용접에 의해서 용접한 것으로서 일명 전봉관(電棒管)이라고도 하는데, 대부분의 파이프는 오늘날 이 방법에 의해서 제조되고 있다. 그러므로 파이프 내측에 한 줄의 긴 용접 이음선(seam line)을 볼 수 있다. 이 선은 관을 공작할 때 확인·검사를 하여야 한다.

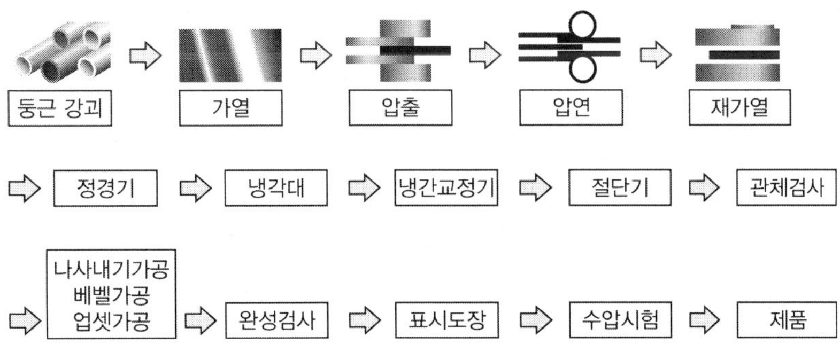

그림 2-1 이음매 없는 관의 제조 공정도

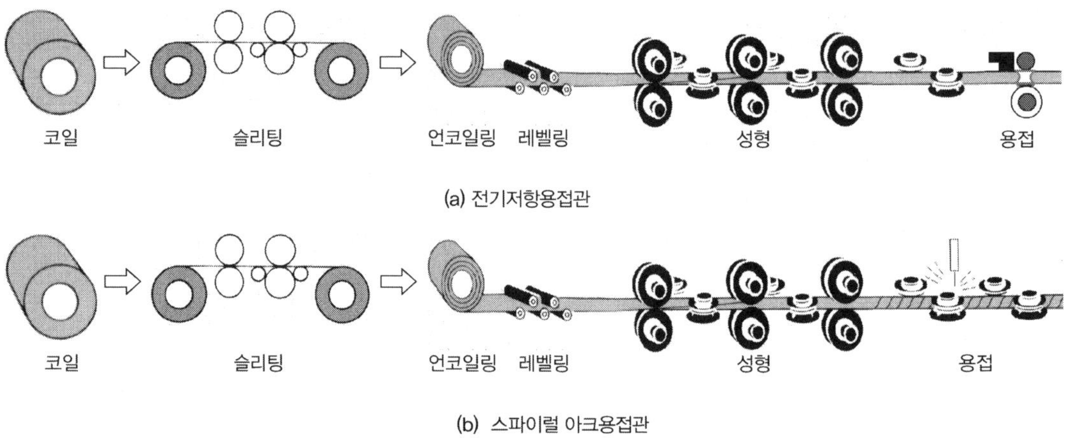

그림 2-2 이음매 있는 관의 제조 공정도

(3) 아크용접관

아크용접관은 지름이 350A 이상의 큰 지름의 관을 만들 때 쓰는 방법으로 띠강판의 측면을 용접에 적합하도록 베벨(bevel)가공하여 프레스 또는 벤딩롤러로 원통형으로 만든 다음, 자동 서브머지드 아크용접을 하여 만든다. 지름이 큰 관은 띠강판을 나선형으로 감아서 원통형으로 만든 다음 접합부의 내·외면을 용접하여 만드는 관을 스파이럴 아크용접관이라 한다.

익힘문제

1. 관과 배관에 대해 설명하여라.
2. 건축배관과 산업배관에 대해 설명하여라.
3. 배관공사 내역서 작성시 필수항목에 대해 설명하여라.
4. 관의 치수 체계에 대해 설명하여라.
5. 스케줄번호에 대해 설명하여라.
6. 파이프의 호칭경에 대해 설명하여라.
7. 이음매 없는 관을 제조하는 방법의 공정순서에 대해 설명하여라.
8. 관두께와 스케줄번호를 구하는 식에 대해 설명하여라.
9. 사용압력과 허용응력의 단위가 같을 때 스케줄 번호를 구하여라.

제3장 배관용 공구 및 기계

배관은 관의 공작에 의하여 시공(施工)되며, 또한 관의 공작은 절단, 나사내기, 벤딩, 확관, 이음 및 접합작업으로 구분할 수 있다.

① 수가공 및 측정용 공구

1 일반 공구

가. 해머(hammer)

일반적으로 배관 시공에 쓰여지는 해머류는 핀 해머, 리베팅 해머, 세팅 해머, 범핑 해머, 치핑 해머, 레이징 해머, 연질 해머 등이 있으며, 크기는 해머의 무게(g)로 표시한다.

나. 줄(file)

날의 크기에 따라 황목, 중목, 세목, 유목으로 나누며, 단면 형상에 따라 평형, 반원형, 원형, 각형, 삼각형 등이 있다. 줄의 규격은 길이로 나타나는데 보통 150mm, 200mm, 250mm, 300mm 등이 있다.

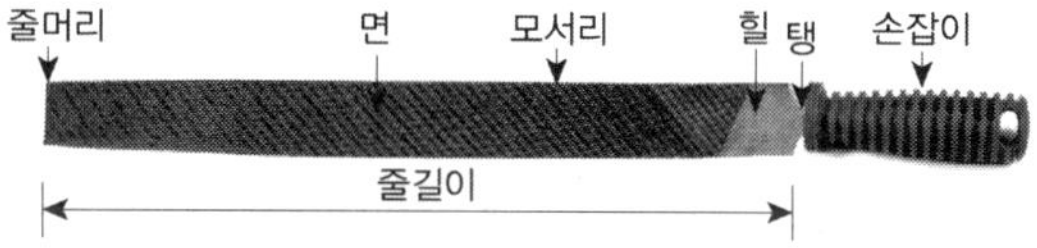

그림 3-1 줄의 형상과 명칭

다. 쇠톱(hack saw)

쇠톱은 관과 환봉 등의 절단용 공구로 피팅홀 간격에 따라 200mm, 250mm, 300mm의 3종류가 있다. 톱날의 산수는 재질에 따라 알맞은 것을 선택·사용하여야 한다. 절단 방법은 쇠톱에 톱날을 끼우고 1분간에 약 50~60회 정도 왕복운동을 한다.

(a) 고탄소강

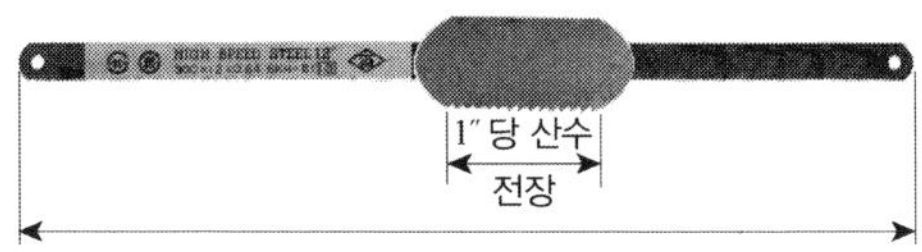

(b) 고속도강

그림 3-2 쇠톱날

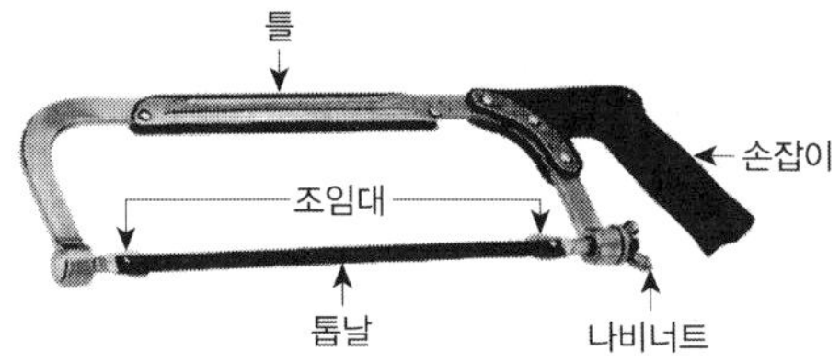

그림 3-3 손쇠톱

〈표 3-1〉 재질별 톱날의 산 수

톱날의 날수(inch당)	재 질
14	동합금, 주철, 경합금
18	경강, 동, 납, 탄소강
24	강관, 합금강, 형강
32	박판, 구조용 강관, 소결합금강

라. 소켓 렌치(socket wrench)

소켓 렌치는 막대 끝은 둥글고, 그 안쪽에는 볼트, 너트 머리에 잘 맞도록 6각 또는 12각으로 이루어져 있다.

소켓 렌치는 단독으로 사용할 수 없으며, 소켓굴절 핸들, 래칫 핸들, T-복스대, 슬라이딩 핸들, L 핸들, 스피드 핸들, 연장대, 자재이음 등의 강재 막대에 끼워서 사용하고, 규격은 mm용과 inch용이 있다.

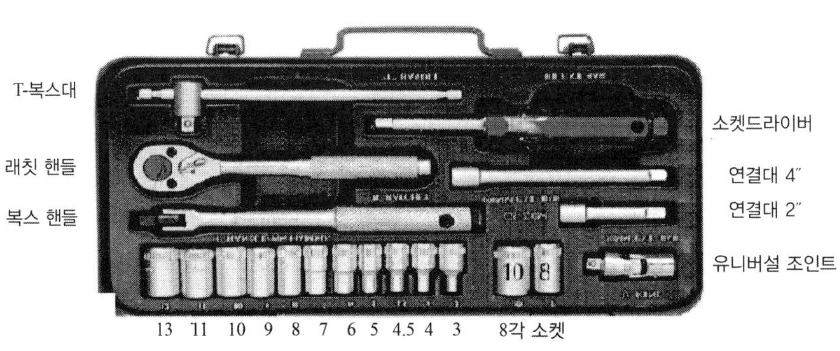

그림 3-4 핸드 소켓 렌치 세트

마. 드릴 머신(drilling machine)

금속, 플라스틱, 나무 등의 재료나 공작물의 구멍을 뚫거나, 뚫린 구멍을 크게 또는 정밀하게 리밍 작업할 때 사용되는 공구이다. 해머 드릴은 콘크리트나 석재의 구멍을 뚫는데 사용하며, 종류에는 휴대용, 탁상용, 장치용 등으로 나눌 수 있다.

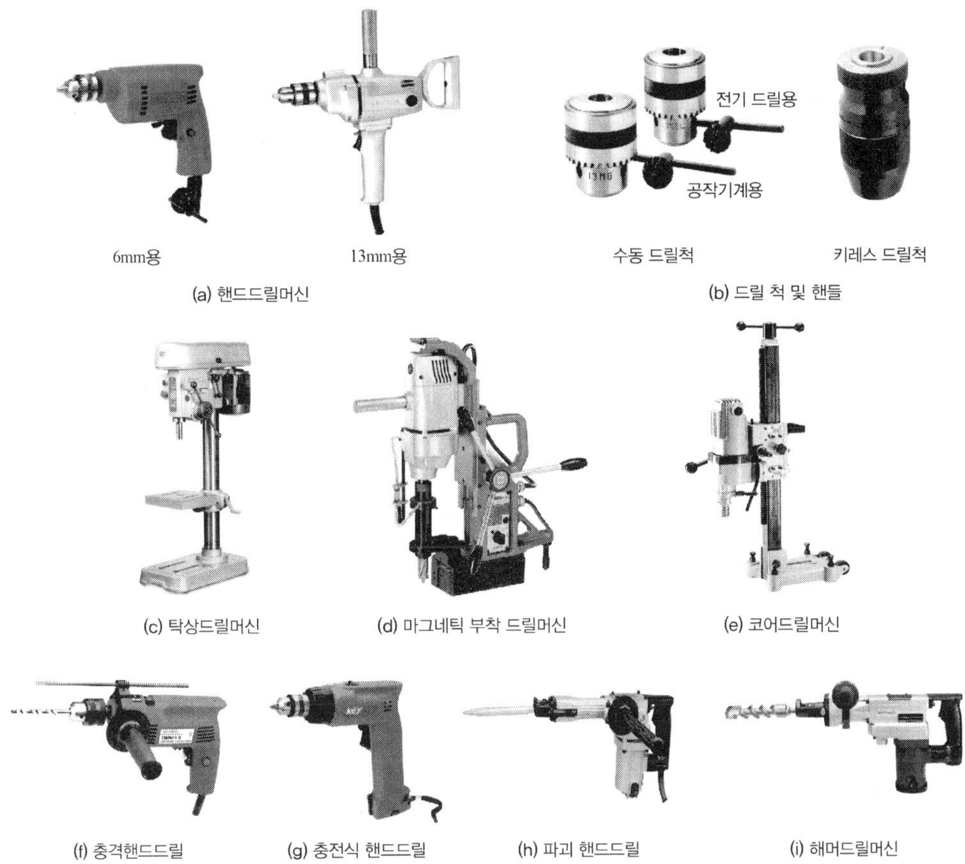

그림 3-5 드릴머신의 종류

바. 와이어 브러시(wire brush)

재료나 공작물 표면의 녹이나 페인트, 그리고 용접부 표면을 깨끗이 제거하기 위하여 사용되며, 수동식과 전동식이 있다.

전동식 와이어 브러시가 컵형인 것은 평면부에, 베벨형은 요철면이나 구석 부위를 작업할 때 쓰인다.

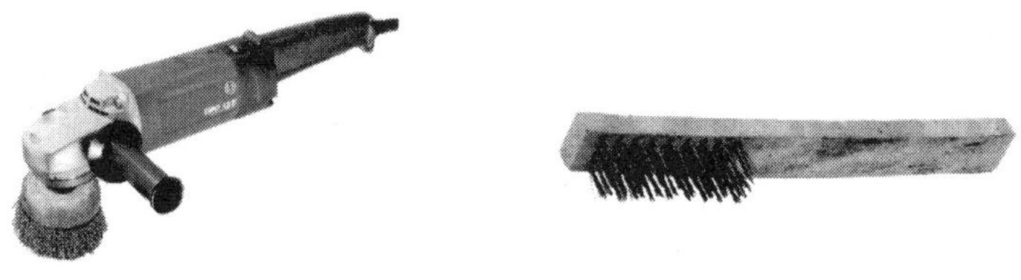

(a) 전동 와이어 브러시 (b) 수동 와이어 브러시

그림 3-6 와이어 브러시의 종류

사. 그라인더(grinder)

배관에 사용하는 그라인더는 디스크 그라인더, 핸드 그라인더, 벤치 그라인더 등이 있다. 디스크 그라인더는 관의 평면가공, 베벨각 가공 등에 사용하며, 핸드 그라인더는 작은 관의 내면 가공, 구멍가공 등에 사용되고, 벤치 그라인더는 정, 스크라이버(scriber) 등 공구와 기타 가공물의 외면가공에 사용된다.

(a) 벤치 그라인더(집진형) (b) 디스크 그라인더(중형) (c) 디스크 그라인더(소형)

그림 3-7 그라인더의 종류

아. 기타 공구

(1) 멍키렌치(monkey wrench) 및 체인렌치(chain wrench)

각종 볼트와 너트 머리의 크기를 조절하여 나사를 풀고 죌 수 있는 멍키렌치와 파이프렌치와 함께 각종 파이프 등을 작업할 수 있는 체인렌치 등이 있다.

(a) 멍키렌치 (b) 체인렌치

그림 3-8 멍키렌치 및 체인렌치

(2) 기타 물림기구류

그림과 같이 각종 공작물을 물리거나 얇은 재료를 절단할 수 있는 공구는 플라이어, 펜치(pinchers), 바이스 플라이어, 워터 펌프 플라이어, 롱 노즈 플라이어(long nose plier), 니퍼 등이 있다.

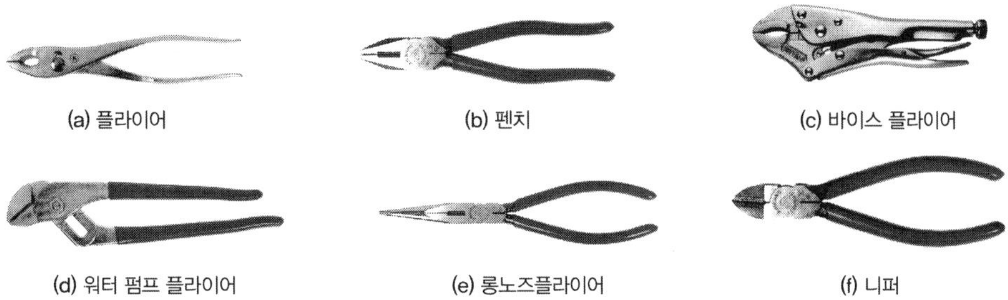

(a) 플라이어 (b) 펜치 (c) 바이스 플라이어
(d) 워터 펌프 플라이어 (e) 롱노즈플라이어 (f) 니퍼

그림 3-9 기타 물림기구류

(3) 용접용 파이프 클램프

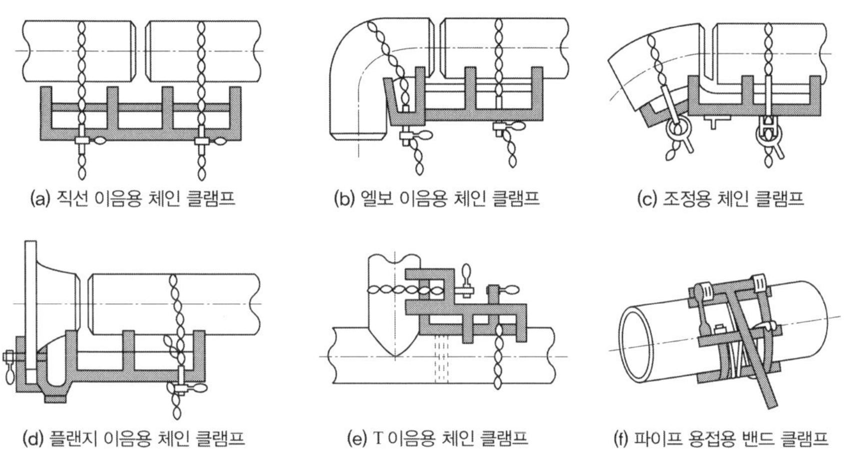

(a) 직선 이음용 체인 클램프 (b) 엘보 이음용 체인 클램프 (c) 조정용 체인 클램프
(d) 플랜지 이음용 체인 클램프 (e) T 이음용 체인 클램프 (f) 파이프 용접용 밴드 클램프

그림 3-10 용접용 파이프 클램프의 종류

(4) 기타 공구류

철판 위에 원이나 원호를 그릴 수 있는 컴퍼스가 있으며, 못 등을 뺄 수 있고 타격을 가하는 배척이 있다. 또한 관재료에 높은 열을 가할 수 있는 토치램프 등이 있다.

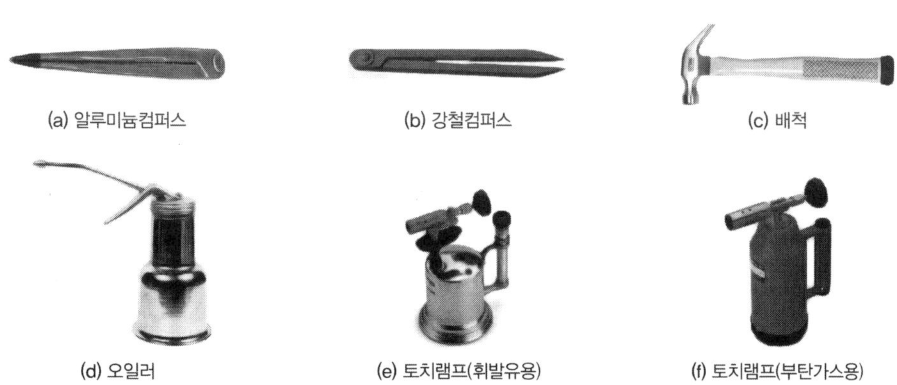

(a) 알루미늄컴퍼스 (b) 강철컴퍼스 (c) 배척
(d) 오일러 (e) 토치램프(휘발유용) (f) 토치램프(부탄가스용)

그림 3-11 기타 공구류

2 측정공구

측정용 공구에는 자, 직각자, 수준기, 버니어 캘리퍼스, 마이크로미터, 다이얼 게이지, 높이 게이지 및 정반, 틈새 게이지(thickness gauge), 와이어 게이지, 드릴 게이지 등이 있다.

가. 자(scale, rule)

배관 시공 중 사용되는 가장 간편한 측정공구로서 직선의 치수 측정에 사용되며, 강철제 곧은자, 접기자, 줄자 등이 있다.

(1) 강철자(steel rule)

마름질 작업에 사용되는 곧은 형태의 자로 스테인리스강제(stainless steel)의 철자가 많이 사용되고 있다. 길이는 300mm, 600mm, 1,000mm 등이 주로 사용되며, 눈금은 mm식과 inch식이 있다.

(2) 줄자(tapeline)

줄자는 2,000~7,000mm 정도의 길이를 측정하며, 눈금이 새겨진 가요성(flexibility) 스프링 테이프와 이 테이프를 감아 넣어 두는 케이스(case)로 되어 있다. 이 자는 짧은 길이의 내·외 측정에도 매우 유효하게 쓰이며, 원통 물체의 둘레 측정에도 사용된다.

(3) 접기자(folding rule)

공작물의 긴 길이 측정에 사용되며, 딱딱한 나무나 알루미늄으로 만들고 전체 길이는 1,000~2,500mm이며, 한 마디의 길이는 보통 150mm이다.

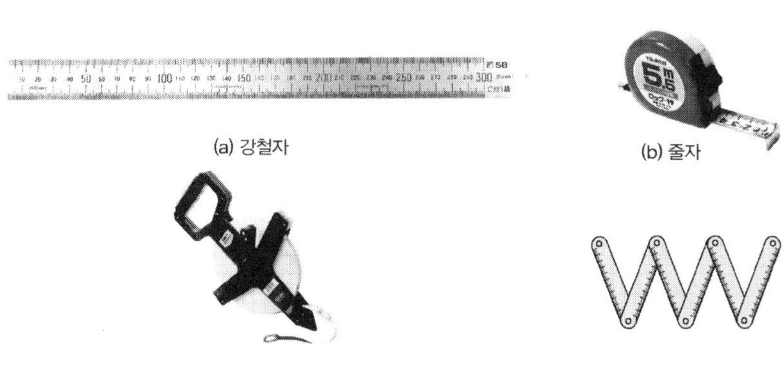

(a) 강철자 (b) 줄자 (c) 긴 줄자 (d) 접기자

그림 3-12 자의 종류

나. 직각자(square)

공작물의 직각도와 정확도를 시험할 때, 또는 공작물의 치수 표시 등을 할 때 사용한다.

(1) 직각 정규

직각 정규는 강제의 스톡(stock)과 얇은 블레이드(blade)로 되어 있으며, 블레이드의 길이는 보통 50~300mm이다. 이 자는 직선부, 평면부 및 각도 등의 정확성을 확인할 때, 직각 및 수직선을 긋거나 직각도를 검사할 때 사용된다.

(2) 조합 각자(combination square)

그림과 같이 움직일 수 있는 각 헤드(square head)와 홈이 파져 있는 강제의 자로 되어 있다. 각 헤드에는 수준기(level)가 부착되어 있어, 측정하고자 하는 평면의 수평 여부를 확인할 수 있도록 되어 있으며, 자에는 mm 또는 inch의 눈금이 새겨져 있다. 45°와 90°각을 설정할 수도 있고, 깊이 측정 게이지로도 사용할 수 있다.

(a) 직각 정규 (b) 조합 각자

그림 3-13 직각자의 종류

다. 버니어 캘리퍼스(vernier calipers)

버니어 캘리퍼스는 곧은 자와 캘리퍼스가 조합된 것으로 공작물의 길이, 외경, 내경, 깊이 등을 측정할 수 있는 사용 범위가 매우 넓은 측정 기구이다.
아들자(vernier)로 1/20mm까지 측정할 수 있으며, 호칭 크기는 최대 측정가능길이로 표시한다. 최소 읽기눈금길이가 1/20mm인 M1형과 1/50mm인 CB형, CM형이 있다. 3가지 형식 모두 150mm, 200mm, 300mm의 것이 일반적으로 많이 사용되나 CB형 및 CM형은 600mm, 1,000mm의 것도 있다.

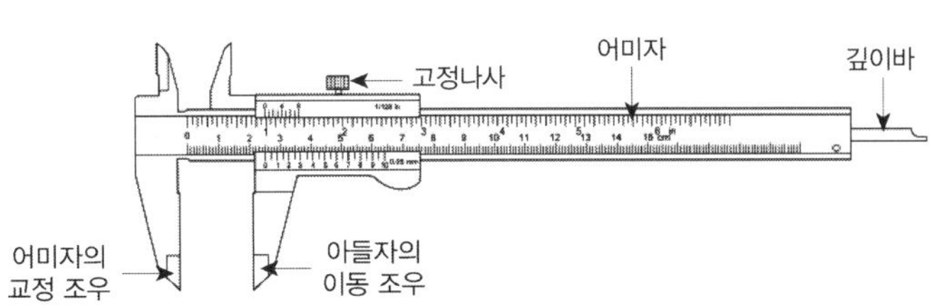

(a) M1 버니어 캘리퍼스

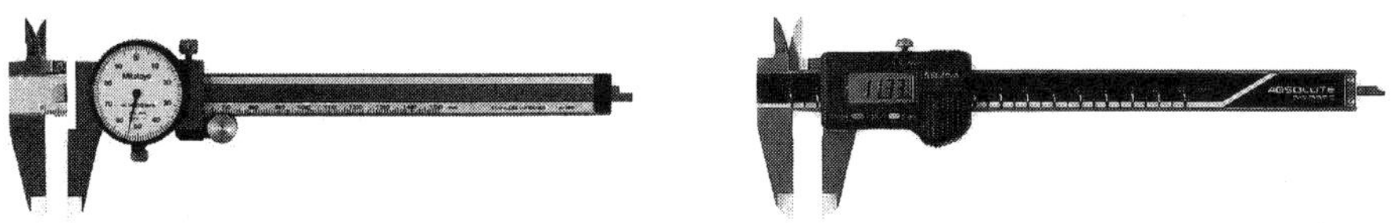

(b) 다이얼 버니어 캘리퍼스 47 (c) 디지털 버니어 캘리퍼스

그림 3-14 버니어 캘리퍼스의 종류

라. 수준기(level)

수준기는 배관 시공시 관 및 구조물의 수평을 맞출 때나 공작물의 표면이 수평 또는 수직이 되는가를 검사할 때에 사용된다. 종류로는 디지털식 수준기와 알루미늄제 기포관 수준기가 있다. 알루미늄제 기포관 수준기는 무게가 가볍고 녹이 슬지 않으며, 휘거나 비틀리지 않는 장점이 있어 배관공사 현장에서 많이 이용된다.

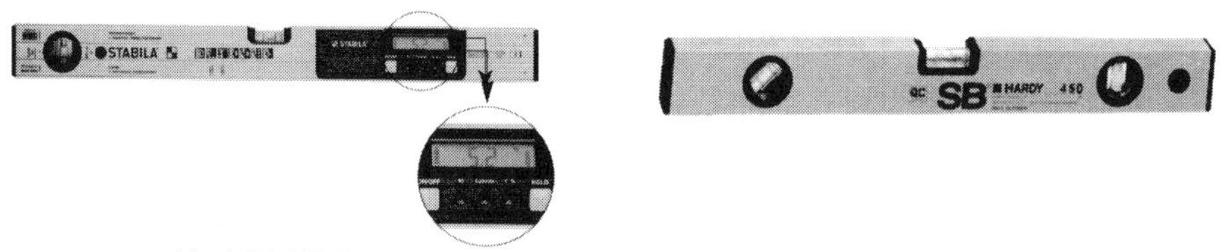

(a) 디지털 수준기 (b) 기포관 수준기(알코올 수준기)

그림 3-15 수준기

마. 정반(surface plate)

정반은 보통 미세한 입자의 주철로 만들어지며 정밀하고 원활한 평면으로 되어 있어 정밀 측정의 기준면으로 사용된다. 높이게이지는 이 정반을 기준면으로 하여 사용한다.

(a) 석정반 (b) 정밀주철장반

그림 3-16 정반의 종류

② 관 공작용 공구

1 강관용 공구

가. 바이스(vise)

관의 절단과 나사절삭 및 조립시 관을 고정하는데 사용되고 일반 작업대에 쓰이는 고정식과 이동식이 있으며, 크기는 파이프바이스는 고정 가능한 관의 치수로 나타내고, 수평바이스는 조(jaw)의 폭으로 나타낸다.
대구경관에는 체인을 이용한 체인바이스(chain vise)가 사용된다.

〈표 3-2〉 바이스의 호칭 사용 범위

수평바이스				파이프바이스			
호칭번호	사용범위 (mm)	호칭번호	사용범위 (mm)	호칭번호	사용범위 (인치)	호칭번호	사용범위 (인치)
# 0	6~50	# 1	6~65	# 0	$\frac{1}{8}$~2	# 1	$\frac{1}{8}$~$2\frac{1}{2}$
# 2	6~90	# 3	6~115	# 2	$\frac{1}{8}$~$3\frac{1}{2}$	# 3	$\frac{1}{8}$~$4\frac{1}{2}$
# 4	50~150			# 4	$\frac{1}{2}$~6		

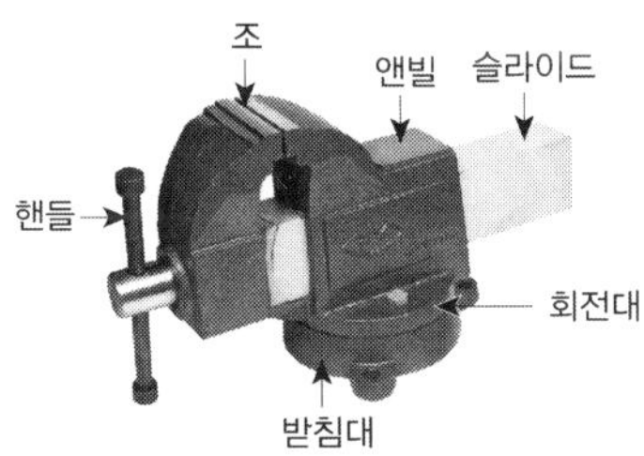

(a) 수평바이스

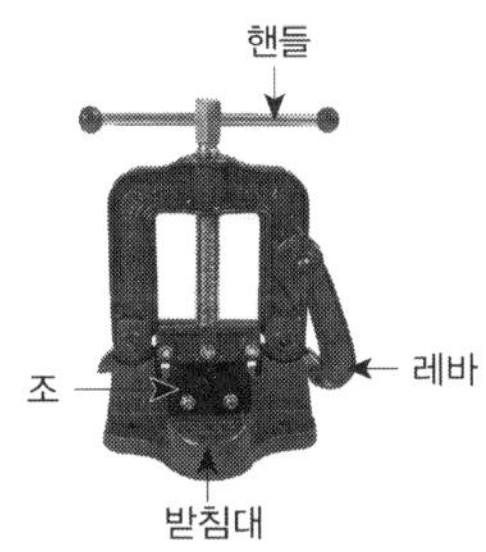

(b) 파이프바이스

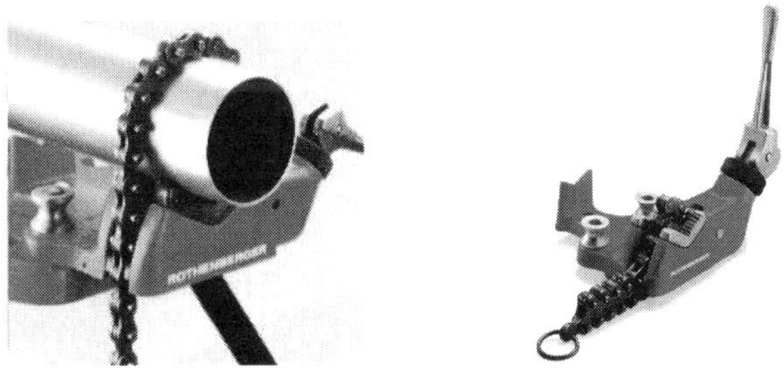

(c) 체인바이스

그림 3-17 바이스의 종류

나. 파이프커터(pipe cutter)

관을 절단할 때 사용되며, 1개의 날에 2개의 롤러가 장착되어 있는 것과 3개의 날만 있는 것이 있다. 크기는 관을 절단할 수 있는 관경으로 표시한다.

〈표 3-3〉 파이프커터의 절단 능력

1개 날		2개 날	
호칭 번호	파이프 치수	호칭 번호	파이프 치수
1	6~32A	2	15~50A
2	6~50A	3	32~75A
3	25~75A	4	65~100A
		5	100~150A

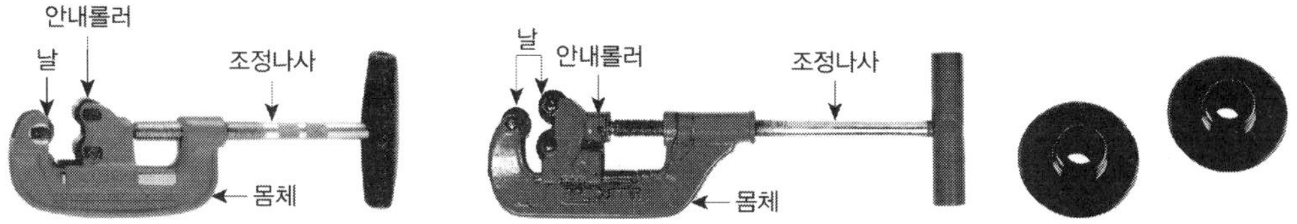

(a) 1개 날 파이프커터　(b) 3개 날 파이프커터　(c) 파이프커터날

그림 3-18 파이프커터

다. 파이프리머(pipe reamer)

관 절단 후 관 단면의 안쪽에 생기는 거스러미(burr)를 제거하는 공구이다.

그림 3-19 파이프리머

라. 파이프렌치(pipe wrench)

관 접합부의 부속류 분해 및 이음시 사용되며, 보통형과 강력형 및 체인형 등이 있다. 크기는 조(jaw)를 최대로 벌린 전 길이로 표시한다.

〈표 3-4〉 파이프렌치의 치수

호칭 치수		사용 관경
150mm	6inch	6A(1/6B)~15A (1/2B)
200mm	8inch	6A(1/6B)~20A (3/4B)
250mm	10inch	6A(1/6B)~25A (1B)
300mm	12inch	6A(1/4B)~32A (1¼B)
350mm	14inch	8A(1/4B)~40A (1½B)
450mm	18inch	8A(1/4B)~50A (2B)
600mm	24inch	8A(1/4B)~65A (2½B)
900mm	36inch	15A(1/2B)~95A (3½B)
1200mm	48inch	25A(1B)~125A (5B)

(a) 강철제 스트레이트 파이프렌치

(b) 알루미늄제 스트레이트 파이프렌치

(c) 강철제 오프셋 파이프렌치

(d) 알루미늄제 오프셋 파이프렌치

(e) 체인 파이프렌치

(f) 역 체인 파이프렌치

그림 3-20 파이프렌치의 종류

마. 나사절삭공구

파이프에 수동으로 나사를 절삭할 때 사용되며, 리드형과 오스터형이 있다. 리드형 나사절삭기는 2개의 날이 1조로 되어 있으며, 날의 뒤쪽에는 4개의 조로 파이프의 중심을 맞출 수 있는 스크롤(scroll) 장치가 부착되어 있다. 오스터형 나사절삭기(oster type die stock)는 4개의 날이 1조로 되어 있으며, 15~20A는 나사산이 14산, 25~250A는 나사산이 11산으로 되어 있다.

오스터형은 4개의 체이서(chaser)를 가지고 있어 90°회전으로서 쉽게 나사를 낼 수 있으므로 대구경관의 나사절삭에 이용되며, 리드형은 2개의 체이서로 소구경관의 나사절삭에 사용된다.

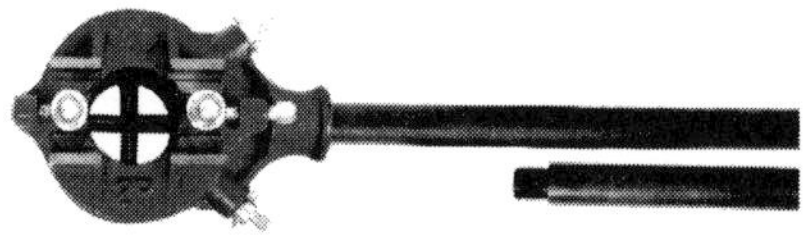

(a) 리드형 수동 나사절삭기

오스터 다이스(dies)

(b) 다이스 부착된 리드형 수동 나사절삭기

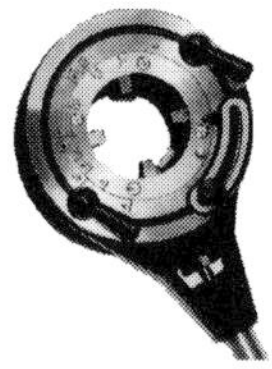

(c) 오스터형 수동 나사절삭기

그림 3-21 수동 나사절삭기의 종류

〈표 3-5〉 오스터형 사용 관경

형식	번호	사용 직경	체이서 종류	핸들수
오스터형	112R(102)	8A～32A	1/4～3/8, 1/2～3/4, 1～1¼	2
	114R(104)	15A～50A	1/2～3/4, 1～1¼, 1½～2	2
	115R(105)	40A～80A	1½～2, 2½～3	4
	117R(107)	65A～100A	2½～3, 3½～4	4

〈표 3-6〉 리드형 사용 관경

호칭 번호	사용 관경
2R4	15A(1/2B)～32A(1¼B)
2R5	8A(1/4B)～25A(1B)
2R6	8A(1/4B)～32A(1¼B)
4R	15A(1/2B)～50A(2B)

2 주철관용 공구

① **납 용해용 공구 세트** : 냄비, 파이어포트, 납물용 국자, 산화납 제거기 등이 있다.

② **클립** : 소켓 접합시 용융 납의 주입시 납의 비산을 방지한다.

③ **링크형 파이프커터** : 주철관 전용 절단공구로서 75～150A용은 8개의 날, 75～200A 용은 10개의 날로 구성되어 있다.

④ **코킹정(caulking chisel)** : 소켓이음시 얀(yarn)을 박아 넣거나 납을 다지는 공구로서 1번에서 7번까지 세트로 되어 있으며 두께가 얇은 것부터 순차적으로 사용한다.

⑤ **급수주철관용 천공기(perforator)** : 급수관에서 통수를 막지 않고 인입관을 분기시킬 때 사용하는 구멍을 뚫는 기계를 말하며, 분수전용과 T자전용이 있다.

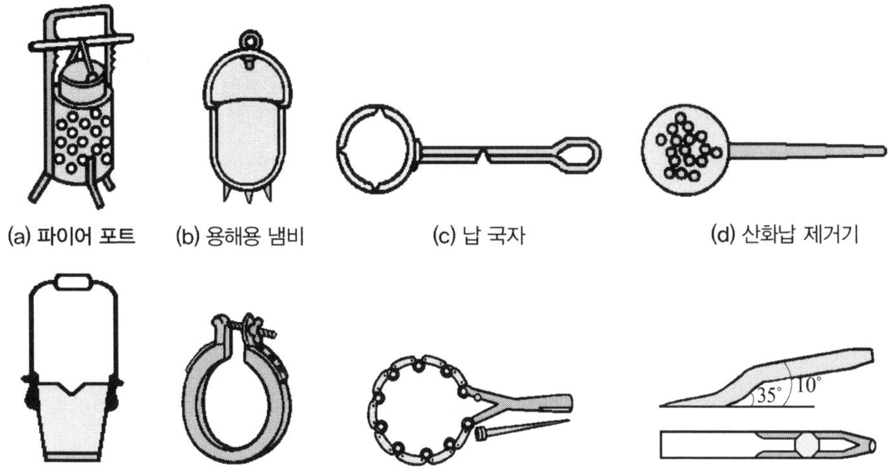

(a) 파이어 포트 (b) 용해용 냄비 (c) 납 국자 (d) 산화납 제거기
(e) 납 운반기 (f) 클립 (g) 링크형 파이프커터 (h) 코킹정

그림 3-22 주철관용 공구

3 동관용 공구

① 사이징 툴(sizing tool) : 동관의 끝부분을 원형으로 정형하는 공구이다.
② 플레어링 툴 세트(flaring tool sets) : 동관의 끝을 나팔관형으로 만들어 압축이음시 사용하는 공구이다.
③ 튜브벤더(tube bender) : 동관을 굽힐 때 사용하는 공구이다.
④ 익스팬더(expander) : 동관을 확관 할 때 사용하는 공구이다.
⑤ 튜브커터(tube cutter) : 동관을 질단 할 때 사용하는 공구이다.
⑥ 티 뽑기(extractor) : 직관에서 분기관을 성형할 때 사용하는 공구이다.
⑦ 리머(reamer) : 동관 절단 후 관의 내·외면에 생긴 거스러미를 제거하는 공구이다.
⑧ 동관용접기 : 동관을 용접접합할 때 사용하는 연납 및 경납용 용접기이다.

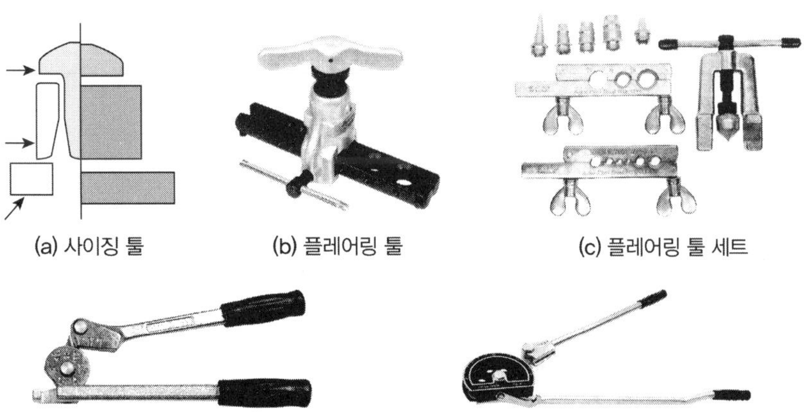

(a) 사이징 툴 (b) 플레어링 툴 (c) 플레어링 툴 세트
(d) 1/2″ 동관용 파이프벤더 (e) 7/8″ 동관용 파이프벤더

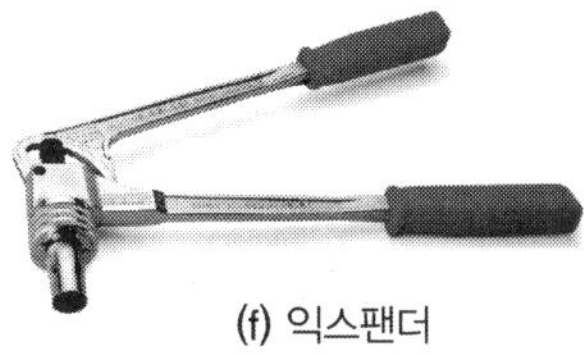

(f) 익스팬더

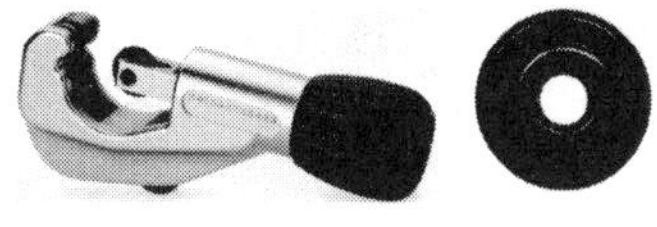

(g) 튜브커터와 날

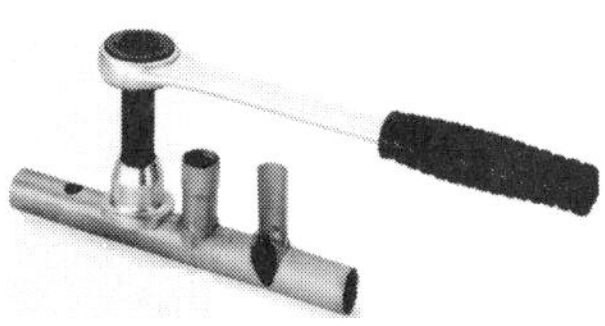

(h) 티 뽑기

(i) 리머

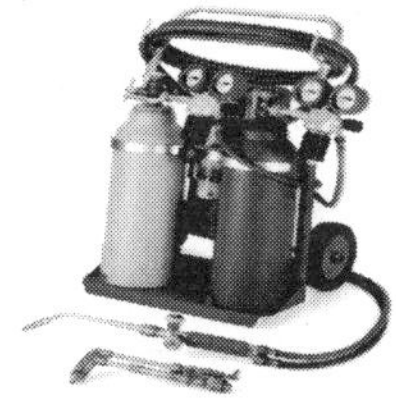

(j) 동관 용접기

그림 3-23 동관용 공구

4 연관용 공구

① 봄볼(bomb ball) : 분기관 작업시 주관에 구멍을 뚫을 때 사용한다.
② 드레서(dresser) : 연관 표면의 산화물을 깎아 낼 때 사용한다.
③ 벤드벤(bend ben) : 연관을 굽힐 때나 펼 때 사용한다.
④ 턴핀(turn pin) : 연관의 끝부분을 소정의 크기로 넓힐 때 사용한다.
⑤ 맬릿(mallet) : 턴핀을 때려 박든가 접합부 주위를 오므리는데 사용한다.
⑥ 토치램프 : 관의 부분적인 가열용으로 쓰이고, 석유용과 가솔린용이 있으며, 가스용이 개발되어 간단하게 사용되고 있다.

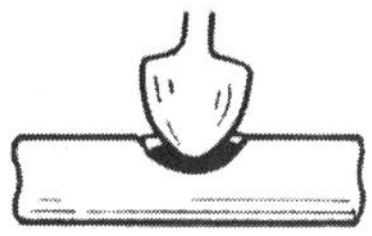

(a) 봄볼

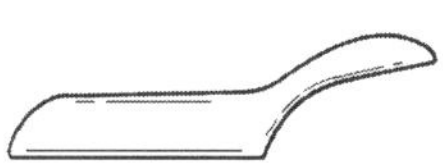

(b) 드레서

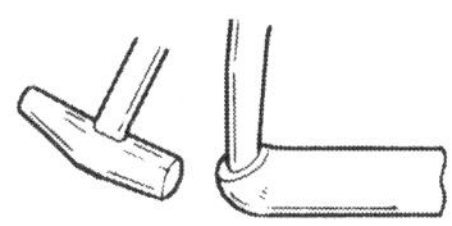

(c) 벤드벤

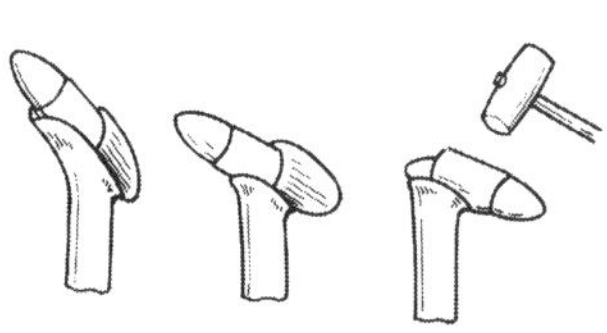

(d) 턴핀

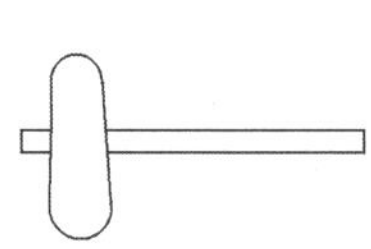

(e) 맬릿

(f) 토치램프

그림 3-24 연관용 공구

5 합성수지관용 공구

① 가열기 : PVC관의 접합 및 벤딩을 위해 관을 가열할 때 사용한다.
② 열풍 용접기(hot jet welder) : PVC관의 접합 및 수리를 위한 용접시 사용한다.

③ **파이프커터** : PVC관 전용으로 쓰이며, 관을 절단할 때 쓰인다.
④ **리머** : PVC관 절단 후 관 내면을 깨끗하게 다듬질 하는 데 사용한다.

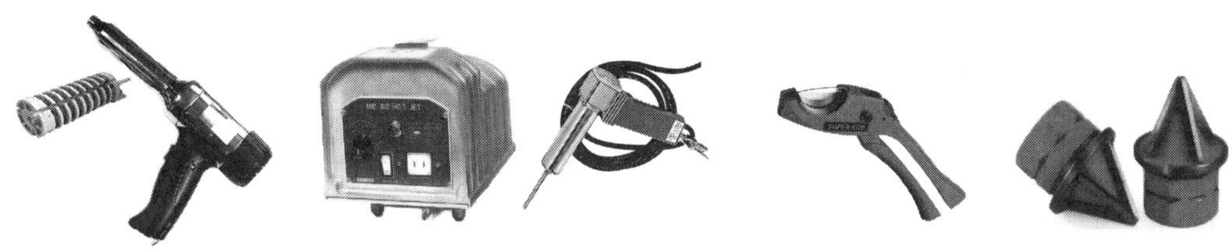

(a) 가열기 (b) 열풍 용접기 (c) PVC용 파이프커터 (d) PVC용 리머

그림 3-25 합성수지관용 공구

6 스테인리스강관용 공구

① **절단기** : 스테인리스강관을 절단하고자 할 때는 쇠톱이나 튜브커터를 사용하며, 동관용 공구와 병용한다.
② **전용 압착공구** : 스테인리스강관을 압축접합시 사용하는 공구로서 압축용 프레스식 유닛이라고도 한다. 구동 방식에 따라 수동유압식과 전동유압식의 2종류가 있으며 클램프는 13～60SU까지 7가지가 있다.
③ **벤딩기** : 스테인리스강관의 벤딩시 사용하는 공구이다.
④ **리머** : 스테인리스강관 절단 후 관 내면을 깨끗하게 다듬질 하는 데 사용한다.

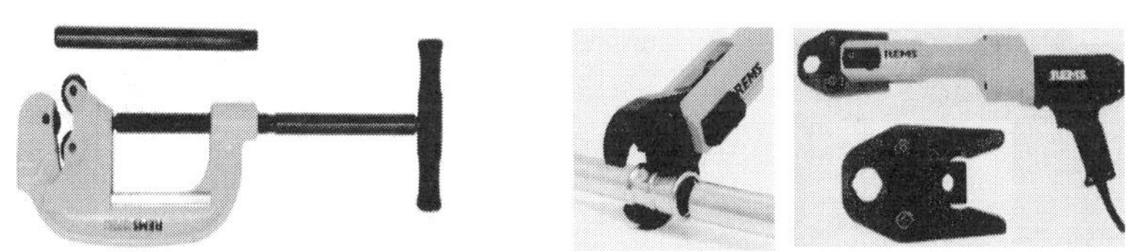

(a) 튜브 커터 (b) 전용 압착공구

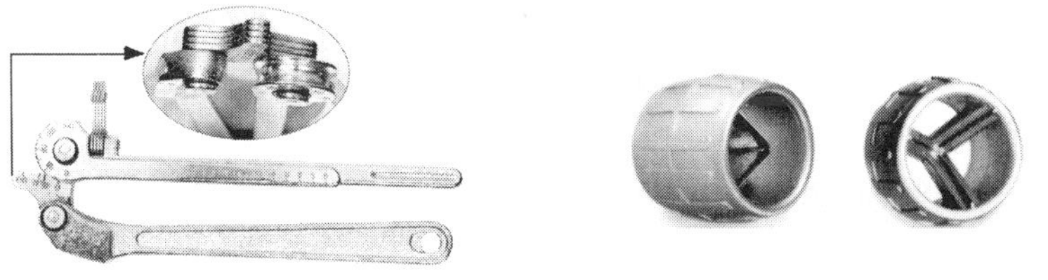

(c) 벤딩기 (d) 리머

그림 3-26 스테인리스강관용 전용공구

③ 관 공작용 기계

1 동력 나사절삭기

(1) 오스터식(oster type) : 동력으로 관을 저속으로 회전시켜 나사절삭기를 밀어 넣는 방법으로 나사가 절삭되며, 나사절삭기는 지지 로드에 의해 자동 이송되어 나사를 깎는다. 가장 간단하여 운반이 쉽고 관경이 작은 것에 주로 사용된다.

(2) 호브식(hob type) : 나사절삭 전용 기계로서 호브를 100~180rpm의 저속도로 회전시키면, 관은 어미나사와 척의 연결에 의해 1회전할 때마다 1피치만큼 이동하여 나사가 절삭된다. 이 기계에 호브와 파이프커터를 함께 장착하면 관의 나사절삭과 절단을 동시에 할 수 있다.

(3) 다이헤드식(die head type) : 관의 절단, 나사절삭, 거스러미(burr) 제거 등을 1대의 기계로 할 수 있기 때문에 현장에서 가장 많이 사용되고 있으며, 관을 물린 척(chuck)을 저속 회전시키면서 다이헤드를 관에 밀어 넣어 나사를 가공한다.

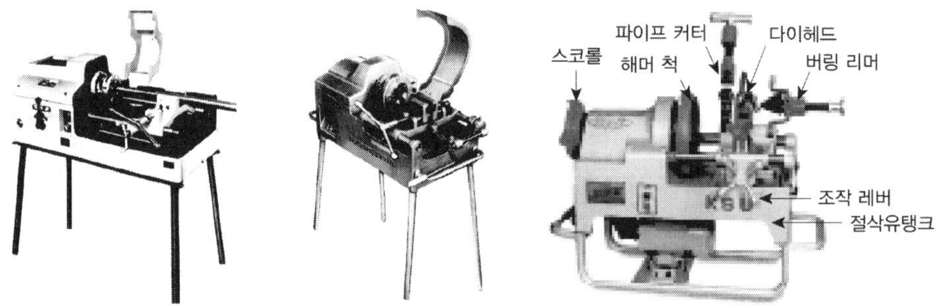

(a) 오스터형 (b) 호브형 (c) 다이헤드형

그림 3-27 동력 나사절삭기의 종류

2 파이프 벤딩기(pipe bending machine)

(1) **램식**(ram type) : 현장용으로 많이 쓰이며, 수동식(유압식)은 50A, 모터를 부착한 동력식은 100A 이하의 관을 상온에서 벤딩할 수 있다.

(2) **로터리식**(rotary type) : 공장에서 동일 모양의 벤딩 제품을 다량 생산할 때 적합하며, 관에 심봉을 넣고 구부린다. 이 방식은 상온에서 관의 단면 변형이 없고 두께에 관계없이 강관, 스테인리스강관, 동관 등을 벤딩할 수 있는 장점이 있다. 관의 구부림 반경은 관경의 2.5배 이상이어야 한다.

(3) **수동롤러식**(hand roller type) : 32A 이하의 관을 구부릴 때 관의 크기와 곡률 반경에 맞는 틀(former)을 설치하고, 롤러와 틀 사이에 관을 삽입한 후 핸들을 서서히 돌려서 180°까지 자유롭게 벤딩할 수 있다.

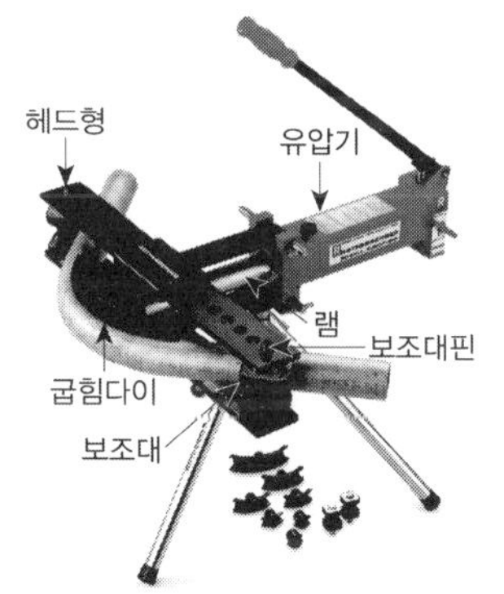

(a) 램식(수동유압식)

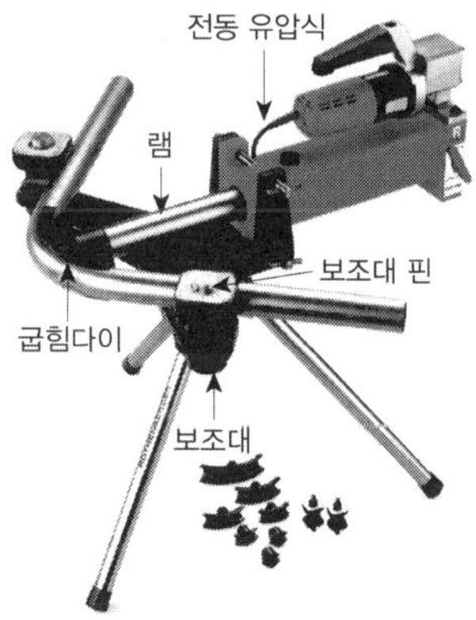

(b) 램식(전동식)

(c) 로터리식

(d) 수동롤러식

그림 3-28 파이프 벤딩기의 종류

3 그루빙 조인트 머신(grooving joint machine)

그루빙 조인트 머신은 파이프 이음 방식의 하나인 파이프 홈 조인트로 파이프와 파이프를 홈 조인트로 체결하기 위하여 파이프 끝을 가공하는 기계이다.

그림 3-29 그루빙 조인트 머신

4 기타 배관용 기계

가. 기계톱(hack sawing machine)

관 또는 환봉을 동력에 의해 상하 왕복운동을 하며 절단하는 기계로서, 절삭시는 톱날에 하중이 걸리고 귀환시는 하중이 걸리지 않는다. 작동시 단단한 재료일수록 톱날의 왕복운동이 천천히 진행된다.

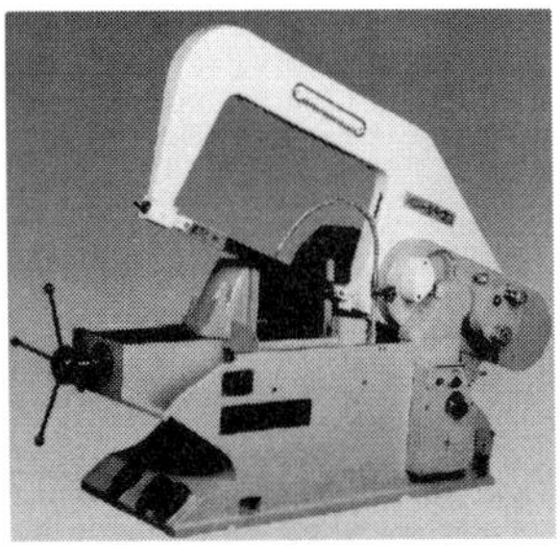

(a) 왕복식 기계톱

(b) 회전식 밴드 기계톱

그림 3-30 기계톱

나. 휠 고속절단기(abrasive cut off machine)

연삭 휠 고속절단기는 두께 0.5~3mm 정도의 얇은 연삭 원판을 고속 회전시켜 재료를 신속하게 절단하는 기계로서, 커터 그라인더 머신이라 부르기도 한다. 숫돌은 알런덤(alundum), 카보런덤(carborundum) 등의 입자를 소결한 것이다. 절단할 수 있는 관의 지름은 100mm까지이고, 연삭절단기의 회전수는 약 2000~2,300rpm 정도이다. 또한, 재료를 원하는 각도로 절단할 수 있는 각도절단기가 있다.

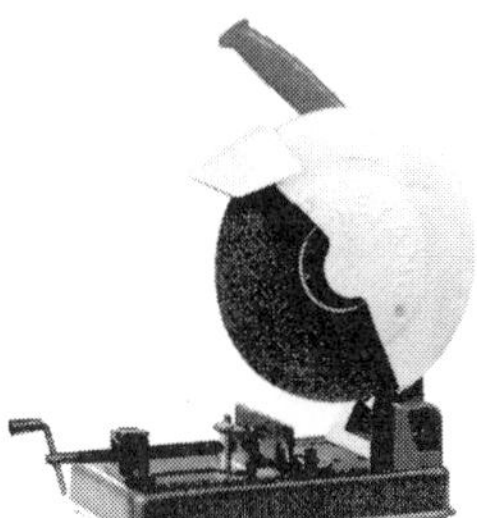

(a) 연삭절단기

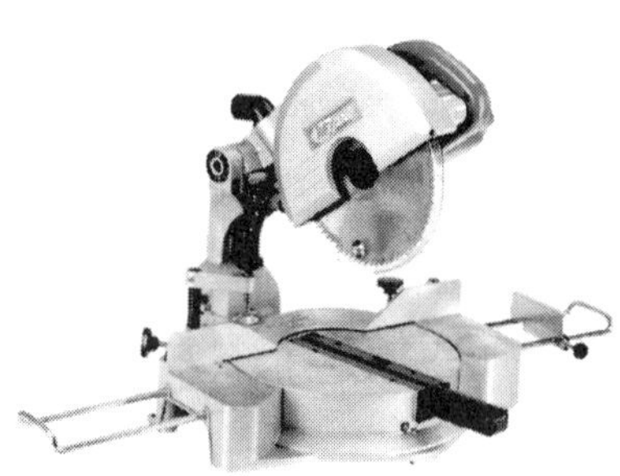

(b) 각도절단기

그림 3-31 휠 고속절단기

다. 가스절단기(gas cutter)

파이프를 소요 길이로 절단할 때 산소-아세틸렌 또는 산소-프로판가스 불꽃을 사용하여 수동 또는 자동으로 가스절단을 한다. 주로 관경(管徑)이 큰 경우에 사용되며, 아연도금강관을 절단할 때에는 가스절단을 하지 않는다.

(1) 가스절단의 원리

관의 가스절단은 산소절단이라고 하며, 산소와 철과의 화학 반응을 이용하는 절단 방법이다. 가스절단은 가스불꽃으로 미리 예열하여 온도 800~900℃에 도달하면 팁의 중심에서 고압의 산소를 불어 내어서 철은 연소하여 산화철이 되고, 그 산화철의 용융점은 모재인 강관보다 낮으므로 산소기류에 불려 나가 홈이 되므로 절단이 된다. 가스절단은 보통 다음과 같은 열화학 반응에 의하여 발열이 수반된다.

제1반응 : $Fe + \frac{1}{2}O_2 \rightarrow FeO + 63.8kcal$

제2반응 : $2Fe + 1\frac{1}{2}O_2 \rightarrow Fe_2O_3 + 196.8kcal$

제3반응 : $3Fe + 2O_2 \rightarrow Fe_3O_4 + 267.8kcal$

실제 절단 작업에서는 재료를 전부 가열할 필요 없이 일부를 가열 산화시켜 밀어내면 홈이 생기는데(2~4mm) 이 작업을 계속 반복하면 절단이 된다. 이 가스절단은

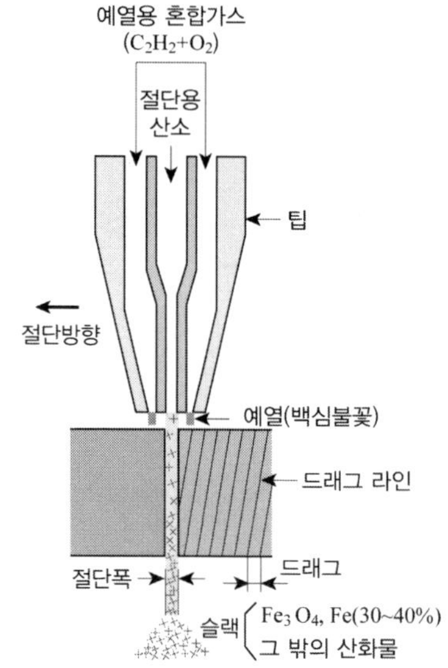

그림 3-32 가스절단의 원리

보통 강의 절단에서는 두께 3～30mm의 절단이 쉽게 이루어지며, 제3반응은 두꺼운 철판에서, 제1, 2반응은 보통 철판의 절단에 이용된다.

(2) 가스절단 조건

① 금속 산화물의 용융온도가 모재의 용융온도보다 낮아야 한다.
② 모재의 연소온도가 모재의 용융온도보다 낮아야 한다.
③ 모재의 성분 중 연소를 방해하는 원소가 적어야 한다.
④ 금속 산화물의 유동성이 좋으며, 모재로부터 쉽게 이탈될 수 있어야 한다.

이상과 같은 조건을 만족하는 철과 저탄소강은 가스절단에 적합한 절단재료이며, 주철, 스테인리스강, 비철금속 등은 가스절단이 거의 불가능하다.

(3) 가스절단기의 종류

가스절단기는 가스용접기와는 내부구조가 다소 차이가 있다. 즉 산소와 아세틸렌가스를 혼합하여 예열불꽃을 형성하는 부분과 절단용 고압산소만을 분출시키는 부분으로 되어 있다. 따라서 팁(tip)도 예열용 혼합가스만을 분출시키는 구멍과 그림과 같이 절단가스를 분출하는 구멍이 별도로 되어 있다. 예열용 가스구멍과 절단구멍이 동심원에 있는 형식을 동심형이라 하고, 별도의 중심을 갖고 예열용 팁과 절단용 팁이 별도로 되어 있는 형식을 이심형이라 한다.

가스절단기는 수동가스절단기와 자동가스절단기로 나누며, 수동가스절단기에는 저압식가스절단기와 중압식가스절단기가 있다. 이에 반해 자동가스절단기는 절단토치를 자동적으로 이동시키는 주행대차에 장착된 것으로 이동만을 자동화하고, 절단 방향을 손으로 조작하는 반자동식과 모든 조작이 자동적으로 이루어지는 전자동식이 있다.

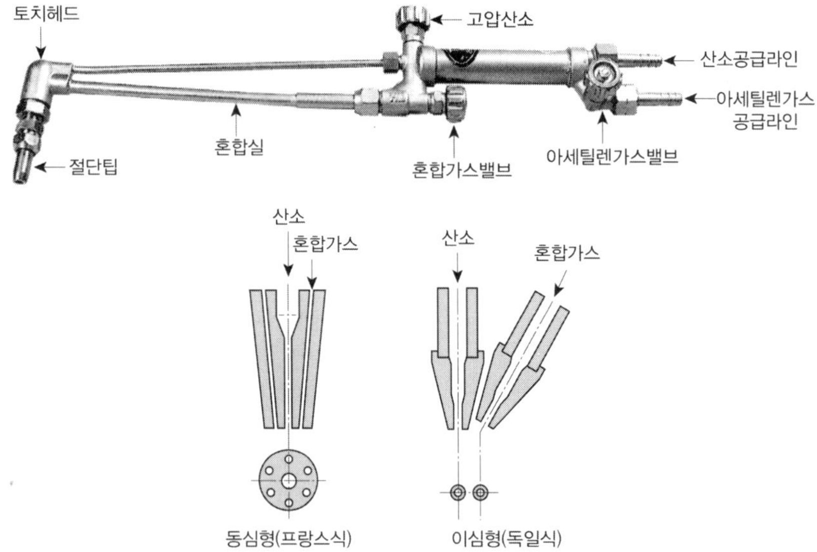

그림 3-33 가스절단 토치 및 팁의 형식

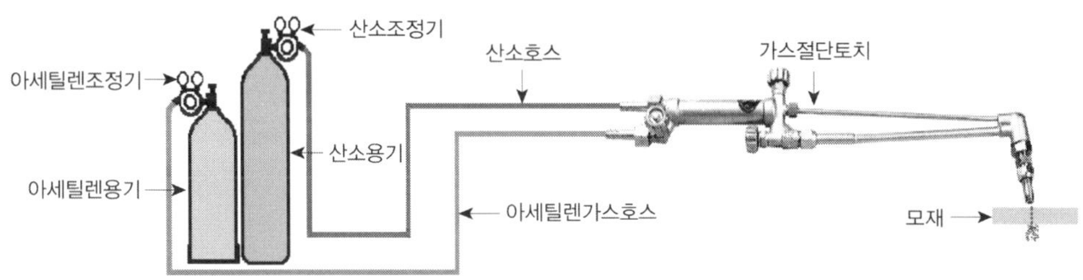

(a) 수동가스절단기

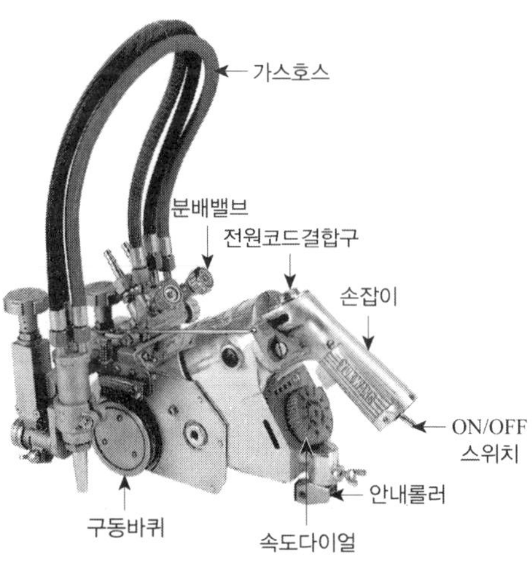

(b) 반자동가스절단기

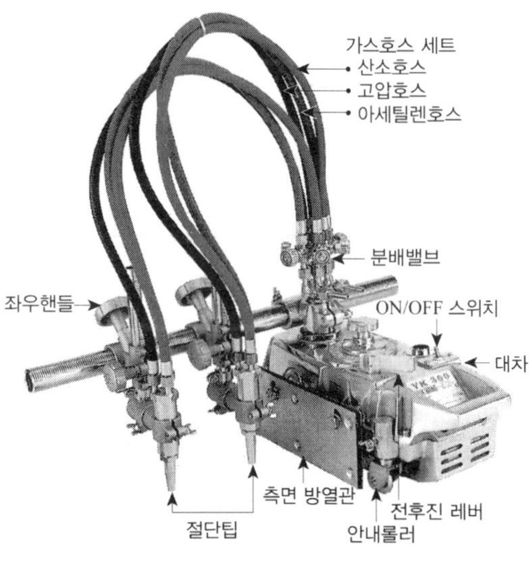

(c) 자동가스절단기

그림 3-34 가스절단기의 종류

라. 관 세척기(pipe cleaning machine)

세면기와 욕조 등의 배수, 화장실의 오수, 공업용 관의 폐수 또는 하수관 등의 막힌 곳을 뚫어 주며, 보일러 등의 세관에도 적합한 기계로 주위의 시설물에 전혀 손상을 주지 않고 간단하게 작업할 수 있는 경제적인 기계이다. 세척기는 관 길이가 10m용, 15m용이 있으며, 전동 관 세척기는 직경 4~150mm의 배관에 쓰이며, 헤드는 2개 정도 사용한다.

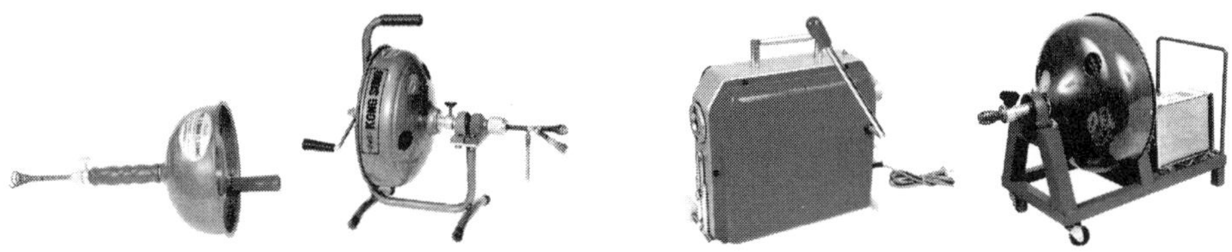

휴대용 장치용 휴대용 장치용

(a) 수동 관 세척기 (b) 전동 관 세척기

그림 3-35 관 세척기의 종류

마. 수압시험기(testing pump)

누수여부시험시 사용되는 수압시험기는 파스칼의 원리를 이용하여 제작된 것으로, 그 종류 및 구조는 매우 다양하나 실린더를 이용한 플런저펌프에 의해 작동되는 것이 가장 많이 쓰이고 있다.

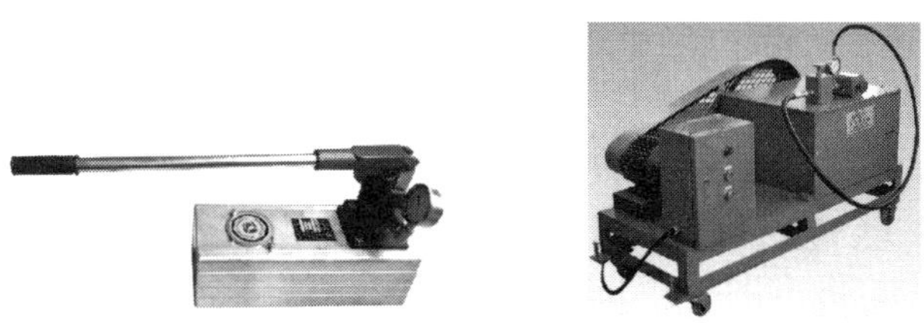

(a) 수동식 수압시험기 (b) 동력식 수압시험기

그림 3-36 수압시험기

바. 코어드릴(core drill)

코어드릴은 각종 설비, 토목, 전기공사에서 파이프를 연결하기 위한 구멍을 뚫는 작업을 하는 기계이다. 이 기계는 강력한 브러시 모터를 사용함으로 철근콘크리트구조물을 단번에 뚫으며, 이중절연구조로 안전하게 사용할 수 있으며, 45~ 90° 경사도 용이하게 작업할 수 있다.

그림 3-37 코어드릴

④ 배관용 자동기계

수동작업과 기계작업으로 인하여 배관 작업을 하여 왔던 기존방식에서 탈피하여, 절약화와 고품질 등을 목표로 다양한 전용 가공기계와 자동 조립기계가 개발되었고, 특히, CAD(Computer Aided Design), CAM(Computer Aided Manufacturing) 컴퓨터 제어 기술의 발달로 컴퓨터에 의한 설계, 제도의 정보를 CNC(Computer Numerical Control) 기계로 즉시 전송하여 가공 조립하는 무인화 시스템까지 도입하게 되었다.

1 CNC 파이프 벤딩 머신

파이프를 입체적으로 굽히기 위하여 임의로 설정된 프로그램에 따라서 순차적으로 자동 가공할 수 있는 컴퓨터 수치제어 방식의 고성능 파이프 굽힘 기계이다. 이 기계는 4축을 동시에 제어하며, CRT에는 프로그램화면, spring back, 보정파일화면, 위치화면 등 10여 종이 표시되어 필요시 역굽힘, 상호운전, 연속운전 등을 대화식(對話式)으로 프로그램 할 수 있으므로 공장에서 다량 생산 시스템에 사용되고 있다.

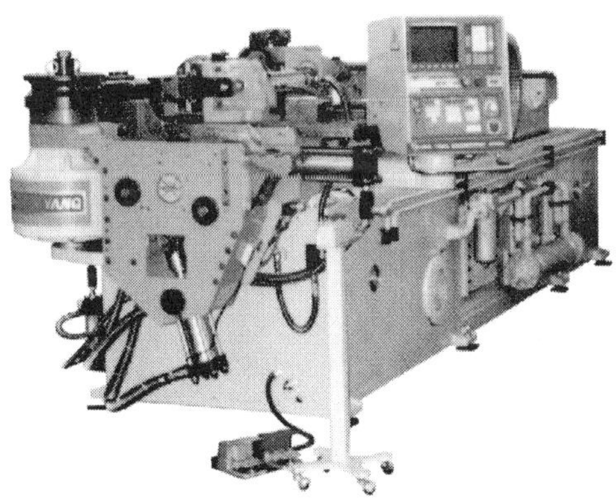

그림 3-38 CNC 파이프 벤딩 머신

2 자동용접기계

주관과 분기관의 이음을 고능률로 정밀하게 용접하기 위한 것인데, 관경의 정보에 따라 주관과 척(chuck)이 자동적으로 일치하게 되어 있다. 디지털 컨트롤에 의한 궤적(軌跡)을 결정하기 위해서 용접 조건에서 주관과 분기관의 단면이 진원이 아닐 경우에는 용접면이 부정확하게 되는 결점이 있다. 그러나 이 시스템은 용접 조건과 용접토치를 숙련된 용접공이 아니더라도 수동으로 쉽게 조정할 수 있도록 되어 있으며, 다음과 같은 특징이 있다.

① 균일한 용접을 위해 모든 용접 원주면에 걸쳐 용접토치가 아래보기로 되어 있다.
② 단기간 교육을 받은 사람도 쉽게 숙련되어, 오랜 경험을 가진 용접공이 수동으로 용접한 용접면보다 균일한 비드 현상을 얻을 수 있다.
③ 절단시간, 준비시간 및 용접 시간들이 수동에 비해 50% 이상 절약된다.

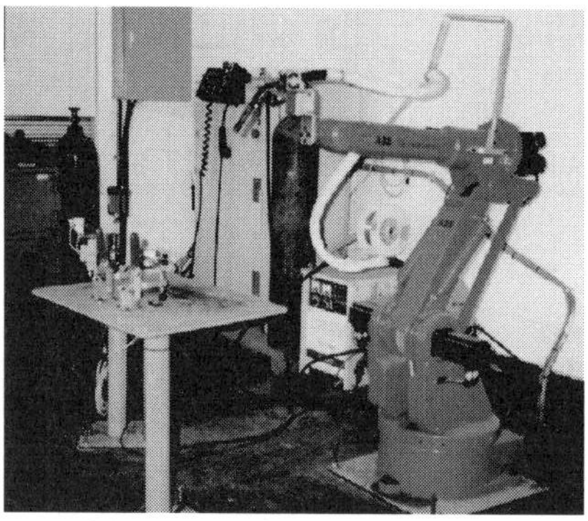

그림 3-39 로봇 자동용접기

3 기타 배관용 자동기계

수치제어에 의한 절단, 형상절단, 관의 끝 가공, 3차원 측정기, 플랜지 조립기계 등이 있다. 이 자동기계들은 각각 사용 목적에 따라 적절한 형태와 타 산업용(他産業用)기계들을 병합하여 사용되고 있으며, 계속 능률적이고 편리하게 개발되고 있기 때문에 배관용 기계의 완전한 자동화는 멀지 않은 듯하다. 예를 들면 굽힘 가공의 자동무인화 시스템은 다음과 같은 기계들을 조합하고 있다.

Pipe Cutter ⇒ End Process ⇒ CNC Bender ⇒ Tool－Changer Hopper·Changer ⇒ CNC Robot ⇒ Pipe Measuring M/C

익힘문제

1. 줄의 종류를 날의 크기, 단면 형상, 줄의 크기에 따라 설명하여라.

2. 배관 작업에 사용되는 일반 공구의 종류를 설명하여라.

3. 배관 작업에 사용되는 측정기의 종류를 설명하여라.

4. 파이프바이스, 파이프커터, 파이프렌치의 용도와 규격에 대하여 설명하여라.

5. 수동나사 절삭기의 용도와 종류에 대하여 설명하여라.

6. 동력나사 절삭기에서 행할 수 있는 작업에 대하여 말하여라.

7. 파이프 벤딩기의 종류와 용도에 대하여 설명하여라.

8. 주철관용 공구에는 어떠한 것들이 있는가 설명하여라.

9. 강관의 절단 방법 종류와 그에 대하여 각각 설명하여라.

10. PT1/2 관용 테이퍼 나사의 25.4mm 당의 산수는 몇 산인가?

11. 동관용 공구 종류와 플레어링 툴 세트에 대하여 설명하라.

12. 연관용 공구에는 어떠한 종류에 대하여 설명하여라.

13. 용접용 파이프클램프의 종류를 열거하라.

제4장 관의 종류와 용도

① 관 재료의 선택

유체의 수송에 사용되는 관의 종류에는 강관, 주철관, 동관, 연관, 스테인리스강관, 알루미늄관, 티탄관, 합성수지관, 콘크리트관, 도관 등이 있고, 라이닝관(lining pipe)과 같은 새로운 제품이 계속 생산되고 있으며, 그 종류도 다양하다. 관 재료는 사용 목적에 따라 내식성, 내구성, 내압성, 내충격성, 내약품성 등이 요구되지만, 이러한 성질을 고루 갖춘 재료는 없으므로 각 관의 재질에 따른 특성에 따라 관을 선택하여야 한다. 특히 최근에는 반도체 세척수로 사용되는 초순수 배관용 크린파이프(clean pipe) 개발이 활발히 진행되고 있다. 배관 시공계획에 따라 관 재료를 선택할 때에는, 다음과 같은 점을 고려하여 선택하여야 한다.

(1) 관속에 흐르는 유체의 화학적 성질

① 수송 유체에 따른 관의 내식성
② 수송 유체와 관의 화학 반응으로 인한 유체의 변질 여부
③ 유체의 온도 또는 농도 변화에 따른 관과의 화학 반응
④ 지중 매설 배관할 때 토질과의 화학 변화

(2) 물리적 성질

① 수송 유체에 고형물이 혼재(混在)되어 있는 경우 관의 내마모성
② 유체의 온도 변화에 따른 물리적 성질의 변화
③ 유체의 저항응력(맥동; pulsation : 수격 작용이 발생할 때의 내압 강도)
④ 유체가 관속에서 동결될 때의 기계적 성질의 변화
⑤ 지중 매설 배관일 때 외압으로 인한 강도

(3) 기타 사항

① 항공기, 열차 등과 같이 진동이 문제되는 배관에 있어서 이를 흡수할 수 있는 접합 방법의 가능 여부

② 지리적 조건에 따른 수송 문제

③ **사용 기간(수명) 및 시공 방법** : 관의 사용 목적은 유동유체(流動流體)를 수송하거나 압력을 전달할 뿐만 아니라, 관의 외면에서 열교환(heat exchange) 및 구조물의 보강용으로 사용된다. 관의 소재(素材)로는 철, 동, 황동, 납, 알루미늄, 티탄, 스테인리스강, 유리, 고무 또는 여러 가지의 합성수지 제품을 사용하고 있다. 관의 재질별 종류는 다음 표와 같다.

〈표 4-1〉 관의 분류

- 관(管, pipe)
  - 금속관
    - 강관
    - 주철관
    - 동관
    - 동합금관
    - 연관
    - 알루미늄관
    - 주석관
    - 스테인리스강관
    - 티탄관
  - 플라스틱관
    - 경질염화비닐관
    - 연질염화비닐관
    - 폴리에틸렌관
    - 폴리부틸렌관
  - 고무호스관
  - 목(木)관
  - 유리관
  - 콘크리트관
    - 석면시멘트관
    - 원심력철근콘크리트관
    - 철근콘크리트관
  - 도(陶)관
  - 직(直)관
  - 이형(異形)관
    - 파형(波形)관
    - 가요(可撓)관
    - 부르동관
  - 특수구조관

〈표 4-2〉 중소 규모 건물의 관재 사용 구분

종 류	명 칭	규격번호 KS	사용구분: 급수	급탕	오수	잡배수	통기	가스	냉온수: 밀폐	냉온수: 개방	냉수	증기	기름	구 경 [mm]	비 고
강관	수도용 아연도금강관	D3537	○	○		○	○		○	○	○			10~350A	정수도 100m 이하의 상수도의 송·배수
	배관용 탄소강관(백)	D3507					○	○	○	○	○	○	○	6~600A	상용 1MPa 이하, −15~350℃
	배관용 탄소강관(흑)	D3507						○	○		○	○	○	〃	
	라이닝 강관 (백·흑)	D3761	○	○	○	○								15~150A	최고 사용 압력 1MPa 이하, 원관은 KS D 3507, 라이닝제는 경질PVC 등
	코팅강관(흑)	D3565	○		○	○	○							80~3000A	원관은 KS D 3507, 코팅제는 염화비닐 수지 등
주철관	배수용 주철관	D4307			○									50~200A	
동관	이음매 없는 동 및 동합금관	D5522	○	○				○	○	○			○	(외경) 6~150A	K.L.M(N) 형이 있다.
연관	수도용 폴리에틸렌 라이닝 납관	D6703	○											10~50A	정수두 75m 이하의 급수
	일반공업용 납 및 납합금관	D6702				○		○						10~300A	2종(일반용)과 3종(가스용)이 있다.
염화비닐관	수도용 경질 염화비닐	M3401	○											13~300A	사용 압력 0.76MPa 이하, 정수두 75m 이하의 급수
	일반 경질 염화비닐관	M3404			○	○	○							10~300A	일반관과 박육관이 있다.
흄관	원심력 철근 콘크리트관	F4403			○	○								75~1800A	보통관과 압력관이 있다.
도관	도관	L3208				○								50~900A	보통관과 후관이 있다.
스테인리스 강관	배관용 스테인리스 강관	D3576						○	○	○	○	○		6~650A	내식용·저온용·고온용 배관
	일반배관용 스테인리스강관	D3595	○	○		○			○	○	○			8~300Su	자동 아크 및 레이저, 전기저항용접관이 있다.

② 강관

강관은 일반 건축물은 물론 공장, 선박, 기차, 차량 등의 급수, 급탕, 증기, 배수, 가스배관 외에 광산이나 산업공장에서의 압축 공기관 등의 각종 수송관으로 또는 일반 배관용으로서 광범위하게 널리 사용되며, 그 종류 및 용도 특성은 <표 4－3>과 같다.

〈표 4-3〉 강관의 종류와 용도

종 류		규 격 기호		주요 용도와 기타 사항
		KS	기호	
배관용	배관용 탄소강관	SPP	D3607	사용 압력이 비교적 낮은(1MPa 이하) 증기, 물, 기름, 가스 및 공기 등의 배관용. 흑관과 백관이 있으며, 호칭지름은 6~600A
배관용	압력 배관용 탄소강관	SPPS	D3562	350℃정도 이하에서 사용하는 압력 배관(1~10MPa)에 사용. 호칭은 호칭지름과 두께 (스케줄 번호)에 의한다. 호칭지름은 6~650A
배관용	고압 배관용 탄소강관	SPPH	D3564	350℃ 이하에서 9.8N/mm^2 이상의 압력 배관에 사용하며, 호칭은 SPPS 관과 동일. 호칭지름은 6~650A
배관용	고온 배관용 탄소강관	SPHT	D2570	350℃를 초과하는 온도에서 사용하는 배관용. 호칭은 SPPS관과 동일. 호칭지름은 6~650A
배관용	배관용 아크용접 탄소강강관	SPW	D3583	사용 압력이 비교적 낮은(1MPa 이하) 증기, 물, 기름, 가스, 공기 등의 배관용. 호칭지름은 350~2,000A
배관용	배관용 합금강관	SPA	D3573	주로 고온도의 배관에 사용, 두께는 스케줄번호에 따름. 호칭지름은 6~650A
배관용	저온 배관용강관	SPLT	D3569	빙점 이하의 특히 낮은 온도에서 배관에 사용, 두께는 스케줄 번호에 따름. 호칭지름은 6~650A
수도용	수도용 아연도금강관	SPPW	D3537	SPP관에 아연 도금을 실시한 관으로 정수두 100m 이하의 수도에서 주로 급수 배관에 사용. 호칭지름은 6~500A
수도용	상수도용 도복장강관	STWW	D3565	SPP관 또는 아크용접 탄소 강관에 피복한 관으로 정수두 100m 이하의 수도용에 사용. 호칭지름은 80~1,500A
열전달용	보일러 및 열교환기용 탄소강관	STBH	D3563	관의 내외에서 열을 주고 받을 목적으로 하는 곳에 사용. 보일러의 수관, 연관, 과열기관, 공기 예열관, 화학 공업이나 석유공업의 열교환기관, 콘덴서관, 촉매관 등에 사용. 관지름 15.9~139.8mm, 두께 1.2~12.5mm
열전달용	보일러, 열교환기용 합금강관	STHA	D3572	관의 내외에서 열의 교환용으로 사용. 보일러의 수관, 연관, 과열관, 공기 예열관 등 화학공업, 석유공업의 열교환기관, 콘덴서관, 촉매관 등에 사용. 관지름 15.9~139.8mm, 두께 1.2~ 12.5mm
열전달용	저온 열교환기용 강관	STLT	D3571	빙점 이하의 특히 낮은 온도에서 관의 내외에서 열의 교환용으로 하는 강관. 열교환기관, 콘덴서관 등에 사용 관지름 15.9~50.8mm, 두께 1.2~ 6.5mm
구조용	일반구조용 탄소강관	STK	D3566	토목, 건축, 철탑, 발판, 지주, 지면 미끄럼 방지 말뚝, 기타 구조물에 사용. 관지름 21.7~1016mm, 관두께 2.0~22.0mm
구조용	기계구조용 탄소강관	STKM	D3517	기계, 자동차, 자전거, 가구, 기구 기타 기계부품에 사용
구조용	기계구조용 합금강관	SCMTK	D3574	기계, 자동차, 기타의 구조물에 사용

1 배관용 강관

가. 배관용 탄소강관(carbon steel pipes for ordinary piping; SPP)

사용 압력이 비교적 낮은(1MPa 이하) 증기, 물, 기름, 가스, 공기 등의 저압력 유체수송관에 사용하며, 가스관이라고도 한다. 관 1본(本)의 길이는 6m(KS규격)이며, 흑관은 2.5MPa의 수압을 가하였을 때 이에 견디고 누수가 없어야 하며, 시험을 실시하여 결함이 없어야 하고, 인장강도는 30N/mm^2 이상이어야 한다. 이 강관의 종류는 아연 도금을 하지 않는 흑관과 흑관에 아연 도금을 한 백관이 있다. 호칭지름은 6~600A까지 26종이 있다.

나. 압력 배관용 탄소강관(carbon steel pipes for pressure service; SPPS)

온도 350℃ 이하에서의 압력 배관에 쓰이는 탄소강관이며, 주로 사용 압력은 10MPa 이하의 물, 공기, 증기, 가스 등 압력 유체수송관으로 사용된다. 관의 제조방법은 이음매 없이 제조하거나 전기저항용접으로 관 1개의 길이는 4m 이상으로 제조한다. 치수는 [호칭지름×호칭두께(Sch No.)] (예 : 50A×Sch 40 또는 2B×Sch 40)로 나타낸다. 호칭지름은 6~650A까지 25종이 있으며, 스케줄번호(Sch No.)는 10, 20, 30, 40, 60, 80 등이 있다.

다. 고압배관용 탄소강관(carbon steel pipes for high pressure service; SPPH)

온도 350℃ 이하에서 사용 압력이 높은 배관(10MPa 이상)에 사용하며, 암모니아 합성용 배관, 내연기관의 연료 분사관, 화학공업에서의 고압배관 등 고압 유체 수송관에 사용한다. 제조방법은 킬드강으로 사용하여 이음매 없이 제조한다. 종류는 4가지가 있다. 치수는 [호칭지름×호칭두께(Sch No.)] 또는 [바깥지름×두께]로 표시한다. 스케줄번호(Sch No.)는 40, 60, 80, 100, 120, 140, 160 등이 있으며 호칭지름은 6~650A까지 25종이 있다.

〈표 4-4〉 고압배관용 탄소강관의 화학성분

종류 (이음매 없음)	기호	화학성분(%)						인장강도 (kg/mm^2)	항복점 또는 내력 (kg/mm^2)
		C	Si	Mn	P	S	Cu		
1종	SPPH 35	0.08~0.18	0.10~0.35	0.30~0.60	0.035 이하	0.035 이하	0.020 이하	35 이상	18 이상
2종	SPPH 38	0.25 이하	0.10~0.35	0.30~0.90	0.035 이하	0.035 이하	0.020 이하	38 이상	22 이상
3종	SPPH 42	0.30 이하	0.10~0.35	0.30~1.00	0.035 이하	0.035 이하	0.020 이하	42 이상	25 이상
4종	SPPH 49	0.33 이하	0.10~0.35	0.30~1.00	0.035 이하	0.035 이하	0.020 이하	49 이상	28 이상

라. 고온배관용 탄소강관(carbon steel pipes for high temperature service; SPHT)

주로 350℃를 초과하는 온도에서 보일러, 증기관, 석유 정제용 등 고온 유체 수송관에 사용하며, 관의 호칭은 호칭지름과 스케줄번호에 의한다. 관의 제조방법은 입자가 거친 킬드강(killed steel)을 사용하며, 이음매 없이 제조하거나 전기저항용접에 의하여 제조한다. 다만, SPHT 49는 이음매 없이 제조한다. 치수는 [호칭지름×호칭두께(Sch No.)] 또는 [바깥지름×두께]로 표시한다. 스케줄번호는 10, 20, 30, 40, 60, 80, 100, 120, 140, 160 등이 있으며 호칭지름은 6～650A까지 25종이 있다.

〈표 4-5〉 고온배관용 탄소강관의 종류 및 화학성분

종류	기호	화학성분(%)						인장강도 (kg/mm^2)	항복점 또는 내력 (kg/mm^2)
		C	Si	Mn	P	S	Cu		
2종	SPHT 38	0.25 이하	0.10～0.35	0.30～0.90	0.035 이하	0.035 이하	0.020 이하	38 이상	22 이상
3종	SPHT 42	0.30 이하	0.10～0.35	0.30～1.00	0.035 이하	0.035 이하	0.020 이하	42 이상	25 이상
4종	SPHT 49	0.33 이하	0.10～0.35	0.30～1.00	0.035 이하	0.035 이하	0.020 이하	49 이상	28 이상

마. 저온배관용 강관(Steel Pipes for Low Temperature service; SPLT)

빙점(0℃) 이하의 낮은 온도에서 사용하는 강관이며, 저온에서도 인성이 감소되지 않아 섬유화학공업 등의 각종 화학공업, 기타 LPG, LNG탱크 배관에 많이 사용된다. 관의 제조방법은 세립(細粒)의 킬드(killed)강을 사용하며, SPLT 39는 탄소강관으로 이음매 없이 제조하거나 또는, 전기저항용접으로 제조하고, SPLT 46 및 SPLT 70은 니켈강관으로 이음매 없이 제조한다. SPLT 39 및 SPLT 46의 관은 노말라이징 또는 노말라이징 후 템퍼링 또는 퀜칭 후 템퍼링을 한다. 치수는 [호칭지름×호칭두께(Sch No.)[또는 [바깥지름×두께[로 표시한다. 스케줄번호(Sch No.)는 10, 20, 30, 40, 60, 80, 100, 120, 140, 160 등이 있으며 호칭지름은 6～650A까지 25종이 있다.

바. 배관용 아크용접 탄소강 강관(arc welded carbon steel pipes; SPW)

일반 배관용 탄소강관과 같이 비교적 사용 압력이 낮은 증기, 물, 기름, 가스, 공기 등에 적당한 관으로 일반 수도관이나 가스 수송관으로 많이 사용한다.
이 강관은 2.5MPa의 수압을 가하였을 때, 이에 견디고 누설이 없어야 하고, 인장강도는 410MPa 이상이어야 한다. 호칭지름은 350～2,000A까지 20종이 있으며, 두께는 6.0～15.9mm까지 있다. 치수는 [호칭지름×두께] 또는 [바깥지름×두께]로 표시하며, 관의 길이는 4m 이상으로 한다.

사. 배관용 합금강 강관(alloy steel pipes; SPA)

주로 고온의 배관에 사용하는 합금강 강관이며, 관의 제조방법은 이음매 없이 제조한 후 어닐링 또는 노말라이징 후 템퍼링 등을 한다. 강의 종류는 7종류가 있으며, 1종은 몰리브덴강 강관, 2~6종은 크롬-몰리브덴강 강관이다. 어느 것이나 탄소강관에 비하여 고온에서 강도가 크며, 크롬의 함유량이 많아짐에 따라 내산화성, 내식성이 좋아진다. 고온·고압 하에서 사용되는 고압 보일러, 증기관, 석유정제용 배관 등의 배관에 적합하다. 치수는 [호칭지름×두께] 또는 [바깥지름×두께]로 표시하며, 스케줄번호는 10, 20, 30, 40, 60, 80, 100, 120, 140, 160 등이 있고, 호칭지름은 6~650A까지 25종이 있다.

2 수도용 강관

가. 수도용 아연 도금 강관(galvanized steel pipes for water service; SPPW)

배관용 탄소강관(SPP)의 흑관에 아연도금을 한 관으로 사용 정수두 100m 이하의 수도 배관에 주로 사용한다. 배관용 탄소강관의 백관은 도금의 부착량(400g/m^2)이 적어, 아연층이 얇기 때문에 관 내부에 산화막이 생기기 전에 아연이 물에 용해되어 없어지므로 비교적 빨리 부식된다. 특히, 수도용 아연도금강관은 내식성이 요구되기 때문에 아연 부착량을 평균 550g/m^2 이상으로 하고 불순 부착물을 세정한 다음 도금하므로 도금층이 두텁고, 부착력이 크므로 벗겨지지 않는다. 관 1본의 표준 길이는 6m이다.

나. 상수도용 도복장 강관(coated steel pipes for water works; STWW)

이 강관은 상수도에 사용하는 도복장 강관이며, 이 도복장 강관이란 아스팔트(A), 콜타르 에나멜(C), 타르 에폭시 수지 도료(T), 액상 에폭시 수지 도료(L), 폴리에틸렌 테이프(P), 폴리에틸렌(PE) 등을 도복장한 강관이다. 수도, 하수도 등의 매설 배관에 사용한다. 제조방법은 강대 또는 강판을 사용하여 단접 또는 전기저항용접, 아크용접 등으로 원관을 제조한 후 도복장한다. 관의 종류는 STWW 290, STWW 370, STWW 400 등 3가지가 있다. 도복장 방법 및 치수의 표시는 외면(아스팔트) 내면(액상에폭시) 도복장, [호칭지름×두께](예 : A, L, 400A×6.0)로 표시한다. 호칭지름은 80~3,000A로 35가지가 있으며, 두께는 4.2mm에서 29.0mm까지 있다.

3 열전달용 강관

가. 보일러 및 열교환기용 탄소강관(carbon steel tubes for boiler and heat exchanger; STBH)

관의 내외에서 열을 주고 받을 경우에 사용된다. 보일러의 수관, 연관, 과열기관, 공기예열관, 화학공업·석유공업의 열교환기관, 콘덴서관, 촉매관 등에 사용한다. 제조방법은 킬드강으로 이음매 없이 제조하거나, 또는 전기저항용접에 의하여 제조한다. 종류는 3종이 있으며, 인장강도는 STBH 340은 350MPa, STBH 410은 420MPa, STBH 510은 520MPa 이상이다. 호칭지름은 15.9~139.8mm까지 25종이 있고, 두께는 1.2에서 12.5mm까지 있다.

나. 보일러, 열교환기용 합금강 강관(alloy steel for boiler and heat exchanger tubes; STHA)

이 관은 관의 내외에서 열의 교환용으로 보일러의 수관, 연관, 과열기관, 공기 예열관, 화학공업·석유 공업의 열교환기관, 콘덴서관, 촉매관 등에 사용한다. 제조방법은 STHA12, STHA13, STHA 20 및 STHA 22의 관은 이음매 없이 제조하거나 또는 전기저항용접에 의하여 제조하며, STHA 23, STHA 24, STHA 25 및 STHA 26의 관은 이음매 없이 제조한다. 호칭지름은 15.9~139.8mm까지 25종이 있고, 두께는 1.2에서 12.5mm까지 있다.

다. 저온 열교환기용 강관(steel heat exchanger tubes for low temperature service; STLT)

빙점(0℃) 이하의 낮은 온도에서 관의 내외에 열교환용으로 사용되는 강관이며, 열교환기관, 콘덴서관 등에 사용한다. 관의 제조방법은 조직이 미세한 킬드강을 사용하여 탄소강 강관 STLT 39는 이음매 없이 제조하거나 전기저항용접으로 제조하고, 니켈 강관 STLT 46 및 STLT 70은 이음매 없이 제조한다. 호칭지름은 15.9~50.8mm까지 7종이 있고, 두께는 1.2에서 6.5mm까지 있다.

4 구조용 강관

가. 일반구조용 탄소강관(carbon steel tubes for general structural purposes; STK)

이 강관은 토목, 건축, 철탑, 발판, 지주, 지면 미끄럼 방지 말뚝, 그 밖의 구조물에 사용되며, 제조방법은 이음매 없이 제조하거나 전기저항용접, 단접 또는 아크용접(스파이럴 심 및 스트레이트 심)에 의하여 제조한다. 종류는 5가지로 STK 290, STK 400, STK 490, STK 500, STK 540 등이 있다. 호칭지름은 21.7~1016.0mm까지 30종이 있고, 두께는 2.0에서 22.0mm까지 있다.

나. 기계구조용 탄소강관(carbon steel tubes for machine structural purposes; STKM)

이 강관은 기계, 자전거, 가구, 기타 기계부품에 사용하는 탄소강관으로 비교적 정밀한 다듬질이 필요하고, 기계부품으로 사용할 때는 절삭 가공하여 사용한다.

관의 종류는 11종, 12종, 13종, 14종, 15종, 16종, 17종, 18종, 19종, 20종 등 10가지이다. 관의 제조방법은 11종, 12종, 13종은 이음매 없이 제조하거나, 전기저항용접 또는 단접에 의하여 제조하며, 14~20종은 이음매 없이 제조하거나, 전기저항용접에 의하여 제조한다. 관은 제조한 그대로 또는 냉간가공한 그대로, 혹은 이것에 적당한 열처리를 한 것을 사용한다.

다. 기계구조용 합금강 강관(alloy tubes for machine purposes; SCMTK)

이 강관은 기계, 자동차, 그 밖의 기계부품에 사용하는 합금강 강관이라 하며, 이 관의 종류는 7가지로 SCr 420 TK, SCM 415 TK, SCM 418 TK, SCM 420 TK, SCM 430 TK, SCM 435 TK, SCM 440TK가 있다. 관의 제조방법은 이음매 없이 제조하거나 또는 전기저항용접으로 제조하여 제조한 그대로 또는 냉간가공 그대로 혹은 어닐링한 후 사용한다. 치수는 [바깥지름×두께]로 한다.

라. 일반구조용 각형 강관(carbon steel square pipes for general structural purposes; SPSR)

이 각형 강관은 토목, 건축, 및 기타 구조물에 사용되며, 제조방법은 이음매 없는 강관 또는 용접강관(전기저항용접, 단접 또는 자동아크용접)을 각형으로 성형하여 제조하거나 또는 각형 단면 혹은 한 쌍의 각형 단면으로 성형하여 연속적으로 전기저항용접 또는 자동아크용접하여 제조한다. 관의 표준 길이는 6m, 8m, 10m, 12m로 한다. 관의 종류는 2가지로 SPSR 400, SPSR 490이 있다. 호칭치수는 [변의 길이×두께(A×B×t)]로 하며, 정사각형은 20×20에서 350×350까지 20종이 있고, 직사각형은 30×20에서 400×200까지 15종이 있으며, 두께는 변의 길이에 따라 1.2에서 12.5mm까지 있다.

5 주강관(鑄鋼管)

가. 고온·고압용 원심력 주강관(centrifugal cast steel pipe for high temperature and high pressure service; SCPH-CF)

이 강관은 고온 고압용으로 사용되는 원심력 주강관으로서 수평 또는 수직원심력 주조법에 따라 금형 또는 사형(砂型)으로 주조되며, 품질이 균일하고 흠 또는 기공이 없어야 한다.

나. 용접구조용 원심력 주강관(centrifugally cast steel pipes for welded structure; SCW-CF)

압연강재, 단강품 또는 주강품과의 용접구조에 사용하며, 특히 용접성이 우수하고, 관 두께는 8~150mm 이하의 주강관이다. 관은 5종류가 있으며, 특히 고장력이고, 용접성이 우수한 토목 건축용의 기둥재, 석유 화학용의 고온·고압관, 가열로 등에 사용한다. 제조 방법은 가로형 또는 세로형 원심력 주조법에 의해 금형 또는 사형으로 주조하여 제조한다.

6 라이닝 강관

가. 수도용 폴리에틸렌 분체 라이닝 강관(polyethylene power lining steel pipes for water works; PA, PB, PC, PD)

정수두 100m 이하의 수도에서 사용되며, 배관용 탄소강관을 원관으로 하고, 이 원관의 안쪽 면에 부착되어 있는 해로운 기름기, 녹, 기타의 이물질은 산세척 한 후, 등전처리를 끝낸 원관의 안쪽 면에 화성처리, 프라이머 등 적정한 처리를 한 다음 가열하고 그 안쪽 면에 폴리에틸렌 분체를 압송, 흡인 또는 유동침지법 등의 방법에 따라 융착시킨다. 라이닝 강관의 종류 및 기호는 바깥면 처리의 차이에 따라 <표 4-6>과 같이 구분한다.

〈표 4-6〉 종류 및 기호

종 류	구 분	기 호	바깥면 처리
수도용 폴리에틸렌 분체라이닝 강관	1호	PA	1차 방청도장
	2호	PB	아연 도금
	3호	PC	폴리에틸렌 피복(2층)
	4호	PD	폴리에틸렌 피복(1층)

이 관은 내수성, 내식성이 우수하고, 녹 발생 및 스케일의 부착이 없어 극히 위생적이다.

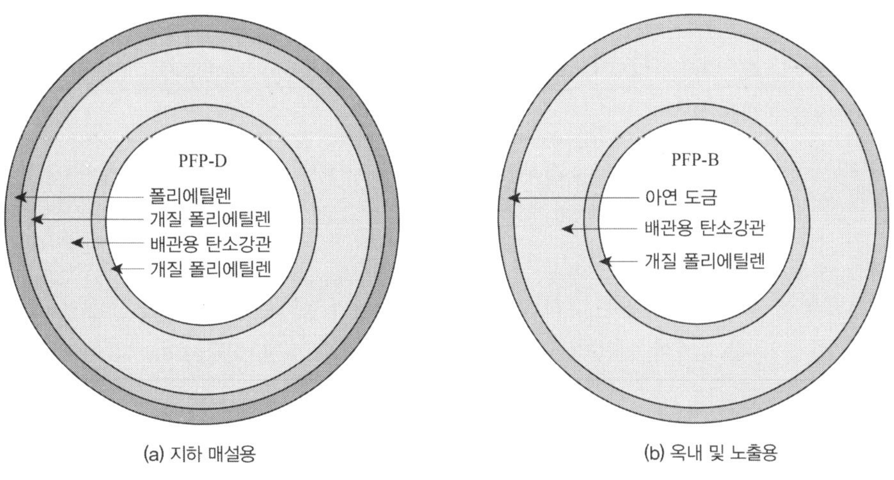

그림 4-1 수도용 폴리에틸렌 분체 라이닝 강관의 단면도

나. 경질염화비닐 라이닝 강관(unplasticized polyvinyl choride lining steel pipe; SGP-V)

이 관은 최고 사용 압력이 10kgf/cm^2 이하의 수도에 사용하며, 원관 내면에는 경질염화비닐 수지를 라이닝하고, 원관 외면은 경질염화비닐 수지로 피복을 한다. 이 관의 호칭 지름은 15A에서 150A로 11종이 있으며, 관의 길이는 원칙적으로 5500mm로 한다. 이 라이닝 강관의 종류 및 기호는 <표 4-7>과 같다.

〈표 4-7〉 경질염화비닐 라이닝 강관의 종류 및 기호

종 류	기호	원 관	외 면	적 용
경질염화비닐 라이닝 강관 A	SGP－VA	배관용 탄소강관의 흑관	1차 방청도장	옥내 배관
경질염화비닐 라이닝 강관 B	SGP－VB	수도용 아연도금강관	아연 도금	옥내 배관, 옥외 노출 배관 및 지중매설 배관
경질염화비닐 라이닝 강관 C	SGP－VC	배관용 탄소강관의 백관	아연 도금	옥내 배관 및 옥외 노출 배관
경질염화비닐 라이닝 강관 D	SGP－VD	배관용 탄소강관의 흑관	경질염화비닐 피복	지중매설 배관및 옥외 노출 배관

7 특수용 강관

가. 이음매 없는 유정용 강관(seamless steel oil well casting tubing and drill pipe; STO)

이 관은 유정(油井)의 굴착(屈着) 및 채유(採油) 등에 사용하는 둥근머리 나사를 한 이음매 없는 강관이다. 종류에는 케이싱, 튜빙, 드릴 파이프 등 3가지가 있으며 순산소 전로 및 전기로에 의한 강괴(ingot)로부터 이음매 없이 제조된다. 관의 호칭은 [바깥지름×무게]로 하며, 바깥지름에서 짧은 나사 케이싱은 114.3에서 508.0mm까지, 긴 나사 케이싱은 114.3에서 244.5mm까지이다.

나. 고압가스 용기용 이음매 없는 강관(seamless steel tubes for high pressure gas cylinder; STHG)

이 강관은 소형 이음매 없는 강제 고압가스 용기(KS B 6217) 및 이음매 없는 강제 고압가스 용기(KS B 6210)의 제조에 사용하는 이음매 없는 강관이며, 관의 종류에서 5가지로 망간강 강관은 STHG 11, STHG 12, 크롬몰리브덴강 강관은 STHG21, STHG 22, 니켈크롬몰리브덴강 강관은 STHG 31이 있다. 제조방법은 전기로 또는 순산소 회전로에 의해 제조된 강괴에서 이음매 없이 제조한다. 수압시험은 50kgf/cm^{2}의 수압을 가하였을 때, 이것에 견디며 누수가 없어야 한다.

다. 가열로용 강관(steel tubes for fired heater)

이 강관은 석유정제공업, 석유화학공업 등의 가열로에서 프로세스 유체를 가열을 위하여 사용하는 탄소강관(STF), 합금강관(STFA), 스테인리스강관(STSxxTF), 니켈－크롬－철 합금관(NCFxxTF) 등의 19종류가 있다. 수압시험은 최대 100kgf/cm^{2}의 수압을 견디고 누설이 없어야 한다. 제조방법은 킬드강을 사용하여 이음매 없이 제조한다. 호칭지름은 50～250A까지 9종이 있고, 두께는 4.0에서 28.0까지 있다.

8 강관의 표시 방법

강관의 표시 방법은 (그림 4-3)과 같고, 관단(管端)의 형상은 300A 이하는 TE(Threaded End) 또는 PE(Plain End)로 하고, 350A 이상에서 PE로 함을 표준규격으로 하고 있으나 주문자의 요구에 의해 BE(Beveled End)로 할 수도 있다. 이때 TE인 경우에는 KS B 0222에 규정된 관용 테이퍼나사로 가공되어 있다.

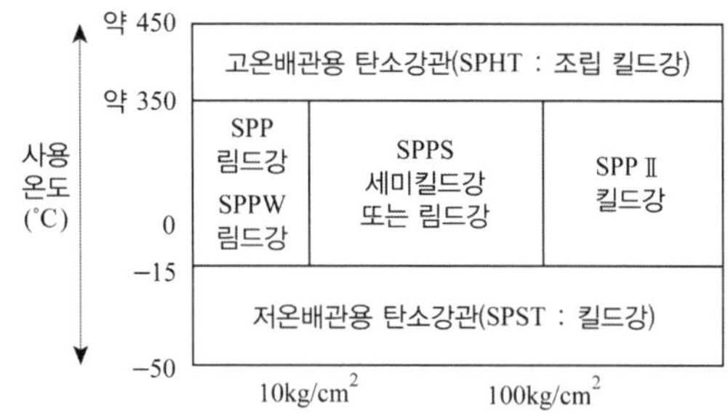

그림 4-2 강관의 사용 온도 범위

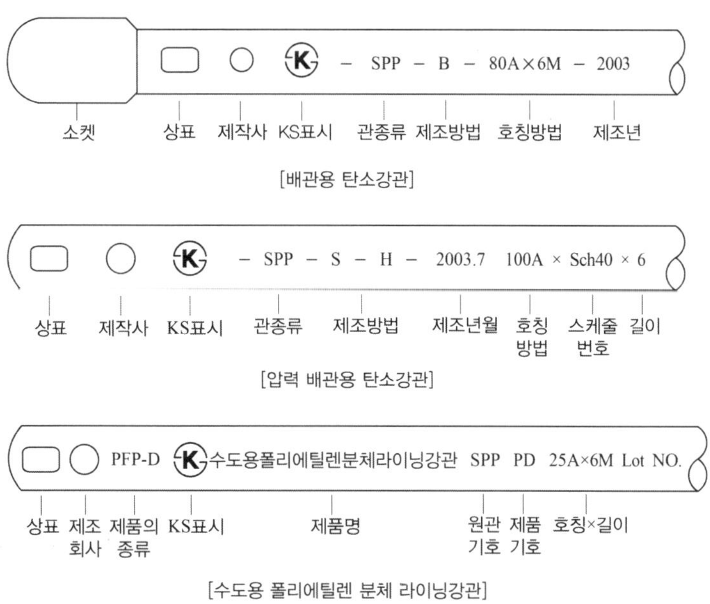

기호	내용	기호	내용
-A	아크용접강관	-L-B	용접부가공 레이저용접강관
-B	단접강관	-E-C	냉간가공 전기저항용접강관
-E	전기저항용접강관	-S-H	열간가공 이음매 없는 강관
-L	레이저용접강관	-S-C	냉간가공 이음매 없는 강관
-A-B	용접부가공 자동아크용접강관	-E-G	열간가공·냉간가공 이외의 전기저항용접강관
-A-C	냉간가공 아크용접강관		
-B-C	냉간가공 단접강관	-E-H	열간가공 전기저항용접강관
-L-C	냉간가공 레이저용접강관		

그림 4-3 강관의 표시방법

③ 주철관(鑄鐵管)

주철관은 내압성, 내마모성이 우수하고, 특히 강관에 비하여 내식성, 내구성이 뛰어나므로 수도용 급수관, 가스 공급관, 광산용 양수관, 화학공업용 배관, 통신용 지하매설관, 건축물의 오배수관 등에 광범위하게 사용된다.

관의 제조방법은 수직법과 원심력법의 2종류가 있다. 수직법은 주형을 관의 소켓 쪽 아래로 하여 수직으로 세우고 여기에 용선(鎔銑)을 부어서 만드는 방법이다. 원심력법은 금형을 회전시키면서 쇳물을 부어 만드는 방법으로, 주철관은 재질에 따라 보통 주철관과 고급 주철관 및 덕타일(ductile) 주철관 등으로 나눈다.

보통 주철관의 내구성, 내마모성은 고급 주철관과 같으나 외압이나 충격에 약하고 무르다. 고급 주철관은 주철 중의 흑연 함량을 적게 하고, 강성(鋼性)을 첨가하여 금속 조직을 개선한 것으로서 기계적 성질이 좋고 강도가 크다. 덕타일 주철관은 양질의 선철에 강을 배합한 것이며, 주철 중의 흑을 구상화(球狀化)시켜서 질이 균일하고 치밀하며 강도가 크다.

1 수도용 주철관

가. 수도용 입형 주철관(cast iron cast pipe for water works)

수도용 입형 주철관은 양질의 선철 또는 여기에 강(鋼)을 배합한 것을 사형에 의하여 주조한 관이다. 관은 주입한 후 급랭각에 따른 부동수축, 기타 결함을 피하기 위하여 필요 시간 이전에 주형에서 꺼내지 않게 하며, 관에는 인체에 해롭지 않는 도료로 도장을 한다. 관은 곧아야 하고, 내·외주는 동심원이어야 하며, 그 양 끝은 관축에 대하여 직각으로 한다. 관의 종류로는 보통압관과 저압관의 2종류가 있는데, 보통압관의 최대 사용 정수두는 75m, 기호는 A이고, 저압관의 최대 사용 정수두는 45m, 기호는 LA이다. 관의 유효 길이는 3m, 4m로 하고 ±20mm로 한다.

(관의 표시 방법)

200 A 15.03 ○ ○ ○

- ○ ○ ○ : 제조자명 또는 그 약호
- 15.03 : 제조년, 월
- A : 종류의 기호(보통압관)
- 200 : 호칭지름

〈표 4-8〉 수도용 입형 주철 직관의 최대 사용 정수두와 시험 수압

종류의 기호	최대 사용 정수두(m)	시험 수압	
		호칭지름(mm)	수압(MPa)
보통 압관 : A	75	450 이하	1.75
		500 이상	1.40
저압관 : LA	45	450 이하	1.25
		500 이상	1.05

나. 수도용 원심력 사형(砂形) 주철관(cast iron pipe centrifugally cast in sand lined moulds for water works)

원심력 사형 주철관은 관의 바깥지름을 기본으로 하여 만든 주형(사형)을 회전시키면서 양질의 선철 또는 여기에 강을 배합한 선철을 주입하여 사형을 원심력의 작용으로 주조한 관이다. 관은 원심력의 작용으로 인하여 입형 주철관에 비해 재질이 치밀하며, 두께가 균일하고 강도가 크다. 관은 주입한 후 급랭각에 따른 부동수축, 기타 지장을 피하기 위하여 필요 시간 이전에 주형에서 꺼내지 않아야 한다. 관에는 인체에 해롭지 않는 도료로 도장을 한다. 관은 곧아야 하고, 내·외주는 동심원이어야 하며, 그 양 끝은 관축에 대하여 직각이어야 한다. 이 관의 종류는 이음(socketing)방법에 따라 납 조인트(lead joint)와 메커니컬 조인트(mechanical joint)로 나누고, 압력에 따라 고압관, 보통 압관, 저압관으로 나눈다. 관의 호칭지름(*DN*)은 80～1,000mm까지 16종으로 나눈다.

〈표 4-9〉 수도용 원심력 사형 주철관의 최대 사용 정수두와 시험 수압

종류의 기호	최대 사용 정수두 (m)	시험 수압	
		호칭지름(mm)	수압(MPa)
고압관	100	600 이하	3.5
		700 이상	2.5
보통 압관	75	600 이하	3.5
		700 이상	2.0
저압관	45	600 이하	3.5
		700 이상	1.5

다. 수도용 원심력 금형 주철관(cast iron pipe centrifugally cast in metallic mold for water works)

이 주철관은 양질의 선철 또는 강을 배합한 용융철을 수냉 금형에 부어 회전시키면서 원심력을 이용하여 주조하여 제조한다. 관의 종류는 고압관(B)과 보통 압관(A)의 2종류가 있고, 이음부의 모양에 따라 레드 조인트와 메커니컬 조인트로 나누며, 관의 호칭지름(*DN*)은 80～300mm까지 7종이 있다.

〈표 4-10〉 수도용 원심력 금형 주철관의 최대 사용 정수두와 시험 수압

종류의 기호	최대 사용 정수두(m)	시험 수압(MPa)
고압관	100	3.0
보통 압관	75	2.5

라. 덕타일 주철관(ductile iron pipe)

이 주철관은 구상흑연 주철관이라고도 하며, 땅속 또는 지상에 배관하여 압력 상태 또는 무압력 상태에서 물의 수송 등에 사용하는 관이다. 이 관은 양질의 선철에 강을 배합하여 용해하고 회전하는 주형에 주입하여 원심력을 이용하여 주조한 후 다시 주형에서 꺼내 노(爐) 속에 넣고 고르게 가열하여 730℃ 이상에서 일정 시간 동안 풀림(annealing) 처리를 한 것이다. 주철 중의 흑연이 구상화하여 관의 질을 균일하도록 하므로 다음과 같은 특징이 있다.

① 보통 회주철관보다 관의 수명이 길다.
② 강관과 같이 높은 강도와 인성이 있다.
③ 변형에 대한 높은 가요성 및 가공성이 있다.
④ 보통 주철관과 같이 내식성이 풍부하다.

관의 종류는 관의 두께에 따라서 1종관, 2종관, 3종관, 4종관의 4종류가 있으며, 이음 방법은 메커니컬 조인트, KP 메커니컬 조인트, 타이튼 조인트(tyton joint)가 있다. 관의 호칭지름(DN)은 80～1,200mm까지 18종이 있다.

(관의 표시 방법)

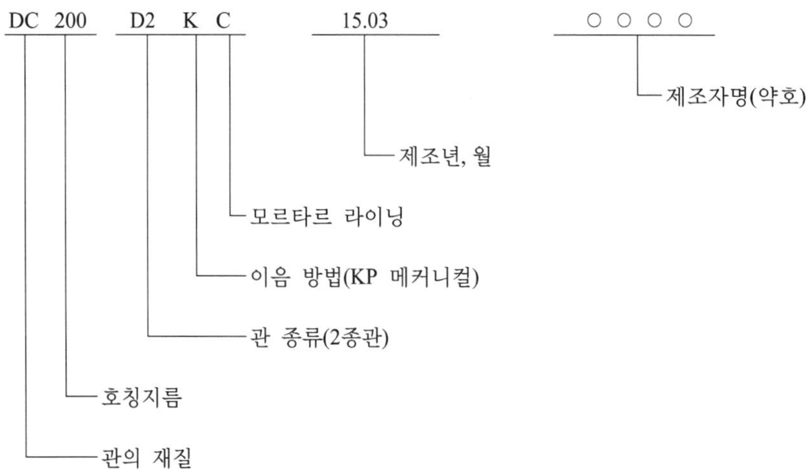

주 : a) 관 종류의 약호(1종관 : D1, 2종관 : D2, 3종관 : D3, 4종관 : D4)
b) 이음 방법의 약호(메커니컬 조인트 : M, KP 메커니컬 조인트 : K, 타이튼 조인트 : T)
c) 내면 모르타르 라이닝의 경우 : C, 내면 에폭시 수지 분체 도장의 경우 : E

〈표 4-11〉 수도용 주철관의 종류별 최고 사용 정수두

규격번호	명 칭	최대 사용 정수두와 관의 직경(mm)			비 고
		고압관 (100m)	보통압관(75m)	저압관(45m)	
KS D 4310	수도용 입형 주철 직관	없음	소켓관 75~1,500 플랜지관 75~1,500	소켓관 150~900 플랜지관 150~900	현재는 거 의 사용되지 않음
KS D 4306	수도용 원심력 사형 주철관	75~500	75~900	75~900	
KS D 4312	수도용 원심력 금형 주철관	75~300	75~300	없음	
KS D 4309	수도용 주철 이형관	500 이하 사용가능	75~1,500	없음	
JWWAG 102	수도용 메커니컬 조인트 주철직관				
	1종		75~1,500	75~1,500	
	2종	75~900	75~900	75~900	
	3종	75~300	75~300	—	
JWWAG 103	수도용 메커니컬 조인트 주철이형관	75~500	75~1,500	—	
KS D 4311	덕타일 주철관 1종관 2종관 3종관 4종관	관종의 결정은 사용 정수두, 충격수압 및 매설깊이에 의해 결정한다. A형(고무1개 사용하는 형) 75~1,500 B형(고무2개 사용하는 형) 1200~1,500 C형(스피것형) 75~1,500			

2 기타 주철관

가. 원심력 모르타르 라이닝 주철관

주철관의 부식을 방지하여 수질에 나쁜 영향을 주지 않기 위하여 삽입구를 제외한 관의 내면에 시멘트 모르타르로 라이닝한 관으로, 주로 수도용에 사용한다. 라이닝을 실시하는 관은 수도용 원심력 모래형 주철관, 원심력 금형 주철관, 원심력 덕타일 주철관 등이다. 라이닝을 실시한 관은 철과 물의 접촉이 없기 때문에 물이 관 속을 침투하기가 어렵고 마찰저항이 적으며, 수질의 변화가 적은 장점이 있어 많이 사용되고 있다. 라이닝 방법은 관의 내면을 도장하지 않는 관에 시멘트와 세골재의 질량 배합비는 1 : 3.5로 배합하고, 가능한 물을 소량 사용하여 원심력을 이용하여 두께와 질을 균일하게 라이닝한다. 다음에 관의 삽입구 부분에 부착된 모르타르를 전부 제거한 다음, 7~14일 동안

습기가 있는 상태로 0℃ 이상의 온도에서 양생시키거나, 높은 온도의 수증기로 양생시켜 건조한다. 라이닝을 실시한 주철관은 낮은 온도, 건조, 하중 충격 등의 해로운 영향을 받지 않도록 주의하여 취급하여야 한다.

나. 배수용 주철관

배수용 주철관은 오수·잡수 배관용으로 사용되며, 배압이 작용하지 않으므로 급수용 주철관보다 두께가 얇은 것이 사용된다. 종류에는 허브(hub) 배수용 주철관과 노허브(no-hub) 배수용 주철관으로 나누는데, 허브 배수용 주철관은 직관 1종, 직관 2종, 이형관의 3종류로 나누고, 노허브 배수용 주철관은 직관과 이형관 2종류가 있다.

관의 호칭지름은 50∼200mm까지의 7종이 있고 각각 기준 길이는 1.6m, 1.0m, 0.8m, 0.6m, 0.4m, 0.3m이다.

관의 표시기호에 있어서 허브 배수용 주철관은 소켓 바깥면 중앙부에 직관 1종은 ⊘, 직관 2종은 ⊘⊘, 이형관은 ⊗, 노허브 주철관은 중앙부에 직관은 ⊘⊘, 이형관은 ⊗ 및 제작자의 약호를 각각 높이 2mm 이상, 크기 20mm 이상으로 부각 주조한다. 이형관은 관의 바깥쪽 일정한 곳에 호칭지름, 각도 등을 부각 주조한다. 또한 제조상 부각할 수 없는 경우는 관의 바깥쪽 일정한 곳에 도장 후에 선명하게 흰색 페인트로 표시한다.

4 동 및 동합금관(銅 및 銅合金管)

동관은 고온에서 강도가 저하되며, 고가인 단점이 있지만, 전기 전도도 및 열전도도가 비교적 크고 내식성과 굴곡성이 풍부한 장점이 있어 전기단자, 열교환기용관, 압력계관, 급수관, 냉난방관, 급류관, 기타 화학공업용에 널리 사용된다. 동관에는 무산소동관, 타프피치동관, 인탈산동관 등이 있고, 동합금관은 단동관, 황동관, 규소청동관, 복수기용 황동관, 복수기용 백동관, 니켈 동합금관 등이 있으며, 동관 및 동합금관은 다음과 같은 특징이 있다.

① 담수(淡水)에 대한 내식성은 크나, 연수(軟水)에는 부식된다.
② 경수(硬水)에는 아연화 동, 탄산칼슘의 보호피막이 생성되므로 동의 용해가 방지된다.
③ 상온공기 속에서는 변하지 않으나, 탄산가스를 포함한 공기 중에서는 푸른 녹이 생긴다.
④ 아세톤, 에테르, 프레온가스, 휘발유 등 유기약품에는 침식되지 않는다.
⑤ 가성소다, 가성칼리 등 알칼리성에 내식성이 강하다.
⑥ 암모니아수, 습한 암모니아가스, 초산, 진한 황산에는 심하게 침식된다.

1 동관(copper seamless pipes and tubes)

동관은 (그림 4－4)와 같이 제품을 형태별로 나누면 직관(直管), 팬케이크 코일(pan cake coil)과 레벨 와운드 코일(level wound coil), 번치코일(bunch coil), 온돌 난방코일 등이 있다.

직관은 건축물의 냉난방 급수, 급탕 등 각종 배관과 연관 및 수관 열교환기용 튜브 등의 용도로 사용되고 있다. 크기에 있어서 15～150A는 6m, 200A는 3m로 생산하고 있다. 팬케이크 코일과 레벨 와운드 코일은 공업용으로 사용되는데, 팬케이크 코일의 길이는 15m, 30m 두 종류를 생산하고 있으며, 레벨 와운드 코일은 약 200～300m, 번치코일은 50, 70, 100m로 생산하고 있다.

난방패널은 조립식 온수온돌용 동관으로 열전도율과 내식성이 뛰어나며, 충격에 강하고 시공에 용이하다.

(a) 직관

(b) 팬케이크 코일

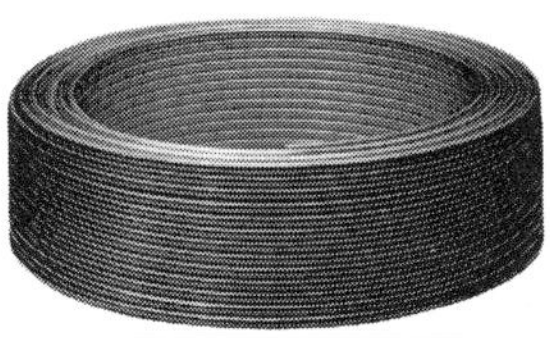

(c) 레벨 와운드 코일

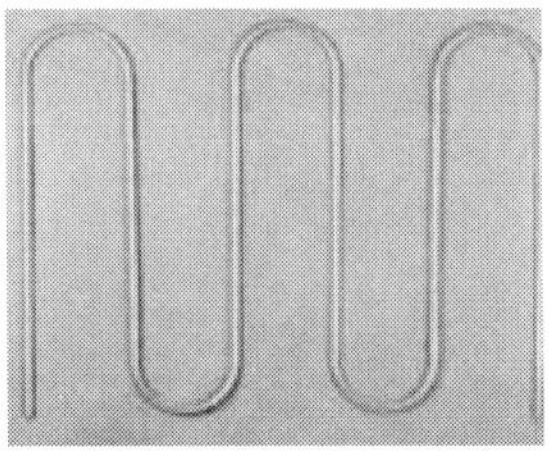

(d) 온수난방 코일

그림 4-4 동관의 종류

동관은 사용된 소재, 질, 두께, 용도 및 형태에 따라 분류한다. 각각의 분류 내용을 요약하면 <표 4－12>와 같다.

〈표 4-12〉 동관의 분류

구 분	종 류	비 고
사용된 소재에 따른 분류	인탈산동관 터프피치동관 무산소동관 동합금관	일반 배관재로 사용 순도 99.9% 이상으로 전기기기 재료 순도 99.96% 이상 용도 다양
질별 분류	연질(O) 반연질(OL) 반경질(1/2H) 경질(H)	가장 연하다. 연질에 약간의 경도 강도 부여 경질에 약간의 연성 부여 가장 강하다.
두께별 분류	K type L type M type N type	가장 두껍다. 두껍다. 보통 두께 얇은 두께(KS규격은 없음, DWV type은 배수용으로 제조)
용도별 분류	워터 튜브(순동제품) ACR 튜브(순동제품) 콘덴서 튜브(동합금제품)	물에 사용, 일반적인 배관용 열교환용 코일(에어컨, 냉동기) 열교환기류의 열교환용 코일
형태별 분류	직판(15~150A=6m, 200A 이상=3m) 코일(L/W : 300m, B/C : 50, 70, 100m P/C=15, 30m) 난방패널	일반 배관용 상수도, 가스 등 장거리 배관 온돌난방(panel heating) 전용

동관의 종류는 이음매 없는 무산소동관, 이음매 없는 터프피치동관, 이음매 없는 인탈산동관 등이 있다.

〈표 4-13〉 이음매 없는 동관의 종류, 등급 및 기호

등 급	기 호	참 고	
		명 칭	특색 및 용도 보기
보통급	C 1020T[1]	무산소동	전기·열전도성, 전연성, 드로잉성이 우수하고 용접성, 내식성, 내후성이 좋다. 고온의 환원성 분위기에서 가열하여도 수소 취화를 일으키지 않는다. 열교환기용, 전기용, 화학공업용, 급수·급탕용 등으로 사용된다.
특수급	C 1020TS[1]		
보통급	C 1100T[1]	터프피치동	전기 열전도성이 우수하고, 드로잉성, 내식성, 내후성이 좋다. 전기 부품 등으로 사용된다.
특수급	C 1100TS[1]		
보통급	C 1201T	인탈산동	압광성, 굽힘성, 드로잉성, 용접성, 내식성, 열전도성이 좋다. C 1220은 고온의 환원성 분위기에서 가열하여도 수소 취화를 일으키지 않는다. C 1201은 C 1220보다 전기전도성이 좋다. 열교환기용, 화학공업용, 급수·급탕용, 가스관 등으로 사용된다.
특수급	C 1201TS		
보통급	C 1220T		
특수급	C 1220TS		

※ 주[1] : 도전용은 위 기호 뒤에 C를 붙인다.
비고 : 질별을 표시하는 기호는 위 기호 뒤에 붙인다.

〈표 4-14〉 동관의 규격

호칭경		실외경 (mm)	두께(mm)			중량(kg)			상용압력(kgf/cm²)						주용도
									K형		L형		M형		
(A)	(B)		K형	L형	M형	K형	L형	M형	경질	연질	경질	연질	경호	연질	
8	3/4	9.52(±0.03)	0.89	0.76	–	0.216	0.187	–	111.0	71.6	95.4	61.7	–	–	
10	3/8	12.70(±0.03)	1.24	0.89	0.64	0.399	0.295	0.217	123.0	79.7	81.7	52.8	57.2	37.0	
15	1/2	15.88(±0.03)	1.24	1.02	0.71	0.510	0.426	0.302	95.3	61.6	74.5	48.1	51.5	33.3	
–	5/8	19.05(±0.03)	1.24	1.07	–	0.620	0.540	–	78.7	50.9	65.3	42.2	–	–	
20	3/4	22.22(±0.03)	1.65	1.14	0.81	0.953	0.675	0.487	90.8	58.7	60.1	38.8	39.6	25.6	K, L형:
25	1	28.58(±0.04)	1.65	1.27	0.89	1.25	0.974	0.692	69.7	45.1	52.6	34.0	34.4	22.2	의료배관
32	1 1/4	34.92(±0.04)	1.65	1.40	1.07	1.54	1.32	1.02	56.6	36.6	47.9	31.0	35.0	22.6	
40	1 1/2	41.28(±0.05)	1.83	1.52	1.24	2.03	1.70	1.39	53.7	34.7	43.3	28.0	35.1	22.7	L, M형:
50	2	53.98(±0.05)	2.11	1.78	1.47	3.07	2.61	2.17	46.1	29.8	38.5	24.9	30.7	19.8	급배수
65	2 1/2	66.68(±0.05)	2.41	2.03	1.65	4.35	3.69	3.01	43.2	27.9	35.5	22.9	28.4	18.3	냉난방
80	3	79.38(±0.05)	2.77	2.290	1.83	5.96	4.96	3.99	42.4	27.4	34.1	22.0	26.8	17.3	급탕
100	4	104.78(±0.05)	3.40	2.79	2.41	9.68	7.99	6.93	38.7	25.0	31.5	20.4	26.6	17.2	도시가스
125	5	130.18(±0.08)	4.06	3.18	2.77	14.40	11.30	9.91	37.2	24.0	28.8	18.6	25.1	16.2	
150	6	155.58(±0.08)	4.88	3.56	3.10	20.70	15.20	13.30	38.1	24.7	27.3	17.6	23.3	15.1	
200	8	206.38(±0.08)	6.88	5.08	4.32	38.60	28.70	24.50	41.2	26.6	29.7	19.2	24.8	16.0	
250	10	257.18(±0.08)	8.59	6.35	5.38	–	–	–	–	–	–	–	–	–	

※ 주 1) KS D 5301은 ASTM B 88, JIS H 3300 규격과 동일함

2) 외경의 산출공식 : 외경＝호칭경(인치)＋1/8(인치)

예) 20a의 외경 3/4×25.4＋1/8×25.4＝22.22mm

3) 진원도(眞圓度)의 허용차는 특수급을 적용한다. 다만, 평균 바깥지름 및 진원도의 허용차는 질별 O 및 OL에 적용하지 않는다.

4) 허용차란 관의 임의의 단면에서 측정한 최대 바깥지름과 최소 바깥지름의 평균값과 기준 바깥지름차의 허용 한계를 말한다.

이상의 내용을 종합하여 KS D 5301 규격으로 제조되는 동관의 표준규격은 <표 4－14>와 같다. 즉 사용자의 입장에서는 내압을 고려하여 적정한 두께를 선정할 수 있는 것이다. 강관과 동관의 관경 관계는 <표 4－15>와 같다.

〈표 4-15〉 강관에 대체되는 동관의 규격

강관의 구경(A)	대체 동관의 구경		강관의 구경(A)	대체 동관의 구경	
	냉수용(A)	온수용(A)		냉수용(A)	온수용(A)
15(½)	10	10	40(1½)	32	25
20(¾)	15	15	50(2)	40	32
25(1)	20	20	65(2½)	50	40
32(1¼)	25	25	80(3)	65	50

※ 주 : ( )안은 호칭경 B의 기준이다.

2 동합금관(銅合金管)

가. 이음매 없는 동합금관(copper alloy seamless pipes and tubes)

이음매 없는 동합금관은 <표 4-16>과 같은 종류와 용도로 KS에서 규정하고 있다.

〈표 4-16〉 이음매 없는 동합금관의 종류, 등급 및 기호

등급	기호	명 칭	특색 및 용도 보기
보통급	C 2200T	단동	색깔과 광택이 아름답고, 압광성, 굽힘성, 드로잉성, 내식성이 좋다. 화장품 케이스, 급·배수관, 이음쇠 등에 사용된다.
특수급	C 2200TS		
보통급	C 2300T		
특수급	C 2300TS		
보통급	C 2600T	황동	압광성, 굽힘성, 드로잉성, 도금성이 좋다. 열교환기, 커튼봉, 위생관, 모든 기기 부품, 안테나 로드 등에 사용된다. C 2800은 강도가 높다.
특수급	C 2600TS		
보통급	C 2700T		
특수급	C 2700TS		
보통급	C 2800T		
특수급	C 2800TS		
보통급	C 6561T	규소청동	내산성이 좋고 강도가 높다. 화학 공업용 등에 사용된다.
보통급	C 4430T	복수기용 황동	내식성이 좋고, 특히 C 6870, C 6811, C 6872는 내해수성이 좋다. 화력·원자력 발전용 복수기, 선박용 복수기, 급수 가열기, 증류기, 유냉각기, 조수(造水)장치 등의 열교환기용으로 사용된다.
특수급	C 4430TS		
보통급	C 6870T		
특수급	C 6870TS		
보통급	C 6871T		
특수급	C 6871TS		
보통급	C 6872T		
특수급	C 6872TS		
보통급	C 7060T	복수기용 백동	내식성, 특히 내해수성이 좋고, 비교적 고온의 사용에 적합하다. 선박용 복수기, 급수 가열기, 화학 공업용, 조수장치용 등에 사용된다.
특수급	C 7060TS		
보통급	C 7100T		
특수급	C 7100TS		
보통급	C 7150T		
특수급	C 7150TS		
보통급	C 7164T		
특수급	C 7164TS		

나. 이음매 없는 니켈 동합금관(nickel copper alloy seamless pipes and tubes, NCuP)

이음매 없는 니켈 동합금관은 내식성·내산성이 좋고, 강도가 높으며, 고온 사용에 적합하고 급수 가열기 및 화학공업용으로 사용한다. 이 관의 크기는 일반용 관으로 그 중 냉간가공관은 바깥지름 4~240mm, 열간가공관은 바깥지름 38~240mm이며, 콘덴서관 및 열교환기용 관의 냉간가공관은 두께 5mm 이하이고, 최대 바깥지름은 30mm로 하며, U자 굽은 가공관은 냉간가공관으로 바깥지름 26mm 이하로 한다. 이음매 없는 니켈 동합금관의 종류 및 기호는 <표 4-17>과 같다.

〈표 4-17〉 이음매 없는 니켈 동합금관의 종류 및 기호

합금 번호	합금 기호	종 류	기호	용 도
NW4400	NiCu30	니켈 동합금관	NCuP	내식성·내산성이 좋다. 강도가 높고, 고온에 적합하다. 급수 가열기, 화학공업용으로 사용된다.
NW4402	NiCu30·LC			

다. 동 및 동합금 용접관(copper and copper alloy welded pipes and tubes)

고주파 유도가열용접 및 티그용접(TIG용접)한 동 및 동합금 용접관의 종류, 등급 및 기호는 <표 4-18>과 같다.

〈표 4-18〉 동 및 동합금 용접관의 종류, 등급 및 기호

등 급	기호	명 칭	용 도
보통급	C 1220TW	인탈산동 용접관	압광성, 굽힘성, 수축성, 용접성, 내식성, 열전도성이 좋다. 환원성 분위기 속에서 고온으로 가열하여도 수소취화를 일으킬 염려가 없다. 화학공업용, 급수, 급탕용, 가스관 등으로 사용된다
특수급	C 1220TWS		
보통급	C 2600TW	황동 용접관	압광성, 굽힘성, 수축성, 도금성이 좋다. 열교환기, 커튼봉, 위생관, 모든 기기부품, 안테나 로드 등으로 사용된다
특수급	C 2600TWS		
보통급	C 2680TW	애드미럴티황동 용접관	내식성이 좋다. 가스관, 열교환기용 등으로 사용된다
특수급	C 2680TWS		
보통급	C 7060TW	백동 용접관	내식성 특히 내해수성이 좋고, 비교적 고온의 사용에 적합하다. 악기용, 건재용, 장식용, 열교환기용 등으로 사용된다
특수급	C 7060TWS		
보통급	C 7150TW		
특수급	C 7150TWS		

라. 이음매 없는 복수기용 백동관(copper nickel alloy seamless pipes and tubes for condenser and heat exchanger)

이음매 없는 복수기용 백동관의 종류는 <표 4-19>와 같다.

〈표 4-19〉 이음매 없는 복수기용 백동관의 종류

종 류	기호	등 급	용 도
1종	CNTF 1	보통급	내식성, 특히 내해수성이 좋으며, 비교적 고온 사용에 적합하다. 선박용 복수기, 급수 가열기, 화학 공업용, 해수 탈염용 등
	CNTF 1 S	특수급	
2종	CNTF 2	보통급	
	CNTF 2 S	특수급	
3종	CNTF 3	보통급	
	CNTF 3 S	특수급	

5 스테인리스강관(stainless steel pipes)

상수원(上水原)의 오염으로 인하여 배관의 수명이 짧아지고, 내구성에 의하여 사고가 각처에서 발생하고 있다. 그 때문에 내식성이 우수한 스테인리스강관을 건축설비배관을 이용하는 경우가 날로 증대하고 있다.

보통 스테인리스강이란 절대 녹이 슬지 않는다고 생각하는 사람이 많으나, 사실은 글자대로 스테인(stain : 녹 또는 더러움)이 리스(less : 보다 적은)한 것으로 비교적 녹이 잘 슬지 않는 강을 말한다. 따라서 스테인리스강이라 하여도 농도가 짙은 염화물 용액에 접촉시킨다든지 특이한 부식 환경에서는 녹이 나는 경우가 있지만, 스테인리스강의 특성을 잘 파악하여 올바른 사용 방법에 의하여 사용한다면 수돗물이나 100℃의 열탕과 같은 조건에서는 거의 녹이 슬지 않는 상태에서 사용할 수 있다. 스테인리스강에도 여러 가지 종류가 있고 강의 종류에 따라 각각의 특정 환경에 따라 우수한 내식성을 나타낼 수 있다. 이것은 그 재료가 환경에 있어서 부동태화(passivity)했다고 한다.

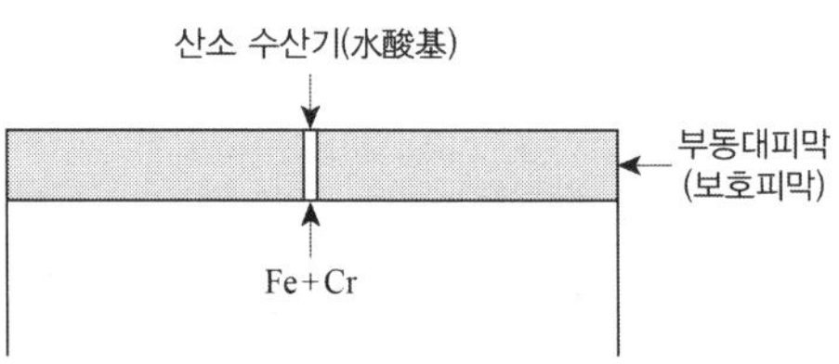

그림 4-5 스테인리스강의 부동태화

이 같은 스테인리스강은 철에 12~20% 정도의 크롬을 함유한 것을 바탕(base)으로 만들어졌기 때문에, 크롬이 산소나 수산기(−OH)와 결합하여 강의 표면에 얇은 보호피막을 만들며 이 피막이 부식의 진행을 막아 준다. 크기는 3×10^{-6}mm 정도의 얇은 피막으로서 대단히 강하며, 만일 보호막이 파손되더라도 주위에 산소(O_2)나 수산기(−OH)가 있으면 곧 재생되어 부식을 방지한다.

1 스테인리스강관의 특성

(1) 내식성이 우수하여 계속 사용시 내경의 축소, 저항 증대 현상이 없다
(2) 위생적이어서 적수, 백수(白水), 청수의 염려가 없다.
(2) 강관에 비해 기계적 성질이 우수하고, 두께가 얇고 가벼워 운반 및 시공이 쉽다.
(4) 저온 충격성이 크고, 한랭지 배관이 가능하며 동결에 대한 저항은 크다.
(5) 나사식·용접식·몰코식·플랜지식 이음법 등 특수 시공법으로 시공이 간단하다.

2 스테인리스강관의 종류

스테인리스강관은 용도별로 배관용, 보일러·열교환기용, 일반배관용, 기계구조용, 위생용, 주름관, 구조 장식용 스테인리스강관 등으로 구분하며, 각각의 특성 및 용도는 다음과 같다.

가. 배관용 스테인리스강관(stainless steel pipes; STSxxxTP, KS D 3576)

배관용 스테인리스강관은 오스테나이트계, 오스테나이트－페라이트계, 페라이트계 등이 있으며, 내식용, 저온용, 고온용 등의 배관에 사용된다. 관 제조는 이음매 없이 제조하거나, 또는 자동아크용접 혹은 레이저용접 또는 전기저항용접으로 제조하여 고용화 열처리 및 풀림을 하여 산세척 또는 이것에 준하는 처리를 한다. 관의 종류는 화학성분에 따라 30종이 있고 관경은 6～650A까지 25종이 있으며, 스케줄번호는 5S·10S·20S·40S·80S·120S·160S 등 7종이 있다. 호칭 치수는 [호칭지름×호칭두께](예 : 50A×Sch10S), [바깥지름×두께] 또는 [호칭지름×두께]로 표시한다.

나. 보일러, 열교환기용 스테인리스강관(stainless steel for boiler and heat exchanger tubes; STSxxx TB, KS D 3577)

보일러·열교환기용 스테인리스강관은 오스테나이트계, 오스테나이트－페라이트계, 페라이트계 등이 있으며, 관 내외에서 열을 교환할 목적으로 사용되는 것으로 보일러의 과열기관, 화학공업 및 석유공업의 열교환기관, 콘덴서관, 촉매관 등에 사용한다. 관의 종류는 화학성분에 따라 29종류가 있으며, 제조방법은 배관용과 같다. 관 규격의 외경은 15.9～139.8mm까지 25종이 있으며, 관 두께는 1.2～12.5mm까지 제조한다.

다. 스테인리스강관 위생용(stainless steel sanitary pipes; STSxxx TBS, KS D 3585)

낙농, 식품공업 등에 사용되며, 특히 표면 마무리가 좋아 스테인리스강 위생관이라고 한다. 관의 제조는 이음매 없이 제조하든가, 자동아크용접이나 레이저용접 또는 전기저항용접을 하여 고용화 열처리(1010℃ 이상 급랭)를 한다.

관의 종류는 화학성분에 따라 4종이 있으며, 관경은 25.4~165.2mm까지 11종이 있고, 관의 두께는 1.2~3.0mm까지 있다. 관의 표준 길이는 4m, 6m이다. 관의 치수는 [바깥지름×두께]로 표시한다.

라. 배관용 아크용접 대구경 스테인리스강관(large diameter welded stainless steel pipes; STSxxx TPY, KS D 3588)

내식용, 저온용, 고온용 등의 배관에 사용하며, 용가제를 사용하는 자동아크용접 또는 레이저용접에 의하여 제조한다. 관의 종류는 화학성분에 따라 12종이 있고, 관경은 150~1000A까지 17종이 있으며, 스케줄번호는 4종류(5S·10S·20S·40S)가 있다. 관의 치수는 [호칭지름×호칭두께](예 : 500A×Sch 10S) 또는 [바깥지름×두께]로 표시한다.

마. 일반 배관용 스테인리스강관(light gauge stainless steel pipes for ordinary piping; STSxxx TPD, KS D 3595)

이 관은 1MPa 이하의 급수, 급탕, 배수, 냉온수의 배관 및 기타 배관에 사용되며, 관의 종류는 STS 304 TPD와 STS 316 TPD의 2종류가 있으며, STS 304 TPD는 급수, 급탕, 배수, 냉온수 등의 배관용에 사용하고, STS 316 TPD는 수질, 환경 등에서 STS 304 TPD보다 높은 내식성이 요구되는 경우에 사용한다.

이 관의 제조방법은 자동아크용접 또는 전기저항용접으로 제조하고, 원칙적으로 열처리는 하지 않는데, 열처리를 하는 경우에 고용화 열처리를 하고, 산세척 또는 이것에 준하는 처리를 한다. 관의 치수는 호칭 방법(예 : 30Su)으로 표시한다. 관경은 호칭 방법에 따라 8SU~300SU까지 17종이 있으며, 관의 두께는 0.7mm에서 3.0mm까지 있다.

바. 스테인리스강 주름관(stainless steel flexible pipes; FMP, KS D 3628)

급수, 급탕, 난방 및 일반 배관에 사용되며, 이 관은 쉽게 굽힐 수 있으며, 접속시 끝단부는 관용 테이퍼 나사를 구조로 이음쇠가 견고하게 부착되어 누설이 없도록 되어 있다. 관의 종류는 화학 성분에 따라 4종이 있으며, 호칭지름은 10~32A까지 5종이 있다.

사. 기계구조용 스테인리스강관(stainless steel pipes for structural purposes; STSxxx TK, KS D 3536)

기계구조용 스테인리스강관은 오스테나이트계, 페라이트계, 마텐자이트계 등이 있으며, 기계, 자동차, 자전거, 가구, 기구(器具), 그 밖의 기계부품 및 구조물에 사용하는 관이다. 제조방법은 이음매 없이 제조하거나, 전기저항용접 또는 자동아크용접 및 레이저용접에 의하여 제조한다.

관의 종류는 화학성분에 따라 13종이 있으며, 관의 치수는 바깥지름×두께로 표시한다.

6 연관(鉛管)

연관(lead pipe)은 오래 전부터 급수관 등에 이용되어 온 관이며, 재질이 부드럽고, 전성 및 연성이 풍부하여 상온 가공이 용이하며 다른 금속관에 비하여 특히 내식성이 뛰어난 성질을 지니고 있다. 연관은 건조한 공기 속에서는 침식되지 않고, 해수나 천연수에도 관 표면에 불활성탄산연막(不活性炭酸鉛膜)을 만들어 납의 용해와 부식을 방지하므로 안전하게 사용할 수 있다. 그러나 납은 초산, 농염산, 농초산 등에는 잘 침식되고 증류수에도 다소 침식된다. 연관은 콘크리트 속에 직접 매설하면 유리 생석회에 침식되기 때문에 방식피막을 만들어서 매설한다.

현재는 가격 면에서 연관에 대용하는 것이 많으므로 가정용 수도 인입관, 기구, 배수관, 가스배관, 화학공업배관 등 다른 재료로 대용되지 않는 곳에 사용된다.

1 일반 공업용 납 및 납합금관(lead and lead alloy tubes for common industries; PbT, TPbT, HPbT, KS D 6702)

이 관은 압출제조기로 제조한 일반 공업용에 사용하는 납 및 납합금관이며, 텔루트납관인 경우는 용해 온도 및 주탕 온도는 약 500℃ 이상으로 하여 제조한다. 공업용 납관 1종 및 텔루트납관의 안지름은 20mm에서 100mm까지 9종이 있으며, 1개의 길이는 안지름에 따라 2m, 3m, 10m가 있고, 공업용 납관 2종의 안지름은 20mm에서 100mm까지 9종이 있으며, 1개의 길이는 2m가 있다. 경연관 4종 및 6종의 안지름은 25mm에서 100mm까지 8종이 있으며, 1개의 길이는 3m가 있다. 이 관의 종류와 기호는 <표 4-20>과 같다.

〈표 4-20〉 일반 공업용 납 및 납합금관의 종류 및 기호

종 류	기호	특색 및 용도
공업용 납관 1종	PbT-1	납이 99.9% 이상인 납관으로 살두께가 두껍고, 화학 공업용에 적합하고 인장강도 10.7MPa, 연신율 60% 정도이다.
공업용 납관 2종	PbT-2	납이 99.60% 이상인 납관으로 내식성이 좋고 가공성이 우수하고 살두께가 얇고 일반 배수용에 적합하며 인장강도 12MPa, 연신율 55% 정도이다.
텔루트납관	TPbT	텔루트를 미량 첨가한 입자분산 강화합금납관으로 살두께는 공업용 납관 1종과 같은 납관, 내크리프성이 우수하고 고온(100~150℃)에서의 사용이 가능하고, 화학 공업용에 적합하며 인장 강도 2.1kgf/mm^2, 연신율 50% 정도이다.
경연관 4종	HPbT4	안티몬을 4% 첨가한 합금납관으로 상온부터 120℃의 사용 영역에서는 압합금으로 고강·고경도를 나타내며 화학공업용의 장치류 및 일반용 경도를 필요로 하는 분야로의 적용이 가능하고, 인장강도 26MPa, 연신율 50% 정도이다.
경연관 6종	HPbT6	안티몬을 6% 첨가한 합금납관으로 상온부터 120℃의 사용 영역에서는 압합금으로 고강도·고경도를 나타내며 화학 공업용의 장치류 및 일반용 경도를 필요로 하는 분야로의 적용이 가능하고, 인장강도 29MPa, 연신율 50% 정도이다.

2 수도용 폴리에틸렌 라이닝 납관(polyethylene lining lead pipes for water supply; PbTW, KS D 6703)

이 관은 사용 압력이 0.76MPa 이하의 수도에 사용하며, 소관은 압출 제조기로 제조하며, 또 소관 특종인 경우는 용해 주탕 온도는 약 500℃ 이상으로 한다. 라이닝 피막은 소관 제조 직후 또는 소관을 미리 가열하여 180℃ 이상으로 유지하고, 그 내면에 폴리에틸렌 분체를 압송·흡인 등의 방법에 의하여 송입하고 융착시켜 라이닝 피막을 형성한다. 외면 피복은 소관의 외면을 미리 가열하여 폴리에틸렌을 압출·유동침적법 등에 의하여 외면에 피복한다. 이 관의 종류는 3종이며, 호칭지름은 13～50mm까지 6종이다. 수도용 폴리에틸렌 라이닝 납관의 종류 및 기호는 <표 4-21>과 같다.

〈표 4-21〉 수도용 폴리에틸렌 라이닝 납관의 종류 및 기호

종 류	기 호	특색 및 용도
라이닝 납관 특종	PbTWS-L	소관 특종에 라이닝 피막 및 외면 피복을 한 관으로 가요성·내피로성·내식성이 뛰어나고, 내수 충격성이 높다. 소관의 인장강도는 20MPa 정도이다.
라이닝 납관 1종	PbTW1-L	소관 1종에 라이닝 피막 및 외면 피복을 한 관으로 가요성·내식성이 뛰어나고 내수 충격성이 높다. 소관의 인장강도는 13.5MPa 정도이다.
라이닝 납관 1종	PbTW2-L	소관 2종에 라이닝 피막 및 외면 피복을 한 관으로 가요성·내식성이 뛰어나고 내수 충격성이 높다. 소관의 인장강도는 15.5MPa 정도이다.

7 합성수지관(合成樹脂管)

합성수지관은 천연수지에 대하여 얻어지는 고분자 물질의 한 가지로 그 종류는 매우 많다. 공통적인 성질은 가볍고 열·전기의 절연성 및 내식성이 우수하며 성형성이 좋아 복잡한 형태의 제품을 제조할 수 있다.

1 염화비닐관(polyvinyl chloride pipe; PVC pipe)

염화비닐을 주원료로 압축가공에 의해 만드는 관으로서 경량이고, 가격이 싸며, 관 내 마찰 손실이 적고, 약품에 의한 내식성이 우수하다. 전기의 불량 도체이고, 저·고온에 약하지만 가볍고 강인하며, 배관가공이 쉬워 시공비도 적게 든다. 사용 온도는 5～50℃ 정도이다.

경질과 연질의 2종류가 있으며, 주로 경질관이 많이 사용되고, 급배수, 전선관, 약액 송수관 등에 사용된다. <표 4−22, 23 참조>

〈표 4−22〉 수도용 경질염화비닐관의 규격

호칭지름	외 경	두 께	길 이
10	15.0	2.5	4000
13	18.0	2.5	4000
20	26.0	3.0	4000
25	32.0	3.5	4000
30	68.0	3.5	4000
40	48.0	4.0	4000 4000
50	60.0	4.5	4000 4000

〈표 4−23〉 염화비닐관과 폴리에틸렌관의 비교

	규격번호	명 칭	비 고
경질 염화 비닐관	KS M 3401	수도용 경질염화비닐관	급수관 10~50mm
	KS M 3402	수도용 경질염화비닐이음관	급수관 10~50mm, 열간용·냉간용(H식, TS)
	KS M 3404	일반경질염화비닐관	일반관 10A~300A, 얇은관 35A~1,000A
	KS C 8431	경질비닐전선관	VE8~82(일반), VC14~22(살두께)
	KS C 8432	경질비닐전선관용 부속품시험법	
폴리에 틸렌관	KS M 3408	수도용 폴리에틸렌관	16~300mm, 1종, 2종
	KS M 3407	일반용 폴리에틸렌관	10A~300A

가. 수도용 경질염화비닐관(unplasticized polyvinyl chloride pipes for water works)

사용 압력이 0.76MPa 이하의 수도 배관에 사용되는 경질염화비닐관 및 내충격성 염화비닐관이 있고 재료는 염화비닐 중합체를 주체로 한다. 이 관은 형태에 따라 직관, TS관, 편수 칼라관(A형, B형)으로 구분된다. 경질염화비닐관은 염화비닐 중합체에 안정제, 안료 등을 첨가한 것이고 내충격성 염화비닐관 중합체에는 안정제, 안료, 개질제 등을 첨가한 것으로 성형 후의 품질이 균일하며, 물에 침해되지 않고, 수질에 나쁜 영향을 주지 않으며, 또한 가소제를 첨가하지 않는다.

이 관의 용도별 종류 및 기호는 <표 4−24>와 같다.

〈표 4−24〉 수도용 경질염화비닐관의 종류 및 기호

용도별	기 호	종 류
경질염화비닐관	VP	직관, TS관, 편수 칼라관
내충격성 염화비닐관	HIVP	직관, TS관, 편수 칼라관

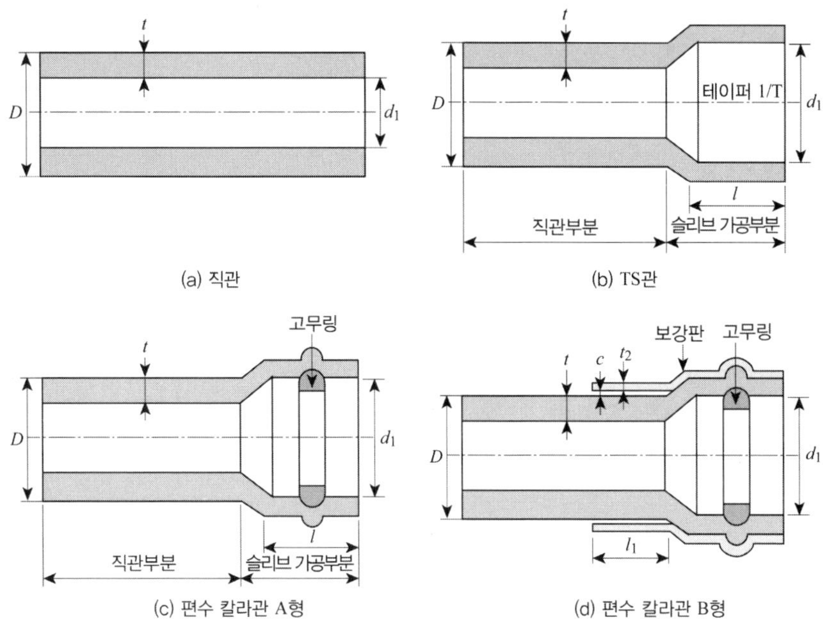

그림 4-6 수도용 경질염화비닐관의 종류

이 관의 호칭지름에 있어서 직관은 13mm에서 300mm까지 15종이 있으며, TS관, 편수 칼라관 A형 및 편수 칼라관 B형은 50mm에서 300mm까지 9종이 있다.

〈표 4-25〉 수도용 경질염화비닐관의 직관 규격

호칭 지름	바깥지름(D)			두께(t)		참고 무게(kg/m)	
	기본치수	최대·최소 바깥지름 허용차	평균 바깥 지름 허용차	기본치수	두께 허용차	VP	HIVP
13	18	±0.20	±0.20	2.5	±0.20	0.174	0.170
16	22	±0.20	±0.20	3.0	±0.30	0.256	0.251
20	26	±0.25	±0.20	3.0	±0.30	0.310	0.303
25	32	±0.30	±0.20	3.5	±0.30	0.448	0.439
30	38	±0.35	±0.20	3.5	±0.30	0.542	0.531
40	48	±0.40	±0.20	4.0	±0.30	0.791	0.774
50	60	±0.50	±0.20	4.5	±0.40	1.122	1.098
65	76	±0.50	±0.20	5.2	±0.40	1.653	1.618
75	89	±0.50	±0.20	5.9	±0.40	2.202	2.156
100	114	±0.65	±0.20	7.1	±0.50	3.409	3.338
125	140	±0.80	±0.30	8.3	±0.60	4.908	4.805
150	165	±1.00	±0.30	9.6	±0.60	6.701	6.561
200	216	±1.300	±0.70	11.1	±0.80	10.213	9.998
250	267	±1.60	±0.90	13.4	±0.80	15.260	14.939
300	318	±1.90	±1.00	16.1	±1.10	21.825	21.367

나. 일반용 경질염화비닐관(unplasticized polyvinyl chloride pipes for general service VG, KS M 3404)

이 관은 경질비닐전선관과 수도용 경질염화비닐관을 제외한 일반 유체 수송용에 사용하며, 관의 호칭지름과 두께에 따라 일반관(VG1)과 얇은관(VG2)의 2종이 있다. 관의 재료는 염화비닐 중합체를 주체로 하고, 양질의 안정제를 사용하나 가소제는 첨가하지 않는다.

그림 4-7 일반용 경질염화비닐관

제조방법은 규정하는 재료를 사용하여 압출 성형으로 하고, 소켓부분은 제조한 관의 끝부분을 슬리브 가공하여 성형한다. 일반관의 호칭치수는 10A에서 300A까지 17종이 있고, 얇은 관의 호칭치수는 35A에서 1000A까지 21종이 있다. 관의 길이는 4,000±10mm를 표준하고 있다.

다. 내열성 경질염화비닐관(chlorinated polyvinyl chloride(CPVC) pipes for hot and cold water supply, KS M 3414)

이 관은 사용 온도 90℃ 이하 물의 배관에 사용하며, 관 재료는 염소화염화비닐 중합체를 주체로 하고, 제조방법은 압출성형에 의하여 하며, 또한 재료 성형 후의 품질은 균일하고, 물에 침해되지 않으며 수질에 악영향을 주지 않도록 한다. 사용 온도 및 최고 사용압력은 <표 4－26>과 같다.

〈표 4－26〉 내열성 경질염화비닐관의 사용 온도 및 최고 사용 압력

사용 온도(℃)	5~40	41~60	61~70	71~90
최고 사용 압력(MPa)	1.02	0.61	0.41	0.20

관의 치수는 <표 4－27>과 같으며, 관의 길이는 4m를 기준으로 하고, 허용차는 ±10mm로 한다.

〈표 4-27〉 내열성 경질염화비닐관의 규격

호칭 지름	바깥지름(*D*)			두께(*t*)		참고 무게(kg/m)
	기본치수	최대·최소 바깥지름 허용차	평균 바깥 지름 허용차	기본치수	두께 허용차	
13	18.0	±0.20	±0.20	2.5	±0.20	0.185
16	22.0	±0.20	±0.20	3.0	±0.30	0.272
20	26.0	±0.25	±0.20	3.0	±0.30	0.329
25	32.0	±0.30	±0.20	3.5	±0.30	0.476
30	38.0	±0.35	±0.20	3.5	±0.30	0.577
40	48.0	±0.40	±0.20	4.0	±0.30	0.840
50	60.0	±0.50	±0.20	4.5	±0.40	1.193

라. 경질비닐전선관(electric pipe of hard vinyl chloride; KS C 8431)

이 관은 전기 배선에서 전선을 보호하는데 사용하며, 관은 염화비닐수지 또는 염화비닐을 주체로 한 공중합체를 주원료로 하고, 압출 성형에 의하여 제조한다. 관의 길이는 4m를 표준으로 하고, 허용차는 ±10mm로 한다. 관의 종류 및 기호와 규격은 <표 4-28, 29>와 같다.

〈표 4-28〉 경질비닐전선관의 종류 및 기호

용도별	기호
일반용	VE
내충격용	Hi-VE

〈표 4-29〉 경질비닐전선관의 규격

관의 호칭	바깥지름	바깥지름의 허용차	두께	두께의 허용차
14	18.0	±0.20	2.0	±0.2
16	22.0	±0.20	2.0	±0.2
22	26.0	±0.25	2.0	±0.2
28	34.0	±0.30	3.0	±0.3
36	42.0	±0.35	3.5	±0.4
42	48.0	±0.40	4.0	±0.4
54	60.0	±0.50	4.5	±0.4
70	76.0	±0.50	4.5	±0.4
82	89.0	±0.50	5.9	±0.4
100	114.0	±0.60	6.5	±0.5

2 폴리에틸렌관(polyethylene pipe)

화학적·전기적 성질은 염화비닐관보다 우수하고, 비중도 0.92~0.96(염화비닐의 약 2/3배)으로 가볍고 유연성이 있으며, 약 90℃에서 연화하지만 저온에 강하고 -60℃에서도 취화하지 않으므로 한랭지 배관에 알맞다. 결점으로는 질이 부드럽기 때문에 외부 손상을 받기 쉽고 인장강도가 적다. 우유색으로서 햇빛에 바래면 산화피막이 벗겨져 열화하므로, 카본블랙(carbon black)을 혼입해서 흑색으로 만들어 급수관에 널리 사용한다. 일반용과 수도용이 있고, 각각 연질과 경질이 있다.

그림 4-8 폴리에틸렌관

가. 수도용 폴리에틸렌관(polyethylene pipes for water works, KS M 3408)

사용 압력이 0.765MPa 이하의 수도 배관에 사용하며, 관 재료는 에틸렌 중합체를 주체로 하고, 1종은 저밀도 또는 중밀도 폴리에틸렌, 2종은 고밀도 에틸렌으로 한다. 또한 단층관과 2층관의 바깥층은 내후성을 향상시키기 위하여 평균 입자지름 0.03μm 이하의 카본 블랙을 배합하여 균일하게 분사시켜서 제조하고, 2층관의 안층은 내염소수성을 향상시키기 위해 카본 블랙을 함유하지 않은 폴리에틸렌을 주체로 하고, 내염소수성은 나쁜 영향을 미치는 첨가제가 들어 있지 않게 한다. 관 제조방법은 규정하는 재료를 사용하여 압출 성형기로 제조한다. 관의 종류는 종에 따라 단층관과 2층관이 있는데, 단층관은 관 전체가 카본 블랙을 배합한 폴리에틸렌으로 구성되어 있는 관이며, 2층관은 관의 바깥쪽은 카본블랙을 배합한 폴리에틸렌층, 안쪽은 카본블랙을 배합하지 않은 폴리에틸렌층으로 구성되어 있는 관을 말한다.

〈표 4-30〉 수도용 폴리에틸렌관의 종류

종류		사용 재료	구조	기호
1종	단층관	저밀도 또는 중밀도 폴리에틸렌	단층	① S
	2층관		2층	① W
2종	단층관	고밀도 폴리에틸렌	단층	② S
	2층관		2층	② W

나. 일반용 폴리에틸렌관(polyethylene pipes for general purpose, KS M 3407)

일반용으로 사용하며, 이 관의 종류는 1종과 2종이 있다. 관이 비교적 유연성인 것은 1종이고, 비교적 견고성인 것은 2종이다. 이 관의 재료는 폴리에틸렌 또는 에틸렌을 주체로 한 공중합체를 주원료로 하고, 압출가공 기타 방법에 의하여 제조한다. 원칙적으로 내후성을 향상시키기 위하여 카본블랙을 2~3%(무게) 배합하여 균일하게 분산시켜 흑색으로 한다. 이 관의 호칭지름은 10A에서 300A까지 16종이며, 두께는 2.0mm에서 10.0mm까지 있다.

다. 가스용 폴리에틸렌관(polyethylene(PE) pipes for the supply of gaseous fuels, KS M 3514)

가스 연료의 공급에 사용되는 매설용으로 사용하며, 관은 PE 컴파운드로부터 제조하는데, 컴파운드(compound)는 원료 수지인 폴리에틸렌과 이 관의 요구 사항에 적합한 최종 용도 및 제조를 위하여 필요한 산화방지제, 안료, 자외선 안정제 등의 모든 필요한 첨가제가 첨가된 균질한 혼합물이다. PE 컴파운드는 <표 4－31>에 명시된 MRS에 따라 분류한다.

〈표 4－31〉 PE 컴파운드의 분류

종류	σLCL(20℃, 50년, 97.5%) MPa	MRS MPa
PE 80	$8.00 \le \cdots \le 9.99$	8.0
PE 110	$10.00 \le \cdots \le 11.19$	10.0

관의 치수는 공칭 외경에 따라 16mm에서 630mm까지 25종이 있으며, 관의 표시 사항은 <표 4－32>와 같다.

〈표 4－32〉 가스용 폴리에틸렌관의 표시 사항

항목	표시 또는 기호
제조업체명 또는 상품명	상호 또는 기호
내부 유체	가스
치수	$d_n \times e_a$
SDR($d_n \ge$40mm)	SDR 11, SDR 17.6
재료와 분류	보기 PE80
생산시기(일자, 코드)	년 월 일
규격번호	KS M 3514(ISO 4437, MOD)

라. 폴리에틸렌 전선관(polyethylene conduits; CD, KS C 8445)

이 관은 전기배선에서 전선을 보호하는데 사용하며, 관의 재료는 폴리에틸렌 수지 또는 폴리에틸렌 혼합물로 하고, 압출성형으로 제조한다. 색깔은 검정색으로 하며, 관의 치수는 <표 4－33>과 같다.

〈표 4－33〉 폴리에틸렌 전선관의 규격

호칭	두께	바깥둘레
14	2.5±0.4	19.0±0.5
16	2.5±0.4	21.0±0.5
18	2.7±0.5	23.5±0.5
22	2.7±0.5	27.5±0.8

호칭	두께	바깥둘레
28	3.1±0.4	34.0±0.8
36	3.7±0.6	42.0±0.8
42	4.2±0.6	48.0±0.8
54	4.8±0.8	60.0±0.8
70	4.8±0.8	76.0±0.8
82	6.3±1.0	89.0±0.8

3 폴리부틸렌관(Polybuthylene Pipe; PB)

폴리부틸렌관은 95℃에 사용하며, 강하고, 가벼우며, 내구성, 자외선에 대한 저항성, 화학작용에 대한 저항 등이 우수하여 온돌 난방배관, 식수 및 온수 배관, 농업 및 원예용 배관, 화학배관 등에 사용된다.

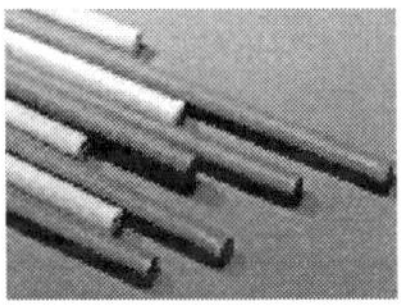
(a) 직관

(b) 곡관

그림 4-9 폴리부틸렌관

곡률반경을 관경의 8배까지 굽힐 수 있으며, 일반적인 관보다 작업성이 우수하고 신축성이 양호하여 결빙에 의한 파손이 적다. 나사 및 용접 배관을 하지 않고, 관을 연결구에 삽입하여 그랩링(grap ring)과 O-링에 의한 특수 접합을 할 수 있다. 관 재료는 1-부틸렌 중합체를 주체로 하여 압출성형기로 성형하여 제조하는데, 품질은 균일하며 물에 침해되지 않도록 한다.

〈표 4-34〉 폴리부틸렌관의 사용 온도 및 사용 압력

종류	사용 압력(MPa)					
	20℃	40℃	60℃	70℃	80℃	95℃
1 종	0.612	0.52	0.398	0.336	0.296	0.194
2 종	1.02	0.877	0.673	0.561	0.409	0.316
3 종	1.632	1.397	1.071	0.897	0.754	0.514
4 종	2.04	1.744	1.346	1.132	0.949	0.632
5 종	2.55	2.182	1.672	1.407	1.183	0.785

〈표 4-35〉 폴리부틸렌관의 규격

호칭 (D_e)	평균 바깥지름 (D_m)		타원 부분을 포함한 바깥지름(D_o)		두께(T)									
					1종		2종		3종		4종		5종	
	최소	최대	최소	최대	최소	최대	최소	최대	최소	최대	최소	최대	최소	최대
12	12.6	12.8	12.3	13.1	1.6	1.9	1.6	1.9	1.60	1.90	1.60	1.90	1.90	2.10
15	15.8	16.0	15.4	16.4	1.6	1.9	1.6	1.9	1.60	1.90	1.90	2.20	2.30	2.70
20	20.0	20.2	19.5	20.7	1.6	1.9	1.6	1.9	1.90	2.20	2.30	2.60	2.80	3.10
22	22.1	22.3	21.6	22.9	1.6	1.9	1.6	1.9	2.03	2.50	2.60	3.00	3.20	3.70
25	25.1	25.4	24.5	26.0	1.6	1.9	1.6	1.9	2.30	2.70	3.00	3.40	3.70	4.10
28	27.9	28.2	27.2	28.9	1.6	1.9	1.8	2.1	2.59	3.10	3.30	3.70	4.00	4.50
32	32.0	32.3	31.2	33.1	1.6	1.9	2.0	2.3	3.10	3.50	3.80	4.30	4.70	5.20
40	40.0	40.3	39.0	41.3	1.6	1.9	2.5	2.9	3.90	4.40	4.80	5.30	5.80	6.50
50	50.0	50.4	48.8	51.7	1.9	2.2	3.1	3.5	4.90	5.40	6.00	6.70	7.30	8.10

4 가교화 폴리에틸렌관(crosslinked polyethylene pipes; PN : XLPE, KS M 3357)

수도용 및 온수 난방용으로 95℃ 이하의 물에 사용하며, 관은 가교화(架橋化)될 수 있는 고밀도 폴리에틸렌 중합체를 주체로 하여 적당히 가열한 압출성형기에 의하여 제조한다. 일명 엑셀 온돌파이프라고도 하며 온수 온돌 난방코일용으로 가장 많이 사용된다. 특징은 다음과 같다.

① 동파, 녹, 부식이 없고 스케일이 생기지 않으며, 기계적 특성 및 내화학성이 우수하다.

② 가볍고 신축성이 좋고 용접 이음이 필요 없으며, 칼로 절단할 정도의 유연성이 있어 배관시공이 용이하다.

③ 관의 길이가 길고, 가격이 저렴하며, 특수한 장비나 기술이 불필요하고, 시공 및 운반비가 저렴하여 경제적이다.

④ 내열성이 우수하므로 녹아 터지는 현상이 없으며, 내한성이 우수하다. 사용 온도 범위는 −40∼95℃이다.

수도용 및 온수 난방용으로 95℃ 이하의 물에 사용하며, 관의 종류는 최고 사용 압력에 따라 PN 10 및 PN 15로 나누며, 구조에 따라 단층관과 2층관으로 나눈다.

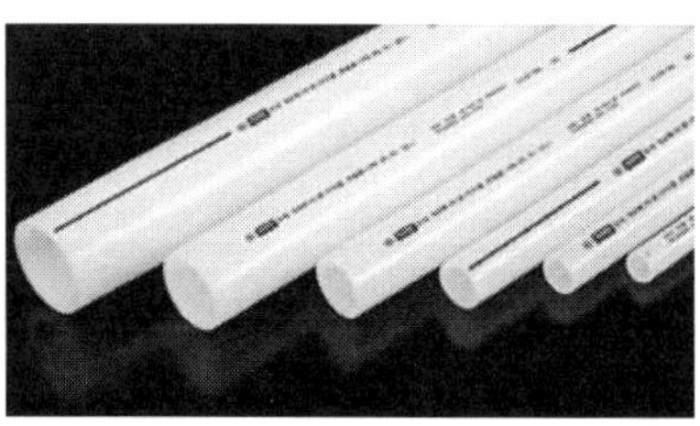

그림 4-10 가교화 폴리에틸렌관

가교 폴리에틸렌이란 폴리에틸렌의 분자 사이에 특정한 수단으로 3차원의 화학 결합(가교)을 시켜서 분자량을 증대한 것이며, 단층관은 관전체가 가교 폴리에틸렌으로 구성되어 있는 관이고, 2층관은 안쪽에 폴리에틸렌층, 바깥쪽은 가교되지 않은 폴리에틸렌층(비가교층)으로 구성되어 있는 관을 말한다. PN 10의 1종관 및 2종관의 호칭지름은 12A에서 50A까지 7종이 있고, PN 15의 1종관 및 2종관의 호칭지름은 6A에서 50A까지 9종이 있다.

〈표 4-36〉 가교화 폴리에틸렌관의 사용 온도 및 최고 사용 압력에 따른 분류

종류	사용 온도(℃)	0~20	21~40	41~60	61~70	71~80	81~90	91~95
PN 10	최고 사용 압력 (MPa)	1.02	0.82	0.66	0.56	0.51	0.46	0.41
PN 15		1.53	1.27	0.97	0.87	0.77	0.72	0.66

〈표 4-37〉 가교화 폴리에틸렌관의 구조에 따른 분류

종류	구조
1종	단층관
2종	2층관

5 냉·온수 설비용 폴리프로필렌(PP)관(polypropylene(PP) pipes for the hot and cold water installations; PP, KS M 3362)

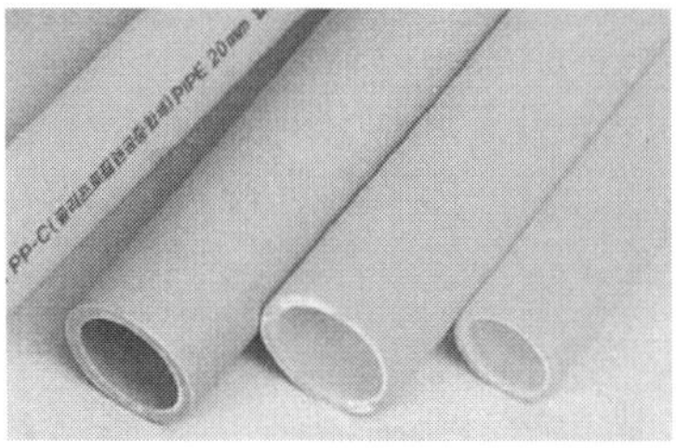

그림 4-11 폴리프로필렌관

냉수 및 온수 수송을 목적으로 건물 내부 설비에 사용되며, 관의 종류는 용도별 분류에 따라 적절한 사용 온도 조건하에서 난방용 온수를 비롯하여 음용수의 수송에 사용되고, 설계 압력, 관의 치수별로 분류한다. 관의 종류는 용도에 따라 3가지가 있으며, 각 종류별로 0.4MPa, 0.6MPa, 0.8MPa, 1MPa가 있고, 모든 배관계는 20℃, 설계 압력 1MPa의 냉수를 50년간 수송하는데 <표 4-38>과 같다.

〈표 4-38〉 냉·온수 설비용 폴리프로필렌(PP)관의 용도별 분류

분 류	사용 조건						용도
	설계온도 T_D (℃)	사용기간 (년)	최대사용온도 T_{max}(℃)	사용기간 (년)	오작동 온도 T_{max}(℃)	사용기간 (h)	
P_1종	70	49	80	1	95	100	온수 공급
P_2종	20 40 60	2.5 20 25	70	2.5	100	100	온돌 난방 저온 방열
P_3종	20 60 80	14 25 10	90	1	100	100	고온 방열

〈표 4-39〉 폴리프로필렌의 재료별 분류

명 칭	약어	정 의
폴리프로필렌 단일 중합체	PP-H	프로필렌 단량체로만 합성된 중합체
폴리프로필렌 블록 중합체	PP-B	프로필렌과 다른 올레핀계 단량체로 공중합된 블록 공중합체로서 올레핀기 외에 다른 관능기를 포함해서는 안 되며, 프로필렌 이외의 다른 관능기의 함량이 50%를 넘지 않는 공중합체
폴리프로필렌 랜덤 중합체	PP-R	프로필렌과 다른 올레핀계 단량체로 공중합된 랜덤 공중합체로서 올레핀기 외에 다른 관능기를 포함해서는 안 되며, 프로필렌 이외의 다른 관능기의 함량이 50%를 넘지 않는 공중합체

6 3중벽 내충격 수도용 PVC관

기존의 수도용 PVC(Polyvinyl Chloride)관은 내부식성이 좋고 위생적이며, 가볍고 시공과 보수가 간편하나, 강관 배관재에 비해 저온에서의 충격강도가 현저히 낮아 수도관으로 일반화되기 어려운 실정이다. 이러한 PVC관의 단점을 보완하고 장점을 최대로 향상시키기 의하여 3중벽구조의 내충격 수도용 PVC관이 개발되었다.

이 관의 제조에 있어서 1차 배합에서는 소량으로 사용되는 부자재나 안료 등을 특수한 코팅작업을 통해서 분산성을 좋게 하고, 2차 배합에서는 각 원부자재의 뭉침을 방지하여 분산성을 좋게 하고, 원료 자체의 성능저하를 방지하기 위해 첨가제를 혼합기에서 냉각배합하며, 3차 배합에서는 성질이 각기 다른 원부자재의 결합력을 향상시키고, 가스 및 수분을 미리 제거시켜 최종 압출성형에서 제품의 성능을 향상시킬 수 있게 한다.

이와 같이 물리적 처리기술로 충격파동 중첩의 원리(Superposition Principle)를 응용한다는 것과 다층 공압출(Multi Layer Coextrusion)공법에 의한 3중벽구조를 취하게 된다.

이 관의 특징은 충격에 강하며, 인장강도가 좋고, 위생적이다. 또한, 가볍고, 경제적이며, 소음 흡수성이 우수하고, 시공이 간편하다.

3중벽구조의 내충격 수도용 PVC관은 건축물의 오·배수, 통기 및 하수용, 입상관, 도로의 지하의 집수용, 지하매설 전화케이블 보호용으로 사용한다.

그림 4-12 3중벽 내충격 수도용 PVC관

7 단열 2중관(Pre-insulated pipe)

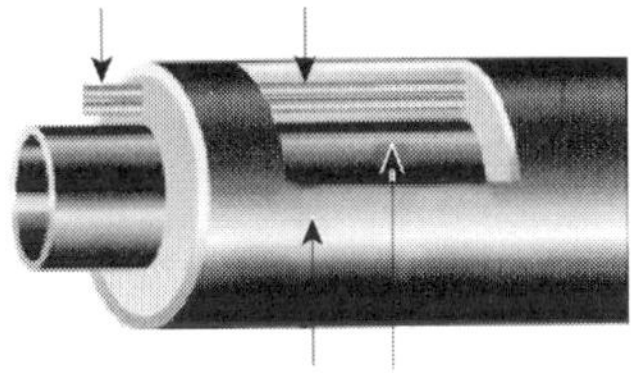

그림 4-13 단열 2중관

이 단열 2중관은 배관 후 보온작업, 외부 보호 자켓팅(jacketing) 작업 등 복잡한 기존 보온 방식과 달리 하기 위한 것으로 강관, 스테인리스강관, 동관, PE관, PVC관을 내관으로 외부에는 폴리우레탄 등 보온재를 덮고, 그 위에 매설용은 고밀도 폴리에틸렌 파이프로, 노출용은 알루미늄, 칼라스파이럴강관 등으로, 고온, 고압 증기용은 PE관이나 아스팔트 코팅관으로 싸서 완벽하게 보온하는 단독관이다. 기존 보온 배관은 개별 구입하여 시공하여야 하므로 보온효과가 떨어지고, 수명이 떨어지나, 이 관은 단독관으로 수명이 25~30년으로 수명이 길 뿐만 아니라 시공이 간편하고 공기가 단축되며, 보수가 용이하다. 이 관은 지역 냉난방 시스템, 열병합발전소, 자체 가열용 화학물질 이송관, 동파방지 배관, 액화질소 등 냉매 배관, 온천수 배관 등에 사용한다.

⑧ 시멘트관

1 원심력 철근콘크리트관

보통 흄(hume)관이라고 부르며, 원형으로 조립된 철근을 강재형(鋼材型) 형틀에 넣고 원심기의 차륜에 올려놓은 후 회전시키면서 소정량의 콘크리트를 투입하여 원심력 또는 축압을 이용 콘크리트를 균일하게 다져 관을 제조한다. 형태에 따라 직관과 이형관으로 나누며 사용에 따라 배수관에 사용되는 보통압관과 송수관 등에 사용하는 압력관의 2종류가 있다. 관의 이음재의 형상에 따라 보통관은 A형, B형, C형, NC형이 있고, 압력관은 삽입이음쇠의 A형, B형, NC형이 있다.

2 철근콘크리트관(reinforced concrete pipe, KS F 4401)

이 관은 주로 하수도용 또는 관개 배수용으로 사용하는 철근을 넣어서 보강한 콘크리트재의 관으로서 진동기나 다짐기계를 사용하여 제조하므로 원심력 철근콘크리트관과 구별된다.

1종의 호칭경 150～600mm까지는 소켓이음쇠, 700～1,800mm까지는 삽입(spigot)이음쇠로 하고, 2종의 호칭경 150～2,000mm까지 삽입(spigot) 이음쇠로 옥외 배수관에 사용된다. 이 관의 종류는 1종과 2종이 있고, 관 길이는 1m이다.

〈표 4-40〉 철근콘크리트관의 종류

종류	종류의 약호	용 도
1종	1	철근을 사용하고, 보통의 외압에 대하여 설계된 것
2종	2	철근을 사용하고, 비교적 큰 외압에 대하여 설계된 것

3 석면 시멘트관(asbestos cement pipes, KS L 5116)

일반적으로 에터니트관(eternite pipe)이라고 불리며, 석면과 시멘트를 중량비 1 : 5～1 : 6으로 배합하고 물을 혼합하여 풀 형상으로 된 것을 윤전기에 의해 얇은 층을 만들고 고압을 가하여 성형한다.

관의 종류는 모양에 따라 직관과 이형관 등 2종류가 있으며, 이형관은 +자관, L자관, T자관 등이 있다. 물과 접촉하면 알칼리를 용출하므로 수도용으로 사용할 때는 장시간에 걸쳐서 물이 정체하지 않게 주의해야 한다.

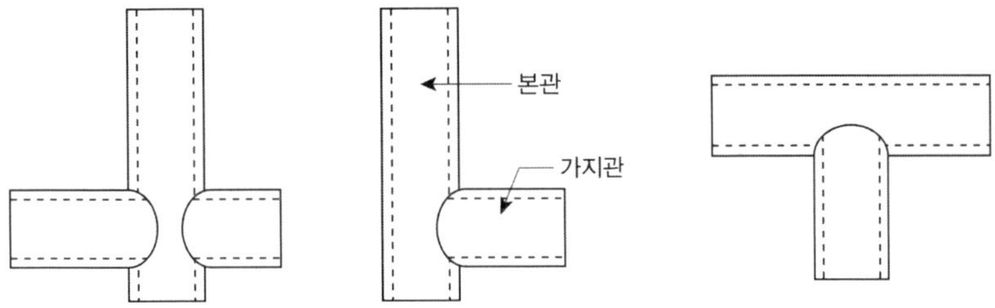

그림 4-14 석면 시멘트관 이형관

4 프리스트레스트 콘크리트관(prestressed concrete pipes)

일반적으로 PS관이라고 불리며 메이커에 따라서 PS콘크리트관 또는 PS흄관이라고 부르고 있다. 이 관은 콘크리트관의 외주에 PS강선을 긴장해서 감아 붙인 뒤 관의 원주 방향으로 압축응력을 부여하여 내외압에 의해서 일어나는 인장응력과 상쇄할 수 있게 한 특수한 콘크리트관이다.

가. 코어식 프리스트레스트 콘크리트관(core type prestressed concrete pipes, KS F 4405)

이 관은 원심력 또는 축 전압을 응용하여 성형한 코어로 프리스트레스트를 도입하여 제조한 것을 말하며, 종류는 <표 4-41>과 같이 보통관 및 압력관으로 구분하고, 모양에 따라 S형, C형 및 T형으로 구분된다.
관의 호칭지름은 500A에서 3000A까지 18종이 있다.

〈표 4-41〉 코어식 프리스트레스트 곤크리트관 규격

종류		호칭지름			참고
		S형	C형	T형	
압력관	1 종	500~1650	–	–	내압이 작용하는 경우
	2 종	500~2000			
	3 종				
	4 종				
	5 종				
보통관	1 종	500~1650	900~3000	1500~3000	내압이 작용하지 않는 경우
	2 종	500~2000			
	3 종				
	4 종				
	5 종				

나. 프리스트레스트 콘크리트 실린더관(prestressed concrete-steel cylinder pipe, KS F 4406)

이 관은 철판 실린더와 원심력 및 전압, 진동 다짐 등을 응용하여 제작한 콘크리트 코어에 원둘레 방향으로 프리스트레스트를 가한 콘크리트관으로 도수로, 송수로, 배수로 및 급수지선용으로 사용한다. 이 관의 종류는 철판의 위치에 따라 노출형(Ⅰ)형과 매립형(Ⅱ형)으로 구분한다.

〈표 4-42〉 프리스트레스트 콘크리트 실린더관의 규격

종 류	시험 수압(MPa)	관의 호칭지름
제1종	2.5	500~4000
제2종	2.1	500~4000
제3종	1.75	500~4000
제4종	1.4	500~4000
제5종	1.1	500~4000

9 기타 관

1 알루미늄관

알루미늄 및 알루미늄합금 이음매 없는 관은 가공·용접이 용이하고, 순도가 높은 것일수록 내식성·가공성이 더욱 좋다. 화학공업용 배관, 낙농배관, 열교환기 등에 사용한다. 이외에도 알루미늄 및 알루미늄합금 용접관도 있다.

가. 이음매 없는 알루미늄 및 알루미늄합금관(aluminium and aluminium alloy seamless pipes and tubes, KS D 6761)

이 관은 제조방법에 따라 압출관과 인발관이 있는데, 관의 치수는 바깥지름, 안지름 및 두께 중 어느 2개를 지정한다. 압출관의 바깥지름은 15mm에서 420mm까지 18종이 있고, 두께는 1mm에서 50mm까지 있으며, 인발관의 바깥지름은 6mm에서 200mm까지 20종이 있고, 두께는 0.6mm에서 18mm까지 있다.

나. 알루미늄 및 알루미늄합금 용접관(aluminium and aluminium alloy welded pipes and tubes, KS D 6713)

이 관은 알루미늄 및 알루미늄합금조와 알루미늄합금 브레이징 시트를 고주파 유도 가열

용접한 알루미늄 및 알루미늄합금의 용접관(일명 용접관)과 알루미늄 및 알루미늄합금판을 이너트가스 아크용접 또는 이와 동등한 용접방법으로 용접한 알루미늄 및 알루미늄합금의 용접관(일명 아크용접관)을 말한다. 용접관의 치수는 바깥지름이 6mm에서 101.6mm까지 28종이 있으며 두께는 0.5mm에서 2.5mm까지 있고, 아크용접관은 호칭지름 200A에서 1500A까지 20종이 있으며, 두께는 5mm에서 40mm까지 있다.

2 규소 청동관

규소 청동 이음매 없는 관은 내산성이 우수하고 강도가 높아, 화학공업용 배관에 사용한다.

3 이음매 없는 니켈 및 니켈합금관(seamless nickel and nickel alloy tube)

응축기, 열교환기용 원형 단면을 갖는 이음매 없는 니켈 및 니켈합금관의 종류는 일반용 관과 응축기 및 열교환기용 관으로 나누는데, 일반용 관의 냉간가공관은 바깥지름 4mm에서 240mm까지 있고, 열간가공관은 바깥지름 38mm에서 240mm까지 있다. 응축기 및 열교환기용 관의 냉간가공관은 두께 5mm 이하, 바깥지름 80mm까지 있다.

4 티탄관

배관용 티탄관은 내식성이 우수하고, 특히 열교환기용 티탄관은 관의 내외면에서 열을 전달하는 장소에 사용한다. 화학공업용이나 석유공업용의 열교환기, 콘덴서관 등에 사용된다.

가. 배관용 티탄관(titanium pipes for ordinary piping; TTP, KS D 5574)

내식성, 특히 내해수성이 좋다. 화학장치, 석유 정제장치, 펄프 제지 공업 장치 등에 사용되며, 종류는 화학 성분에 따라 1종, 2종, 3종, 4종으로 분류하고, 제조방법에 따라 이음매 없는 관과 용접관으로 나눈다. 관의 크기는 이음매 없는 관은 바깥지름이 10mm에서 80mm까지 있고, 두께는 1mm 이상 10mm 이하이며, 용접관은 바깥지름이 10mm에서 150mm까지 있고, 두께는 1mm 이상 10mm 이하이다.

나. 열교환기용 티탄관(titanium tube for heat exchangers; TTH, KS D 5575)

관의 안팎에서 열을 전수하는 것을 목적으로 하고, 사용하는 단면이 원형인 내식용 관이다. 이 관은 내식성, 특히 내해수성이 좋다. 화학장치, 석유 정제장치, 펄프 제지 공업 장치, 발전 설비, 해수·담수화 장치 등에 사용되며, 종류는 화학 성분에 따라 1종, 2종, 3종으로 분류하고, 제조방법에 따라 이음매 없는 관과 용접관으로 나눈다. 관의 크기는 이음매 없는 관은 바깥지름이 10mm에서 60mm까지 있고, 두께는 1mm 이상 5mm 이하이며, 용접관은 바깥지름이 10mm에서 60mm까지 있고, 두께는 0.3mm 이상 3mm 이하이다.

5 주석관

주석관은 연관과 함께 냉간압출 제관기에 의하여 제조되고 주로 양조·화학공장 등의 알코올이나 맥주 등의 수송관에 사용된다. 주석은 고가이므로 연관의 내면에 주석도금한 주석도금연관, 동관에 주석도금한 주석도금동관 등이 만들어지고 있으며 병원이나 제약공장의 증류수(극연수), 소독액 등의 수송관에 사용한다.

6 도관(陶管)

도관은 점토를 주원료로 하여 잘 반죽한 재료를 제관기에 걸어 직관 또는 이형관으로 성형하여, 자연건조와 가마 안에 넣고 소성하여 식염가스화에 의하여 표면에 규산나트륨의 유리피막을 입힌다. 필요에 따라 자연건조하는 동안 관 내·외면에 표약(表藥)을 실시한다. 관의 종류에는 보통관, 두꺼운관이 있는데, 보통관은 농업용, 일반 배수용, 후관은 도시 하수관용, 철도 배수관용으로 사용한다. 두꺼운 직관의 호칭지름은 100A에서 600A까지이고, 보통 직관은 50A에서 300A까지 있다. 두꺼운 30°, 45°, 60°, 90°곡관의 호칭지름은 100A에서 200A까지 있고, 보통 90°곡관은 50A에서 300A까지 있다. 두꺼운 관의 유효길이는 660mm, 750mm, 1000mm, 1500mm, 2000mm가 있고, 보통관의 유효길이는 450mm, 600mm가 있다.

7 유리관

유리관은 붕규산 유리(borosilicate glass, 硼硅酸琉璃)로 만들어지며 배수관으로 사용되고, 일반적으로 관경이 40～150mm, 길이 1.5～3m의 것이 시판되고 있다.

〈표 4-43〉 일반 배관재의 종류별 특성 비교 조도

구분 \ 관종류	강관	동관	스테인리스강	합성수지관
내식성	약함	강함	·대체로 강함 ·상수도 소독제인 염소성분에서는 부식성이 있음	·고온에 약함 ·경년변화 현상 큼 (경화)
열전도율	보통	높다	낮다	낮다

구분 \ 관종류		강관	동관	스테인리스강	합성수지관
마찰손실		마찰손실이 크다.	관 내 조도(祖度)가 높아 마찰손실이 적다.	마찰손실이 적다.	마찰손실이 적다.
인장강도(kg/mm^2)		35.5	24.7	76.7	5.3
위생(衛生)성		불량	우수	우수	위생용으로 사용 안함
시공성		·시공이 어려움 ·나사접합 및 용접 접합으로 작업시간이 길고 작업성 복잡 ·관 중량이 커서 운반·취급 곤란 ·저온 취성으로 한랭지 배관 곤란	·시공이 간편 ·수중작업 불가 (용접) ·공구에 의한 손상을 입기 쉽다. ·내충격성이 약하므로 수송, 적재, 사공 등의 취급시 주의 요함	·몰코접합으로 시공기간 및 작업 용이 ·취급·운반이 용이 (단위중량이 작다.) ·한랭지, 저온배관 가능 ·굽힘이 극히 어려움	·냉간접합 및 열간 접합 사용 ·고온배관, 한랭지 배관 못함 ·구배와 배관지지가 어려움
인장강도(kg/mm^2) 경도(Hv) 신연율(%)		·30(강함) ·경함(110) ·46.4	·25(적당) ·약함(64) ·53.0	·62(극히 강함) ·극히 경함(190) ·48.2	·1,8(약함) ·약함(120*) ·30
보수유지		용이	·절단과 이음이 용이, 보수작업 간편	어려움 (공구 사용상 불가)	곤란함
동결 파손 해빙(解氷)작업		·약함 ·가능함(동결시)	·강함 ·가능함	·약함 ·가능함	·약함 ·불가능
수명	급수관	10~20년	40~60년	60년 이상	50년
	급탕관	10~50년	30~50년	60년 이상	불가
사용 온도		−15~350℃	−15~350℃	−260~350℃	−18~65℃
중량		단위중량 1(기준)	강관의 1/2	강관 1/3~1/4	강관의 1/3~1/5
자외선에의 한 조직 변화		없음	없음	없음	있음
물리적 성질	비열(cal/g℃)	0.115	0.092	0.120	0.35
	열전도율 (cal/cm·sec·℃)	0.142	0.934	0.039	0.12×10^{-3}
	열팽창계수 (10^{-6}mm/m℃)	11.6	17.6	17.3	70
	고유저항 (μΩ·cm)	14.2	1.71	72	10^{15} 이상
기타		나사, 용접, 플랜지이음	• 용접 이음(솔더링, 브레이징) • 플레어 이음	• 나사 및 용접 (TIG 이음) • 몰코 이음	• 용접 이음 • 냉간 이음 • 열간 이음

익힘문제

1. 보일러 및 열교환기용 탄소강관의 용도에 대하여 설명하시오.

2. 동관의 형태별 종류 및 용도에 대하여 설명하시오.

3. 일반 배관용 스테인리스강관의 용도에 대하여 설명하시오.

4. 주철관의 종류와 용도를 설명하시오.

5. 단열 2중관에 대하여 설명하시오.

6. 원심력 철근콘크리트관의 특성에 대하여 설명하시오.

7. 알루미늄관, 규소 청동관의 용도에 대하여 설명하시오.

제5장 관 이음재료

1 강관 이음재료

1 나사식 관 이음쇠

나사식 관 이음쇠는 물, 기름, 증기, 공기 등의 저압용 일반 배관에 사용되며, 심한 마모, 충격, 진동, 부식, 균열 등이 생길 우려가 있는 곳에는 사용하지 않는 것이 좋다.
KS에서는 KS B 1531 나사식 가단주철제 관 이음쇠, KS B 5132 나사식 배수관 이음쇠, KS B 5133 나사식 강관제 이음 등으로 구분된다.

가. 가단주철제 관 이음쇠

배관용 탄소강관을 나사 이음할 때 사용하는 이음쇠로서 흑심 가단주철 1종으로 만든다. 이음쇠의 나사는 KS B 0222에 규정한 관용 테이퍼나사로 하며, 멈춤너트(lock nut)는 KS B 0221에 규정한 관용 평행 나사로 한다.

① 관의 방향을 바꿀 때 : 엘보(elbow), 벤드(bend) 등
② 관을 도중에서 분기할 때 : 티(tee), 와이(Y), 크로스(cross) 등
③ 동경의 관을 직선 연결할 때 : 소켓(socket), 유니언(union), 플랜지(flange), 니플(nipple) 등
④ 이경의 관을 연결할 때 : 이경 엘보(unequal elbow), 이경 소켓(reducer), 이경 티(unequal tee), 부싱(bushing) 등
⑤ 관의 끝을 막을 때 : 캡(cap), 플러그(plug)
⑥ 관의 분해·수리·교체가 필요할 때 : 유니언(union), 플랜지(flange) 등

그림 5-1 가단주철제 관 이음쇠의 종류

이음쇠는 제조 후 2.55MPa의 수압시험과 0.51MPa의 공기압시험을 실시하여 누설(漏泄)이나 기타 이상이 없어야 한다. 사용 압력은 <표 5-1>과 같이 유체의 상태에 따라 다르다. 이음의 크기를 표시하는 방법은 (그림 5-2)와 같다.

① 지름이 같은 경우는 호칭지름으로 표시한다.

② 지름이 2개인 경우는 지름이 큰 것을 첫 번째, 작은 것을 두 번째의 순서로 기입한다.

③ 지름이 3개인 경우는 동일 중심선 또는 평행 중심선 상에 있는 지름 중 큰 것을 첫 번째, 작은 것을 두 번째와 세 번째로 기입한다. 단, 90°Y인 경우에는 지름이 큰 것을 첫 번째, 작은 것을 두 번째와 세 번째로 기입한다.

〈표 5-1〉 가단주철제 관 이음쇠의 유체 상태에 따른 최고 사용 압력

유체의 상태	최고 사용 압력(MPa)
300℃ 이하의 증기, 공기, 가스 및 기름	1.02
200℃ 이하의 증기, 공기, 가스 및 기름 및 맥동수	1.43
120℃ 이하의 정류수	2.04

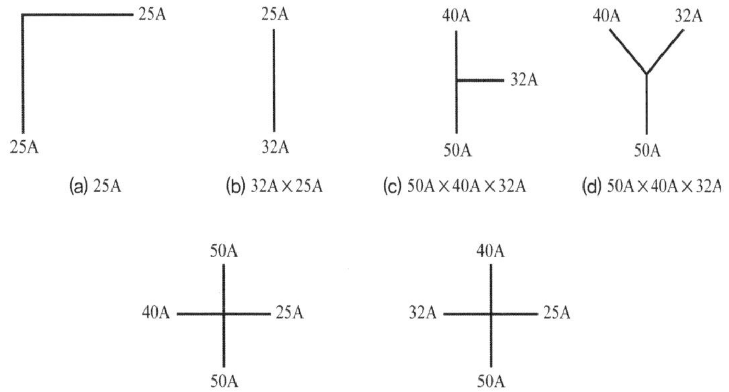

(a) 25A (b) 32A×25A (c) 50A×40A×32A (d) 50A×40A×32A

(e) 50A×50A×40A×25A (f) 50A×50A×40A×32A

그림 5-2 이음쇠 크기 표시 방법

④ 지름이 4개인 경우는 가장 큰 것을 첫 번째, 이것과 동일 중심선 상에 있는 것을 두 번째, 나머지 2개 중에서 지름이 큰 것을 세 번째, 작은 것을 네 번째로 기입한다. 나사식 가단주철제 이음쇠의 모양과 상세 치수는 부록을 참조한다.

가단주철제 관 이음쇠의 호칭 방법은 <표 5－2>와 같이 규격 번호 또는 규격 명칭, 종류 및 호칭에 따른다.

〈표 5-2〉 가단주철제 관 이음쇠

예	규격 번호 또는 규격 명칭	모양에 의한 종류	표면 상태에 의한 분류	호 칭
보기 1	KS B 1531	지름이 다른 암수 엘보		2×¾
보기 2	나사식 가단주철제 관 이음쇠	45° 엘보	(도금)	1½

나. 강관제 관 이음쇠

강관제 관 이음쇠는 물, 기름, 가스, 증기, 공기 등의 일반 배관에 사용하는 이음쇠로서 배관용 탄소강관과 같은 재질로 만든다. 이음쇠의 크기는 이음쇠의 나사 KS B 0222에 따른 나사의 호칭을 따른다. 다만, R 및 Rp의 기호를 붙이지 않는다. 그리고 롱 니플의 크기는 [호칭×길이(L)]에 따라 나타낸다.

강관제 관 이음쇠의 호칭 방법은 <표 5－3>과 같이 규격 번호 또는 규격 명칭, 종류 및 크기의 호칭에 따른다. 다만, 표면의 상태에 따른 종류는 무도금을 검은 색, 도금을 흰색으로 하여도 된다.

〈표 5-3〉 강관제 관 이음쇠

예	규격 번호 또는 규격 명칭	모양에 의한 종류	표면 상태에 의한 분류	호 칭
보기 1	KS B 1533	배럴 니플	검은색	3/4
보기 2	나사식 강관제 관 이음쇠	롱 엘보	도금	1½×75

이음쇠의 종류 및 모양은 (그림 5-3)과 같다.

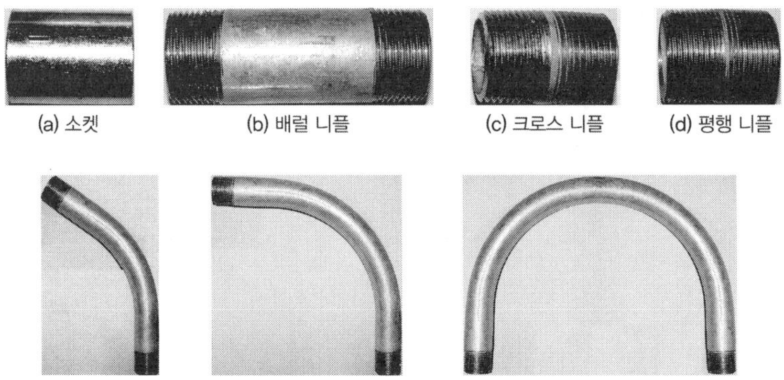

(a) 소켓 (b) 배럴 니플 (c) 크로스 니플 (d) 평행 니플

(e) 45° 벤드 (f) 90° 벤드 (g) 리턴 벤드

그림 5-3 강관제 관 이음쇠 종류

다. 배수관 이음쇠

배관용 탄소강관을 배수관에 사용할 경우에는 나사 결합형 배수관 이음쇠를 사용한다. 이 이음은 분기부의 곡률반경을 크게 하기 위하여 45°Y, 90°Y 이음을 사용하여 배수의 흐름을 원활히 하여 오물로 관이 막히는 것을 방지하도록 만든 것이다. 또 횡주 배수관에 구배를 두기 위하여 이음의 연결부에 각도차(1°10′)를 냈으므로 이 이음에 횡주관을 틀어박으면 약 1/50의 구배가 생기게 된다. 더욱 이음쇠의 내경과 강관의 내경이 일치하도록 만들어져 있는 것은 배관 내의 유수저항을 가급적 적게 하고, 오물로 막히는 것을 방지하기 위해서이다. 이것에 비해 일반용 관 이음쇠는 내경에 단이 붙어 있다.

배수관 이음쇠의 호칭 방법은 규격 명칭, 재료에 따른 종류, 모양에 따른 종류 및 크기의 호칭에 따른다.

예) 나사식 배수관 이음쇠 주철제 45° 엘보 1½

　　나사식 배수관 이음쇠 가단주철제 45° 엘보 1½

이음쇠의 재료에 따른 종류는 주철제 또는 가단주철제의 2종류가 있고, 이음쇠의 모양에 따른 종류는 (그림 5-4)와 같다.

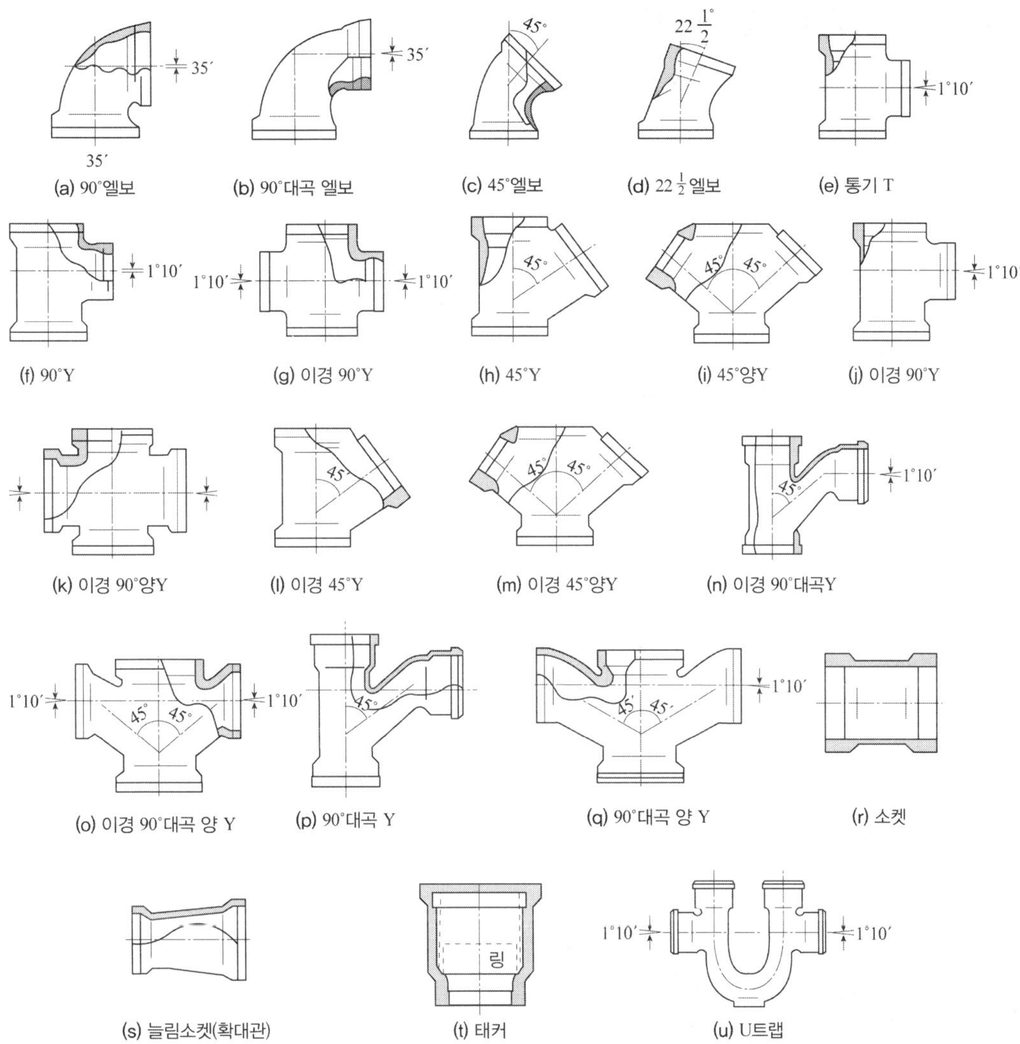

그림 5-4 나사식 배수관 이음쇠의 종류

2 용접식 관 이음쇠

배관에 이용되는 각종 이음쇠가 시판되고 있으며, 그 형상, 재질, 종류는 KS에 정해져 있다. 즉, 일반 배관 및 연료 가스 배관용 강제 맞대기 용접식 관 이음쇠(KS B 1522), 배관용 강제 맞대기 용접식 관 이음쇠(KS B 1541), 배관용 강제 삽입 용접식 관 이음쇠(KS B 1542)이다.

가. 맞대기 용접식 관 이음쇠

맞대기 용접식 관 이음쇠는 일반 배관용과 배관용의 2가지가 있다. 일반 배관용은 사용 압력이 비교적 낮은 증기, 물, 기름, 가스, 공기 등 일반 배관에 맞대기 용접으로 부착하는 강제 관 이음쇠로서 배관용 탄소강관(KS D 3507)을 맞대기 용접할 때 사용한다. 이음쇠의 재질은 SPP와 같은 것으로 한다.

배관용 이음쇠는 주로 압력배관(KS D 3562), 고압배관(KS D 3564), 고온배관(KS D 3570), 저온배관(KS D 3569), 합금강 배관(KS D 3513), 스테인리스강 배관(KS D 3576) 및 가열로용 강관(KS D 3587)에 맞대기 용접으로 부착하는 강제 및 니켈-크롬-철합금제의 관 이음쇠이다.

엘보의 곡률반경은 롱(Long=L)이 강관 호칭지름의 1.5배, 쇼트(Short=S)는 호칭지름의 1.0배로 되어 있다.

관 이음쇠의 호칭 방법은 규격 번호 또는 규격 명칭, 모양에 따른 종류의 기호, 재료에 따른 종류의 기호, 호칭의 구분 및 크기(호칭지름×두께[mm])가 있다. 또한 지름이 다른 관 이음쇠의 호칭크기는 2개의 구멍을 가진 경우는 지름이 큰 것, 작은 것 순서로 하고, 3개의 구멍을 가진 경우는 동일 중심선 상에 있는 것을 첫 번째 및 두 번째 나머지 세 번째 순서로 한다.

일반 배관용 이음쇠의 안·바깥지름 및 두께는 배관용 탄소강관의 치수와 동일하며, 배관용 이음쇠는 스케줄 번호(Sch No.)에 따라 각각의 용도에 맞는 배관용 탄소강관의 치수와 동일하다.

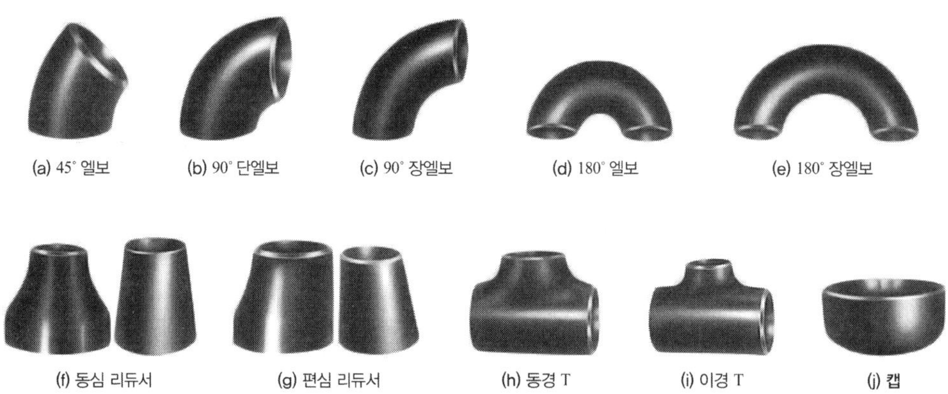

(a) 45° 엘보 (b) 90° 단엘보 (c) 90° 장엘보 (d) 180° 엘보 (e) 180° 장엘보

(f) 동심 리듀서 (g) 편심 리듀서 (h) 동경 T (i) 이경 T (j) 캡

그림 5-5 맞대기 용접식 관 이음쇠

〈표 5-4〉 일반배관용 관 이음쇠의 모양에 따른 종류 및 기호

<table>
<tr><th colspan="3">모양에 따른 종류</th><th rowspan="2">기호</th></tr>
<tr><th>대분류</th><th colspan="2">소분류</th></tr>
<tr><td>45° 엘보</td><td colspan="2">롱</td><td>45E(L)</td></tr>
<tr><td rowspan="2">90° 엘보</td><td colspan="2">롱</td><td>90E(L)</td></tr>
<tr><td colspan="2">쇼트</td><td>90E(S)</td></tr>
<tr><td rowspan="2">180° 엘보</td><td colspan="2">롱</td><td>180E(L)</td></tr>
<tr><td colspan="2">쇼트</td><td>180E(S)</td></tr>
<tr><td rowspan="4">리듀서(Reducer)</td><td rowspan="2">동심(Con)</td><td>1형</td><td>R(C) 1</td></tr>
<tr><td>2형</td><td>R(C) 2</td></tr>
<tr><td rowspan="2">편심(Ecc)</td><td>1형</td><td>R(E) 1</td></tr>
<tr><td>2형</td><td>R(E) 2</td></tr>
<tr><td rowspan="2">티(T)</td><td colspan="2">같은 지름</td><td>T(S)</td></tr>
<tr><td colspan="2">다른 지름</td><td>T(R)</td></tr>
<tr><td>캡(cap)</td><td colspan="2">–</td><td>C</td></tr>
</table>

나. 삽입(揷入) 용접식 관 이음쇠

삽입 용접식 관 이음쇠는 배관용 맞대기 용접식 관 이음쇠(KS B 1541)와 마찬가지로 압력배관, 고압배관, 고온배관, 저온배관, 합금강배관, 스테인리스강배관 등에 삽입 용접으로 부착하는 강제 이음매 없는 관 이음쇠이다.

관 이음쇠의 호칭 방법은 규격 번호 또는 규격 명칭, 모양에 따른 종류의 기호, 재료에 따른 종류의 기호, 호칭의 구분 및 크기(호칭지름×호칭두께)가 있다. 또한 지름이 다른 관 이음쇠의 호칭크기는 2개의 구멍을 가진 경우는 지름이 큰 것부터 작은 것 순서로 하고, 3개의 구멍을 가지 경우는 동일 또는 평행한 중심선 위에 있는 지름이 큰 것을 첫 번째, 작은 것을 두 번째, 나머지 세 번째 순서로 한다. 4개의 구멍 지름을 갖는 경우는 최대 지름을 첫 번째, 이것과 동일 또는 평행한 중심선 위에 있는 것을 두 번째, 나머지 2개 중에 지름이 큰 것을 세 번째, 작은 것을 네 번째 순서로 한다.

〈표 5-5〉 삽입 용접식 이음쇠의 모양에 따른 종류 및 그 기호

<table>
<tr><th colspan="2">모양에 따른 종류</th><th rowspan="2">기호</th></tr>
<tr><th>대분류</th><th>소분류</th></tr>
<tr><td rowspan="2">45° 엘보</td><td>같은 지름</td><td>45E(S)</td></tr>
<tr><td>다른 지름</td><td>45E(R)</td></tr>
<tr><td rowspan="2">90° 엘보</td><td>같은 지름</td><td>90E(S)</td></tr>
<tr><td>다른 지름</td><td>90E(R)</td></tr>
<tr><td rowspan="2">풀 커플링</td><td>같은 지름</td><td>FC(S)</td></tr>
<tr><td>다른 지름</td><td>FC(R)</td></tr>
</table>

모양에 따른 종류		기호
대분류	소분류	
하프 커플링	–	HC
캡	–	C
45°Y	같은 지름	45 Y(S)
	다른 지름	45 Y(R)
T	같은 지름	T(S)
	다른 지름	T(R)
크로스	같은 지름	CROSS(S)
	다른 지름	CROSS(R)

주) S : 같은 지름, R : 다른 지름

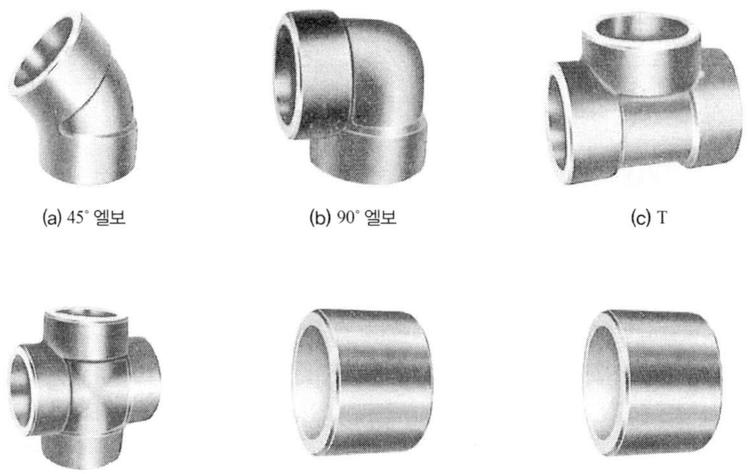

(a) 45° 엘보 (b) 90° 엘보 (c) T

(d) 크로스 (e) 커플링 (g) 캡

그림 5-6 삽입 용접식 관 이음쇠

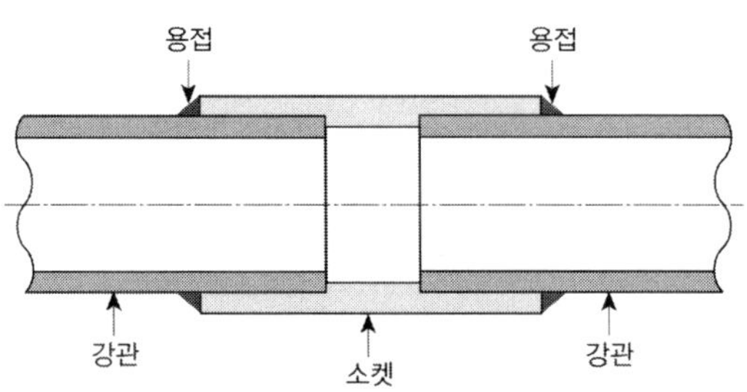

그림 5-7 관의 삽입 용접

3 플랜지 관 이음쇠

관 플랜지는 호칭압력에 의해서 정해지며, 각각 유체의 종류·온도·상태에 따라서 최고 사용 압력이 정해지고 있다.

플랜지 이음은 관 끝에 용접 이음 또는 나사 이음을 하고, 양 플랜지 사이에 패킹(packing)을 넣어 볼트로 쉽게 결합시킬 수 있으므로 배관의 중간이나 밸브, 펌프, 열교환기 등의 각종 기의 접속 및 기타 보수 점검을 위하여 관의 해체 및 교환을 필요로 하는 곳에 많이 사용된다. 플랜지의 재질은 강판, 주철, 주강, 단조강, 청동, 황동, 스테인리스 등이 사용된다. 모양은 보통 원형이나 지름이 작은 관에는 타원형, 사각형 등이 사용된다.

플랜지의 종류는 시트(seat)의 형상에 따라 전면, 대평면, 소평면, 삽입형, 홈꼴형 시트로 나눈다.

〈표 5-6〉 플랜지 시트 모양에 따른 종류 및 용도

플랜지 종류	호칭압력(MPa)	용도
전면 시트	1.6 이하	주철제 및 구리 합금제 플랜지
대평면 시트	6.3 이하	부드러운 패킹을 사용하는 플랜지
소평면 시트	1.6 이상	경질의 패킹을 사용하는 플랜지
삽입형 시트	1.6 이상	기밀을 요하는 경우
홈꼴형 시트	1.6 이상	위험성 유체 배관 및 기밀유지

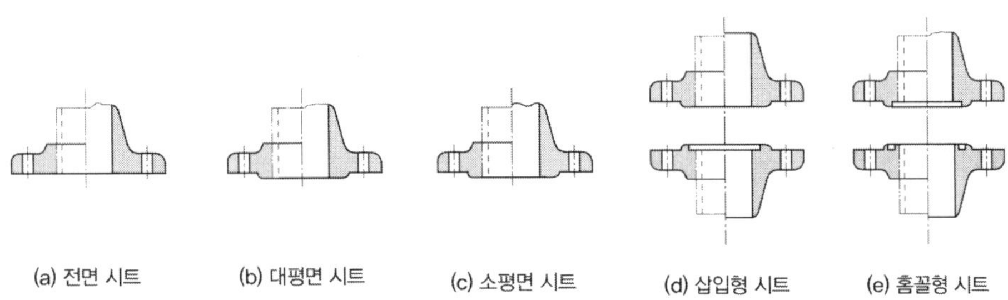

그림 5-8 플랜지 시트의 모양

플랜지를 관과 이음하는 방법에 따라 분류하면 (그림 5−9)와 같이 나사 이음형(threaded joint), 삽입 용접형(slip on welding type), 소켓 용접형(socket welding type), 랩 조인트형(lap joint type), 블라인드형(blind type) 등이 있다.

〈표 5-7〉 플랜지의 이음 방법에 따른 규격

규격(A)	플랜지		플랜지의 턱 경(g)	중심원의 경(c)	구멍수	볼트 지름(h)	볼트
	외경(d)	두께(t)					
10	90	14	48	65	4	15	M12
15	95	16	52	70	4	15	〃
20	100	18	58	75	4	15	〃
25	125	18	70	90	4	19	M16
32	135	20	80	100	4	19	〃
40	140	20	85	105	4	19	〃
50	155	20	100	128	8	19	〃
65	175	22	120	140	8	19	〃
80	200	24	135	160	8	23	M20
100	225	26	160	185	8	23	〃
125	270	26	195	225	8	25	〃
150	305	28	230	260	12	25	M22
200	350	30	275	305	12	25	〃
250	430	34	345	380	12	27	M24
300	480	36	395	430	16	27	〃
350	540	38	440	480	16	33	M30
400	605	42	495	540	16	33	〃

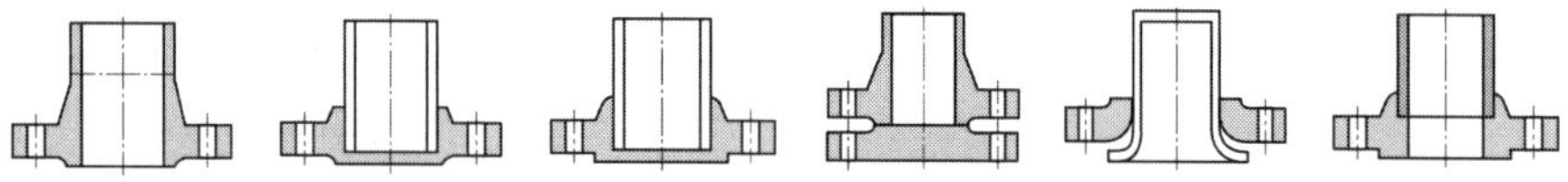

(a) 맞대기 용접 플랜지 (b) 나사이음 플랜지 (c) 슬리브용접 플랜지 (d) 블라인드 플랜지 (e) 유합플랜지 (랩조인트) (f) 소켓용접 플랜지

그림 5-9 플랜지의 이음 방법에 따른 분류

4 홈 조인트(groove joint)

홈 조인트는 기존의 관 이음쇠와는 달리 용접, 플랜지, 나사배관에 비해 3배 정도 빨리 조립이 가능하므로 이음 시공시 인건비를 절약할 수 있고, 다른 방식의 이음방식을 보완할 수 있는 조인트이다.

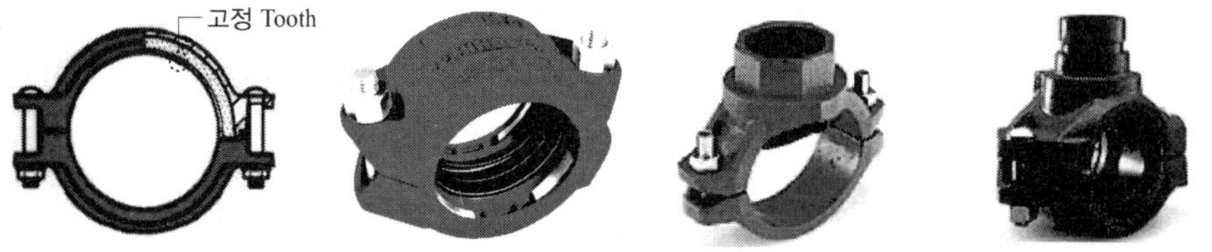

(a) 고정식 홈 조인트 (b) 유동식 홈 조인트 (c) 고정식 티 홈 조인트 (d) 유동식 티 홈 조인트

그림 5-10 홈 조인트의 종류

고정식 홈 조인트는 연결부의 유동성을 제거하여 플랜지 또는 용접방식과 유사하도록 배관의 움직임을 최소화하며 소방 및 위생, 급수, 급탕, 입상, 횡주, 기계실 배관에 사용된다.
유동식 홈 조인트는 배관의 온도차에 의한 길이변화, 진동에 의한 배관의 길이 변화 등을 조인트에서 흡수 가능하여 배관의 피로현상을 완화시키며, 소음 및 진동이 심한 배관 및 매립, 매설배관에 적합하다. 고정식 홈 조인트와 같이 2.0MPa 이상 배관에 사용할 수 있다.
홈 조인트의 장점은 다음과 같다.

① 용접, 플랜지, 나사배관에 비해 3배 정도 빨리 조립이 가능하며, 스패너 하나만으로 조립 가능하므로 공기(工期)가 절감된다.
② 나사 또는 용접배관에 비해 기밀성이 뛰어나다.
③ 배관 끝단 부분의 간격을 유지하여 온도변화 및 진동에 대한 신축, 유동성이 뛰어나다.
④ 배관 끝단 부분에 고무링이 있어 소음 및 진동 전달을 최소화한다.
⑤ 무용접 배관이므로 배관의 수명이 길다.
⑥ 플랜지에 비해 볼트를 사용하는 수량이 적다.
⑦ 배관 작업전 쉽게 정리정돈을 하여 작업효율성을 높일 수 있다.
⑧ 적은 비용으로 유지·보수 및 시스템 교환이 용이하다.
⑨ 플랜지 배관에 비해 30% 정도의 공간의 경제성이 있다.
⑩ 용접시 발생될 수 있는 화재를 예방할 수 있다.
⑪ 숙련공이 필요치 않다.

2 주철관 이음재료

강관 이음쇠에 해당되는 것으로 주철관 이음쇠를 통칭하여 이형관(異形管)이라고 부르며, 수도용과 배수용으로 구분된다.

1 수도용 주철 이형관

수도에 사용되는 주철관 이형관은 접합부의 형상에 따라 소켓관과 플랜지관으로 구분한다. 이형관은 주철직관을 배관할 경우 관로의 굴곡, 계량기 등의 기기를 접속하는 부분에 사용되며, 최대 사용 정수두(靜水頭)는 75m 이하이나 관지름 500mm 이하의 것은 최대 사용 정수두 100m의 고압관에도 사용할 수 있으며 용도에 따라 여러 종류가 있다.

(a) 90°곡관 (b) 소켓 T형관 (c) 소켓 플랜지 T형관 (d) 소화기전용곡관 (e) 소켓 플랜지관 1호

(f) 소켓 플랜지관 2호 (g) 45°Y형관 (h) 공기밸브 (i) 편락관 (j) 플랜지관

그림 5-11 수도용 주철관 이형관

2 배수용 주철 이형관

배수용 주철 이형관은 배수관 속의 오수가 원활하게 흐르고 이음쇠 부분에서 찌꺼기가 쌓이는 곳을 방지하기 위해서 분기관이나 Y자형으로 매끄럽게 만들어져 있고, 이음 부분은 주로 소켓이음관으로서 (그림 5－12)와 같이 여러 종류가 있다. 배수용 주철관과 배수용 연관을 쉽게 접합할 수 있도록 플랜지관으로 제조된 것도 있고, 최근에는 기계식 이음형의 배수용 이음쇠도 있다.

〈표 5-8〉 배수용 주철 이형관의 종류

구 분	종 류
곡관	90°단곡관, 90°장곡관, 60°곡관, 40°곡관, 22.5°곡관,
Y관	Y관, 양Y관, 이형Y관, 이형양Y관, 90°Y관, 90°양Y관, 이형90°Y관, 이형90°Y관
T관	이형배수T관, 통기T관, 이형통기T관
연관이음용	Y관, 이형Y관, 배수T관, 이형배수T관, 이형관의 플랜지
기타	확대관, U트랩, 이음관

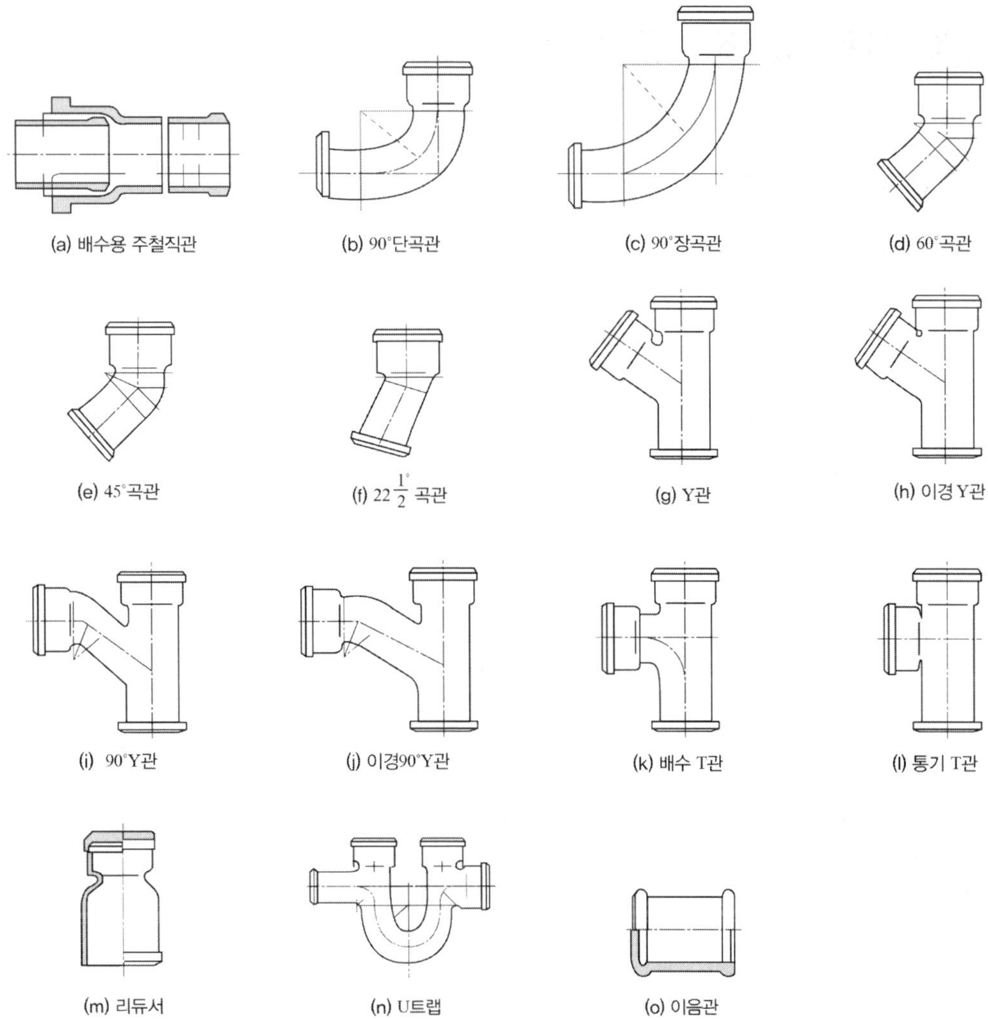

그림 5-12 배수용 주철관 이형관의 종류

주철관의 관종(管種) 및 이음 방법에 따라 약호(約號)를 구분하면 이음 방법에 따른 약호는 KP식 이음(K), 타이튼 이음(T), 메커니컬 이음(M)으로 하며, 덕타일 주철관의 관 종류는 1종관(Dl), 2종관(D2), 3종관(D3)으로 하고, 회주철 주철관의 관 종류는 고압관(B), 보통압관(A), 저압관(LA)으로 나누며 시멘트 라이닝관(C)은 표시 기호 마지막에 표기한다.

관종에 따른 도시 방법은 KP식 이음( ), 타이튼 이음( ), 메커니컬 이음( ), 플랜지 이음( )으로 표시한다.

3 동관 및 동합금관 이음재료

1 순동 이음재

가. 종류 및 특징

순동 이음관은 주물 이음재의 결점을 보완하기 위하여 1938년 미국에서 처음으로 개발되었다. 이것들은 모두 동관을 성형 가공시킨 것으로 주로 엘보, 티, 소켓, 리듀서 등이다. 가장 권위 있는 규격으로는 ANSI－B16.22(wrought copper and copper alloy solder joint pressure fitting)가 있으며, 국내 규격은 1983년 10월에 KSD 5578의 동 및 동합금의 관이음재로 제정하고 2009년에 개정하였다. 이음의 명칭과 표기는 (그림 5－13)과 같다.

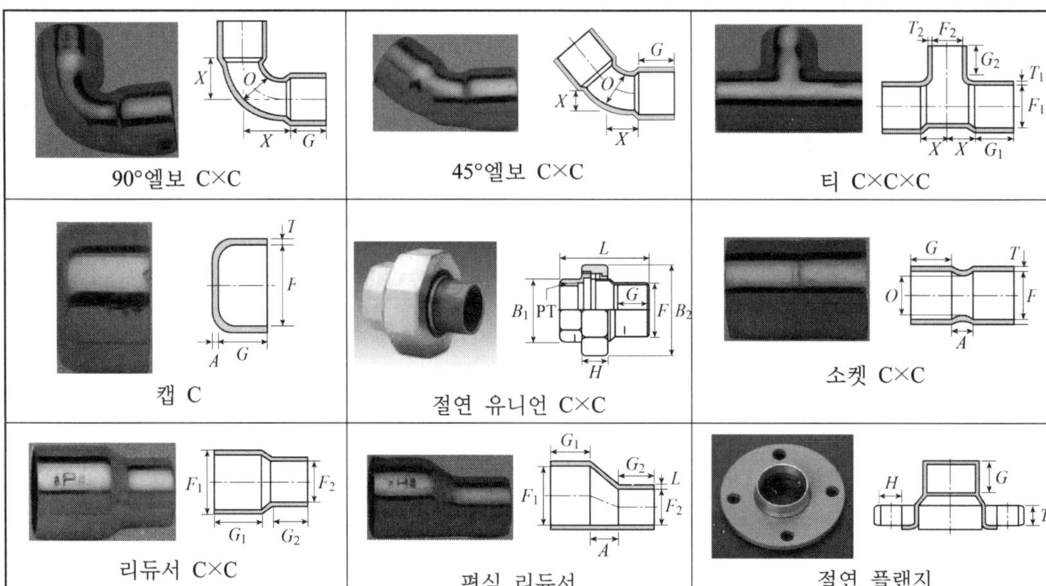

주) C : 이음쇠 내로 관이 들어가 접합되는 형태(Female solder cup)
Ftg : 이음쇠 외로 관이 들어가 접합되는 형태(Male solder cup)
F : ANSI규격 관용 나사가 안으로 난 나사 이음용 이음쇠(Female NPT thread)
M : ANSI규격 관용 나사가 밖으로 난 나사 이음용 이음쇠(Male NPT thread)

그림 5-13 순동 이음쇠의 종류와 기호 표시

순동 이음쇠는 냉·온수 배관은 물론 도시가스, 의료용 산소 등 각종 건축용 동관의 이음에 널리 사용되고 있으며 특징은 다음과 같다.

① 용접시 가열 시간이 짧아 공수 절감을 가져온다.
② 벽 두께가 균일하므로 취약 부분이 적다.
③ 재료가 동관과 같은 순동이므로 내식성이 좋아 부식에 의한 누수의 우려가 없다.
④ 내면이 동관과 같아 압력 손실이 적다.
⑤ 외형이 크지 않은 구조이므로 배관 공간이 적어도 된다.
⑤ 다른 이음쇠에 의한 배관에 비해 공사비용을 절감할 수 있다.

나. 주요부 치수

동관의 이음은 모세관 현상을 이용한 야금적 접합 방법을 사용하므로 겹침 부위의 틈새를 일정하게 유지하는 것이 가장 중요하다. 그러므로 외경과 내경의 기준치수는 규격상으로 엄격한 공차를 규정하고 있다. <표 5－9>는 KS D 5578에서 규정하는 접합부의 치수를 표시한 것이다.

〈표 5-9〉 동관접합부의 치수(KS D 5578)

호칭경		접합부		호칭경		접합부	
		수관	암관			수관	암관
(A)	(B)	기준외경 (mm)	기준내경 (mm)	(A)	(B)	기준외경 (mm)	기준내경 (mm)
8	1/4	9.52	9.62	50	2	53.98	54.22
10	3/8	12.70	12.81	65	2 1/2	66.68	66.96
15	1/2	15.88	16.00	80	3	79.38	79.66
－	5/8	19.05	19.19	100	4	104.78	105.12
20	3/4	22.22	22.36	125	5	130.18	130.55
25	1	28.58	28.75	150	6	155.58	156.00
32	1 1/4	34.92	35.11	200	8	206.38	206.93
40	1 1/2	41.28	41.50	250	10	257.18	259.06

2 동합금 이음쇠

동합금 이음쇠(bronze fitting)는 나팔관식 접합용과 한쪽은 나사식, 다른 한쪽은 연납땜(soldering)이나 경납땜(brazing) 접합용의 주물 이음쇠로 대별한다.

가. 플레어 관 이음쇠(copper alloy fittings for flared copper tubes, KS D 1545)

나팔관 이음쇠는 주로 나팔관 접합에 이용되며 분해 재결합이 용이하다. 용도는 사용 도중 분해 결합이 필요한 곳, 수분 및 물을 제거할 수 없어 용접접합이 어려울 때나, 화재의 위험 등으로 인하여 용접접합을 할 수 없는 곳에 이용된다. 이음쇠는 0.5MPa의 공기압을 가하였을 때 누설되지 않아야 하고, 2.5MPa의 수압을 가하였을 때 파괴 또는 그 밖에 이상이 없어야 한다. 종류 및 외형, 접합된 단면 상태는 (그림 5－14)와 같다.

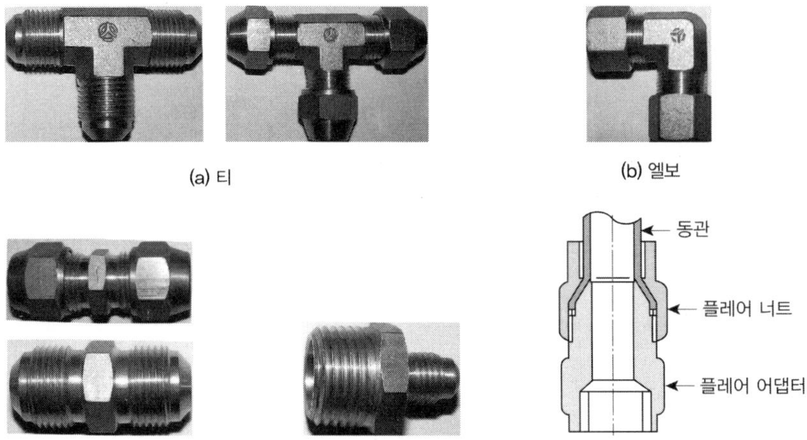

(a) 티 (b) 엘보 (c) 어댑터 (d) 이경 어댑터 (e) 접합 모양

그림 5-14 나팔 이음쇠의 종류 및 접합 모양

나. 동합금 납땜 관 이음쇠(copper alloy solder－joint fittings, KS D 1544)

배관용 동관에 사용하며, 한쪽 납땜, 한쪽 나사 이음을 하는 이음쇠이다. 이 이음쇠는 0.5MPa 이상의 공기압을 가하고 1분 동안 유지한 후 누설이 없어야 하고, 2.5MPa의 수압을 가하고 10분 동안 유지한 후 파괴, 누수, 그 밖의 결함이 없어야 한다. 이음쇠의 호칭 방법은 규격 번호 또는 규격 명칭, 종류(또는 기호), 크기의 호칭 및 접합부 기호에 의한다. (예 : 동합금 납땜 관 이음쇠 1/2C×C×F) 관 이음쇠의 모양과 접합부 규격은 <그림 5－15>와 같다.

종류	기호	접합부 기호	단면 형상	실 물
티	T	C×C×F	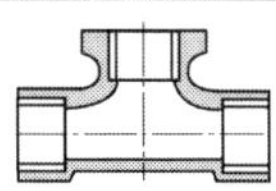	
		F×F×F	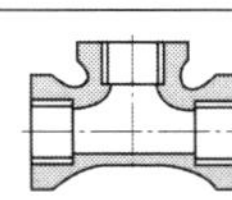	
90° 엘보	90E	C×F	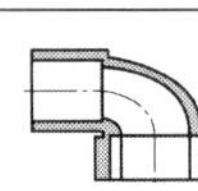	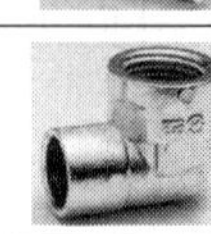
		C×M	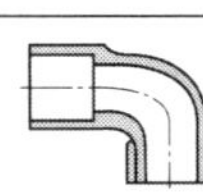	
		F×F	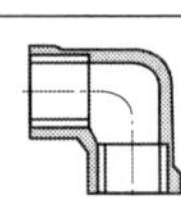	

종류	기호	접합부 기호	단면 형상	실 물
어댑터	AD	C×F	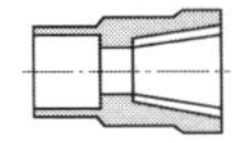	
		C×M	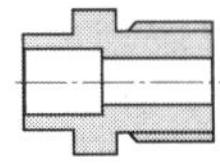	
유니언	U	C×F	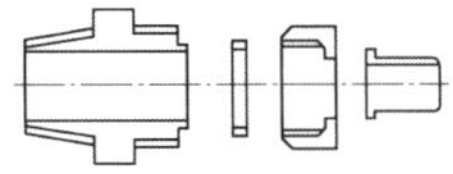	
		C×M	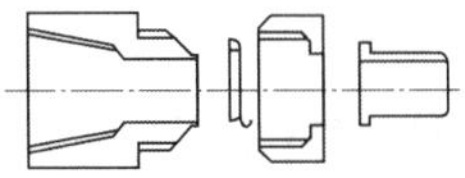	
니플			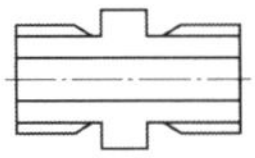	
소켓			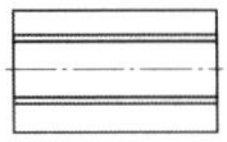	

비고) 접합부의 기호는 이음쇠 끝부분의 접합 상태를 표시한다.
C : 동관의 바깥지름을 받아들여 납땜하는 접합부
F : 내부에 관용 테이퍼나사가 있는 접합부
M : 외부에 관용 테이퍼나사가 있는 접합부

그림 5-15 동합금 납땜 관 이음쇠의 규격 및 종류

다. 동합금 주물 이음쇠(cast bronze fitting)

청동 주물로 이음의 본체를 만들고 관과의 접합 부분을 기계가공으로 다듬질한 것이다. 이음쇠와 접합하는 동관 부분을 정확하게 다듬질하면 이들 사이의 틈새를 맞추는 것은 어렵지 않다. 그러나 순동 이음쇠를 사용할 때에 비하여 다음 사항을 특히 고려해야 한다.

① 동합금 주물 이음쇠와 용접재와의 친화력은 동관과의 친화력과 많은 차가 있다.
② 순동 이음쇠 사용에 비하여 모세관 현상에 의한 용접재의 용융 확산이 어렵다.
③ 동관과 이음쇠의 두께가 다르기 때문에 열용량 차이에 의하여 온도 분포가 불균일하게 될 경우는 냉벽 즉, 용접재의 융점이하 부분이 발생될 수 있다.
④ 열팽창의 불균일에 의하여 부적정 틈새를 만들 수가 있다.

이와 같은 결점 때문에 될 수 있는 한 순동 이음쇠를 사용하는 것이 좋으나 특별한 형태의 이음쇠는 순동 이음쇠로 제작이 불가능하므로 주물 이음쇠에 의존하게 된다. 이음쇠의 호칭은 <표 5-10>과 같다.

〈표 5-10〉 구경수별 이음쇠의 호칭법

구경수	호 칭	호 칭
2	큰 경 A, 작은 경 B의 순	A×B×C
3	동일 또는 평행한 중심선상에 있는 큰 지름을 A, 작은 지름을 B, 나머지 C의 순	A×B×C
4	최대 지름을 A, 이것과 평행한 중심선상에 있는 것을 B, 남은 2개 중 지름이 큰 것을 C, 작은 것을 D의 순	A×B×C×D

④ 스테인리스강관 이음재료

스테인리스강이 우리나라에 보급되기 시작한 것은 불과 30년의 역사를 가지고 있으며, 보급 당시의 스테인리스강은 녹슬지 않은 귀금속으로서 화학장치, 의료기기, 원자력 배관 등 특수한 용도에만 쓰였으나 근래에는 대중화되어 주방기기, 씽크대, 난간, 지하철 및 건물의 내외장재, 냉난방, 위생용 배관재 등으로 우리 생활과 밀접한 관계를 가지고 있다.

1 일반 배관용 스테인리스강 강관 프레스식 관 이음재(light gauge stainless pipes press fittings for ordinary piping, KS B 1547)

프레스식 관 이음재를 스테인리스강관 13SU에서 60SU에 삽입하고 전용 압착공구(press tool)를 사용하여 접합하는 결합 방법으로 급수, 급탕, 배수, 냉난방 등의 분야에서의 용접, 현장 나사 접속 작업을 생략하고 단시간에 배관을 할 수 있는 최신 배관 이음쇠이다. 프레스식 관 이음쇠의 특징은 다음과 같다.

① 작업시간 단축 : 파이프를 프레스식 관 이음쇠에 끼우고 전용 공구로 약 10초간 압착(press)해주면 작업이 완료되어, 배관 시공 단가를 줄일 수 있다.
② 전용 압착공구 사용법이 간단하므로 작업에 숙련의 필요가 없다.
③ 화기를 사용하지 않고 접합을 하므로 화재의 위험성이 적다.
④ 이음재가 소형이므로 경량 배관 및 청결 배관을 할 수 있다.

모양에 따른 종류	기 호	접합부의 기호	단면 형상	실 물
소켓	S	P×P	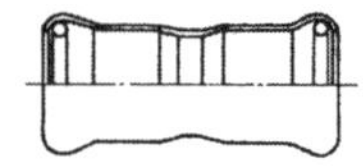	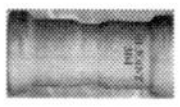
베어 소켓	BS	P×P	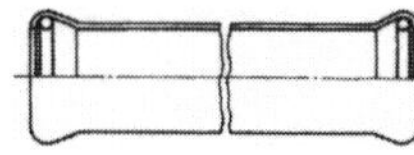	
리듀서	R	P×P	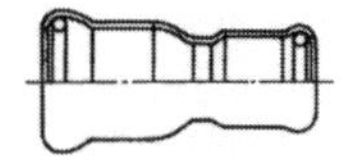	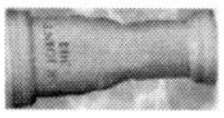
90°엘보	90E	P×P	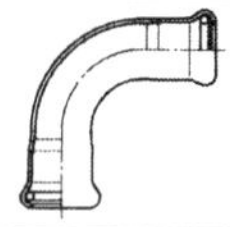	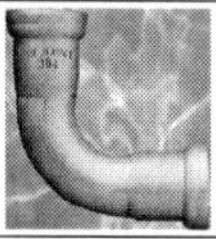
45°엘보	45E	P×P	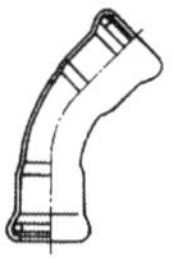	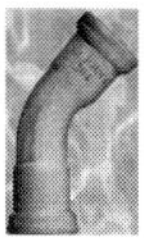
티	T	P×P×P	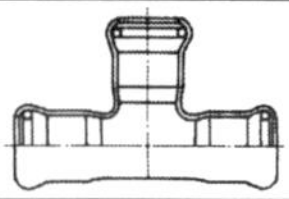	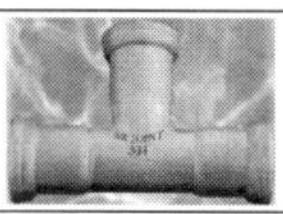

그림 5-16 일반 배관용 스테인리스강 강관 프레스식 관 이음쇠의 종류(1)

모양에 따른 종류	기 호	접합부의 기호	단면 형상	실 물
이경 티	TR	P×P×P	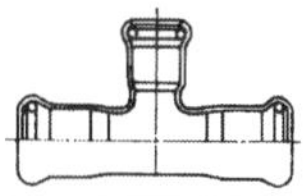	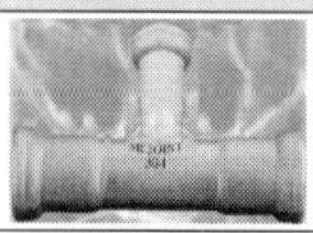
캡	C	P	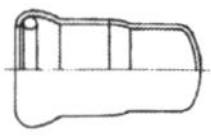	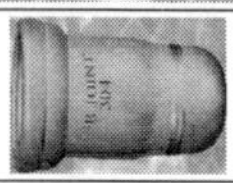
급수 전용 소켓	SW	P×F	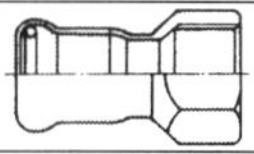	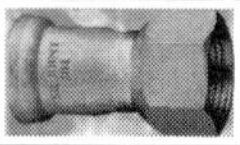
급수 전용 엘보 Ⅰ형	EW－Ⅰ	P×F	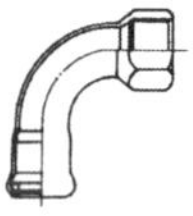	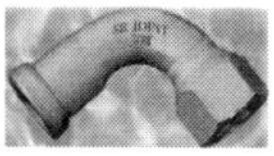
급수 전용 엘보 Ⅱ형	EW－Ⅱ	P×F	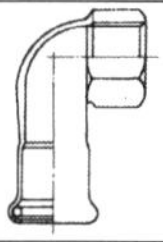	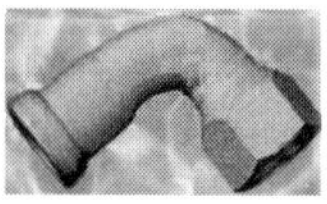
급수 전용 티	TW	P×P×F	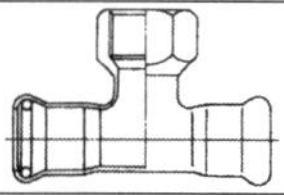	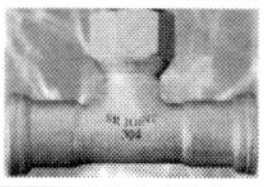

모양에 따른 종류	기 호	접합부의 기호	단면 형상	실 물
어댑터 엘보 F(암)	AE−F	P×F	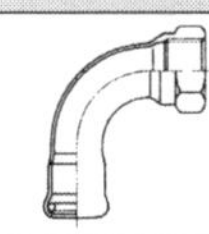	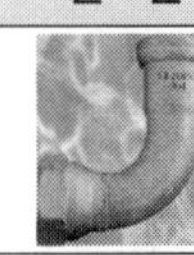
어댑터 엘보 M(숫)	AE−M	P×M	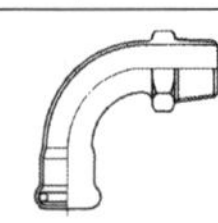	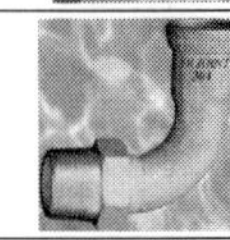
어댑터 소켓 F(암)	AS−F	P×F	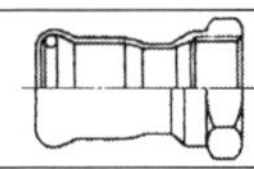	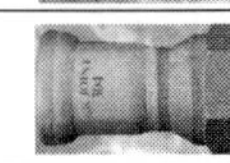
어댑터 소켓 M(숫)	AS−M	P×M	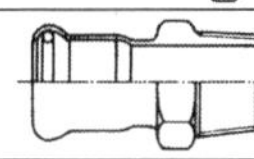	
케이 유니언				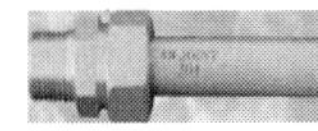

그림 5-17 일반 배관용 스테인리스강 강관 프레스식 관 이음쇠의 종류(2)

2 일반 배관용 스테인리스강 강관 그립식 관 이음재(grip type fittings for light gauge stainless pipes for ordinary piping, KS B 1549)

이 이음쇠는 급수, 배수, 냉·온수의 배관 및 기타 배관에 사용되는 스테인리스강관의 연결에 사용하는 그립식 관이음이다. 그립식 관이음을 한 관이음의 수구부에 고무링과 물림링이 장치되어 있어, 이 관이음에 관을 끼우고 그립공구로 죄어 붙임에 따라 관과 관이음을 접합시켜 압력 유체를 밀봉하는 형식을 말한다. 이 이음쇠의 형상에 따른 종류는 프레스식 이음쇠와 같이 소켓, 이경 소켓, 90° 엘보, 45° 엘보, 티, 급수전용 소켓, 급수전용 엘보 1형, 급수전용 엘보 2형, 급수전용 티, 누름 어댑터, 암 어댑터 등과 그 외에 유니언이 있고 그 구조는 (그림 5−18)과 같다.

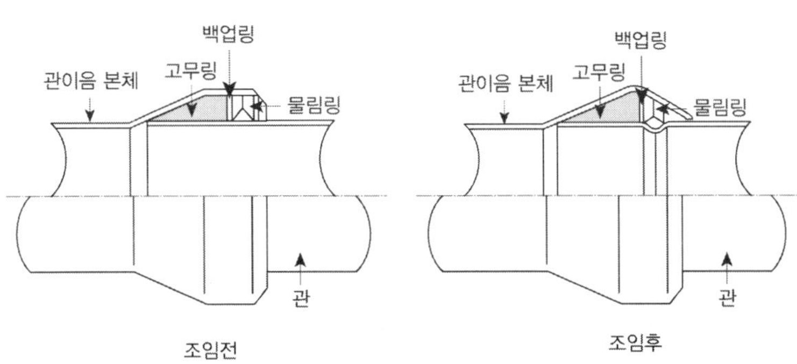

그림 5-18 일반 배관용 스테인리스강 강관 그립식 관이음 접합부의 구조

3 MR 조인트 이음재

(그림 5－19a)와 같이 관의 나사가공, 프레스 가공, 용접을 하지 않고 청동 주물제(BC6) 이음새 본체에 스테인리스강관을 삽입하고, 동합금제 링(ring)을 캡 너트(cap nut)로 죄어 고정시켜 접속하는 결합 방법이다. (그림 5－19b)와 같이 확인 표시 “A” 및 “B”를 또한 “A”를 보면서 13～25SU는 11/16 회전, 30～40SU는 1회전으로 죈 후 확인 표시 “B”부터 너트의 끝이 7mm 이내가 되도록 한다.

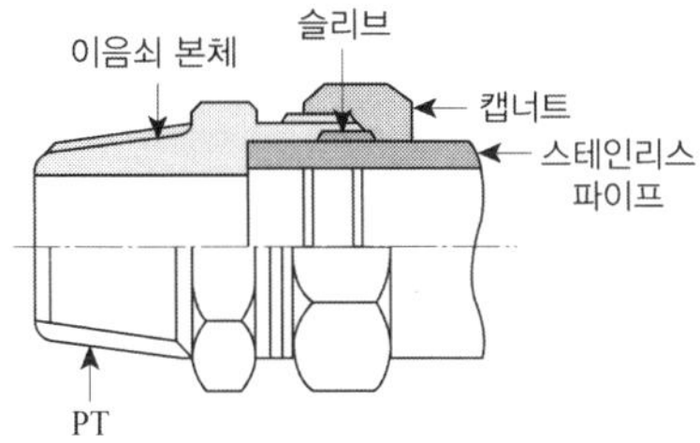

(a)

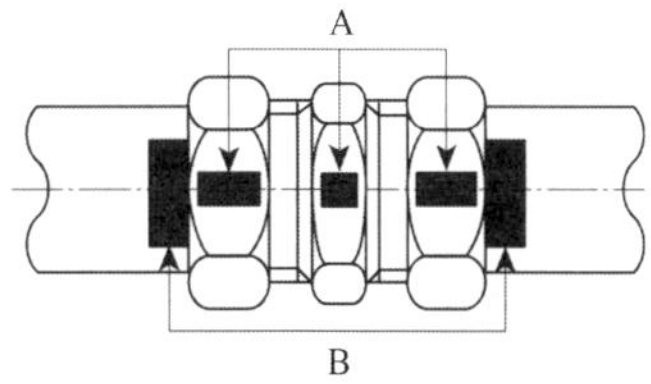

(b)

그림 5-19 MR 조인트 이음쇠

4 용접식 이음재

스테인리스강관 75SU(65A) 이상은 부재가공(部材加工)하여 랩조인트(lap joint flange type)로 접합한다.

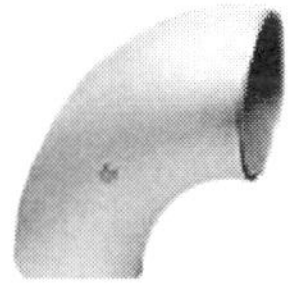
(a) 90°엘보

(b) 리듀서

(c) 티

(d) 캡

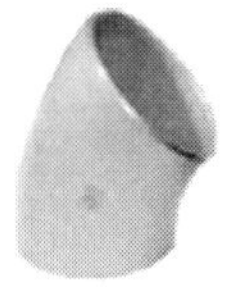
(e) 45°엘보

(f) 편심 리듀서

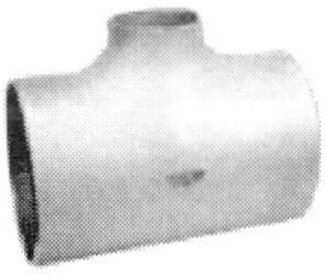
(g) 이경 티

(h) 랩 조인트 stub end

그림 5-20 용접식 이음쇠의 종류

가. 맞대기 용접식 이음쇠(butt weld type pipe fitting)

맞대기 용접식 이음쇠는 KS규격에 따라 나누어진다. 크게 나누면 (그림 5−21)과 같이 SU 이음쇠와 스케줄번호 이음쇠로 대별하고, 세분하면 90°L(90°long elbow), 90°S(90°short elbow), 45°L(45°long elbow), 티, 이경티, 리듀서(reducer), 캡(cap) 등으로 제작되어 시판되고 있다.

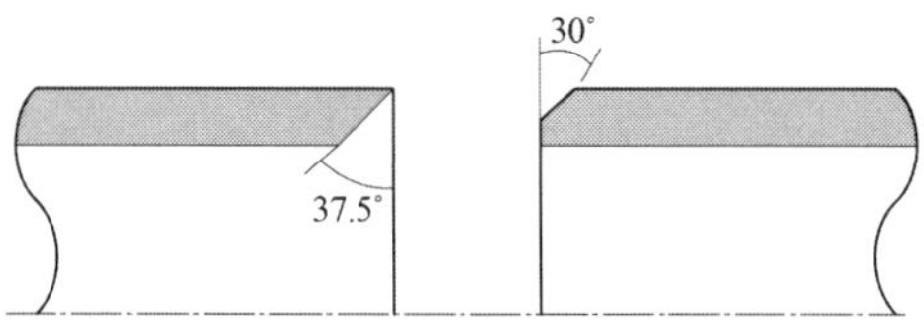

그림 5-21 이음쇠 단면 베벨가공의 형상

나. 플랜지 이음쇠

스터브 엔드(stub end)와 플랜지를 한조로 하며 스터브 엔드의 재질은 STS304, 플랜지 및 볼트 너트 와셔(washer)의 재질은 SS41로 한다. 볼트 및 너트는 KS 미터계 보통나사로 한다.

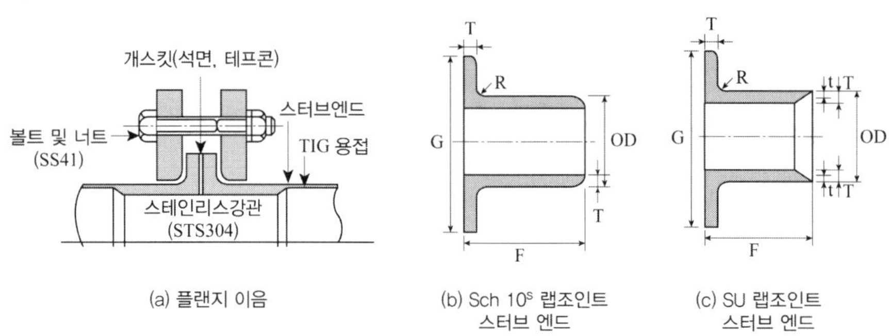

그림 5-22 스테인리스강관의 플랜지 이음

다. 개스킷(gasket)

플랜지 이음에 사용하는 개스킷은 0.5∼2.0MPa까지는 테프론 개스킷 쿠션(teflon gasket cushion)을 사용하고, 3.0∼4.0MPa은 심재(芯材), 석면 조인트 시트(asbestos joint sheet)에 동판를 씌운 것을 (그림 5−23)과 같이 사용한다.

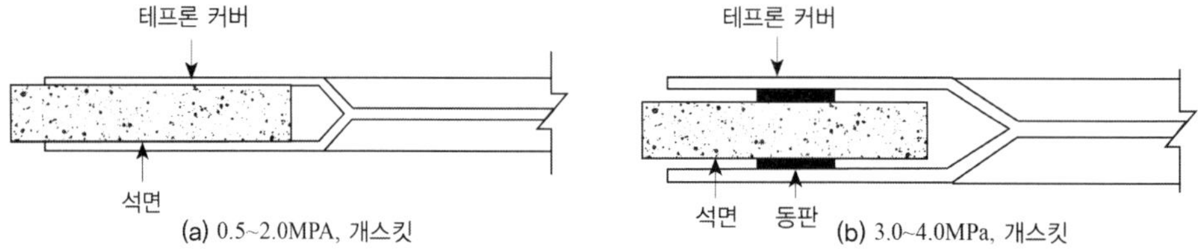

그림 5-23 개스킷의 구조

5 비금속관 이음재료

1 수도용 경질염화비닐 이음관

수도용 경질염화비닐관(rigid polyvinyl chloride pipe)의 접합에 사용하는 이음관에는 경질염화비닐 이음관과 내충격성 경질염화비닐 이음관이 있다. 경질염화비닐 이음관은 염화비닐 중합체에 안정제, 안료 등을 첨가한 것이고, 내충격성 경질염화비닐 이음관은 염화비닐 중합체에 안정제, 안료, 개질제 등을 첨가한 것으로 A형 이음관은 사출성형기로, B형 이음관은 압출성형기로 성형된 원관을 가공하여 제조한 것으로서 소켓, 이경 소켓, VA형 소켓, VC형 소켓, 엘보, 45°엘보, 티, 급수전 엘보, 급수전용 소켓, 급수전용 티, 밸브용 소켓, 급수전 수나사 부착밸브용 소켓, 유니언 소켓, 캡, 90°벤드, 45°벤드, $22\frac{1}{2}$°벤드, $11\frac{1}{4}$°벤드, $5\frac{5}{8}$°벤드, S벤드, 양쪽 소켓 칼라 이음관, 한쪽 소켓 칼라 이음관, 심플 조인트 등의 용도에 따라 여러 종류가 있다.

이음관의 종류는 <표 5－11>과 같이 경질염화비닐 이음관(TS)과 내충격성 경질염화비닐 이음관(HITS)이 있고, 모두 A형, B형이 있다. A형은 사출 성형기에 제조된 것이고, B형은 원관을 가공한 것이다.

〈표 5-11〉 수도용 경질염화비닐 이음관의 종류

종 류		비 고
TS	A형	사출성형기에 의해 제조된 경질염화비닐 이음관
	B형	원관을 가공한 경질염화비닐 이음관
HITS	A형	사출성형기에 의해 제조된 경질염화비닐 이음관
	B형	원관을 가공한 경질염화비닐 이음관

이음관의 호칭지름은 이음관의 종류에 따라 다르다.

수도용 경질염화비닐 이음관의 종류는 (그림 5－24)와 같다.

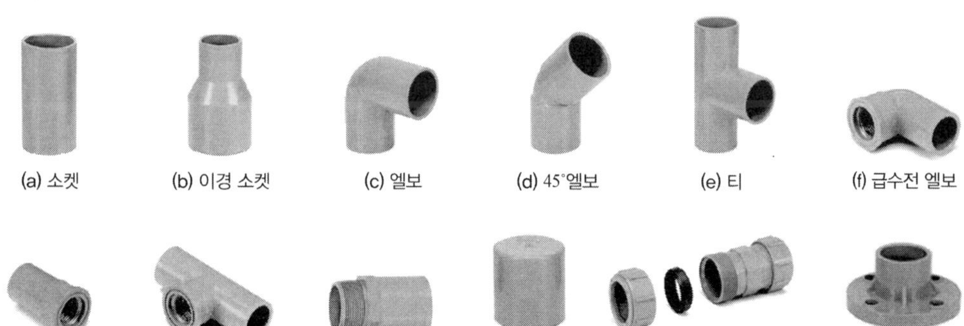

(a) 소켓 (b) 이경 소켓 (c) 엘보 (d) 45°엘보 (e) 티 (f) 급수전 엘보

(g) 급수 전용 소켓 (h) 급수전용 티 (i) 밸브용 소켓 (j) 캡 (k) 양쪽 소켓 칼라 이음관 (l) 플랜지

그림 5-24 수도용 경질염화비닐 이음관의 종류

2 배수용 경질염화비닐 이음관

배수용 경질염화비닐 이음관은 일반 경질염화비닐관의 얇은 관을 사용하는 배수용 배관의 냉간 삽입 접합에 사용하는 이음관이다. 일반 경질염화비닐관의 얇은관(VG2)은 배수 및 통기관에 사용되므로, 이 이음관은 오수가 잘 흐르고 오물이 막히지 않도록 곡률반경을 크게 하고, 또한 분기 및 합류 부분에 90°Y를 사용하며 배수가 잘 되도록 되어 있고, 이음을 하였을 때 이음쇠 안쪽에 턱이 생기지 않으므로 배수의 흐름을 원활하게 할 수 있다. (그림 5－25 참조)

그림 5-25 배수용 경질염화비닐 이음관

3 폴리에틸렌관 이음쇠

수도용 및 공업용 냉온수 배관에 사용하는 가교화 폴리에틸렌관의 연결에 사용하는 금속제 압축형 관 이음쇠다. 재료는 청동이나 탈 아연황동을 쓰며, 이음쇠의 종류는 사용온도에 따라 수도용 냉온수와 공업용 냉온수로 구분한다. 이음쇠의 종류 및 기호는 <표 5－12>와 같다.

〈표 5-12〉 폴리에틸렌관 이음쇠의 종류 및 기호

종류	기호	호 칭 지 름
소켓	S	12, 15, 20, 25, 30, 40 50
유니언	U	12×12, 15×12, 15×15, 20×12, 20×15, 20×20, 25×12, 25×15, 25×20, 25×25, 30×12, 30×15, 30×20, 30×25, 30×30, 40×12, 40×15, 40×20, 40×25, 40×30, 40×40, 50×12, 50×15, 50×20, 50×25, 50×30, 50×40, 50×50
티	T	12×½ 12×12, 15×½, 15×12, 15×15, 20×½, 20×12, 20×15, 20×¾, 20×20, 25×½, 25×12, 25×15, 25×¾, 25×20, 25×1, 25×25, 30×½, 30×12, 30×15, 30×¾, 30×20, 30××1, 30×25, 30×1¼, 30×30, 40×½, 40×12, 40×15, 40×¾, 40×20, 40×1, 40×25, 40×1¼, 40×30, 40××1½, 40×40, 50×½, 50×12, 50×15, 50×¾, 50×20, 50×1, 50×25, 50×1¼, 50×30, 50×1½, 50×40, 50×2, 50×50
엘보	E	

4 수도용 폴리에틸렌(PE) 이음관

수도용 폴리에틸렌 이음관은 사출성형기에 의해 제조되며, 수도용 폴리에틸렌관 1종과 2종에 사용하는 이외에 일반용 폴리에틸렌관에도 공용으로 사용할 수 있다.

관과 이음쇠의 접합은 가열용 금형으로 이음쇠의 안쪽면과 관 바깥면을 동시에 가열 용융시켜 즉시 삽입하여 접합한다.

이음관의 종류는 <표 5－13>과 (그림 5－26)과 같다.

〈표 5-13〉 수도용 폴리에틸렌(PE) 이음관의 종류

분 류		종 류
융착식 이음관	커플링 접합 이음관	소켓, 이경 소켓, 엘보, 티, 캡, 수전용 소켓, 수전용 엘보, 유니언 소켓
	맞대는 접합 이음관	이경 소켓, 엘보, 티, 캡, 새들
죔식 이음관		소켓, 이경소켓, 엘보, 45°벤드, 티, 플랜지관, 밸브 소켓

(a) 엘보 (b) 이경엘보 (c) 이경티 (d) 티 (e) 캡

(f) 이경소켓 (g) 소켓 (h) 새들 (i) 트랜지션 피팅 (j) 분기티

[맞대는 접합 이음관]

(a) 45°엘보 (b) 90°엘보 (c) 리듀서 (d) 밸브소켓

(e) 소켓 (f) 이경티 (g) 티 (h) 플랜지

[죔식 이음관]

그림 5-26 수도용 폴리에틸렌 이음관의 종류

5 폴리부틸렌(PB) 이음관

폴리부틸렌 이음관의 접합 원리는 이음쇠 안쪽에 내장된 그랩링(grab ring)과 O-링에 의한 삽입식 접합이다. 그러므로 나사 이음 및 용접 이음이 필요 없으며, 이종관과의 접합시는 커넥터(connector) 및 어댑터(adaptor)를 사용하여 나사 이음을 한다.

이음관의 수압시험은 규정된 관에 융착 접합하고, 상온의 물로 2.5MPa의 수압을 가하여 2분 방치 후 이상이 없어야 하고, 열간 내압크리프시험은 규정하는 관을 유착 접합하여 90±2℃에서 1시간 이상 조절한 후 관 내부에 90±2℃의 뜨거운 물 또는 불활성가스를 채우고 <표 5-14>와 같은 압력을 가하여 그 상태의 온도와 압력에서 1시간 및 1,000시간 유지하여 이상유무를 확인한다.

〈표 5-14〉 열간 내압크리프시험의 시험 압력

호칭지름	시험 압력(MPa)	
	1시간 크리프시험	1,000시간 크리프시험
13~16	1.8	1.7
20~25	1.3	1.2
30~100	1.2	1.1

(a) 소켓 (b) 엘보 (c) 수전엘보 (d) 티
(e) BR 티 (f) 수전티 (g) CF어댑터 (h) CM어댑터
(i) S 리듀서 (j) F 밸브소켓 (k) M볼 밸브 (l) 벤트탑커넥터
(m) O-링 (n) 스페이스 와셔 (o) 에어 챔버 캡 (p) 그립 링

그림 5-27 폴리부틸렌관 이음관의 종류

6 가교화 폴리에틸렌(XLPE)관 이음쇠

가교화 폴리에틸렌관 이음쇠는 보일러의 입출구 등에서 강관과 연결하여 사용되는 경우가 많으므로 이음부에서 동관 이음쇠형 어댑터로 병행하기도 한다.
이음쇠의 종류는 기존 강관 및 동관제 부속과 같이 사용하며, 종별로는 1종, 2종 일반용이 있고 각 종별로 새들, 커플링, 밸브 소켓, 티, 엘보 소켓(45°, 90°)이 있다. (그림 5-28 참조)

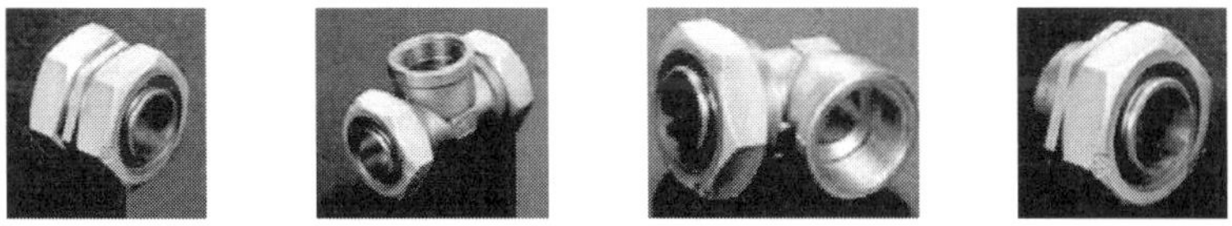

(a) 커플링 (b) 티 (c) 엘보 소켓 (d) 밸브 소켓

그림 5-28 가교화 폴리에틸렌관 이음쇠

⑥ 신축 이음재료

관속을 흐르는 유체의 온도와 관 벽에 접하는 외부 온도의 변화에 따른 관은 팽창, 수축한다. 이때에 신축의 크기는 관의 길이와 온도의 변화에 직접 관계가 있으며, 한번 팽창한 관은 영구 변형을 일으킬 정도의 강도로 압축되거나, 크리프(creep)가 생긴 것으로 나타나지 않는 한, 냉각되면 본래의 길이로 되돌아간다.

관의 길이 팽창은 일반적으로 관지름의 크기에는 관계없고 길이에만 영향이 있다. 철의 선팽창계수($\alpha = 1.2 \times 10^{-5}$)이므로 강관인 경우 온도차 1℃일 때 1m당 0.012mm만큼 신축하게 된다. 따라서 직선거리가 긴 배관에 있어서는 관 접합부나 기기의 접속부가 파손될 우려가 있다. 신축 이음쇠는 이러한 사고를 미연에 방지하기 위해서 배관의 도중에 설치하는 것이다. 신축 이음쇠의 종류는 다음과 같은 것이 있다.

① 슬리브형(sleeve type) 신축 이음쇠
③ 루프형(loop type) 신축 이음쇠
② 벨로스형(bellows type) 신축 이음쇠
④ 스위블형(swivel type) 신축 이음쇠

1 슬리브형 신축 이음쇠(sleeve joint)

슬리브형 신축 이음쇠는 이음쇠 본체와 슬리브 파이프로 되어 있으며 관의 팽창·수축은 본체 속을 슬라이드(slide)하는 이음쇠 파이프에 의해 흡수된다. 이 이음쇠는 단식과 복식형식이 있다.

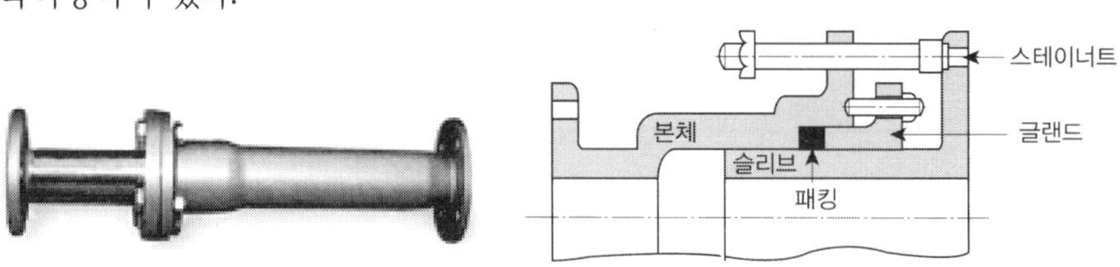

(a) 단식

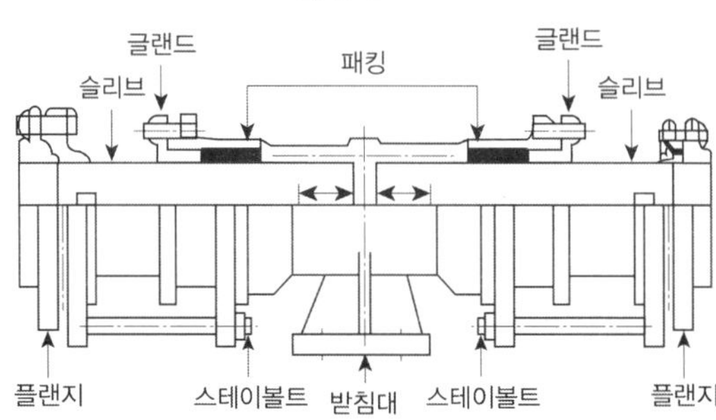

(b) 복식

그림 5-29 슬리브 이음쇠의 구조

보통 호칭경 50A 이하는 청동제 이음쇠이고, 호칭경 65A 이상은 슬리브 파이프는 청동제이고, 본체는 일부가 주철제이거나 전부가 주철제로 되어 있다.

슬리브와 본체 사이에 패킹을 넣어 온수 또는 증기가 누설되는 것을 방지하며, 패킹에는 보통 석면을 흑연 또는 기름으로 처리한 것이 사용된다.

용도는 물 또는 압력 0.8MPa 이하의 포화증기, 공기가스, 기름 등의 배관에 사용되며 특징은 다음과 같다.

① 신축량이 크고, 신축으로 인한 응력이 생기지 않는다.
② 직선으로 이음하므로 설치 공간이 루프형에 비해 적다.
③ 배관에 곡선 부분이 있으면 신축 이음쇠에 비틀림이 생겨 파손 원인이 된다.
④ 장시간 사용시 패킹의 마모로 누수의 원인이 된다.

2 벨로스형 신축 이음쇠

일명 팩리스(packless) 신축 이음쇠라고도 하며, 인청동제 또는 스테인리스제가 있다. 벨로스는 관의 신축에 따라 슬리브와 함께 신축하며, 슬라이드 사이에서 유체가 누설되는 것을 방지한다.

형식은 (그림 5-30)과 같이 단식과 복식이 있다. 이음 방법에 따라 나사 이음식 및 플랜지 이음식이 있다.

벨로스형은 패킹 대신 벨로스로 관 내 유체의 누설을 방지한다. 신축량은 벨로스의 피치, 산수 등 구조상으로 슬리브형에 비해 작으며, 보통 6~12mm로서, 특징은 다음과 같다.

① 설치 공간을 넓게 차지하지 않는다.
② 고압 배관에는 부적당하다.
③ 자체 응력 및 누설이 없다.
④ 벨로스는 부식되지 않는 스테인리스강, 청동 제품 등을 사용한다.

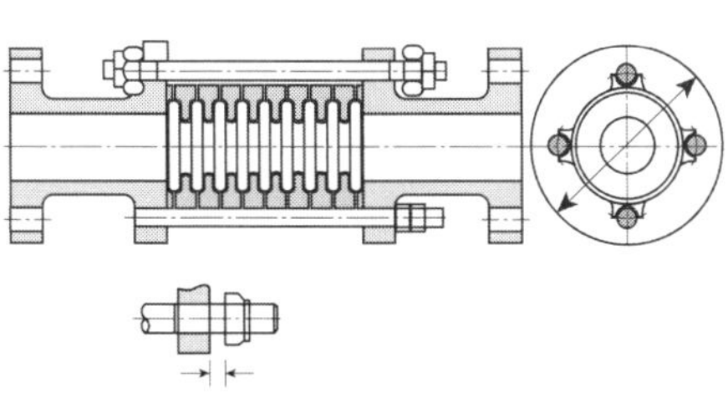

(a) 단식

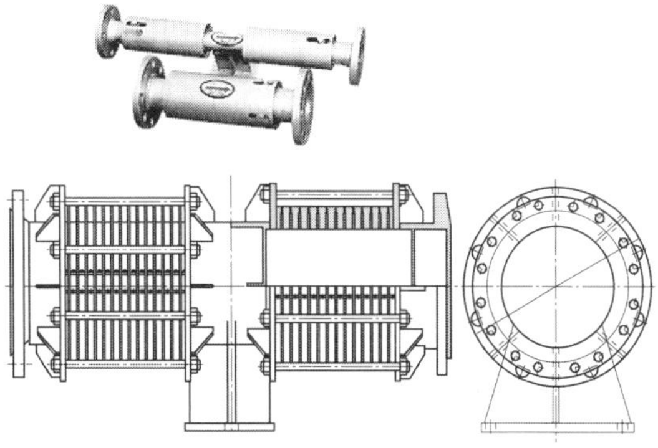

(b) 복식

그림 5-30 벨로스형 신축 이음의 종류

3 루프형 신축 이음쇠(loop joint)

신축곡관이라고도 하며, 강관 또는 동관 등을 루프(loop) 모양으로 구부려 그 구부림을 이용하여 배관의 신축을 흡수하는 것이다.

구조는 곡관에 플랜지를 단 모양과 같으며 강관제는 고압에 견디고, 고장이 적어 고온·고압용 배관에 사용하며, 곡률반경은 관지름의 6배 이상이 좋고, 특징은 다음과 같다.

① 설치 공간을 많이 차지한다.

② 신축에 따른 자체 응력이 생긴다.

③ 고온 고압의 옥외 배관에 많이 쓰인다.

강관제일 때 팽창을 흡수할 필요 곡관의 길이는 다음 L과 같이 계산된다.

$$L = 7.4\sqrt{D \cdot \Delta l}$$

여기서, L=필요 곡관 길이(cm)
D=관의 외경(mm)
Δl=흡수해야 할 관의 길이(mm)

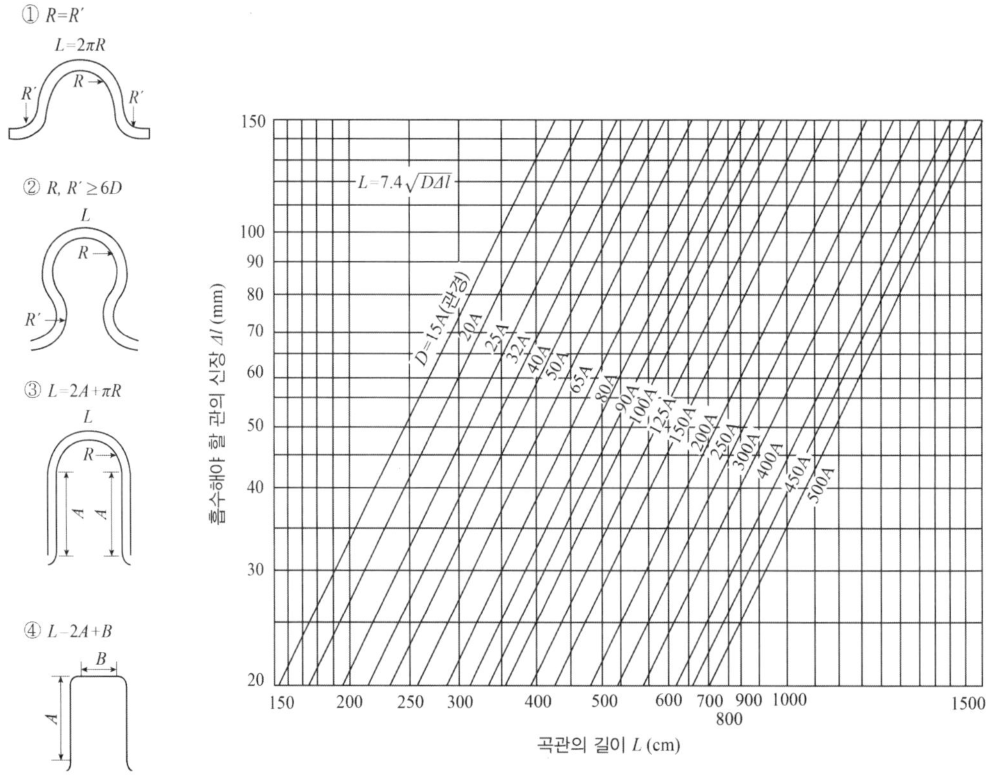

그림 5-31 곡관의 길이(L) 구하는 방법(선도)

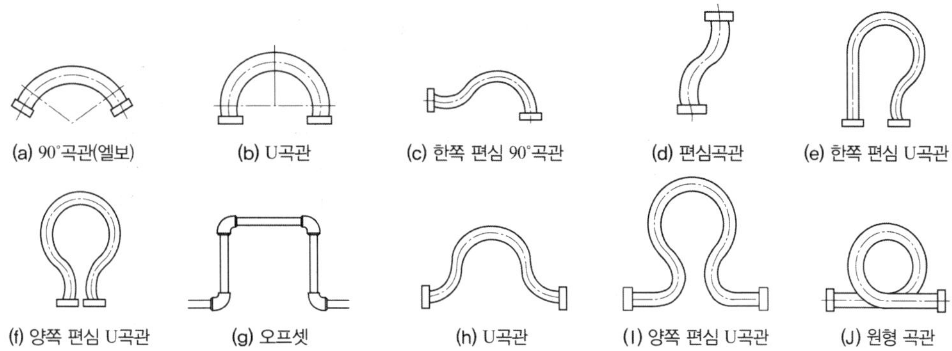

그림 5-32 각종 루프 및 오프셋의 형상

루프 및 오프셋의 형상은 (그림 5−32)와 같고, 관경에 대한 팽창 루프 반경 및 팽창 오프셋(offset) 길이 *L*은 <표 5−15>와 같으며, 팽창 루프의 반경은 <표 5−17>을 참조한다.

〈표 5-15〉 팽창 오프셋의 치수

예상 팽창량 (inch)	**각종 관경에 대한 *L*값**(inch)														
	$\frac{1}{4}$	$\frac{3}{8}$	$\frac{1}{2}$	$\frac{3}{4}$	1	$1\frac{1}{4}$	$1\frac{1}{2}$	2	$2\frac{1}{2}$	3	$3\frac{1}{2}$	4	5	6	8
$\frac{1}{2}$	38	44	50	59	67	74	80	91	102	111	120	128	142	155	179
1	54	63	70	83	94	104	113	129	144	157	169	180	201	220	253
$1\frac{1}{2}$	66	77	86	101	115	127	138	128	176	191	206	220	245	269	310
2	77	89	99	117	133	147	160	183	203	222	239	255	284	311	358
$2\frac{1}{2}$	86	99	111	131	149	165	179	205	227	248	267	285	318	347	400
3	94	109	122	143	163	180	196	224	249	272	293	312	348	381	438
$3\frac{1}{2}$	102	117	131	155	176	195	212	242	269	293	316	337	376	411	474
4	109	126	140	166	188	208	226	259	288	314	338	361	402	440	506

※ 오프셋 형상 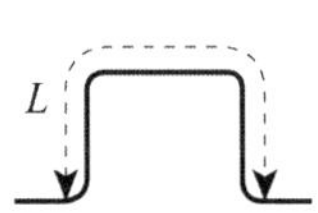

〈표 5-16〉 관 1m당 팽창량(mm)

온도(℃)	주철	탄소강	12크롬강	18-8SUS	동
-102	-0.649	-0.793	-0.786	-1.254	-1.188
-56	-0.229	-0.279	0.241	-0.349	-0.393
0	0.000	0.000	0.000	0.000	0.000
49	0.845	0.956	0.951	1.739	1.757
100	1.395	1.57	1.536	2.279	2.347
149	1.945	2.18	2.14	3.13	3.21
205	2.600	2.90	2.28	4.12	4.23
253	3.540	3.99	3.84	5.60	5.69
303	4.34	4.80	4.55	6.70	6.76
353	5.12	5.64	5.37	7.80	7.86
405	5.92	6.50	6.14	8.94	9.02
453	6.78	7.41	7.04	10.05	10.13
539	7.21	7.97	7.54	10.73	10.84

〈표 5-17〉 팽창 루프의 반경

예 상 팽창량 (inch)	각종 관경에 대한 L값(inch)													
	$\frac{1}{4}$	$\frac{3}{8}$	$\frac{1}{2}$	$\frac{3}{4}$	1	$1\frac{1}{4}$	$1\frac{1}{2}$	2	$2\frac{1}{2}$	3	$3\frac{1}{2}$	4	5	6	8
$\frac{1}{2}$	6	7	8	9	12	12	13	15	16	18	19	20	23	25	29
1	9	10	11	13	15	17	18	21	23	25	27	29	32	35	40
$1\frac{1}{2}$	11	12	14	16	18	20	22	25	28	30	33	35	39	43	49
2	12	14	16	19	21	23	25	29	32	35	38	41	45	50	57
$2\frac{1}{2}$	14	16	18	21	24	26	29	33	36	40	43	45	51	55	64
3	15	17	19	23	26	29	31	36	40	43	47	50	55	61	70
$3\frac{1}{2}$	16	19	21	25	28	31	34	39	43	47	50	54	60	65	75
4	17	20	22	26	30	33	36	41	46	50	54	57	64	70	81

※ 루프 형상

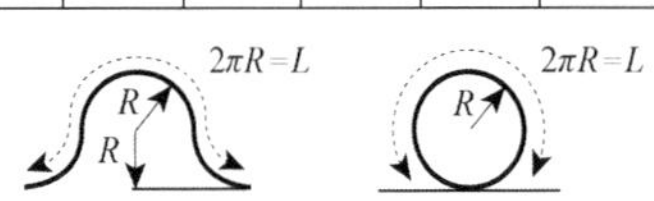

4 볼조인트형 신축 이음쇠

(그림 5-33)과 같이 볼 조인트 신축 이음쇠와 오프셋 배관을 이용해서 관의 신축을 흡수하는 방법이며, 증기, 물, 기름 등의 3.0MPa의 압력과 사용 온도 220℃ 정도까지 사용되고 있다. 볼조인트는 평면상의 변위뿐만 아니라 입체적인 변위까지도 안전하게 흡수하므로 어떠한 형상에 의한 신축에도 배관이 안전하며 설치 공간이 적다.

볼조인트 신축 이음쇠의 종류는 나사식, 용접식, 플랜지식이 있다.

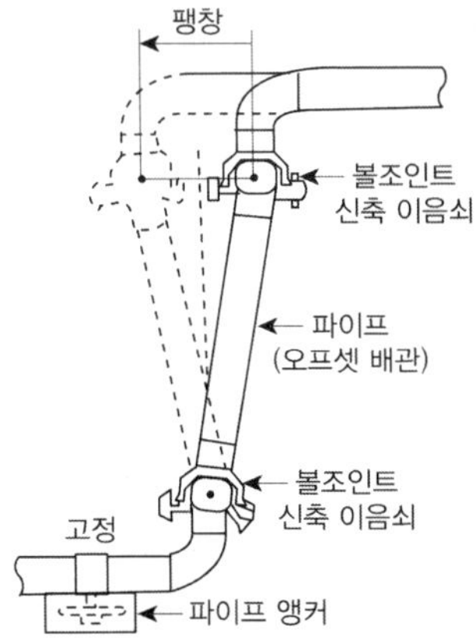

그림 5-33 볼조인트 신축 이음쇠를 이용한 오프셋 배관

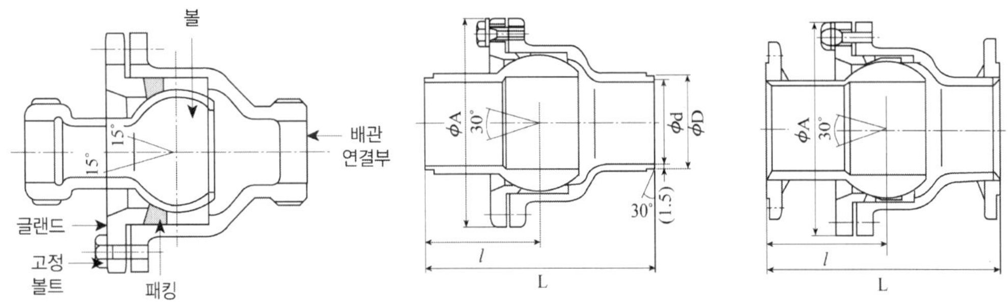

(a) 나사식 (b) 용접식 (c) 플랜지식

그림 5-34 볼 조인트 신축 이음쇠

5 스위블형 신축 이음쇠

회전(回轉)이음, 지블이음, 지웰이음 등으로 불리며, 주로 증기 및 온수난방용 배관에 사용된다. 2개 이상의 엘보를 사용하여 이음부의 나사 회전을 이용해서 배관의 신축을 이 부분에서 흡수한다. (그림 5−35 참조)

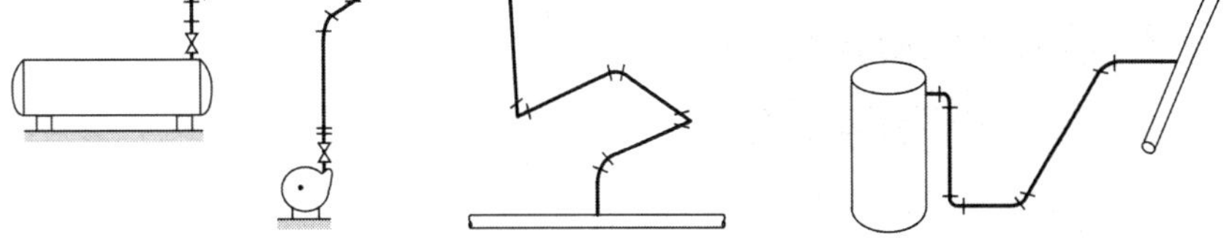

(a) 3엘보 (b) 4엘보 (c) 4엘보

그림 5-35 스위블 신축이음의 종류

스위블이음의 결점은 굴곡부에서 압력 강하를 가져오는 점과 신축량이 너무 큰 배관에서는 나사 이음부가 헐거워져 누설의 염려가 있다. 그러나 설치비가 싸고, 쉽게 조립해서 만들 수 있는 장점이 있다.

흡수할 수 있는 신축의 크기는 회전관의 길이에 따라 정해지며, 직관 길이 30m에 대하여 회전관 1.5m 정도로 조립하면 된다

6 플렉시블 이음쇠

가. 플렉시블 커넥터

플렉시블 이음, 가요(可撓) 이음이라 하며, 구형, 통형, 벨로스형을 한 합성 고무제의 짧은 관이나 플렉시블 튜브 등의 양끝에 플랜지를 붙인 이음을 말하며 배관 부착이나 열팽창 등의 외부에 의한 변형을 흡수해서 방진·방음 등의 역할도 한다.(그림 5-36 참조)

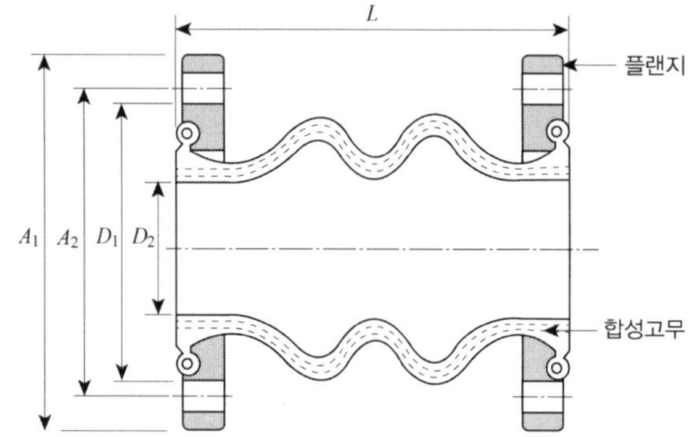

그림 5-36 플렉시블 커넥터

나. 플렉시블 튜브

가요관(可撓管)이라 하며, 스테인리스강 또는 인청동의 가늘고 긴 벨로스의 바깥을 탄력성이 풍부한 구리망, 철망 등으로 피복하여 보강한 것으로서, 증기, 물, 오일, 고온가스 등의 배관에서 굴곡이 많은 장소나 방진용 등에 사용한다.(그림 5-37 참조)

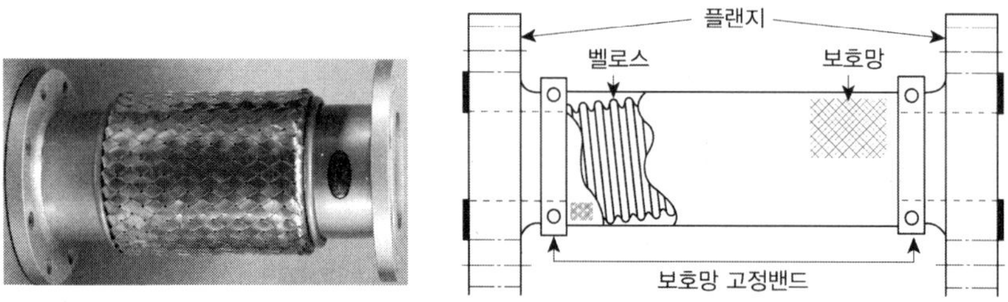

그림 5-37 플렉시블 튜브

익힘문제

1. 강관에서 동경의 관을 직선으로 연결하는데 사용하는 이음쇠 종류를 열거하시오.

2. 배수관에 사용하는 강관 이음쇠의 특징을 설명하시오.

3. 강관 이음쇠에서 유니언과 플랜지를 사용하는 이유는 무엇인가?

4. 플랜지를 관과 이음 방법에 따른 종류를 열거하시오.

5. 홈조인트의 장점에 대하여 설명하시오.

6. 주철관 이음쇠를 형상에 따라 구분하고 설명하시오.

7. 순동 이음쇠의 표기 방법에 대하여 설명하시오.

8. 스테인리스강관의 압축조인트 이음쇠의 종류를 설명하시오.

9. 수도용 폴리에틸렌 이음관의 특징에 대하여 설명하여라.

10. 신축 이음쇠의 특징에 대하여 설명하여라.

제6장 밸브·스트레이너·트랩

1 밸브의 종류와 용도

밸브(valve ; 栓; 弁)는 유체의 유량 조절, 흐름의 단속, 방향 전환, 압력 등을 조절하는 데 사용한다. 밸브의 구조는 흐름을 막는 밸브 디스크(disk)와 시트(seat) 및 이것이 들어 있는 밸브 몸체와 이를 조정하는 핸들의 4부분으로 되어 있다.

밸브 본체의 재료로 소형에서는 중온, 중압에는 청동제, 고온·고압에는 단강제가 쓰이고, 대형 밸브에서는 온도, 압력에 따라 청동, 주철, 주강 및 합금 강재 등이 쓰인다.

밸브의 종류는 작동 방법에 따라 수동, 동력, 자동밸브가 있고, 운동 상태에 따라 슬라이드(slide), 리프트(lift), 회전(rotary), 버터플라이(butterfly)가 있으며, 사용 목적에 따라 스톱(stop), 체크(check), 조정(regulating), 안전(safety)밸브 등이 있다.

1 정지밸브

가. 글로브밸브(globe or stop valve ; 옥형변)

이 종류의 밸브는 구조상 폐쇄(閉鎖)의 확실성을 장점으로 하는 것이며, 그 구조는 디스크와 시트가 원추상으로 접촉되므로 폐쇄의 목적을 달성할 수 있다. 고도의 피팅에 의해 상당한 고압에도 완전한 폐쇄를 기대할 수가 있다. 유체는 디스크 부근에서는 상하 방향으로 평행하게 흐르므로 근소한 디스크의 리프트라도 예민하게 유량에 관계되므로 좀 밸브로써 유량조절에 사용된다. 유체의 저항은 크나 가볍고 값이 싸며, 보통 50A 이하는 청동제 나사형, 65A 이상은 주철(주강)제 플랜지형으로 구분되고 유체의 흐름방향이 밸브 내에서 바꾸어지므로 에너지 손실이 크다. 밸브 시트는 메탈 시트와 소프트 시트가 있는데 메탈 시트는 내압성·내온도성이 필요한 곳에 사용하고 소프트 시트의 재질은 유체의 종류 및 온도에 적합하여야 하며, 관 접합에 따라 나사끼움형과 플랜지형이 있다. 밸브 디스크의 모양은 평면형, 반구형, 원뿔형, 반원형 등의 형상이 있다.

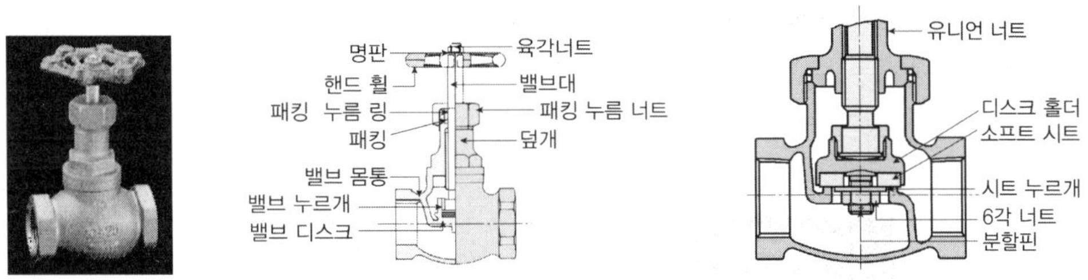

(a) 청동 글로브밸브 (b) 글로브밸브 메탈시트 (c) 글로브밸브 소프트시트

그림 6-1 글로브밸브의 구조

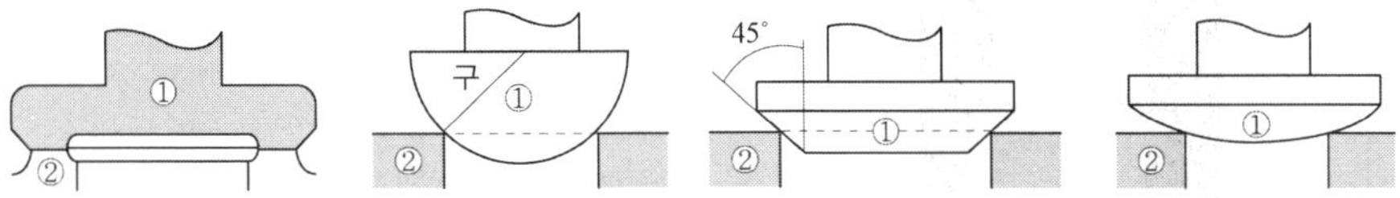

(a) 평면형 (b) 반구형 (c) 원뿔형 (d) 반원형

그림 6-2 글로브밸브 디스크의 형상

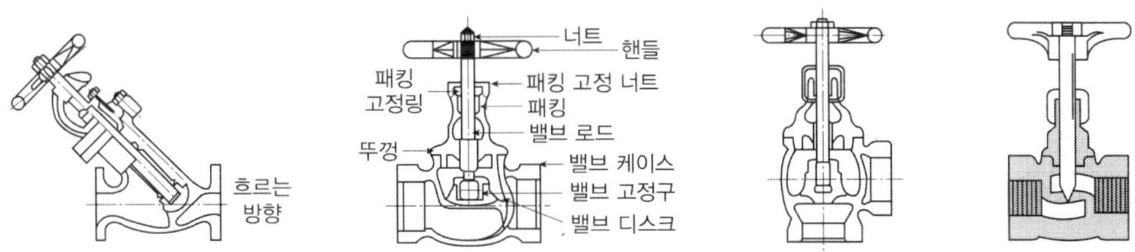

(a) 글로브밸브 (b) Y형 글로브밸브 (c) 앵글 글로브밸브 (d) 니들밸브

그림 6-3 글로브밸브의 종류

앵글밸브는 직각으로 굽어지는 개소에 엘보와 글로브밸브를 동시에 할 수 있는 곳에 사용한다.

니들(needle)밸브는 디스크의 형상을 원뿔모양으로 바꾸어서 유체가 통과하는 단면이 극히 작은 구조로 되어 있으므로 고압 소유량의 유체를 누설 없이 조절할 목적에 사용한다.

나. 게이트밸브(gate valve, sluice valve)

게이트밸브는 슬루스밸브 또는 사절변이라 하며, 유체의 흐름을 단속하는 대표적인 밸브로서 배관용으로 가장 많이 사용된다. 밸브를 완전히 열면 유체 흐름의 단면적 변화가 없어서 글로브밸브와 달리 저항에 따른 마찰저항이 적다. 그러나 리프트(lift)가 커서 개폐(開閉)에 시간이 걸리며 더욱이 밸브를 절반 정도 열고 사용하면 와류(渦流)가 생겨 유체의 저항이 커지기 때문에 유량조절(流量調節)에는 적당하지 않다. 따라서 이 밸브는 완전히 열고 사용하거나, 완전히 막고 사용한다. 일반적으로 65A 이상의 스템은 강재(鋼材), 동체는 주철제, 디스크 및 시트는 포금제이다. 50A 이하는 전부 포금(gun metal)제 나사 맞춤이 보통이다.

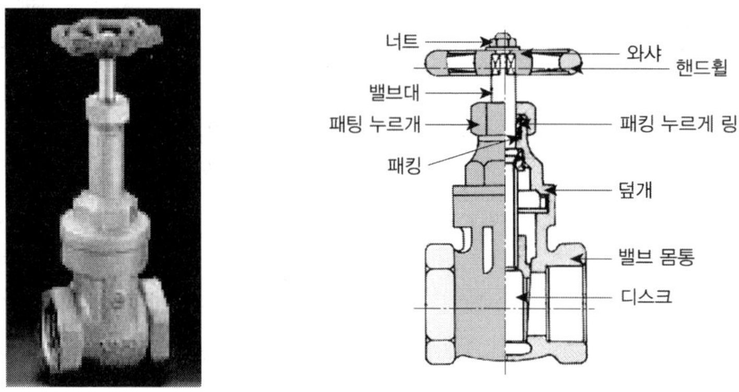

그림 6-4 게이트밸브

유체의 흐름에 의하여 마찰저항손실이 적으므로 물과 증기 배관에 주로 사용된다. 특히 증기배관의 횡주관에서 드레인(drain)이 괴는 것을 피하여야 할 개소(個所)에 대하여는 게이트밸브가 적당하다.
밸브 봉에 따라 속 나사식과 바깥 나사식이 있으며, 디스크 구조에 따라 웨지 게이트밸브, 패럴렐 슬라이드밸브, 더블 디스크 게이트밸브, 제수(制水)밸브 등이 있다.

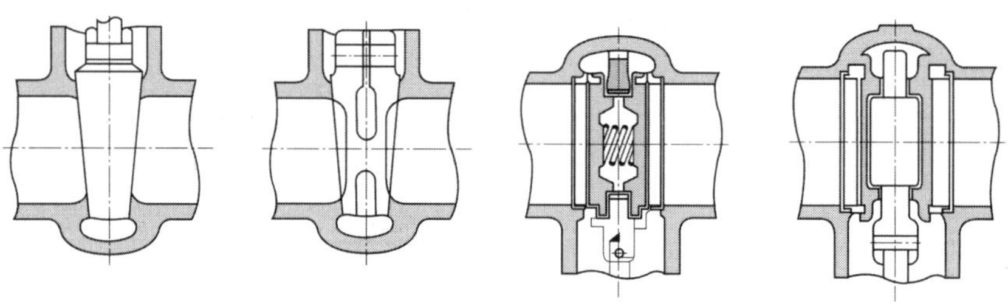

(a) 단체밸브 (b) 플렉시블밸브 (c) 패럴렐 슬라이드밸브 (d) 더블 디스크 게이트밸브

그림 6-5 게이트밸브의 종류

(1) **웨지 게이트밸브**(wedge gate valve)

단체(單體)밸브와 플렉시블밸브로 구분된다. 단체형은 쐐기 모양의 밸브로서 쐐기의 각도는 보통 6~8°이나, 청동제 소형밸브의 쐐기 각도는 8°로 정해져 있다.
플렉시블밸브는 중앙에 홈이 패어 있어 고온 배관 등에서 열에 의한 밸브 시트에 미치는 영향을 플렉시블을 이용하여 흡수한다.

(2) 패럴렐 슬라이드(parallel slide) 밸브

평행한 두 개의 밸브 몸체 사이에 스프링을 삽입하여 유체의 압력에 의해 밸브가 밸브 시트에 압착하게 되어 있다. 밸브 몸체와 디스크 사이에 틈새가 있어 밸브 측면의 마찰이 적고 열팽창의 영향을 받지 않아 밸브 개폐가 용이하다. 밸브 디스크와 밸브 시트는 슬라이드(slide)하여 작동하므로 밸브 시트는 경질금속을 사용한다. 이 밸브는 수직으로 달며 고온, 고압에 적합하다.

(3) 더블 디스크(double disk) 게이트밸브

쐐기형 밸브는 마찰저항 및 열팽창으로 인한 밸브 시트의 변형으로 완전한 개폐가 곤란하다. 이것을 방지하기 위해 밸브 몸체를 둘로 나누어 밸브 스템의 추력에 의해서 밸브 디스크를 넓혀 밸브 시트에 안착시키는 밸브이다. 웨지 게이트밸브와 패럴렐 슬라이드밸브의 장점을 채택한 구조로서 온도·압력에 의한 변형의 영향을 비교적 적게 받는다.

다. 체크밸브(check valve, 역지변)

유체를 일정한 방향으로만 흐르게 하고 역류를 방지하는데 사용한다. 밸브의 구조에 따라 (그림 6-6)과 같이 리프트형, 스윙형, 해머리스형, 풋형 등이 있다.

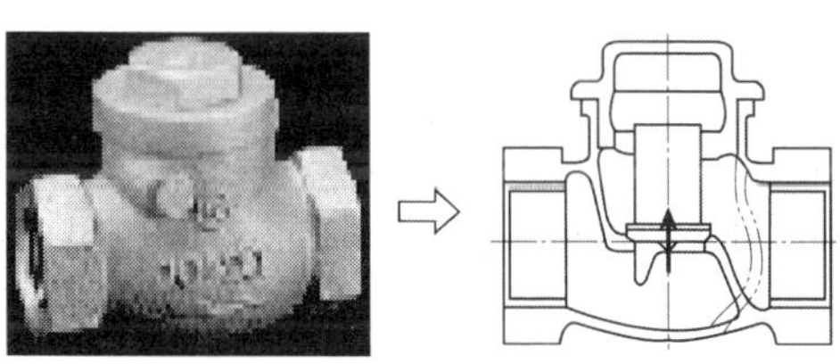

(a) 리프트형

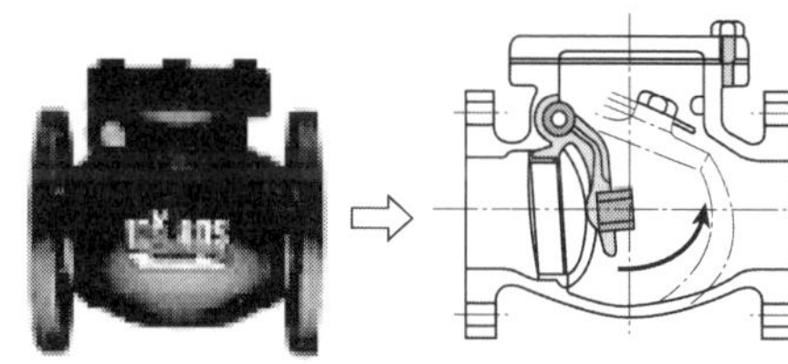

(b) 스윙형

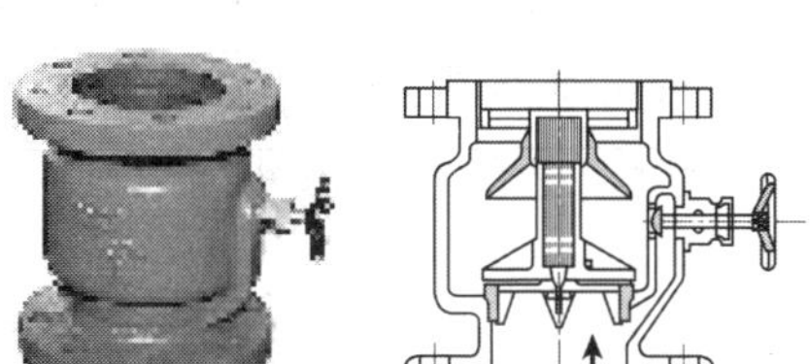

(c) 해머리스형

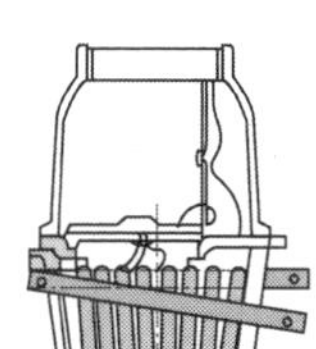

(d) 밸브뚜껑붙이 풋형

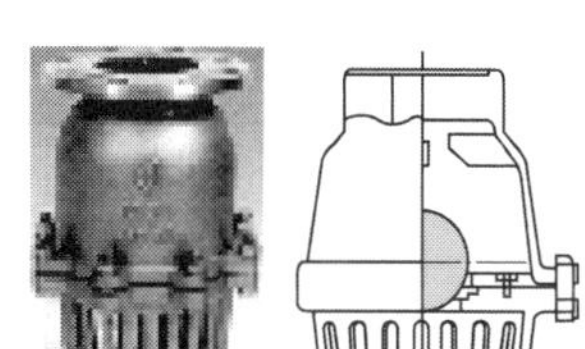

(e) 볼 풋형

그림 6-6 체크밸브의 종류

(1) 리프트형 체크밸브(lift type check valve)

리프트형 체크밸브는 글로브밸브와 같은 밸브 시트의 구조로서 유체의 압력에 의해 밸브가 수직으로 올라가게 되어 있다. 밸브의 리프트는 지름의 1/4 정도이며 흐름에 대한 마찰저항이 크다. 구조상 수평 배관에만 사용 가능하다.

(2) 스윙형 체크밸브(swing type check valve)

스윙형 체크밸브는 시트의 고정 핀을 축으로 회전하여 개폐되므로 유수에 대한 마찰 저항이 리프트형보다 적고, 수평·수직 어느 배관에도 사용할 수 있다.

(3) 해머리스형 체크밸브(hammerless check valve)

해머리스형 체크밸브는 내장하고 있는 버퍼(buffer : 밸브 내부의 우산처럼 생긴 부품으로서 워터 해머 방지 역할)와 스프링의 정교한 운동으로서 관 내의 유체가 정지한 속도에 대하여 밸브가 폐쇄되도록 설계하여 역류 및 워터 해머 발생을 방지하는 역할을 하고, 펌프 및 배관의 보호에 사용하며, 바이패스(by－pass)밸브의 기능도 한다.

(4) 풋형 체크밸브(foot type check valve)

개방식 배관의 펌프 흡입관 선단에 만드는 일종의 체크밸브로서 펌프 운전 중에 흡입측 배관 내에 물이 없어지지 않도록 하기 위하여 사용한다.

라. 콕(cock)

콕은 로터리(rotary)밸브의 일종으로 원통 또는 원뿔에 구멍을 뚫고 축을 회전함에 따라 개폐하는 것으로 플러그밸브라고도 한다. 0～90° 사이에 임의의 각도로 회전함으로써 유량을 조절할 수 있고 개폐가 빠르다.
또한, 전개시에 유체의 저항이 적고, 구조도 간단하나 기밀성이 나빠 고압, 대유량에는 적당하지 않다. 콕은 흐르는 방향을 2, 3, 4방향으로 바꿀 수 있는 분배밸브로서 적합하며, 유로 면적이 관의 단면적과 같고 일직선이 되기 때문에 유체 저항이 적고 어느 것이나 물, 기름, 급수, 배수 등에서 급속히 유로를 개폐하는 곳에 적당하다.

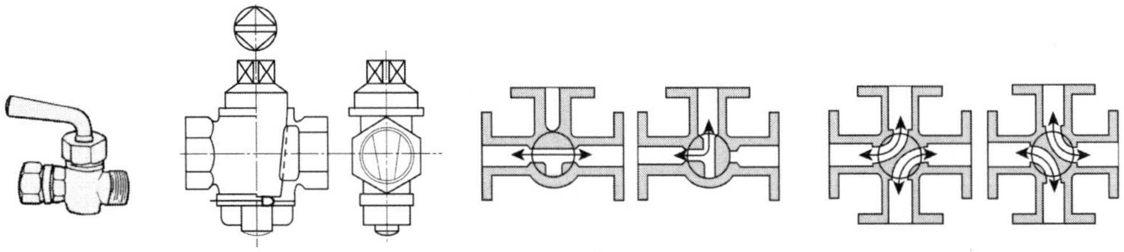

(a) 핸들콕　(b) 2방콕(청동 메인콕)　(c) 4방콕　(d) 핸들콕

그림 6-7 콕의 종류

마. 버터플라이 밸브(butter fly valve)

버터플라이 밸브는 원통형의 몸체 속에서 밸브 봉을 축(軸)으로 하여 평판이 회전함으로써 개폐가 된다. 주로 저압용의 젬 밸브로서 널리 사용되고 있으며, 완전 폐쇄가 어려운 단점이 있으나, 최근 개발되어 배관장치의 대형화에 따라 많이 사용된다.

작동 방법에 따라 록레버식, 웜기어식, 압축조작식, 전동조작식 등이 있다.

(a) 록레버식 (b) 웜기어식 (c) 압축조작식 (d) 전동조작식

그림 6-8 버터플라이 밸브의 종류

바. 볼밸브(ball valve)

볼밸브는 구형(球形)밸브라고 하며, 구멍이 뚫리고 활동(滑動)하는 공(ball) 모양의 몸체가 있는 밸브로서 비교적 소형이며, 핸들을 90°로 움직여 개폐하므로 개폐 시간이 짧아 가스 배관에 많이 사용한다.

(a) 가스용(표준형) (b) 온수용

그림 6-9 볼밸브

사. 다이어프램밸브(diaphragm valve)

산 등의 화학약품을 차단하는 경우에 내약품이나 내열 고무재의 다이어프램을 밸브 시트에 밀착시키는 것으로 유체의 흐름에 대한 저항이 적어 기밀용으로 사용한다.

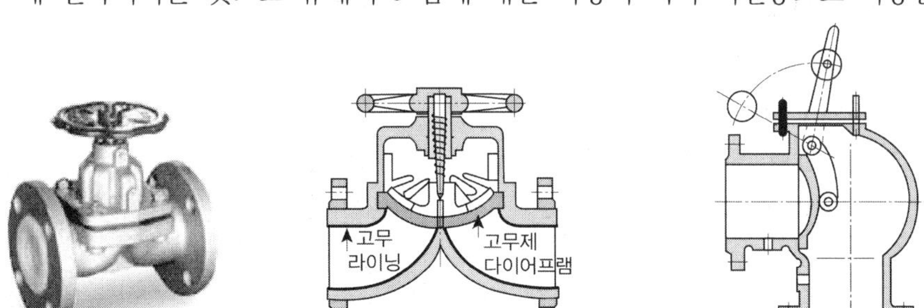

(a) 다이어프램밸브 (b) 플랩밸브

그림 6-10 다이어프램밸브와 플랩밸브

아. 플랩밸브(flap valve)

(그림 6－10)과 같이 관로에 설치된 힌지(hinge)로 된 밸브판을 가진 밸브로서 이 밸브판을 회전시켜서 개폐시키며, 글로브밸브나 체크밸브 등에 응용된다.

2 조정밸브(調整辨)

가. 감압밸브(減壓辨)

감압밸브는 고압관과 저압관 사이에 설치하고 고압측의 압력 변동에 관계없이 또는 저압측의 사용량에 관계없이 밸브의 리프트를 자동적으로 제어하여 유량을 조절한다. 저압측의 압력을 항상 일정하게 유지시키는 밸브로서 압력조정밸브라고도 한다.
밸브의 작동 방법에 따라 분류하면 벨로스형(bellows type), 다이어프램형(diaphragm type), 피스톤형(piston type)의 3가지가 있으며, 제어 방식에 따라 자력식(自力式)과 타력식(他力式)이 있다. 자력식은 파일럿(pilot) 작동식과 직동식으로 나누며, 파일럿 작동식이 널리 쓰이고 있다.

(1) 파일럿식 감압밸브

파일럿식 감압밸브는 1차측 압력의 변동과 2차측 소비 유량 변화에 관계없이 2차측 압력을 일정하게 유지한다. 밸브의 작동은 조정 스프링에 의해 설정된 2차측 압력이 변동하면 본체 출구측 감지 구멍을 통해서 다이어프램에 전달된다. 2차측 압력이 소요 압력보다 낮아지면 다이어프램은 조정나사의 힘으로 아래로 파일럿밸브를 통하여 피스톤의 윗부분에 작용하여서 피스톤을 아래로 밀고, 따라서 메인밸브가 열려 유체가 2차측으로 유입된다. 2차측 압력이 상승하면 감지 구멍을 통해 다이어프램밸브를 제자리로 밀어 올리고 파일럿밸브가 닫혀 피스톤 윗 부분에 작용하는 압력을 차단한다. 2차측 압력이 피스톤에 작용하여 상승하고 메인밸브가 닫힌다. 이와 같이 2차측 압력을 일정한 압력으로 유지하도록 밸브는 항상 압력에 비례하여 상하로 작동하고, 주로 증기배관에 사용된다. 최대 감압비는 10:1 정도이고, 1차측 적용 압력은 10kgf/cm^2 이하, 2차측 조정압력 범위는 0.035～0.8MPa이다.

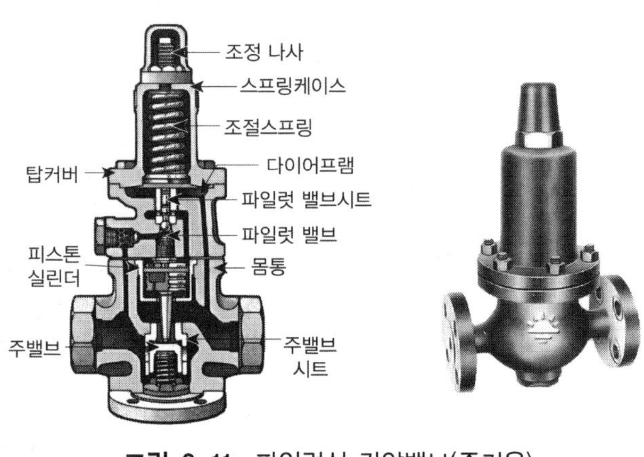

그림 6-11 파일럿식 감압밸브(증기용)

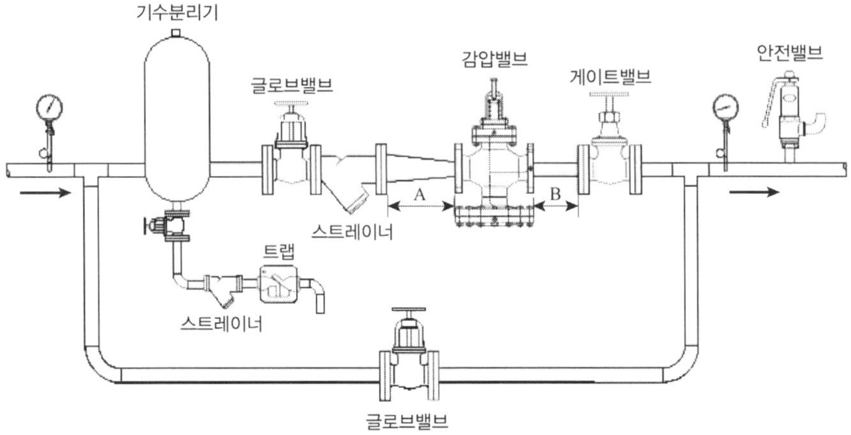

감압밸브 호칭구경 (mm)	직관부의 길이	
	A(mm)	B(mm)
15～40	400	900
50～100	900	1,500
125～200	1,200	2,500

그림 6-12 증기용 감압밸브 주위 배관도

(2) 직동식 감압밸브

파일럿식 감압밸브로는 제어 할 수 없는 곳에 사용되며, 소유량용 직동식 감압밸브로서 압력 제어 성능이 우수하고, 조정압력 범위가 넓으며, 주요부에는 내식성을 증대하기 위하여 스테인리스강(SUS)를 사용한다.

증기용, 액체 공기, 기체용 등이 있으므로 필요에 따라 선택해서 사용한다.

1차측 적용압력은 1.0MPa 이하이고, 2차측 조정 압력은 0.035～0.5MPa이며, 최대 감압비는 15:1 정도이다.

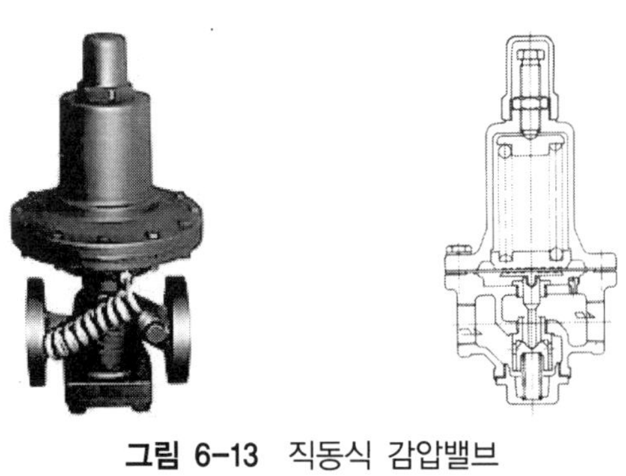

그림 6-13 직동식 감압밸브

(3) 타력식 감압밸브

타력식 감압밸브는 기체용 감압밸브로서 1차측 압력을 광범위하게 줄일 수 있고, 1차측 압력 변화에 대하여 2차측 압력 변화는 거의 없으며, 다이어프램에 합성고무(NBR)를 사용하여 오프셋(off set)이 적고, 다이어프램의 파손을 막기 위해서 밸브 자체에 감압밸브를 내장한다.

적용 유체는 공기, 기체이며, 1차측 적용압력은 2.0MPa 이고, 2차측 압력조절 범위는 0.035~0.7MPa이며, 최대 감압비는 20:1정도이다.

작동 원리는 공기실에 압축공기를 보내어 다이어프램을 작동시키는 구조로 되어 있으며, 밸브의 리프트는 공기압과 스프링의 평형 상태로 조정된다.

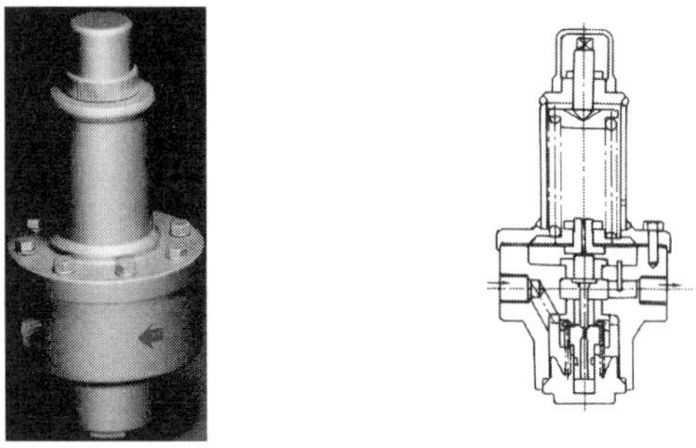

그림 6-14 타력식 감압밸브

(4) 감압밸브 선정시 고려 사항

밸브의 치수(口徑) 및 배관경, 1차측 압력 및 온도, 소요 2차 압력과 필요한 조절 범위, 사용 유체의 유량(최대, 상용, 최소), 본체 및 주요부 재질, 이음 방법(나사식, 플랜지식), 기타 요구 사항 등을 고려하여 제조회사 제품 설명서를 참조하여 선정한다.

호칭지름 선정에는 압력손실을 고려하여 10~20%의 유량을 여유 있게 선정하여 준다. 호칭지름이 너무 작으면 유량이 적어지고, 너무 크면 핸칭이나 채터링현상을 일으키는 원인이 된다. 그리고 감압밸브의 2차측에는 감압밸브의 고장으로 인한 압력 상승으로 설비 보호를 위하여 안전밸브를 부착하여야 한다.

(5) 감압밸브 부착시 주의사항

감압밸브를 병행하여 부착 사용해서는 안 된다. 1대로써 유량이 부족할 때 2대를 병행해서 배관하는 경우는 감압밸브가 자석식이므로 압력에 대한 감도, 응답성에 브레이크가 걸린다. 따라서 2대를 동시에 작동하게 할 수 있는 방법이 없으므로 1대씩 독립해서 설치 사용해야 한다.

감압밸브에 드레인이 들어가면 부식이나 진동을 일으키므로 드레인이 들어가지 않도록 하거나 제거하여야 한다.

감압밸브는 수평배관에 수직으로 설치하여야 하며, 2차측에 전자밸브 등 급개폐용 밸브를 설치할 경우 감압밸브와 거리를 가능한 멀리하여 설치한다. 또한 배관의 중력이나 열응력이 직접 감압밸브에 가해지지 않도록 감압밸브의 전후 배관에 고정이나 지지를 하여 주어야 한다.

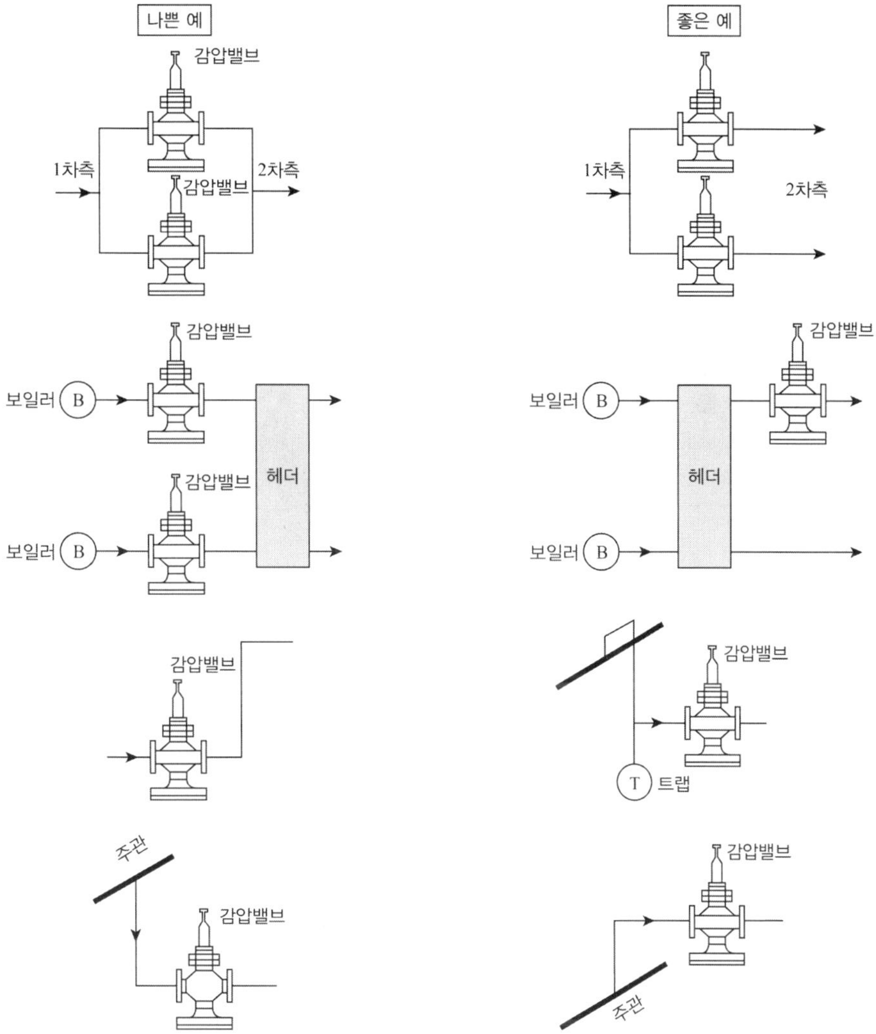

그림 6-15 감압밸브 설치 예

나. 온도조절밸브(temperature regulating valve)

자동온도조절밸브라고도 하며, 열교환기, 가열기 등에 설치하여 기기 속에 있는 액체 온도를 자동으로 조절하는 자동제어밸브이며, 온도에 의한 유량조절장치를 밸브에 부착한 것으로 벨로스 또는 다이어프램과 감온통(感溫筒)이 도관에 연결되어 있다. 감온통은 열교환기 등에 직접 설치하여 기기 속의 온도에 따라 감온통 내의 유체가 팽창(膨脹)한다. 이 압력을 받아 벨로스나 다이어프램이 작동을 하여 밸브를 개폐하고, 기기 속에 유입되는 기체 또는 유체의 유량을 조절한다. (그림 6－16)은 온도조절밸브 외형도로서 스트레이너 트랩 또는 바이패스(by－pass)관을 반드시 설치해야 한다.

종류로는 나사부착형과 플랜지형, 파일럿 온도조절형이 있는데, 나사부착형과 플랜지형은 소용량으로 용량이 적은 곳에 사용하며, 급탕탱크나 건조탱크 등 가열설비에 주로 적합하다. 파일럿 온도조절형은 가열용 파일럿식 온도조절밸브로서 예민하고 용량이 대단히 크고, 전후의 차압이 많은 곳에 사용하며, 대형 저장 탱크나 온도제어, 급탕탱크, 열교환기용에 적합하다.

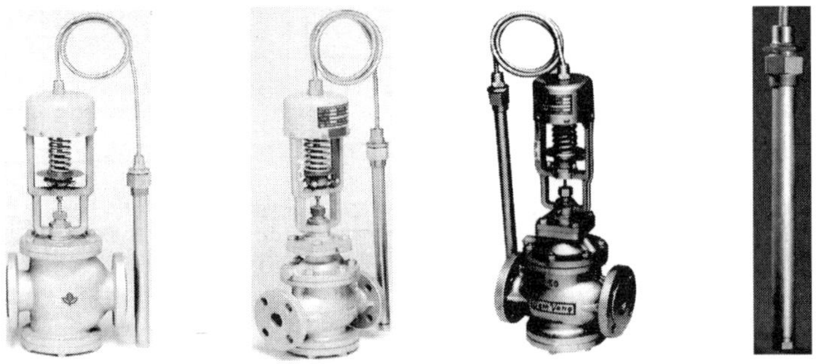

(a) 부착형(진동식) (b) 플랜지형(직동식) (c) 파일럿 조절형 (d) 유체용 감온통

그림 6-16 온도조절밸브

작동방식은 자력식과 타력식으로 대별하며 자력식은 직동식 온도조절 방법과 파일럿식 온도조절 방법이 있으며 보조동력을 사용하지 않고 자력으로 작동한다.

타력식은 조절부의 신호를 접수하여 밸브의 작동에 필요한 동력을 보조 동력원을 받아 움직이는 온도조절 방식이다.

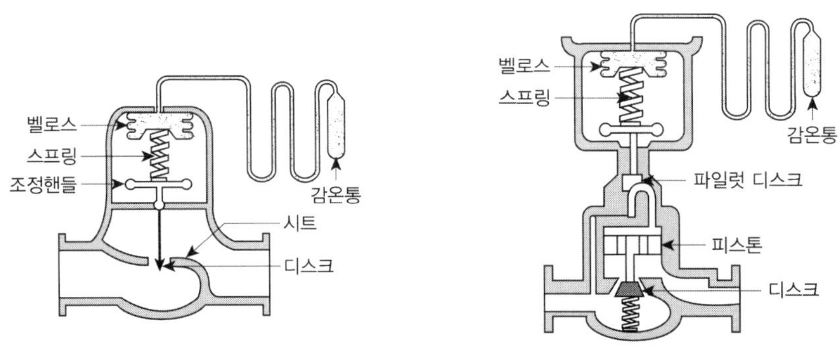

(a) 직동식 온도조절 원리 (b) 파일럿식 온도조절 원리

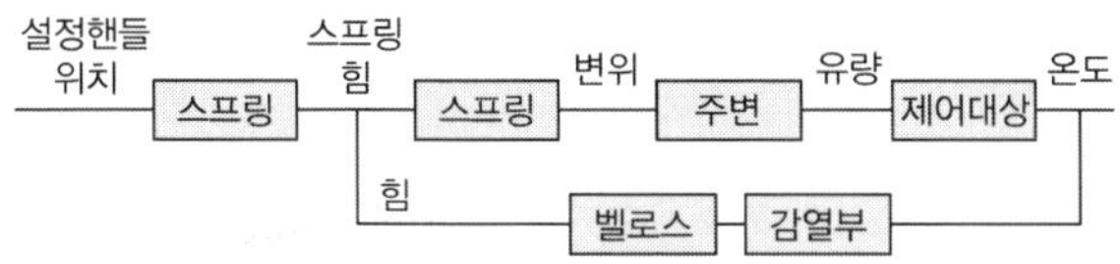

(c) 직동식 온도조절 방법

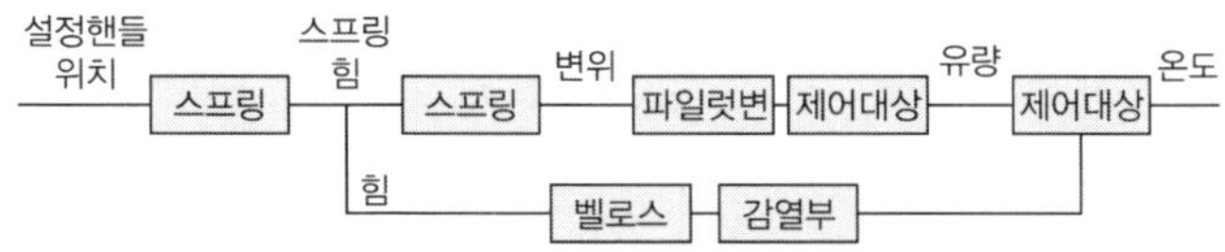

(d) 파일럿식 온도조절 방법

그림 6-17 온도조절밸브의 온도 제어 방법

(1) 실내 자동 온도조절밸브

실내 자동 온도조절밸브는 실내 온도를 감지하며, 밸브의 조절 캡을 여닫음으로써 유량을 조절하여 실내 온도를 원하는 온도로 일정하게 하며 특히, 다음과 같은 장점이 있다.

① 쾌적한 실내 온도 유지 기능
② 과열 방지에 의한 에너지 절약 기능
③ 각종 방마다 적합한 온도로 조절하여 개별적인 안락함을 얻는 동시에 에너지 낭비 방지
④ 조절하기 힘든 위치의 라디에이터, 또는 컨벡터 등도 원거리에서 조정이 가능하며 자동으로 온도의 조정을 겸할 수 있는 기능
⑤ 장기 출타시의 에너지 절약을 위하여 밸브를 열어 놓았을 때에도 실내 온도가 영하 이하로 내려가는 것을 방지하여 배관의 동파를 방지하는 기능

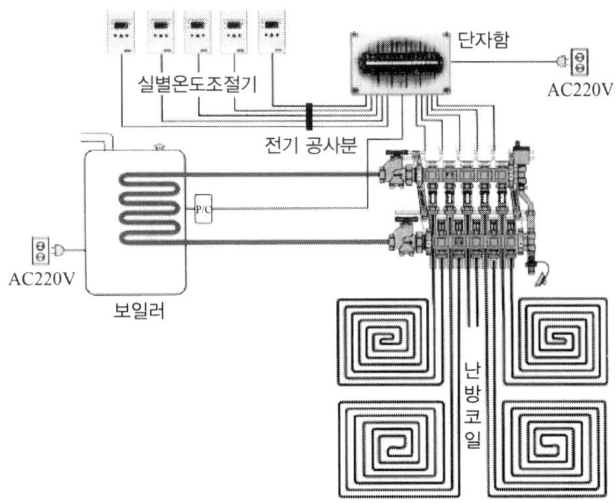

그림 6-18 실내 자동 온도조절밸브 설치 예

(2) 온도조절밸브의 선정시 고려할 사항

① 밸브의 구경 및 배관경
② 사용 유체의 종류, 압력, 온도와 유량(최대, 상용, 최소)
③ 최대 유량시(流量時)에 밸브의 허용압력 손실
④ 조절할 온도(상용온도, 조절범위) 및 허용 조절 온도차
⑤ 가열 또는 냉각되는 유체의 종류와 압력
⑥ 본체의 재질, 플랜지 규격, 감온통의 재질, 이동관의 길이 등

다. 안전밸브

안전밸브는 고압 유체를 취급하는 배관이나 보일러 등의 압력 용기에 설치하여 관 또는 압력 용기 속의 압력이 규정 한도 이상으로 되면 자동적으로 열려 용기 속의 압력을 항상 안전한 수준으로 유지하는 밸브이다. 안전밸브는 압력을 일정하게 조절함과 동시에 경보(警報)의 목적에도 사용되는 안전장치이다.

작동 방법에 따라 구분하면 스프링식, 중추식, 지렛대식 안전밸브가 있다.

(1) 스프링식 안전밸브

스프링식 안전밸브는 가장 많이 사용되고 있으며 동작이 확실하다. 스프링밸브 봉에 있는 나사로 죄어 붙여 스프링이 누르는 압력으로 밸브를 시트에 밀착시켜 내부의 토출 압력에 대응시키는 것으로서 좀 조절로 분출을 조정한다.

밸브의 양정에 따라 저양정, 고양정, 전양정, 전량식 안전밸브로 구분한다.

① **저양정식(low lift type) 안전밸브**

안전밸브의 리프트가 시트 지름의 1/40 이상에서 1/15 미만인 것을 저양정식이라 한다. 밸브의 호칭경은 15A, 20A, 25A, 40A, 50A가 생산되고 적용 유체는 증기, 공기, 액체, 기체, 기름 등에 사용한다. 적용압력은 0.035~0.10MPa이고 본체는 회주철, 디스크 및 시트는 스테인리스강이다.

밀폐형 안전밸브는 테스트 레버가 없고 완전 밀폐형이므로 분출한 유체는 모두 방출관으로 분출하기 때문에 안전사고 위험이 적으며, 테스트 레버 부착형은 정기적인 성능 검사를 할 수 있으므로 보수·유지 관리에 편리하다.

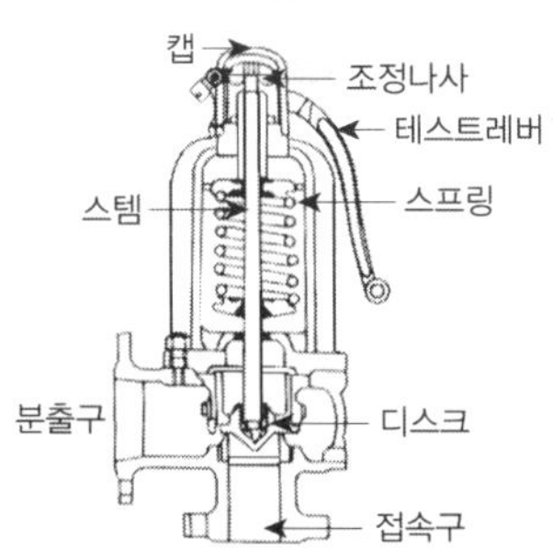

그림 6-19 저양정식 안전밸브

② **고양정식(high lift type) 안전밸브**

안전밸브의 리프트가 시트 지름이 1/15 이상에서 1/7 미만인 밸브에 사용한다.

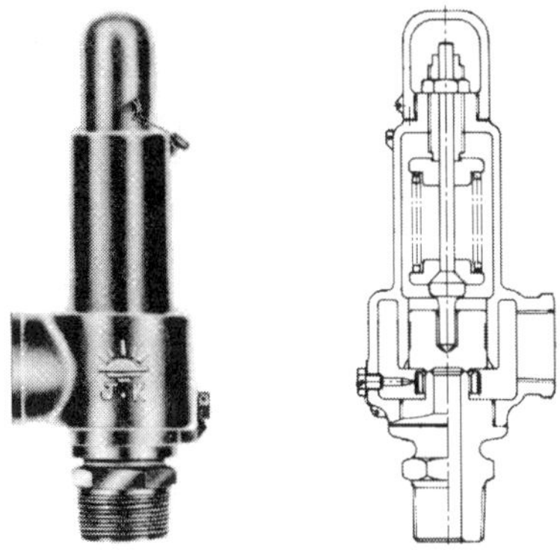

그림 6-20 고양정식 안전밸브

③ **전양정식 안전밸브**

안전밸브의 리프트는 시트 지름의 1/7 이상이며, 시트 지름의 1/7이 열릴 때의 유체 통로의 면적보다 기타 부분의 유체의 최소 통로 면적이 10% 이상 크게 한다.

④ **전량식(full bore type) 안전밸브**

시트의 지름이 목 부분 지름보다 1.15배 이상이며, 디스크가 열렸을 때의 유체 통로의 면적이 목 부분의 면적의 1.05배 이상이고 안전밸브의 입구 및 배관 내의 유체 통로의 면적은 목 부분 면적의 1.7배 이상이어야 한다.

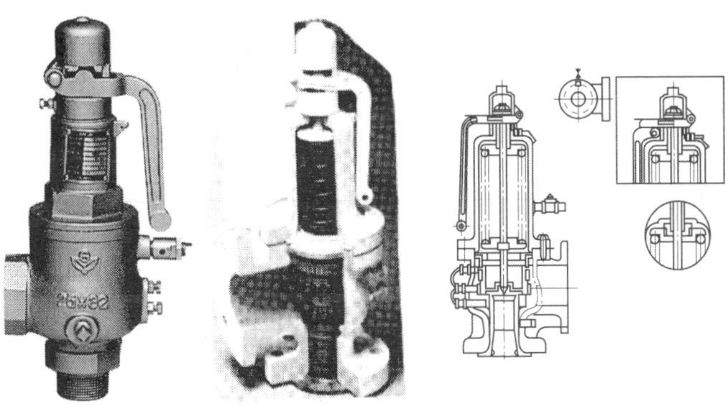

(a) 전량식 레버 부착형

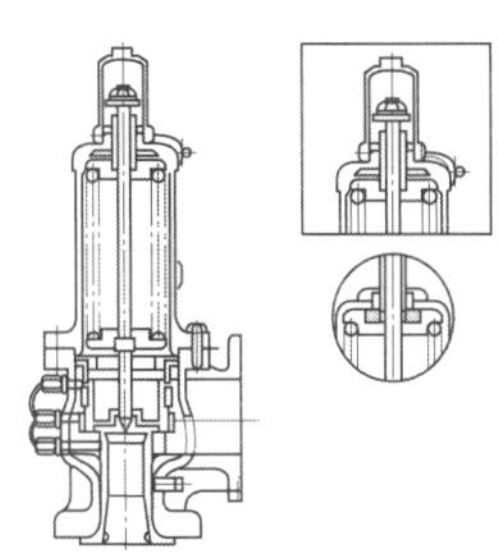

(b) 밀폐형

그림 6-21 전량식 안전밸브

(2) 중추식(weight type) 안전밸브

중추식 안전밸브는 (그림 6-22)와 같은 구조로 주철로 만든 원반 모양의 추를 밸브 시트에 직접 작용시켜 분출압력에 대응시킨다.

밸브는 일반적으로 구형(球形)으로 되어 있기 때문에 밸브가 조금 기울어도 기밀이 유지되게 되어 있으며, 압력은 원반을 가감(加減)함으로써 조절할 수 있다.

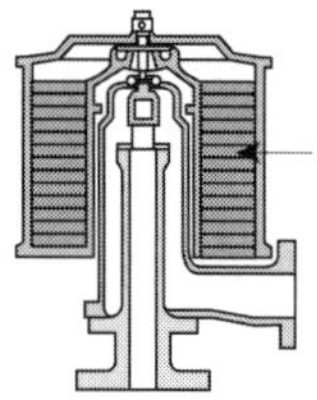

그림 6-22 중추식

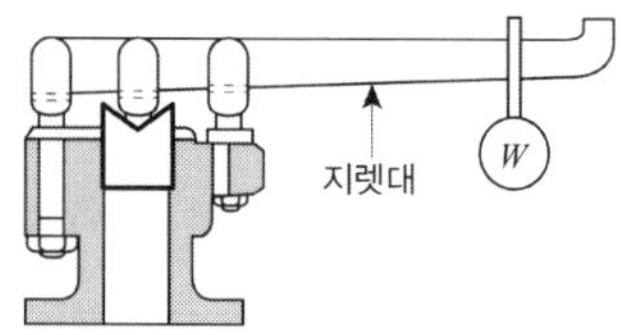

그림 6-23 지렛대식 안전밸브

(3) 지렛대식(lever type) 안전밸브

지렛대식 안전밸브는 (그림 6-23)과 같이 밸브에 작용하는 증기의 압력을 레버에 달린 추가 좌우로 움직임으로써 쉽게 조절할 수 있다. 그러나 현재는 스프링식의 발전으로 사용에 제한을 받는다.

(4) 기체용 안전밸브(gas safety relief valve)

기체용 안전밸브는 프레온, 공기, 질소, 산소, 암모니아 등 가스용으로 널리 사용되고 있는 안전밸브로서 본체는 덕타일 주철, 주요부는 스테인리스강이므로 내구성이 우수하나, 반드시 고압가스 관계법규 및 압력용기 구조규격 등의 법규 제한을 받는다.

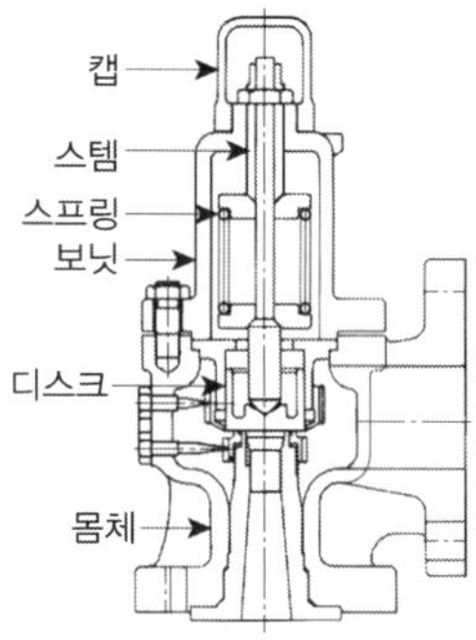

그림 6-24 기체용 안전밸브

(5) 펌프 릴리프용 밸브(pump relief type valve)

펌프 전용 릴리프밸브는 펌프의 도피밸브로서 연속적으로 도피시킬 경우 핸칭이나 워터해머현상을 일으키지 않고 안전하게 작동한다.

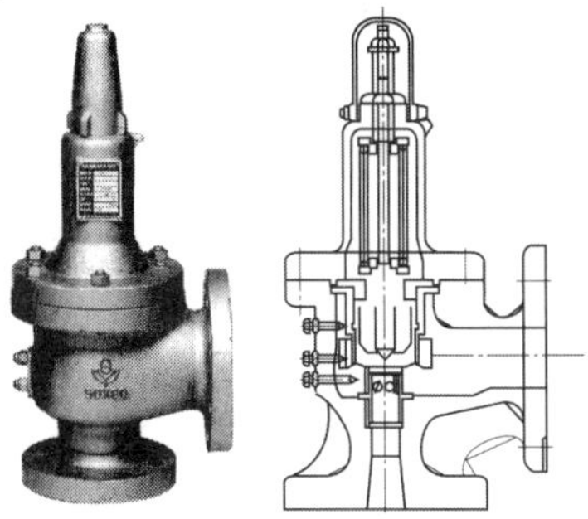

(a) 펌프 릴리프용 밸브

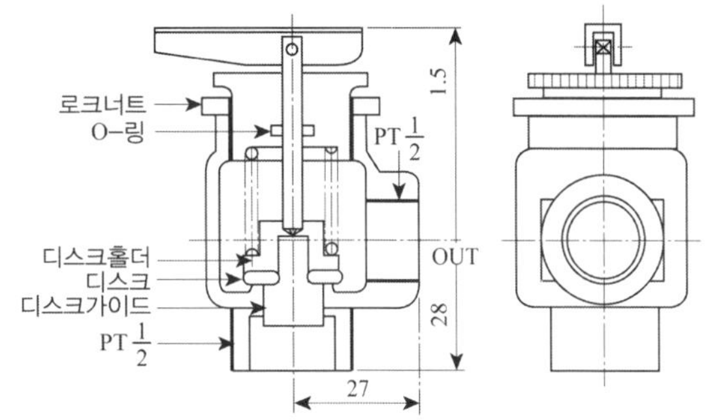

(b) 온수용 안전밸브

그림 6-25 펌프 릴리프용 밸브와 온수용 안전밸브

(6) 온수용 안전밸브(home boiler relief valve)

소형 온수 보일러나 전기온수기 등 사용 압력이 0.1MPa 이하에 사용하는 다이어프램식 안전밸브로서, 열팽창에 의한 압력의 분출이나 감압밸브 2차측의 릴리프 밸브로서 사용하며, 수배관 계통에 부착시 이상 압력 상승시에 자동적으로 물을 배출하고 계 내의 기기의 안전을 도모한다.

라. 전자밸브(電磁辨)

전자밸브(solenoid valve)는 온도 조절기나, 압력 조절기 등에 의해 신호 전류를 받아 전자코일의 전자력을 이용 자동적으로 밸브를 개폐시키는 것으로서 증기용, 물용, 연료용, 냉매용 등이 있고, 용도에 따라서 구조가 다르다. 또 밸브의 작동 원리에 대하여 직동식(연료용으로 사용)과 파일럿식이 있으며, 파일럿식은 이들 밸브의 유압체를 이용해서 서보피스톤(servo piston)을 작동시키도록 한 것으로 유량이 큰 경우에 사용된다.

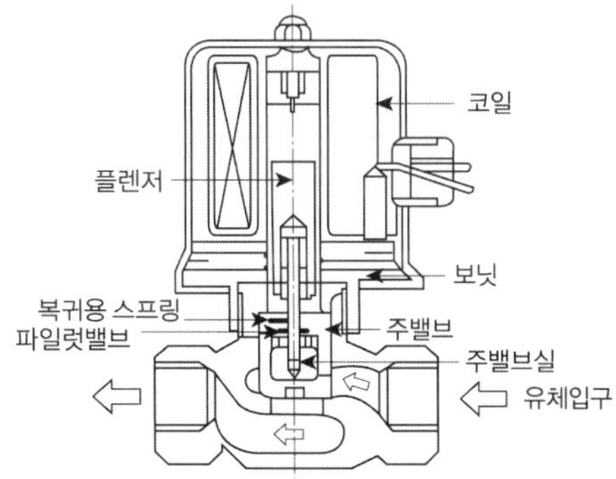

그림 6-26 전자밸브의 구조

작동 원리는 전자 코일이 여자(勵磁)되면 파일럿밸브의 작용으로 밸브 디스크 속의 유체는 밸브 출구 쪽의 바이패스로 유출되어 밸브 디스크 속의 압력이 낮아지므로 밸브 디스크가 떠올라 밸브가 열린다. 전자코일의 여자가 끊어지고 파일럿밸브가 폐쇄(開鎖)되면 밸브 시트 속의 압력은 상승하고 부력을 잃지 않은 밸브 시트는 내려와 밸브가 막힌다. 밸브 디스크 및 실린더에는 작은 구멍이 있어 유체가 유입하도록 되어 있고, 밸브의 급격한 운동을 저지하고, 밸브의 작동에 의한 파동의 발생을 완화시킨다.

(그림 6-27)은 전자밸브의 용도별로 사용한 보기를 표시하였다. 그림 (a)는 자동온도조절장치로 온도 스위치(thermostat)에 의해 탱크의 온도를 측정하여 코일히터(coil heater)에 들어가는 증기를 전자밸브로 개폐하여 제어한다. 그림 (b)는 압력 제어장치로서 압력 개폐기에 의해 탱크 속의 압력을 측정하여 탱크압력이 일정값 이하로 강하되었을 경우, 전자밸브를 조작시켜 공기압축기의 공기를 자동적으로 급기(給氣)하는 장치이다. 그림 (c)는 수위제어장치로서, 수위가 낮아질 경우 플로트 스위치(float s/w)에 의해 전원이 연결되어 전자밸브가 열려 일정 수위까지 급수되며, 일정 수위가 되면 스위치가 끊어져 급수가 정지되는 장치로 급수 송수(送水) 등에 자동제어용으로 사용된다.

그림 (d)는 계량장치(計量裝置)를 제어하는 장치로서 전자밸브의 리프트(lift)를 조정한 다음 수위를 일정 선에 유지시키고 타이머(timer)의 작동으로 인해 일정 시간 전자밸브를 열어 일정량의 물을 계량하는 장치이다.

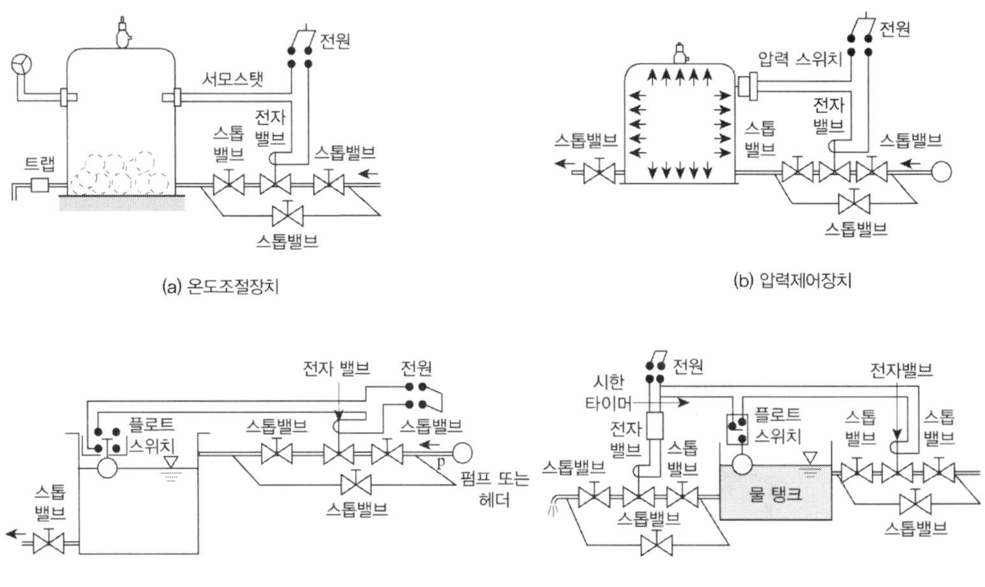

그림 6-27 전자밸브 사용 예

마. 전동밸브(電動辨)

전동밸브(motor operated valve)는 콘덴서 모터를 구동하여 감속된 회전운동을 링크기구에 의한 왕복운동으로 바꾸어서 제어밸브를 개폐한다. 일반 설비에 사용되는 각종 유체의 온도, 압력, 유량 등의 원격제어나 자동제어에 사용된다. 출입구 수에 의하여 2방향 밸브와 3방향 밸브가 있다.

(1) 2방향 밸브(2-way valve)

2방향 밸브는 단좌(單座)밸브와 복좌(複應)밸브가 있으며, 구성은 밸브 몸체, 링키지, 컨트롤모터의 3부분으로 구성되어 있다.

단좌밸브는 일반적으로 유량의 완전 폐쇄를 목적으로 할 때 적당하며, 소구경(보통 50A까지)은 나사식 접속, 중구경(65A 이상)은 플랜지 접속이다. 재질은 소구경일 때 청동주물, 중구경 이상일 때는 주철의 본체에다 테프론 패킹을 사용한다.

복좌밸브는 일반적으로 대유량의 제어에 적합하며, 50A까지는 나사식, 65A 이상은 플랜지식이며, 재질은 구경에 관계없이 주철제가 많고 패킹은 테프론이 일반적이다. 유체의 완전 폐쇄에는 적당하지 않다.

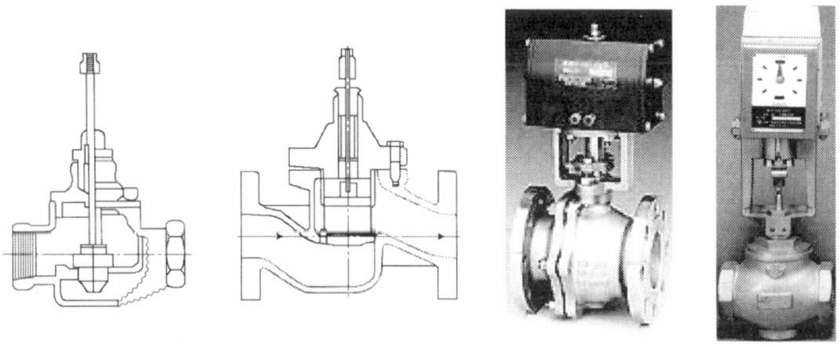

(a) 단좌형 (b) 복좌형 (c) 공기 구동형 (d) 구동형 (e) 모터식

그림 6-28 2방향 밸브

(2) 3방향 밸브(3-way valve)

냉수나 온수의 혼합제어에 적당한 것으로서 2개의 유체를 한쪽 방향으로 적절하게 혼합시켜 흐르게 하며, 온도가 서로 다른 2종의 유체를 혼합하여 일정한 온도로 유지하게 하는 온도 제어용으로도 사용한다.

형식은 3방향 혼합형으로 50A까지는 나사식, 65A 이상은 플랜지 접속이며, 재질은 소구경일 때는 청동주물, 중구경 이상일 때는 주철제의 본체에 패킹은 테프론이 일반적이고, 설치시 반드시 바이패스 배관을 병행해야만 보수·유지가 용이하다. (그림 6-29 참조)

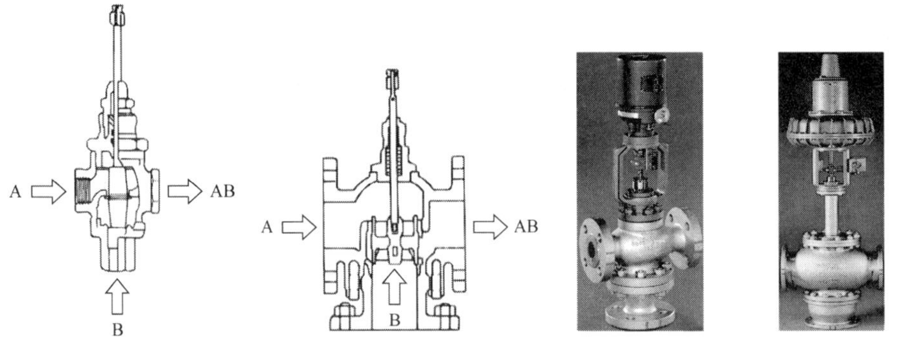

(a) 나사식 (b) 플랜지식 (c) 모터구동형 (d) 공기압구동형

그림 6-29 3방향 밸브

바. 오토매틱 워터밸브(automatic water valve)

오토매틱 워터밸브는 주요 밸브와 보조 밸브로 구성되어 있으며 (그림 6-30)과 같이 유체가 흐르지 않는 상태에서는 주밸브의 자체 중량과 스프링의 힘으로 닫혀져 있으나 유체가 흐르면 분출한 유체의 압력이 다이어프램의 아래 부분에 작용하여 주밸브를 전부 열어 놓고, 다이어프램 상부에 압력이 연결 동관을 통해 도달하면 밸브가 닫히고 압력이 없어지면 다시 밸브는 열린다. 이와 같이 오토매틱 워터 밸브는 적용 유체의 자체 압력을 이용한 것으로서 수위 조절밸브, 감압밸브, 차압력 조절밸브, 차압밸브, 전자 수위 조절밸브 등 여러 가지로 응용하여 사용할 수 있다.

(1) 수위조절밸브(level control valve for water)

물탱크, 침전탱크, 압력 조절 탱크, 수영장 등의 수위를 일정하게 유지시켜 주기 위해, 자동 급수, 자동 배수를 한다. 물탱크와 밸브와의 설치 거리가 멀리 떨어져 있거나 유체 압력을 기계적으로 이용할 수 없는 조건이 있을 경우에 사용한다. 플로트 스위치 전극동봉을 기계와 전자밸브와의 사이에 설치하여 전기적인 조작을 할 수 있다.

① 수위조절밸브 : 물탱크, 감압물탱크, 침전탱크, 수영장 등의 대용량 수위조절밸브

② 전자 수위조절밸브 : 전자밸브와 수위조절밸브를 조합시킨 밸브로서 평상시에는 전자밸브로 수위조절을 하지만 전기 계통이 고장날 경우에는 파일럿 볼탑이 작동하여 수위 조절을 한다. 주로 물탱크 등에서 수위가 높은 경우에 물이 넘치는 사고를 방지하거나 방지할 필요가 있을 경우에만 사용한다.

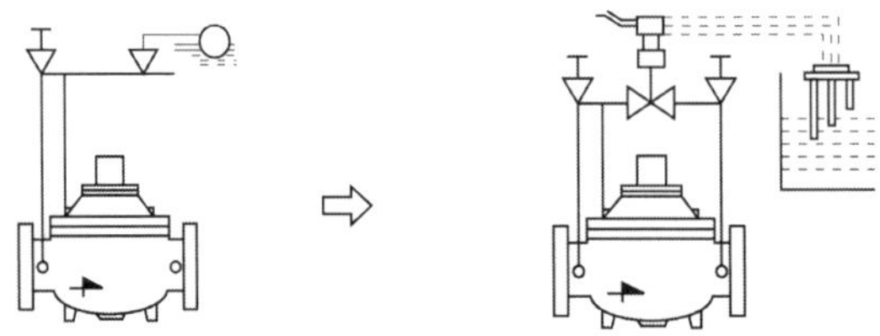
정수위제어
(YAWEL-1형 수위조절밸브)
정수위제어+전자밸브제어
(YAWEL-1형 전자수위 조절밸브)

(a) 응용 배관도

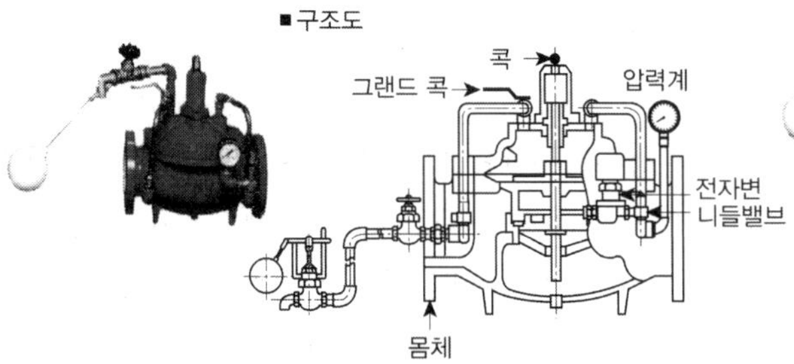

(b) 수위 조절밸브

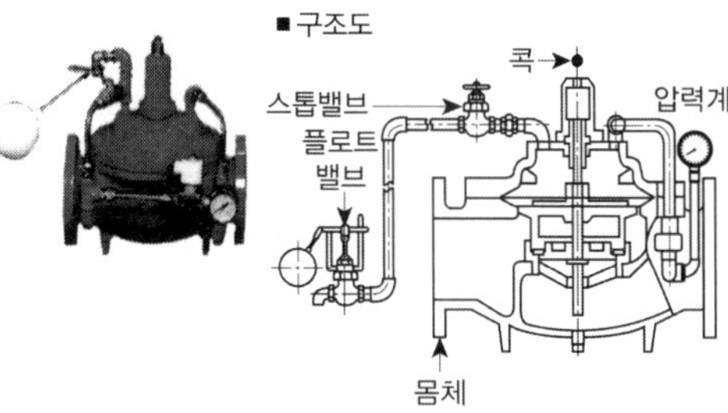

(c) 전자 수위조절밸브

그림 6-30 수위조절밸브

(2) 감압밸브(pressure reducing valve for water)

감압밸브로서 사용 장소의 압력이 높을 때나, 압력 변동이 심할 때에 감압하여 밸브의 2차측을 희망하는 일정한 압력으로 유지시켜 주는 것으로 전자밸브를 부착하면 먼 거리에서도 필요한 만큼의 압력을 감압하여 개폐할 수 있다.

① **감압밸브** : 대용량의 감압밸브로서 건축설비, 공장 등에서 송수라인의 주요 배관라인에 사용한다. 파일럿밸브는 압력밸런스 구조를 채택하고 있으므로 1차측 압력이 변동되어도 영향을 받지 않고 2차측 압력을 일정하게 제어시킬 수 있다.

② **감압전자밸브** : 전자밸브와 감압밸브를 조합시켜 감압 및 원격 조작으로 밸브를 개폐할 수 있는 밸브이다.

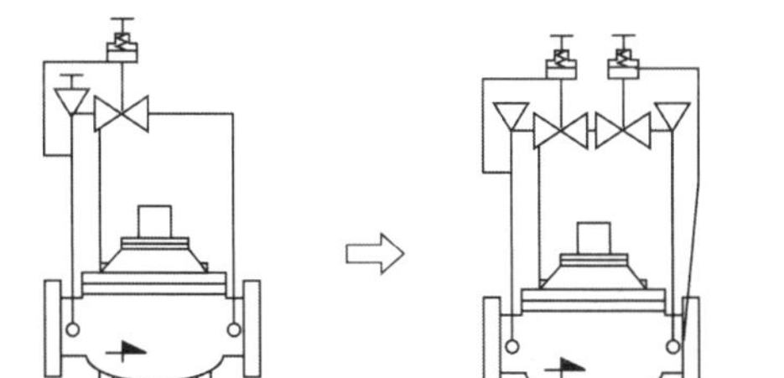

(a) 응용 배관도

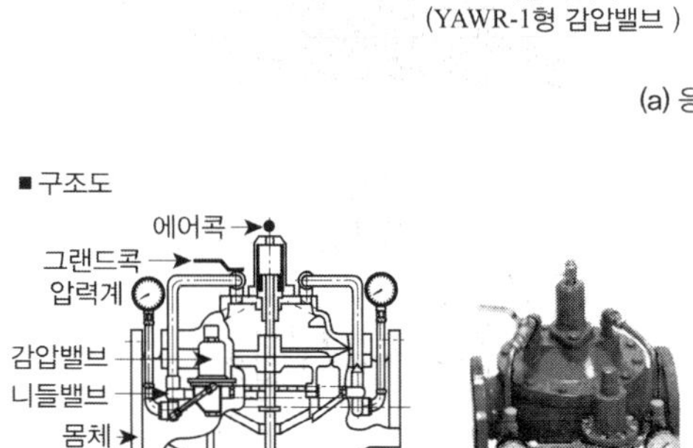

(b) 감압밸브

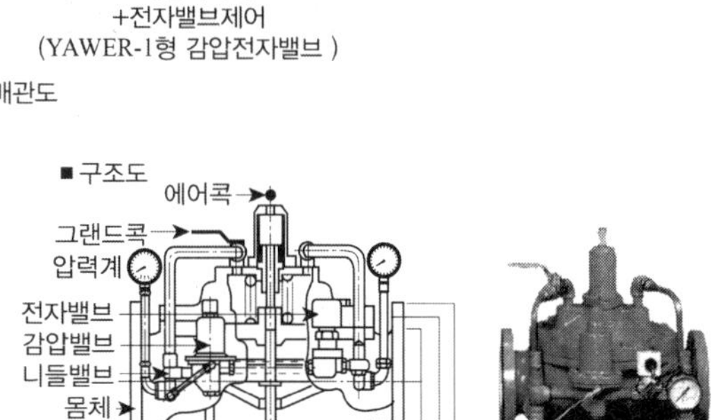

(c) 감압전자밸브

그림 6-31 감압밸브

(3) **압력조절밸브**(primary pressure regulating valve for water)

배관의 압력이 방수기 등을 급격히 닫을 경우, 그 압력은 급격히 상승한다. 이러한 경우에는 배관 내에 위험한 일이 생길 경우가 있다. 이때에는 사용량이 변하고 압력이 일정하지 않게 되므로 증가된 압력만큼 유량을 배출하고 밸브의 입구측 압력을 설정 압력 이상으로 상승하지 않도록 해야 한다. 이때 압력조절밸브를 사용하며 감압밸브를 부착하여 배출 유체를 감압해서 흐르게 할 수도 있다.

① **1차 압력조절밸브** : 대용량의 펌프용 바이패스밸브로서 부하 변동에 의한 압력 변화의 증가분만큼 배출시켜 주는 밸브로서, 펌프의 분출압력을 일정하게 유지시켜 주는 역할을 한다.

② **차압 감압밸브** : 1차 압력조절밸브와 감압밸브를 조화시킨 밸브로서 급수 라인의 원래 압력이 파일럿 감압밸브의 설정 압력 이상으로 되면 급수하는 한편, 파일럿 감압밸브의 설정 압력으로 감압해서 급수하는 밸브이다.

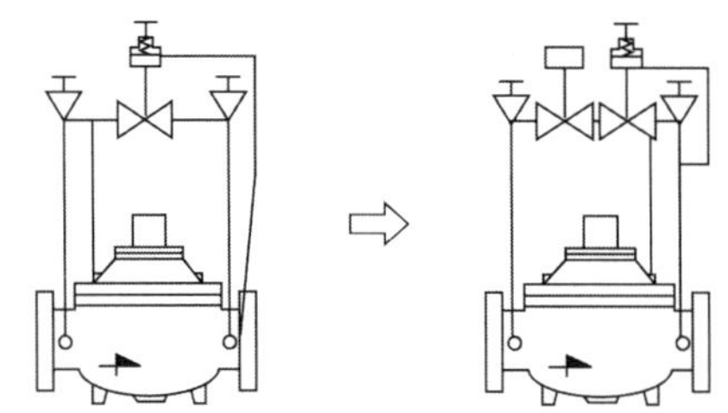

1차압력제어
(YAWM-1형 1차압력조절밸브)

1차압력제어
+2차압력제어
(YAWD-1형 차압감압밸브)

(a) 응용배관도

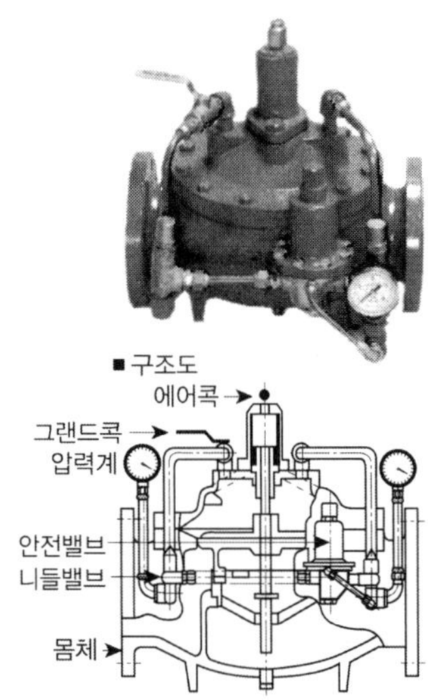

(b) 1차 압력 조절밸브

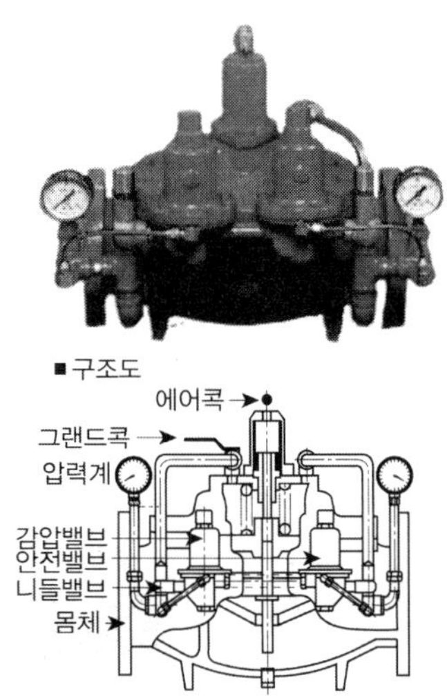

(c) 차압 감압밸브

그림 6-32 압력조절밸브

3 냉매용 밸브(冷媒用辨)

가. 냉매밸브

냉매 스톱밸브는 글로브밸브와 같은 밸브 몸체와 밸브 시트를 가진 것으로서 암모니아용과 프레온용이 있으며, 어느 것이나 밸브축에서 냉매가 새는 것을 방지하기 위하여 글랜드 패킹이 부착되어 있다. 대부분 냉매용 밸브는 밸브 디스크에 소프트 시트(soft sheat)가 있어 운전 중에도 패킹을 교환할 수 있고 또 밸브가 열려 있어도 냉매가 새는 것을 방지할 수 있게 되어 있다.

냉매밸브에는 팩드밸브(packed valve)와 팩리스밸브(packless valve)가 있다.

(1) 팩드밸브(packed valve)

밸브 스템의 둘레에 석면, 흑연 패킹 또는 합성고무 등을 채워 이것을 죔으로써 냉매가 새는 것을 방지하며 안전을 위하여 밸브에 뚜껑이 씌워져 있고, 밸브를 조작할 때는 이 뚜껑을 열고 조작한다.

(2) 팩리스밸브(packless valve)

팩리스밸브는 패킹을 사용하지 않고 벨로스나 다이어프램의 각막으로 냉매가 새는 것을 방지하고 있다. 밸브의 재질은 지름이 큰 것은 주철제, 지름이 작은 것은 단조강 또는 청동제이며 밸브에는 스테인리스강, 모넬메탈 등이 사용되고 벨로스, 다이어프램에는 인청동 등이 사용된다.

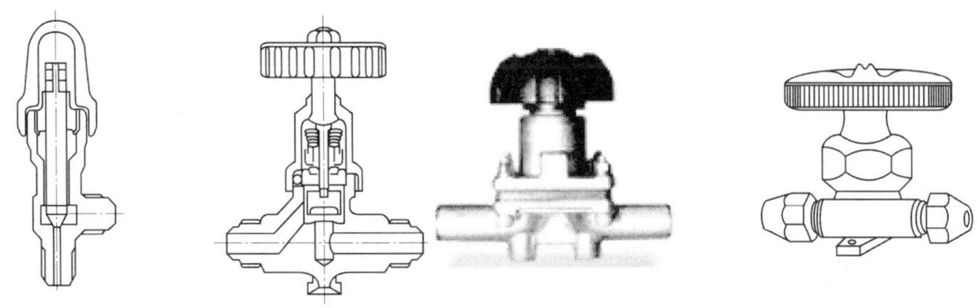

(a) 팩트밸브 (b) 팩리스(벨로스)밸브 (c) 팩리스(다이어프램)밸브

그림 6-33 냉매밸브

나. 플로트밸브(float valve)

플로트밸브는 만액식 증발기에 사용하는 밸브이며, 증발기 속의 액면을 일정하게 조절하는 저압측 부자(浮子)밸브이다. 이 밸브는 증발기 속의 냉매액의 양에 따라 열리고 닫히며, 재질로는 플로트와 암은 황동제이며, 서지챔버(surge chamber)는 주철 또는 강철제, 니들밸브는 스테인리스강, 밸브 시트는 황동을 사용한다. 또 고압측의 냉매량을 조정하는 고압 플로트밸브도 있다.

다. 팽창밸브(expansion valve)

팽창밸브는 냉동 부하와 증발 온도에 따라 증발기에 들어가는 냉매량을 조절하는 밸브로서 수동팽창밸브와 자동팽창밸브가 있으며, 자동 팽창 밸브는 온도 자동팽창밸브와 정압 자동팽창밸브의 두 종류가 있다. 온도 자동팽창밸브는 가장 많이 사용되는 밸브로서 증발기에서 나오는 냉매 가스의 온도와 증발기 내부의 압력으로 증발기에 들어가는 냉매량을 가감한다. 밸브는 모세관(capillary tube)으로 감온통과 연결되어 있고, 감온통은 증발기 출구측에 설치되어 있어 냉매가스의 온도 상승이 감온통 속에 밀폐되어 있는 가스를 팽창시켜 튜브를 통해 니들밸브를 개폐한다.

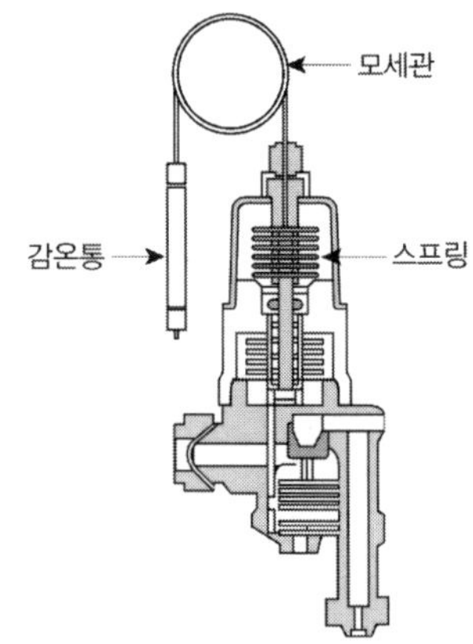

그림 6-34
온도 자동팽창밸브

밸브의 구조에 따라 벨로스식과 다이어프램식이 있으며, 직접 팽창식 증발기에 사용한다.

정압 자동팽창밸브는 부하 변동이 적은 냉동기 또는 가정 냉장고 등과 같이 비교적 용량이 적은 것에 사용하며, 증발기 속의 압력을 일정하게 유지하면서 냉매의 흐름을 조정한다. 이 밸브에는 감온통이 없으며 밸브 끝의 조정나사를 돌려 증발 온도에 알맞게 압력을 조정하게 되어 있다.

라. 증발 압력조정밸브

증발기와 압축기의 사이에 설치하여 증발기 부하에 관계없이 증발기에서 증발한 냉매 온도를 항상 일정하게 유지하기 위해 사용하는 것으로 증발기 속의 압력을 소정의 온도에 적응하는 압력으로 조정하는 밸브이다.

마. 전자밸브

온도 조절기나 압력조절기 등에 의해 신호전류를 받아 전자코일의 전자력을 이용, 자동적으로 밸브 개폐를 하는 것으로서, 팽창밸브 바로 앞에 설치하여 압축기가 정지하고 있을 때는 냉매액이 증발기 속으로 유입하는 것을 방지한다.

바. 자동급수밸브

자동급수밸브는 수냉식 응축수의 냉각수 공급을 조정하는 밸브이며, 다이어프램 또는 벨로스가 부착되어 있어, 응축압력이 일정 압력에 달하면 밸브가 열리고 압력이 저하되면 밸브가 닫혀 냉각수의 공급량을 자동적으로 가감한다.

4 수전류(水栓類)

가. 급수전(給水栓 : faucet)

수전(水栓 : faucet, water tap)은 수도꼭지를 가리키며, 급수 급탕배관의 말단에 장치되어 있고, 급수, 급탕을 토출시키는 철물의 명칭이다. 수전은 KS규격 및 메이커의 규격을 포함하여 종류가 많고, 다양하며, 그 재질은 동 합금주물에 니켈 또는 크롬을 도금한 것이 주로 쓰이고 있다. KS규격에 의하면 A형과 B형의 구별이 있는데, A형은 정수두 75mm 이하의 수도에 직결하여 급수용으로 사용되는 것이며, B형은 일반 건축설비의 급수 및 급탕용으로 사용되는 것이다.

A형에는 (그림 6－35)와 같이 2종류가 있으며, B형에는 (그림 6－36)과 같이 여러 가지 종류가 있다. 또한, KS규격 외에도 형식이나 디자인이 여러 가지로 바뀐 다수의 수전이 있다.

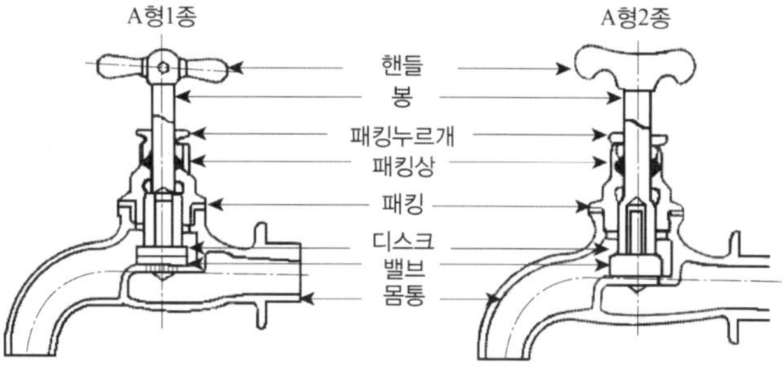

그림 6-35 급수전(A형)

수전을 그 작동 방법에 따라 분류하면 다음의 3종류가 있다.

① 수동으로 개폐하는 것 : 일반 수전

② 수동으로 열고, 자동으로 닫혀 지는 것 : 변기의 플래시 밸, 수음기, 수전

③ 수면의 상승, 하강에 따라 개폐하는 것 : 볼탭(ball tap)

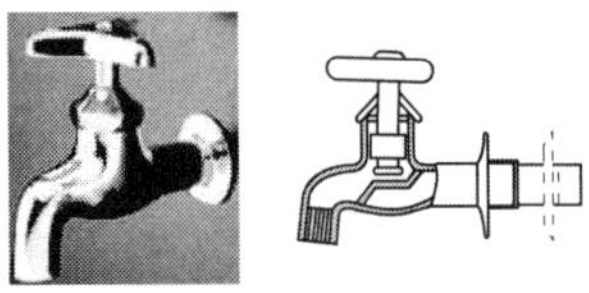

(a) 횡수전

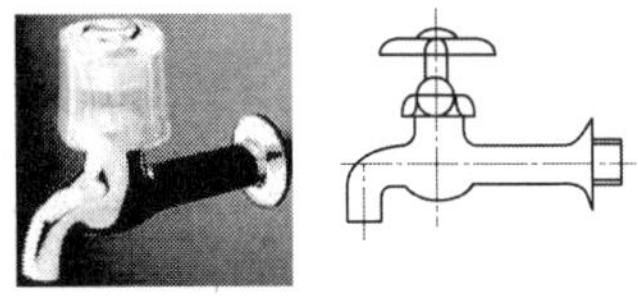

(b) 긴몸통 횡수전

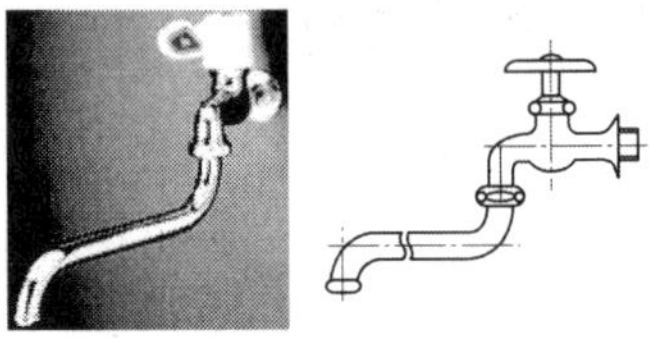

(c) 목돌림 수전

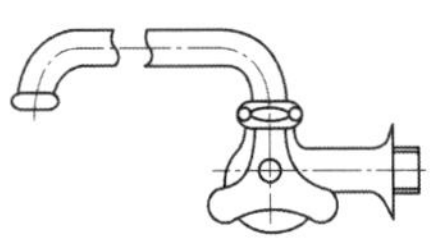

(d) 가로형 목돌림 수전

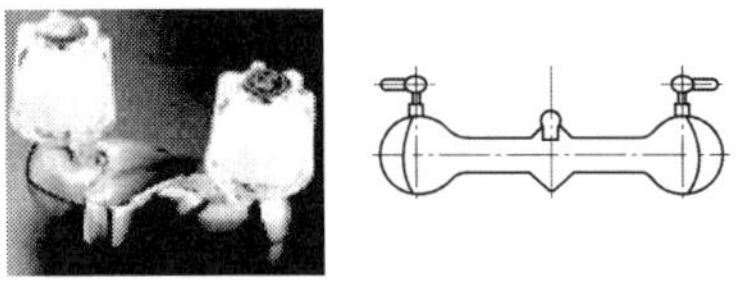

(e) 냉온수혼합수전(고정형)

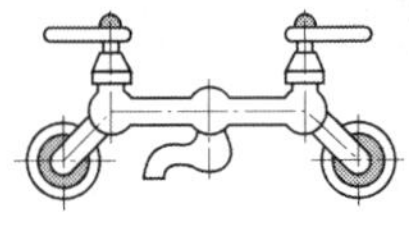

(f) 탕수혼합수전(조절형)

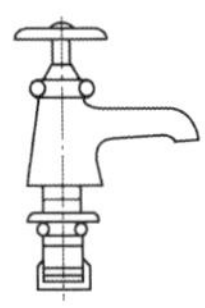

(g) 수직수전(회전형)

(h) 수직수전

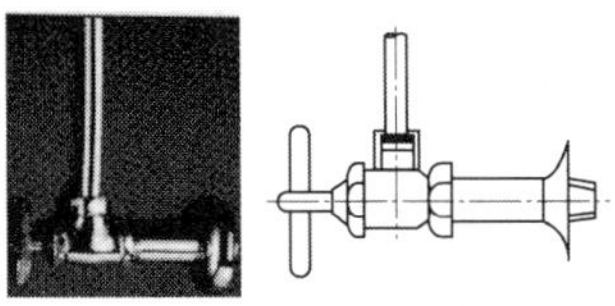

(i) 앵글형 지수전

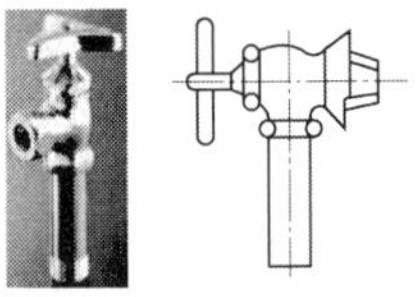

(j) 소변기 세정수전

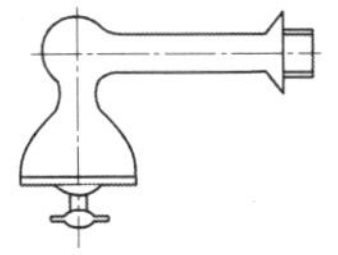

(k) 유리관

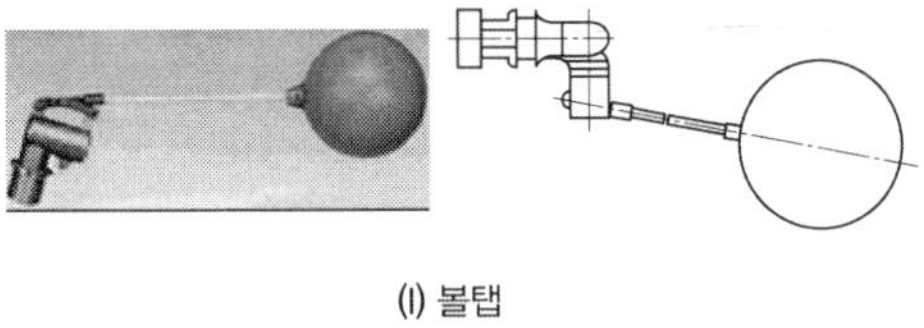

(l) 볼탭

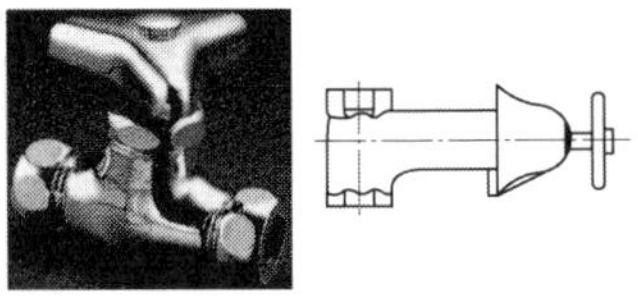

(m) 수평지수전

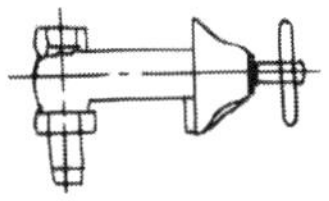

(n) 샤워지수전

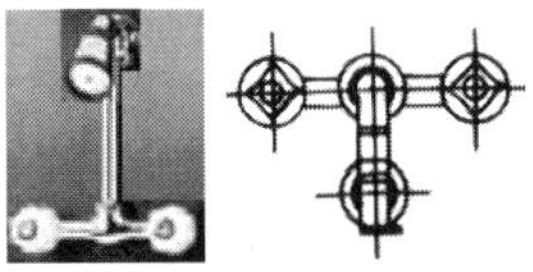

(o) 욕조수전

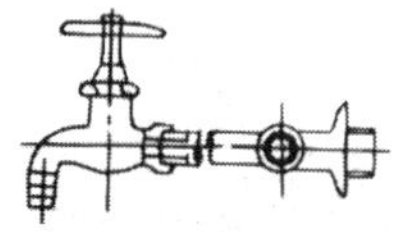

(p) 익달림화학수전

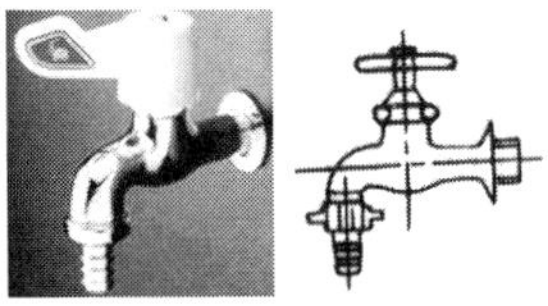

(q) 커플링달림수전

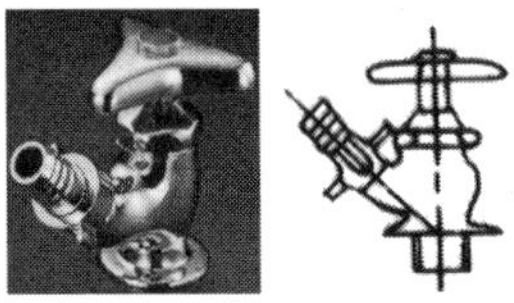

(r) 살수전

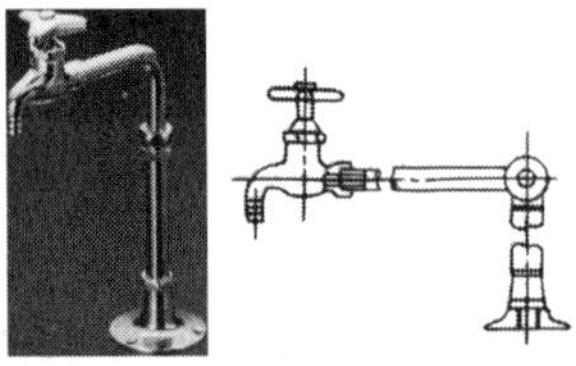

(s) 대달림화학수전

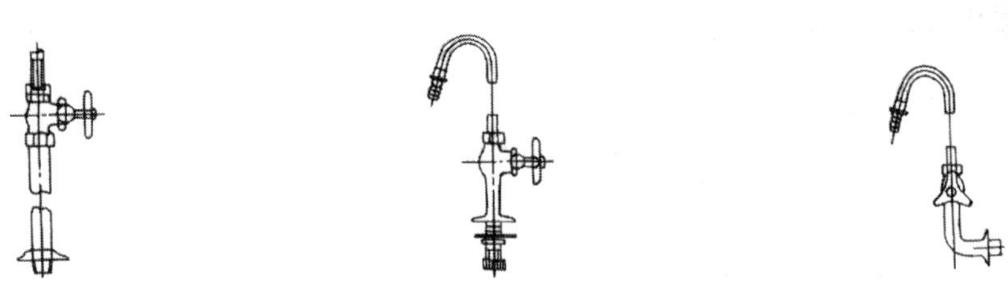

(t) 스트레이형 지수전　(u) 구즈넥수전(수직형)　(v) 구즈넥수전(수평형)

그림 6-36 급수전(B형)

나. 지수전(止水栓)

급수관의 도중에 설치해서 급수를 제한 또는 제지하는 밸브로서 A형과 B형이 있다.

(1) A형 지수전

A형 지수전은 나사식으로서, 디스크형 밸브에 의하여 개폐하며 2층이나 세척탱크의 세로관 샤워기나 탕비기 등의 기기 앞에 설치하여 사용자가 자유로이 개폐할 수 있도록 핸들이 설치되어 있다.

(2) B형 지수전

B형 지수전은 땅속에 매설된 수도 인입관에 설치하여 건물 안의 급수장치 전체 물의 흐름을 조절하거나 개폐할 때 사용되며, 주로 건물이 세워진 대지 경계선 부근의 수도 인입관에 설치하고, 지수부는 콕식이므로 사용자가 개폐할 수 없도록 별도 핸들식으로 되어 있다.

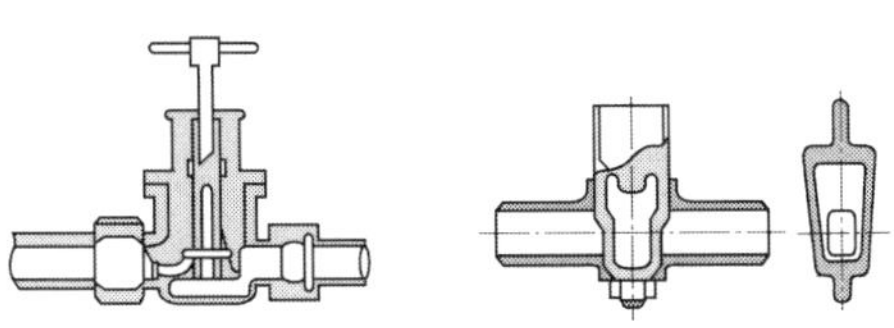

(a) A형 지수전　(b) B형 지수전

그림 6-37 지수전의 종류

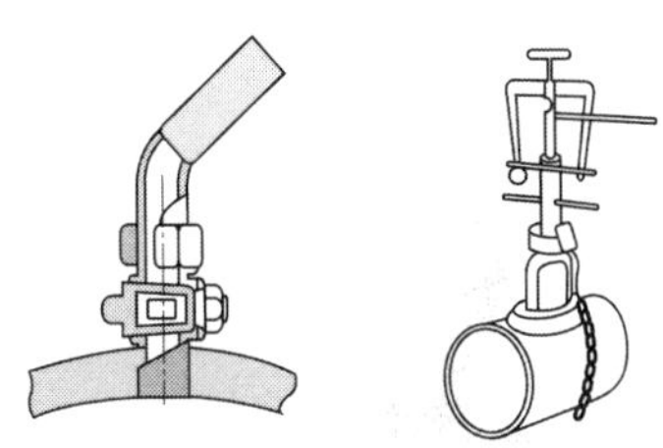

(a) 분수전　(b) 천공기

그림 6-38 분수전과 천공기

다. 분수밸브(分水栓)

매설되어 있는 수도의 급수 소관에서 관경 50A 이하의 급수관을 분기할 때에 사용하는 콕식의 밸브로서 이것을 부착할 때는 통수를 막지 않고 천공기(perforator)를 사용, 주철 급수관에 구멍을 뚫어 태핑을 한 다음 틀어막는다.

라. 세정 밸브(flush valve)

대변기나 소변기 등의 세척을 급수관의 물에 의해서 직접할 때 사용되는 밸브로서 연속 사용할 수 있는 소형이므로 장소를 작게 차지하지만 일시에 다량의 물을 흘러 보내면 수격작용이 일어나기 쉽고 세척시 소음이 크다. 보통 대변기에는 핸들식, 소변기에는 푸시 버튼식이 널리 사용된다.

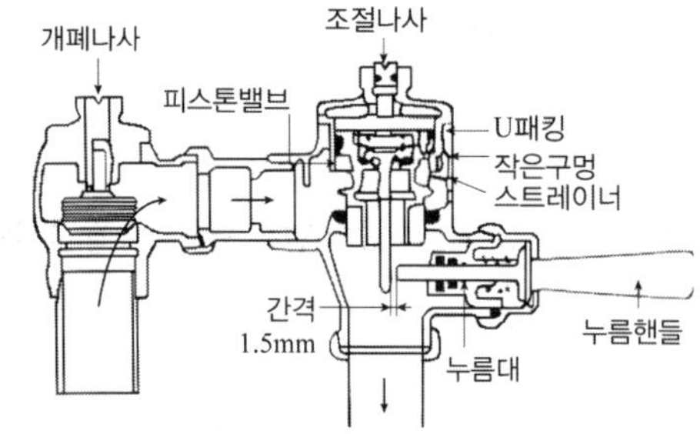

(a) 대변기용 핸들식

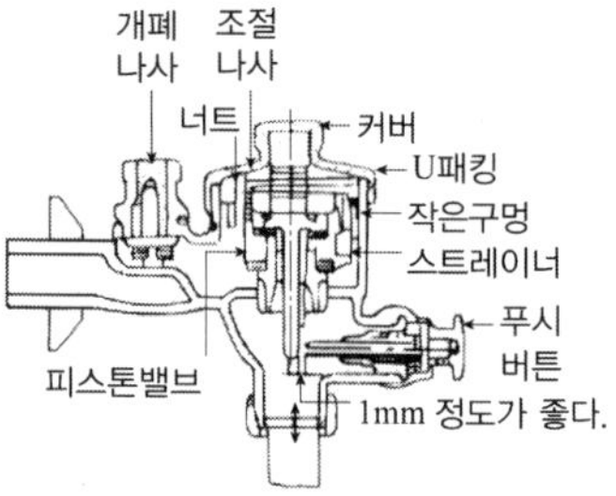

(b) 소변기용 푸시버튼식

그림 6-39 세정밸브

마. 공기빼기밸브

공기빼기밸브는 배관이나 기기 중의 공기를 제거할 목적으로 사용되며, 냉온수 배관의 공기빼기는 콕, 게이트밸브, 수동공기빼기밸브, 자동공기빼기밸브 등이 사용된다. 공기가열 냉각코일, 팬코일 유닛, 온수가열기 등에는 반드시 공기빼기를 마련하고, 증기관이나 방열기, 열교환기 등의 공기빼기는 증기 트랩의 공기빼기가 가능한 형태로 한다.

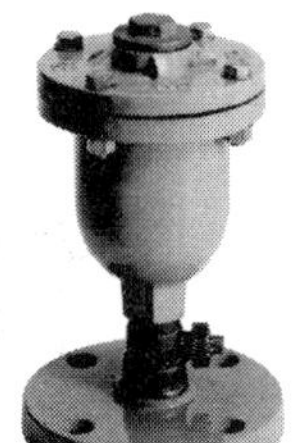

(a) 수도용 공기빼기밸브

(b) 급속 공기빼기밸브

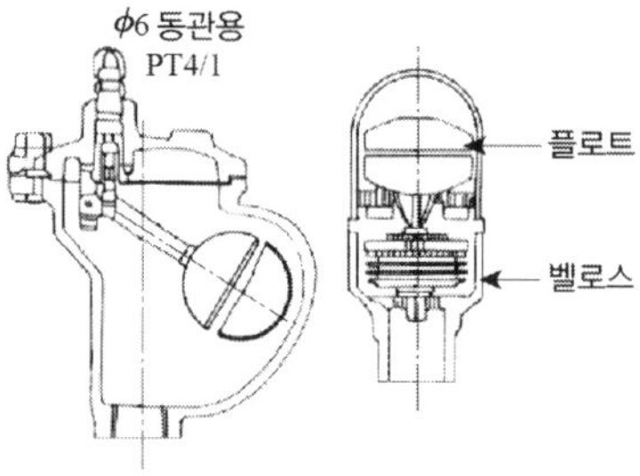

(c) 온수용 자동 공기빼기밸브

그림 6-40 공기빼기밸브

바. 플로트밸브(float valve)

액면의 상하에 따라 움직이는 플로트(浮子)의 작용에 의하여 밸브를 개폐시켜 액면을 일정한 높이로 유지하는 장치를 말한다. 팽창탱크, 증류수탱크 등의 물탱크류에 사용되는 것을 볼탭(ball tap)이라 부르며. 보일러의 수면조절에 사용되는 것을 수평조절기라 부른다. 볼탭은 단식과 복식이 있고, 수평조절기에는 내구식과 외구식이 있다.

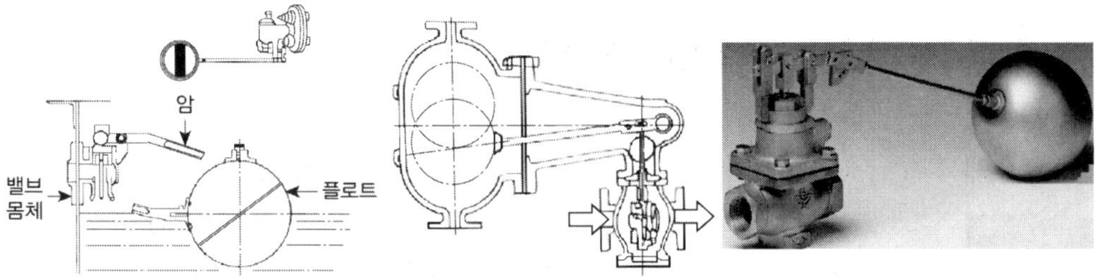

(a) 볼탭　　(b) 수평(수준)조절기

그림 6-41 플로트밸브

사. 밸브디스크(valve disk)의 형상

유체를 제어하는 밸브디스크의 형상 및 구동 방법에 의한 분류는 (그림 6-42)와 같다.

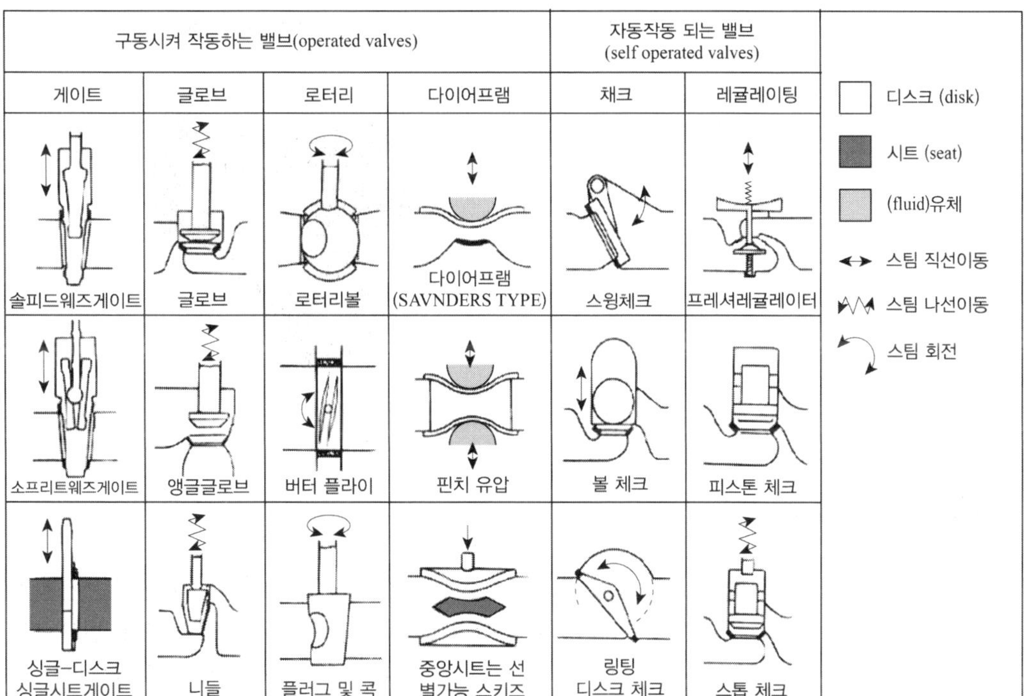

그림 6-42 밸브디스크의 형상 및 구동방법에 의한 분류

② 스트레이너의 종류와 용도

스트레이너(Strainer)는 배관에 설치되는 밸브, 트랩, 기기 등의 앞에 설치하여 관 속의 유체에 섞여 있는 모래, 쇠부스러기 등의 이물질을 제거하며 기기(機器)의 성능을 보호하는 기구로서 여과기라고도 한다. 모양에 따라 Y형, U형, V형 등이 있으며, 몸체 속에는 유체에 섞여 있는 이물질을 거르기 위한 철망이 있다. 이 철망은 자주 꺼내어 청소하지 않으면 여과망이 막혀 저항이 커지므로 큰 장해를 가져온다.

1 Y형 스트레이너

(그림 6−43)과 같이 45° 경사진 Y형의 본체에 원통형 금속망을 넣어 유체가 망의 안쪽에서 밖으로 흐르도록 되어 있으며, 유체에 대한 마찰저항이 적다. 아래쪽에 있는 플러그를 열어 망을 꺼내 불순물을 제거하도록 되어 있고, 금속망의 개구 면적은 호칭경 단면적의 약 3배로 한다.

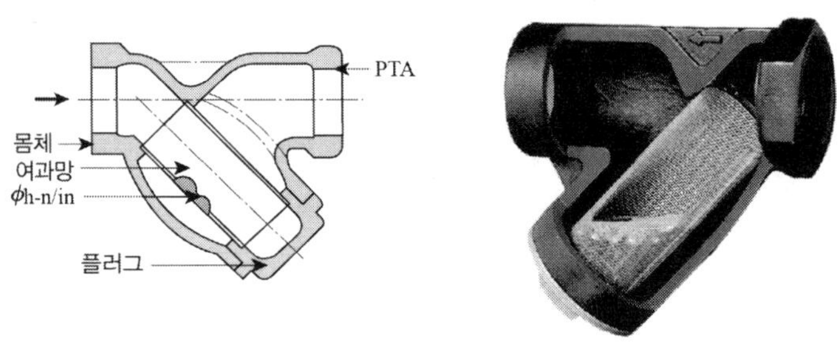

그림 6−43 Y형 스트레이너

2 U형 스트레이너

(그림 6−44)와 같이 주철제의 본체 안에 원통형 여과망을 수직으로 넣어 유체가 망의 안 쪽에서 바깥 쪽으로 흐른다. 구조상 유체가 내부에서 직각으로 흐르게 됨으로써 Y형 스트레이너에 비해 유체에 대한 저항이 크지만 보수나 점검 등에 매우 편리한 점이 있으므로 기름 배관에 많이 쓰인다.

3 V형 스트레이너

주철제의 본체 안에 금속 여과망을 V형으로 끼운 것이며, 유체가 금속 여과망을 통과하면서 불순물을 여과하는 것은 Y·U형과 같으나 유체가 직선으로 흐르게 되므로 유체의 저항이 적어지며, 여과망의 교환·점검·보수가 편리한 특징이 있다.

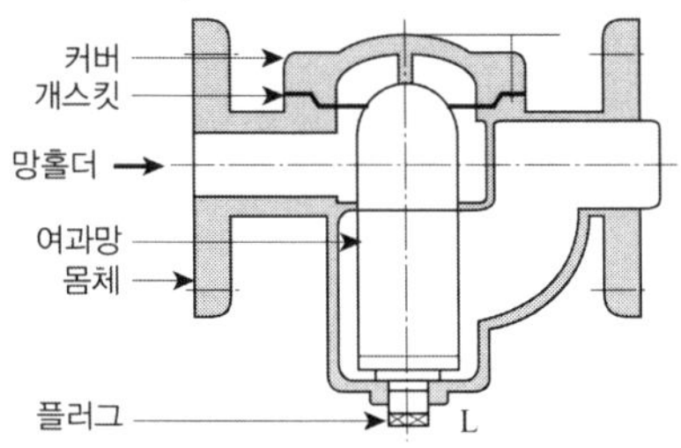

그림 6-44 U형 스트레이너

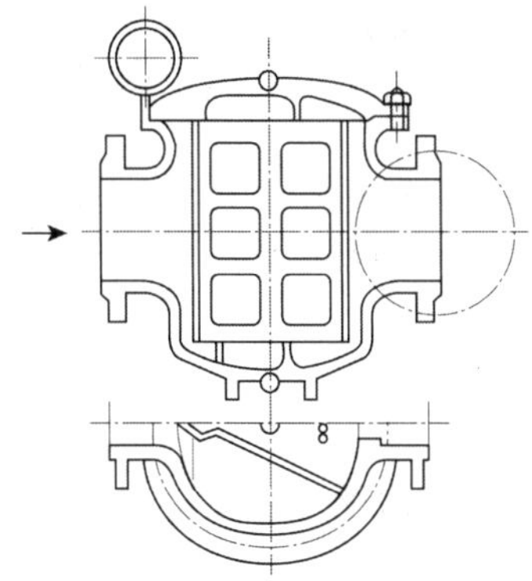

그림 6-45 V형 스트레이너

③ 트랩의 종류와 용도

1 증기 트랩

증기 트랩은 방열기의 환수구(還水口)나 증기 배관 내의 말단(末端)에 설치하고, 응축수나 공기를 증기와 분리하여 자동적으로 환수관(還水管)에 배출시키고, 증기를 통과하지 않게 하는 장치이다. 트랩 작동은 간헐적인 것과 연속적인 것, 공기를 통과하는 것과 통과하지 않는 것이 있다.

공기를 통과하지 못하는 것에는 공기빼기밸브를 설치한다. 증기 트랩의 종류를 분류하면 다음 <표 6-1>과 같다.

〈표 6-1〉 증기 트랩의 종류

대분류	작동원리	중분류
기계식 트랩 (mechanical trap)	증기와 응축수의 비중차에 의해 작동	• 버킷형(bucket type) –상향 버킷 –하향 버킷 • 플로트형(float type) –레버 부착 플로트형 –자기 조절식 오리피스형
온도 조절 트랩 (thermostatic trap)	증기와 드레인의 온도차에 의해 작동	• 금속 팽창형 • 액체 팽창형 • 증기 팽창형(bellows type) • 바이메탈형 –단책형(短冊型) –원판형(圓板型)

대분류	작동원리	중분류
열역학적 트랩 (thermodynamic trap)	증기와 드레인의 열역학적 특성값에 의해 작동	• 임펄스형 • 디스크형 −외기냉각식 −공기보온식 −증기가열 복수 냉각식 −자동 블로프장치 부착식

가. 기계식 트랩(mechanical trap)

(1) 버킷 트랩(bucket trap)

버킷 트랩은 응축수의 부력을 이용하여 밸브를 개폐하여 간헐적으로 응축수를 배출한다. 트랩 형식에 따라 하향식과 상향식이 있다.

① 하향식 버킷 트랩

㉠ 처음 버킷은 (그림 6−46a)와 같이 내려지고 하부 증기 입구의 위를 덮어 밸브가 열린다.

㉡ 증기를 유입시키면 배관 중의 공기는 열려 있는 밸브를 통하여 분출되고 응축수가 증기에 밀려 들어와 (그림 6−46b)와 같이 된다.

㉢ 트랩 내부의 응축수는 버킷에 (그림 6−46b, c)와 같이 부력을 형성하여 밸브를 폐쇄하며 버킷 상부와 작은 구멍으로 그림 (c)와 같이 공기가 분출되어 부력이 점차 제거된다.

㉣ 부력이 제거된 버킷은 중량에 의해 (그림 6−46d)와 같이 밸브를 완전히 열어 내부의 응축수를 분출하고, 응축수가 분출되면 다시 그림 (a)와 같이 되어 사이클을 형성하며 작동한다.

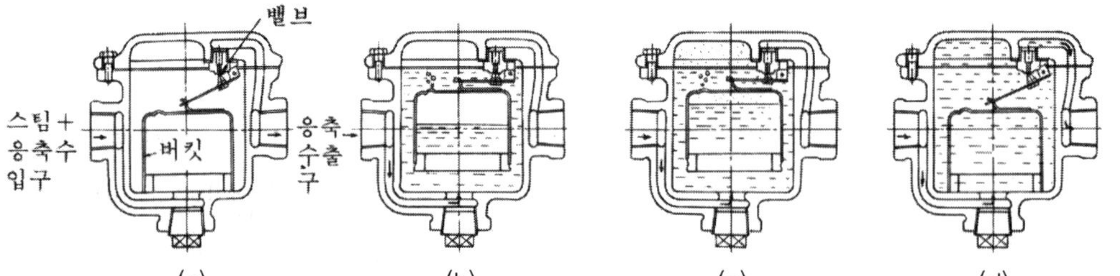

그림 6−46 하향식 버킷 트랩

② 상향식 버킷 트랩

상향식 버킷 트랩은 버킷의 상부가 개봉되어 있어 오픈(open)트랩이라고도 한다. 트랩 P에서 들어오는 응축수는 버킷 B의 바깥쪽에 괴며, 버킷은 물의 부력에 의해서 밀어 올려져서 밸브 V를 닫는다. 응축수가 괴어서 수면이 버킷 높이까지 오면, 응축수는 버킷의 속으로 흘러 들어가 B안에 괴고, 마침내 버킷은 가라앉아 밸브 V가 열린다. 그러면 응축수는 버킷 속의 수면에 작용하는 증기의 압력에 의해 Q로 배출된다. 다시 버킷은 응축수량이 감소하여 중량이 부력보다 작게 되면 B는 다시 떠올라 밸브 V를 닫는다. 이 상향식 트랩은 공기가 거의 배출되지 않으므로 플로트 트랩과 같이 열동식 트랩을 병용하여 사용한다.

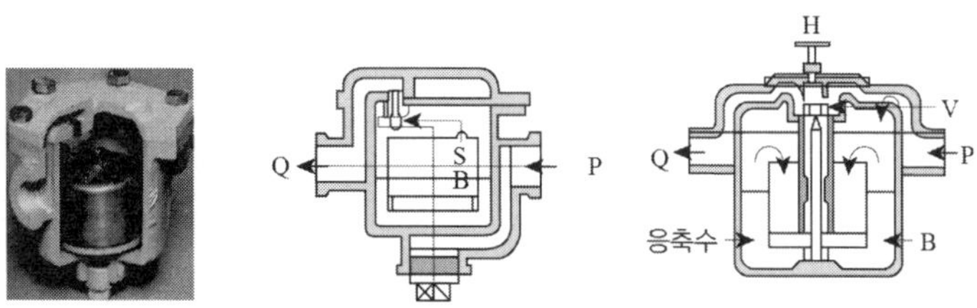

(a) 모양 (b) 하향식 (c) 상향식

그림 6-47 버킷 트랩의 종류

버킷 트랩은 상·하향식 모두 증기의 압력에 의해 응축수를 배출하므로, 이론적으로는 증기관과 환수관의 압력차가 0.1MPa, 즉 10.33m까지 응축수를 밀어 올릴 수 있으나 실제로는 8m 이하이다. 따라서 환수관을 트랩보다 높은 위치에 배관할 수 있다.

(2) 플로트 트랩(float trap)

트랩 속에 플로트가 있어 응축수가 차면 플로트가 떠오르고 밸브가 열려 하부 배출구로 응축수가 배출된다. 응축수가 배출되면 다시 플로트는 내려가고 밸브가 닫혀 증기의 배출을 막는다.

플로트 트랩은 구조상 공기를 함께 배출하지 못하므로 열동식(벨로즈형)을 같이 설치하여 상부 공기 배출관을 통해 온도가 낮은 공기를 배출할 수 있도록 유도한다.

① 다량 트랩(heavy duty trap)

(그림 6-48)과 같이 다량트랩의 작동 원리는 플로트가 레버 앞에 있기 때문에 드레인의 양이 적을 때는 플로트의 무게에 의하여 디스크가 시트에 밀착된다. 계속해서 증기와 응축수가 트랩에 들어와서 그 열이 벨로스에까지 전달되면 벨로스가 늘어나서 자동적으로 닫혀 증기의 입구를 막는다. 응축수가 들어와 본체 내에 괴어 일정 수준에 이르면 플로트가 위로 올라가 시트에 의해 그 양만큼 분출하게 된다. 응축수가 분출되면 플로트는 부력을 잃어 밑으로 내려오고 디스크 시트는 처음과 같이 밀착되어 응축수의 분출을 정지시킨다. 이와 같은 작동을 응축수에 의하여 연속적으로 반복하는 것이 다량 트랩이며, 열교환기, 건조기, 온수가열기 등의 응축수가 다량으로 배출되는 곳에 사용한다.

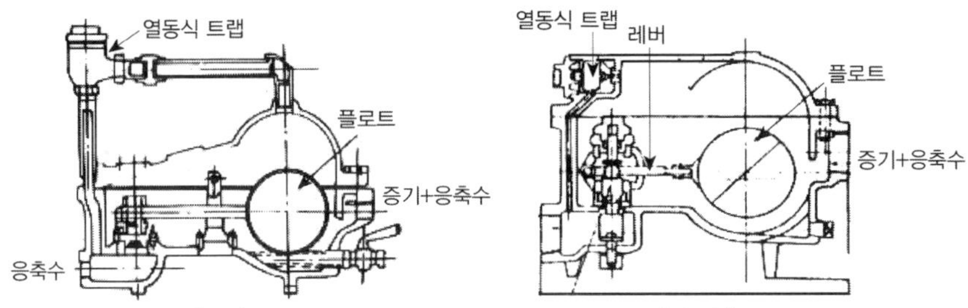

[구형] [개량형]

(a) 다량트랩

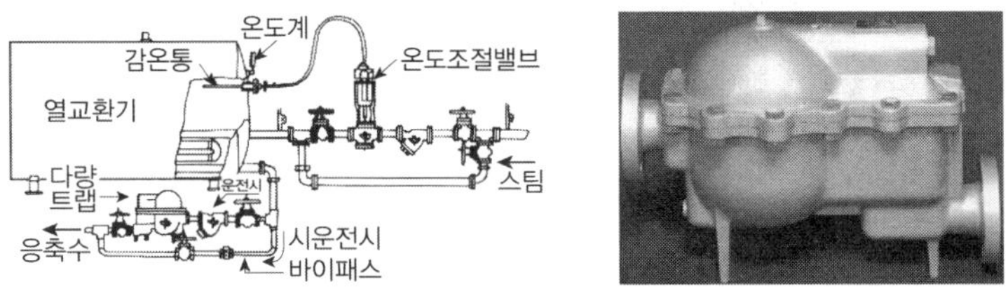

(b) 설치 예

그림 6-48 다량트랩

② **부자형 트랩**(float trap)

일명 플로트식 트랩은 초기 공기 배출 능력이 우수하여 예열부하 감소 및 점검 보수가 용이한 간단한 구조의 트랩으로 관말 저압 증기 헤더, 공기 조화기, 소형 열교환기 등에 사용하며, 다량의 트랩에 비해 소량의 응축수를 처리한다.

㉠ **레버 플로트형**(lever float type) : 레버의 길이와 플로트의 무게를 곱한 값이 밸브의 닫는 힘이고, 부자의 자중을 제외한 부력이 여는 힘이다. 연속 배출, 신뢰성, 부하 한계가 높으나, 대형이고 수격 작용에 약하며, 설계 압력 이상에는 배출되지 않는다.

㉡ **자유 부자형**(free float type) : 트랩 내 응축수의 수위에 따라 부자의 위치가 결정되어 배출 여부가 결정된다. 연속 배출이 되고, 비교적 소형이며 부자의 마모가 잘되어 증기의 누설이 쉽고 수격 작용에 약하다. 그림 (c)는 소용량에서 대용량까지 쓸 수 있는 개량형이다.

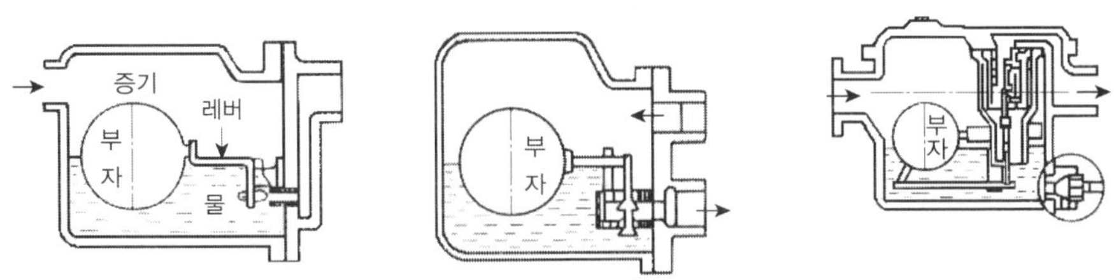

(a) 레버 플로트형 (b) 자유 부자형 (c) 개량형

그림 6-49 부자형 트랩

나. 온도 조절식 트랩(thermostatic trap)

온도 조절식 트랩에는 열동식 트랩이 있으며, 열동식 트랩은 실로폰 트랩, 방열기 트랩, 벨로스 트랩이라고도 한다. (그림 6－50)과 같이 본체 속에 인청동 또는 스테인리스강의 엷은 판으로 만든 원통에 주름을 많이 잡은 벨로스를 넣고 그 내부에 휘발성이 높은 액체(에테르)를 봉입하여 상부는 고정하며, 하부는 밸브 디스크와 연결하여 상하로 움직이게 되어 있다. 벨로스의 주위에 증기가 오면, 휘발성 액체(에테르)의 증발에 의한 증기압에 의해서 벨로스가 팽창되어 밸브는 닫히며 증기의 유출을 막는다. 그러나 응축수나 공기가 오면 온도가 내려가 벨로스가 수축하여 밸브가 열리며, 응축수나 공기가 자동적으로 환수관에 배출된다.

열동식 트랩은 저온의 공기도 통과시키는 특성이 있으므로 에어리턴(air return)식이나, 진공 환수식 증기배관의 방열기나 관말 트랩에 사용되며, 일반적인 사용 압력은 0.1MPa까지도 가능하다.

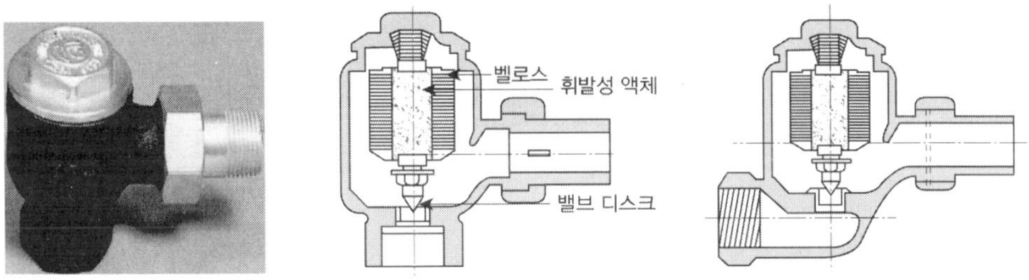

(a) 열동식 트랩 (b) 앵글형 (c) S형(스트레이트형)

그림 6-50 열동식 트랩의 구조 및 배출량

다. 열역학적 트랩(thermodynamic trap)

(1) 디스크형 트랩(disk trap)

(그림 6－51a, b)와 같은 구조로 되어 있으며, 운동에너지 차이로 디스크(disk)를 작동시킨다. 디스크 트랩은 과열 증기에 사용 가능하고 수격 작용에 잘 견디며 배관이 용이하나, 수명이 짧고 낮은 입구 압력(30kPa 이하)이나, 높은 배압(50%)에서는 작동되지 않으며, 소음 발생, 공기 장해, 증기 누설 등 단점이 있다.

(2) 오리피스형 트랩(orifice type trap)

충격식 트랩이라고도 하며, (그림 6－51c, d)와 같이 응축수가 연속적으로 둘 또는 그 이상의 오리피스를 통과할 때 생성된 재증발 증기의 교축효과(throttling effect)를 이용한 것이다. 가장 단순한 것이 구형(舊型) 크랙밸브(cracked valve or drilled cock)이며, 더욱 개량한 것이 충격식인데, 취급되는 응축수의 양에 비하여 극히 소형이며, 고압, 중압, 저압의 어느 곳에나 사용된다. 그러나 작동 및 구조상 증기가 약간 누설되는 결점이 있다.

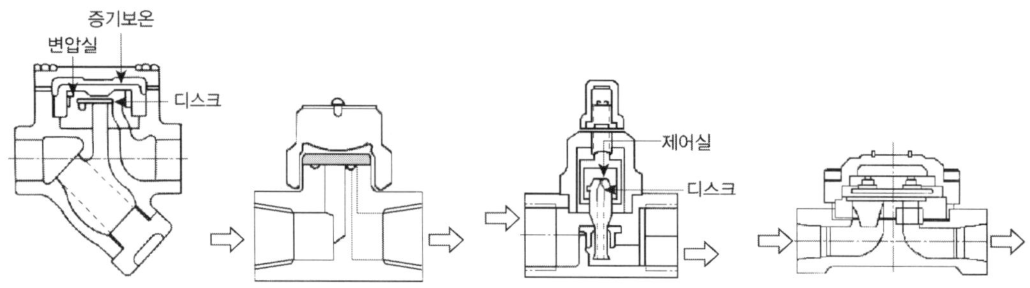

(a) 디스크형 (b) 디스크형(충격식) (c) 오리피스형(충격식) (d) 다량형(충격식)

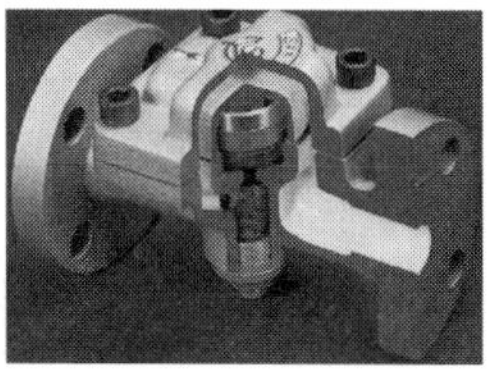

그림 6-51 열 역학적 트랩

(3) 바이패스형 트랩(bypass type trap)

일반적인 트랩의 개량형이며 트랩 자체에 바이패스밸브를 부착하여, 바이패스밸브를 닫으면 트랩으로 작동하고, 열면 드레인을 방출할 수 있는 이중 구조의 밸브로서, 간헐 운전이 많은 장치, 유량 변동이 큰 장치, 증기분출(blow off)하여 시동 시간을 단축하고자 하는 장치 등에 설치하여 별도 바이패스 배관을 하지 않는다.

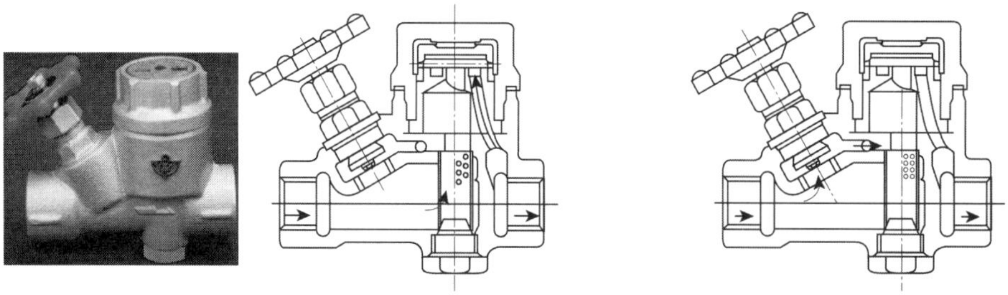

(a) 바이패스를 닫았을 때 (b) 바이패스를 열었을 때

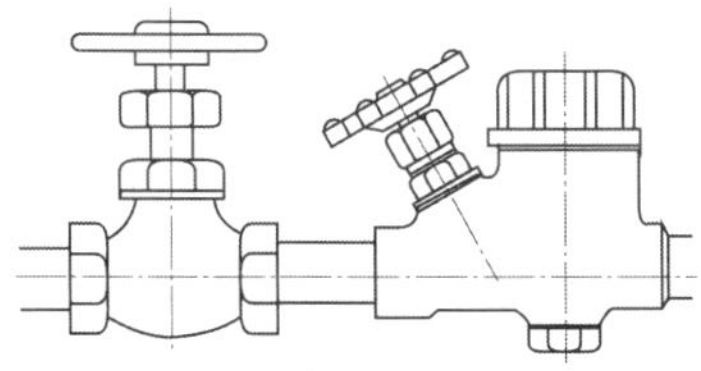

(c) 기존 트랩의 바이패스 배관 예

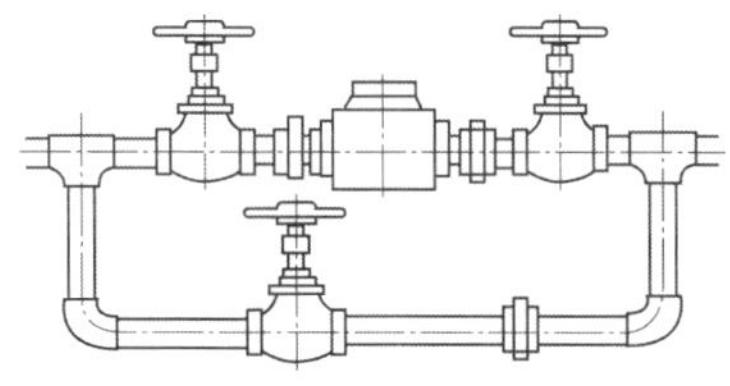

(d) 바이패스형 트랩의 배관 예

그림 6-52 바이패스형 트랩

라. 특수트랩

(1) **리프트 트랩** : 낮은 곳에 있는 응축수를 높은 곳에 올리거나, 환수관에 응축수를 저장하는 일없이 중력으로 저압 보일러에 환수할 때 리턴 트랩으로 사용한다.

(2) **플러시 트랩** : 이 트랩은 증기의 공급압력과 응축수의 압력차가 35kPa 이상일 때에 한하여 사용할 수 있으며, 용도는 유닛히터나 가열코일 등이다.

(3) **보일러 리턴 트랩** : 응축수를 저압보일러에 환수시킬 때 사용한다.

(4) **자동배수밸브 트랩** : 한랭지에서 동결할 염려가 있을 때는 자동배수밸브가 부속된 트랩을 사용한다.

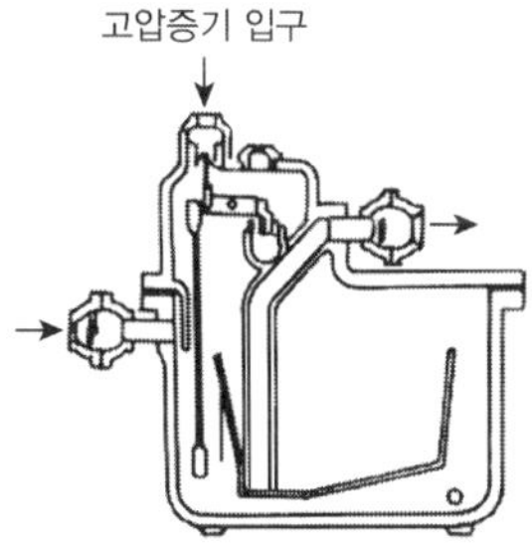

(a) 리프트 트랩

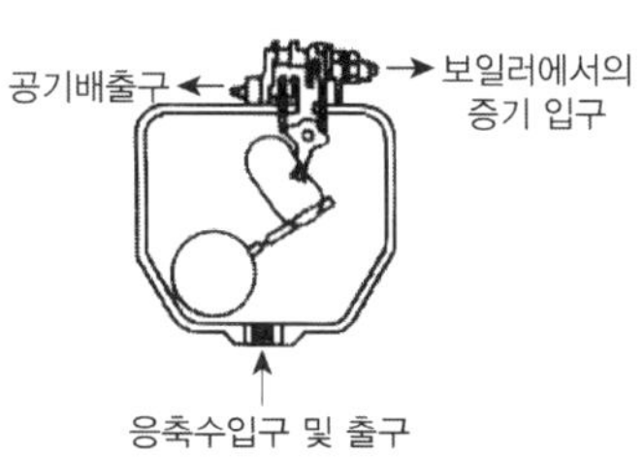

(b) 보일러 리턴 트랩

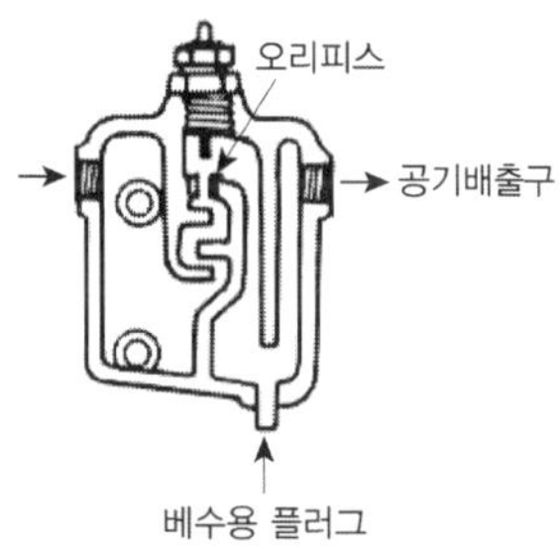

(c) 플러시 트랩

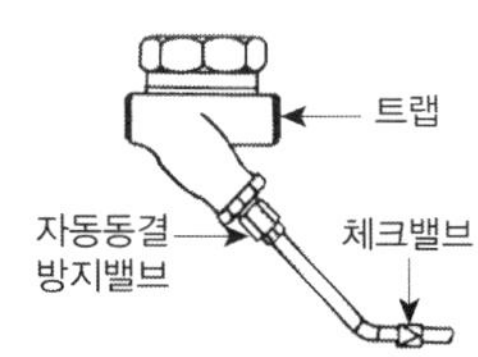

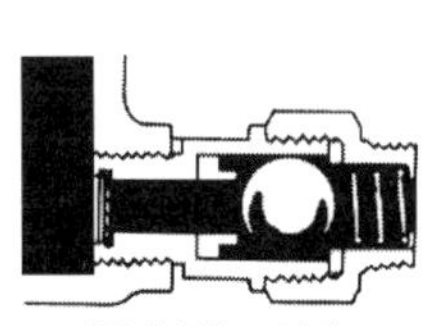

(d) 자동배수밸브 트랩

그림 6-53 특수 트랩의 종류

2 트랩 장착상의 주의사항

① 열동 트랩은 작동을 확실히 하기 위하여 트랩에 들어가는 응축수를 약간 냉각시킬 필요가 있으므로 냉각관을 설치할 뿐만 아니라 간헐작동으로 한다.

② 열동트랩은 다른 형식의 것보다 배출능력이 적어 방열기, 소형히터, 관말 트랩에 사용되며, 동결의 염려가 없으나 구조상 역류를 일으킬 위험성이 있어 과열 증기용으로는 적당하지 않다.

③ 버킷형은 그 작동상 적어도 10kPa 이상의 유효압력 차가 필요하며, 배출 때에 압력 변동이 다소 있어도 증기관 내와 환수관 내의 압력차가 있을 때는 다음 식에 의하여 응축수를 높은 환수관에 밀어올릴 수 있다. 기준으로는 증기관과 환수관과의 압력차 0.1MPa에 대하여 5m까지 밀어올릴 수 있다.

$$P = R + H + P_1$$

여기서, P=소요 배수량에 대한 허용배압(MPa)
R=환수관계의 마찰저항(MPa)
H=증기관에서 환수관에 치솟는 높이에 대한 수두압력(MPa)
P_1=환수관의 플러시압력(MPa)

④ 버킷형은 운전 정지 중에 동결할 염려가 있으므로 동결치 않도록 한다.

⑤ 증기 트랩 설치시 반드시 스트레이너를 트랩 앞에 부착한다.

⑥ 보일러 리턴 트랩을 사용할 때는 트랩의 하한수위와 보일러수위, 트랩의 상한수위와 환수 주관과의 거리에 주의한다.

익힘문제

1. 다이어프램밸브의 용도에 대하여 설명하시오.

2. 온도조절밸브의 용도에 대하여 설명하시오.

3. 냉매용 밸브 중 플로트밸브의 용도에 대하여 설명하시오.

4. 공기빼기밸브에 관하여 설명하시오.

5. 스트레이너의 종류에 설명하시오.

6. 배수 트랩에 대하여 설명하시오.

7. 버킷형 증기 트랩 장착시 주의사항에 대하여 설명하시오.

8. 3방향 밸브(3－way valve)의 작동 원리를 설명하시오.

제7장 관 지지장치(管 支持裝置)

배관은 길이가 길고 관 자체의 중량과 적설 하중, 열에 의한 신축(伸縮), 유체의 흐름에서 발생하는 진동이 배관에 작용한다. 이러한 하중 진동, 신축은 관로(管路)에 접속된 기계 및 계측기의 노즐에도 작용하여 변형을 일으켜 기기(機器)의 성능을 저하시키므로 이것을 방지하기 위하여 지지물을 만들어 배관을 지지한다. 배관 지지장치는 건축설비·화력 및 원자력 발전 플랜트, 선박, 가스설비, 화학플랜트 배관 등에 널리 사용되고 있으며, 그 용도도 사용 조건에 따른 다종다양(多種多樣)한 형식 구조가 있다.

〈표 7-1〉 배관 지지장치의 분류

대분류		소분류		비고
명칭	용도	명칭	용도	
서포트 (support)	배관계의 중량을 지지하는 장치 (밑에서 지지 하는 것)	① 파이프슈 (pipe shos) ② 리지드 서포트 (rigid support) ③ 롤러 서포트 (roller support) ④ 스프링 서포트 (spring support)	–관의 수평부·곡관부지지 –빔 등으로 만든 지지대 –관의 축 방향 이동 가능 –하중 변화에 따라 미소한 상하 이동 허용	
행거 (hanger)	배관계의 중량을 지지 하는 장치 (위에서 달아 매는 것)	① 리지드 행거 (rigid hanger) ② 스프링 행거 (spring hanger) ③ 콘스턴트행거 (constant hanger)	–빔에 턴버클 연결 달아올림 (수직 방향 변위 없는 곳에 사용) –방진을 위해 턴버클 대신 스프링 설치(변위가 적은 개소에 사용) –배관의 상하이동 허용하면서 관지지력 일정하게 유지 (변위 큰 개소)	
리스트 레인트 (restraint)	배관의 열팽창에 의한 이동을 구속 제한함	① 앵커(anchor) ② 스토퍼(stopper) ③ 가이드(guide)	–관지지점에서 이동·회전 방지(고정) –관의 직선 이동 제한 –관의 회전 제한, 축방향의 이동 안내	
브레이스 (brace)	열팽창 및 중력에 의한 힘 이외의 외력에 의한 배관이동을 제한	① 방진기 ② 완충기	–배관계의 진동 방지 및 감쇠 –배관계에서 발생한 충격을 완화	리스트레인트식, 스프링식, 유압식, 리지드식, 유압식

① 서포트(support)

배관의 하중을 아래에서 위로 떠받치는 것으로서 리지드 서포트, 파이프 슈 서포트, 롤러 서포트, 스프링 서포트가 있다.

1 리지드 서포트

강성이 큰 빔 등으로 만든 배관 지지대이다.

2 파이프 슈(pipe shoe)

파이프로 배관에 직접 접속하는 지지대로서 배관의 수평부와 곡관부를 지지하는데 사용한다.

3 롤러 서포트(roller support)

배관의 축 방향이 이동을 자유롭게 하기 위해 배관을 롤러로 지지하는 것이다. 배관을 벽면에 고정하는 롤러 스탠드(stand) 형과 높이를 자유롭게 조정할 수 있는 높이 가변형(스탠드형·브래킷형)이 있다.

4 스프링 서포트

스프링의 작용으로 파이프의 하중 변화에 따라 상하 이동을 다소 허용하는 것이다.

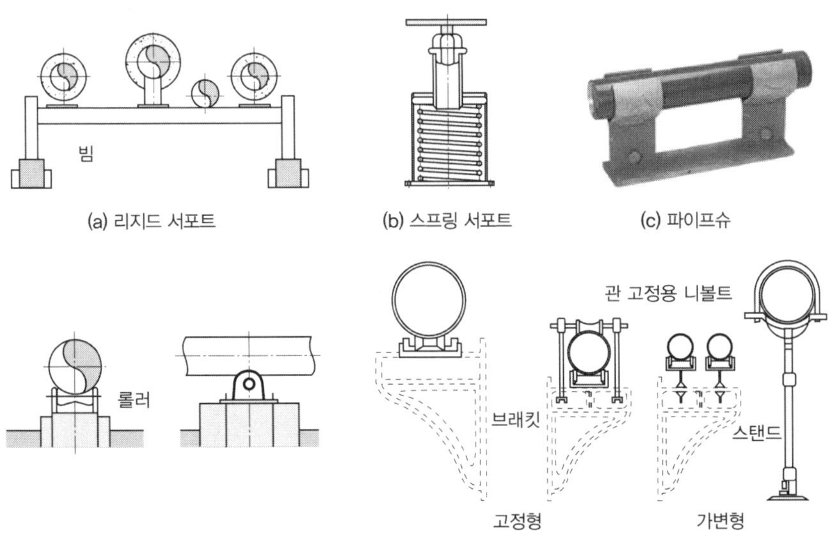

(d) 롤러 서포트

그림 7-1 서포트의 종류

② 행거(hanger)

배관은 설치 장소에 따라 천정 또는 빔에 의지하여 고정하는 경우가 많다. 이때 배관을 고정하는 받침쇠를 행거라 하며, 행거 볼트의 크기는 관 지름에 따라 결정되고 콘크리트에 고정할 때에는 인서트(insert)를 콘크리트 속에 매설하거나, 스트롱 앵커를 사용하여 볼트를 끼운다.

행거로 고정한 지점에서 배관 구배를 수정할 때는 턴버클(turn buckle) 볼트로 조정한다. 또 배관에서 발생하는 진동과 소음을 방지하기 위해서는 스프링 또는 방진고무로 사용한 행거를 사용한다.

1 리지드 행거(rigid hanger)

빔(beam)에 턴버클을 연결하여 파이프를 아래 부분을 받쳐 달아 올린 것이며, 수직 방향에 변위가 없는 곳에 사용한다.

2 스프링 행거(spring hanger)

배관에서 발생하는 진동과 소음을 방지하기 위해 턴버클 대신 스프링을 설치한 행거이다.

3 콘스턴트 행거(constant hanger)

배관의 상하 이동을 허용하면서 관지지력을 일정하게 한 것이다. 추를 이용한 중추식과 스프링을 이용한 스프링식이 있다.

중추식은 설치 장소가 넓어야 하고 추 자체가 무겁고 높은 곳에 설치되므로 위험성이 있어 거의 사용하지 않는다. 스프링식은 소형이고 간단하며 취급이 간편하여 많이 사용하고 있다.

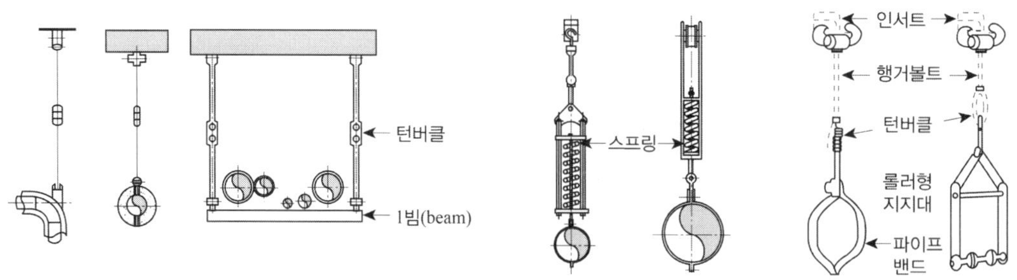

(a) 리지드 행거 (b) 스프링 행거 (c) 행거용 부속

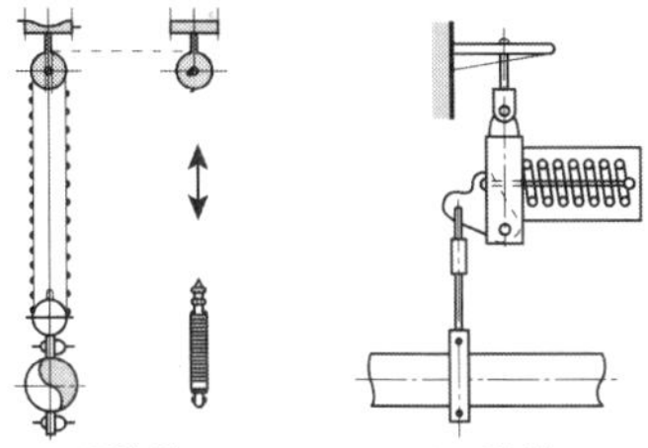

(d) 콘스턴트 행거

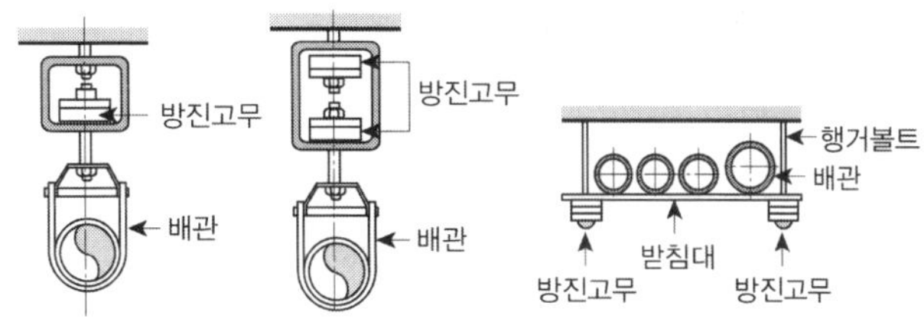

(e) 방진고무 사용 예

(f) 파이프 행거

(g) 롤러형 행거

(h) 롤러스탠드형 행거

(i) 롤러 체어

그림 7-2 행거의 종류

③ 리스트레인트(restraint)

배관의 중량 지지는 행거 또는 서포트로 하고, 열팽창에 의한 배관의 이동을 구속 또는 제한하는 것이 리스트레인트이다.

1 앵커(anchor)

앵커는 배관 지지점에서의 이동 및 회전을 방지하기 위해 지지점 위치에 완전히 고정하는 것으로 배관에 작용하는 중량을 지지하는 리지드 서포트의 일종이다. 앵커의 설치 위치는 배관로를 분단하여 설치하며, 이 부분의 열팽창, 진동은 다른 부분에 영향이 미치지 않도록 하고, 또한 앵커점에서는 큰 힘이 작용하는 경우가 많으므로 서포트는 충분한 강성을 가진 것으로 만든다.

2 스토퍼(stopper)

스토퍼는 배관의 일정한 방향의 이동과 회전만 구속하고 다른 방향은 자유롭게 이동하게 하는 것이다. 일반적으로 스토퍼는 열팽창에 대한 기기의 노즐 보호를 위해 안전밸브에서 분출하는 유체의 추력(推力)을 받는 곳, 또는 신축 이음쇠와 대압에 의해서 발생하는 폭 방향의 힘을 받는 곳에 사용한다.

3 가이드(guide)

가이드는 본래 배관의 회전을 제한하기 위하여 사용되어 왔으나 근래에는 배관계의 축방향의 이동을 허용하는 안내 역할을 하며 축과 직각 방향의 이동을 구속하는데 사용되고 있다. 파이프 래크 위의 배관의 곡관 부분과 신축 이음쇠 부분에 설치한다.

4 기타

기타 용도에 사용되는 이어(ears), 슈즈(shoes), 러그(lugs), 스커트(skirts) 등이다.

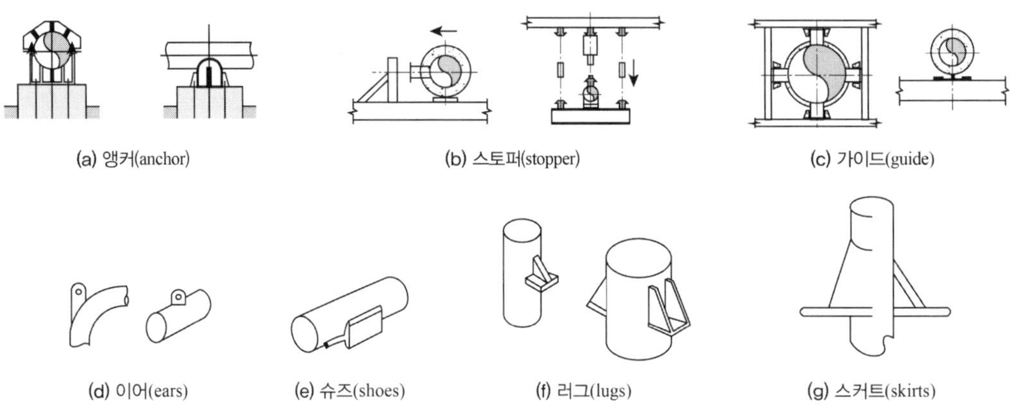

그림 7-3 리스트레인트

4 브레이스(brace)

배관계에는 펌프, 압축기 등에서 발생하는 기계의 진동, 압축가스에 의한 서징, 밸브의 급격한 폐쇄에서 발생하는 수격 작용, 지진 등에서 발생하는 진동의 힘이 가해진다. 이러한 진동을 방지하기 위해서는 먼저 원인을 조사하여 대책을 세워야 하나 진동을 완전히 방지하기는 매우 어렵다. 배관의 진동을 제어하기 위해서는 배관의 경로를 변경하거나 리스트레인트 및 서포트를 설치하지만 이것은 진동을 억제하는 한편 열팽창을 구속하기 때문에 배관계에 과대한 응력을 발생하게 하므로 적합하지 않다.

일반적으로 진동을 억제하는 데는 브레이스를 사용하며, 주로 진동을 방지하는 방진기와 지진, 수격 작용, 안전밸브의 반력 등의 충격을 완화하는 완충기가 있다. 방진기와 완충기는 구조에 따라 스프링식과 유압식이 있다.

스프링식은 배관의 이동에 따라 하중도 변하므로 방진 효과를 높이려면 스프링 정수(定數)를 높여야 한다. 이것은 온도가 높지 않은 배관에 사용한다.

유압식은 구조상 배관의 이동에 대하여 저항이 없고 방진효과도 크므로 규모가 큰 배관에 많이 사용한다.

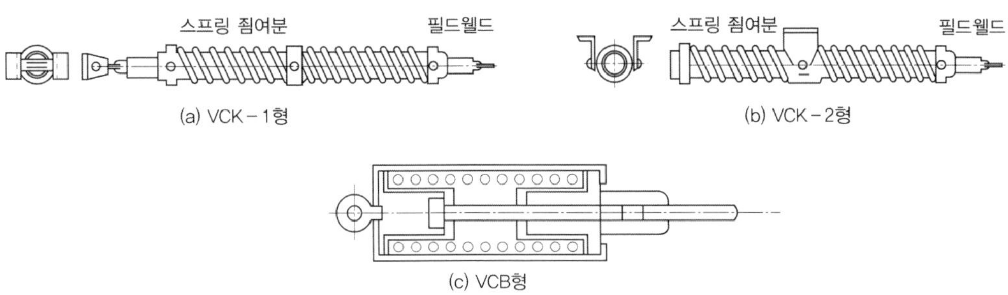

그림 7-4 스프링식 방진기

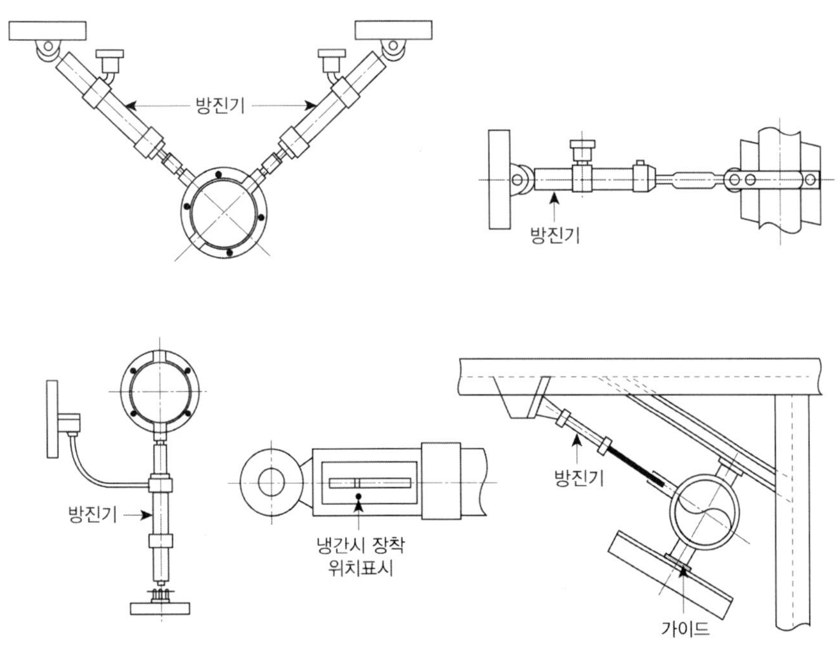

그림 7-5 각종 방진기의 부착 형식 예

익힘문제

1. 파이프 슈에 대하여 설명하시오.

2. 리지드 행거에 대하여 설명하시오.

제8장 기타 배관용 재료

1 패킹 및 개스킷의 종류와 용도

패킹은 기계의 작은 일부를 차지하는데 불과하지만, 그 기능상의 결함은 기계의 원활한 운전(運轉)을 저해할 뿐만 아니라 공장 내의 오염, 인체의 위험, 화재, 열손실 등의 재해 원인이 되는 수가 많다. 따라서 설계자나 관리자가 적절한 패킹을 선정 사용한다는 것이 매우 중요하다고 할 수 있겠다. 이에 대해 산업의 발전은 작동 유체의 종류, 특성, 압력, 온도 등을 더욱 더 확대하여 패킹에 주는 영향을 한층 더 복잡하게 만들고 있다. 이들 패킹은 용도에 따라 개스킷(gasket), 글랜드 패킹(gland packing), 나사용 패킹, 액상(液狀) 패킹, 오일 실 패킹, 메커니컬 실 패킹, 다이어프램 패킹 등이 있다.

배관용 패킹 재료를 선택할 때 고려하여야 할 사항은 다음과 같다.

① 관 속에 흐르는 유체의 물리적인 성질 : 온도, 압력, 밀도, 점도, 상태를 알아본다.

② 관 속에 흐르는 유체의 화학적인 성질 : 화학성분과 안정도, 부식성, 용해 능력, 휘발성, 인화성, 폭발성 등을 알아본다.

③ 기계적인 조건 : 교체의 난이, 진동의 유무, 내압과 외압을 알아본다.

이상의 조건들을 세심하게 검토한 후 종합적으로 가장 적당한 패킹 재료를 선택한다.

1 개스킷

금속이나 그 밖의 재료가 서로 접촉할 경우, 접촉면에 가스나 물이 새지 않도록 하기 위하여 끼워 넣는 것으로 고정된 면에 사용한다.

가. 고무류

고무는 탄성이 좋고 흡수성이 없으며, 약품에 침식이 잘 안되므로 개스킷 재료로서 널리 사용되고 있다. 강도를 필요로 하는 경우에는 고무 속에 베(布)나 철망을 삽입한다.

(1) 천연고무(natural rubber)

천연고무의 특징은 탄성이 크며 흡수성이 없고, 묽은 산이나 알칼리에 침식되기 어려우나 열과 기름에 극히 약하기 때문에 100℃이상의 고온을 취급하는 배관이나 기름을 사용하는 배관에는 사용할 수 없다. 또한 −55℃에서 경화변질(硬化變質)된다.

(2) 네오프렌(neoprene)

천연고무와 비슷한 성질을 가진 합성고무로서 천연고무보다 더 우수한 성질을 가지고 있다. 내유(耐油)성, 내후(耐候)성, 내산화성, 내열성, 내오존성, 내마모성이 뛰어나며, 기계적 성질이 우수하다. 일반 석유용매에 대한 저항이 크며, 내열도는 −46~121℃ 사이에서는 안정하다. 따라서 120℃ 이하의 배관에 거의 모두 사용할 수 있고, 특히 제조 공법의 발달로 다종의 형상이 개발되어 기성제품 및 주문 생산에 의하여 광범위하게 이용되고 있다.

나. 섬유류

섬유류는 식물성, 동물성, 광물성, 섬유질로 나눈다.

(1) 식물성 섬유류

식물성 섬유류는 식물의 껍질로 만든 섬유질과 나무로 만든 섬유질이 있다. 식물의 껍질로 만든 섬유 제품에는 대표적인 것이 오일시트(oil sheet) 패킹이다.
오일시트 패킹은 한지(韓紙)를 여러 겹 붙여서 일정한 두께로 하여 내유가공(耐油加工)한 것으로서, 내유성은 있으나, 내열도가 적어 용도에 제한을 받는다. 나무로 만든 섬유 제품에는 발카나이즈드 섬유라고 불리는 것이 있다. 이것은 적갈색의 단단한 얇은 판의 개스킷이며, 충전제의 선택에 따라 내유성이 되므로 기름 배관에 사용된다.

(2) 동물성 섬유류

동물성 섬유류의 패킹에는 가죽과 펠트(felt)가 있다. 가죽은 동물의 껍질을 화학처리하여 수분 기타 불순물을 제거한 것으로 강인하고 장기 보존에 적합한 이점이 있다. 그러나 다공질(多孔質)로서 관 속의 유체가 투과되어 새는 결점이 있으므로, 사용할 때는 동물성의 기름이나 고무합성수지 등을 충전하여 압축해서 사용하는 것이 좋다. 또한 가죽은 기계적 성질이 뛰어나지만, 내열도가 비교적 작고 알칼리에 용해되며 내 약품성이 떨어지는 결점이 있다.
펠트는 가죽에 비하면 극히 거친 섬유 제품이지만 강인하기 때문에 압축성이 풍부하다. 약산에는 잘 견디나, 알칼리에는 용해되며, 내유성이 크므로 기름 배관에 적합하다.

(3) 광물성 섬유류

석면(asbestos), 유리섬유(glass wool), 형석, 알루미늄 등으로 만든 섬유 제품이다. 모두 내열도가 큰 것이 특징이며, 석면은 유일한 광물성 천연섬유로 질이 섬세하고 질기며, 450℃까지 고온에 잘 견딘다. 특히, 석면섬유에 천연 또는 합성고무를 섞어서 판 모양으로 가공한 과열 석면(super heat asbestos)은 450℃ 이하의 증기, 온수, 고온의 기름 배관에 많이 사용되나, 석면 외의 제품은 여리기 때문에 많이 사용되지 않는다.

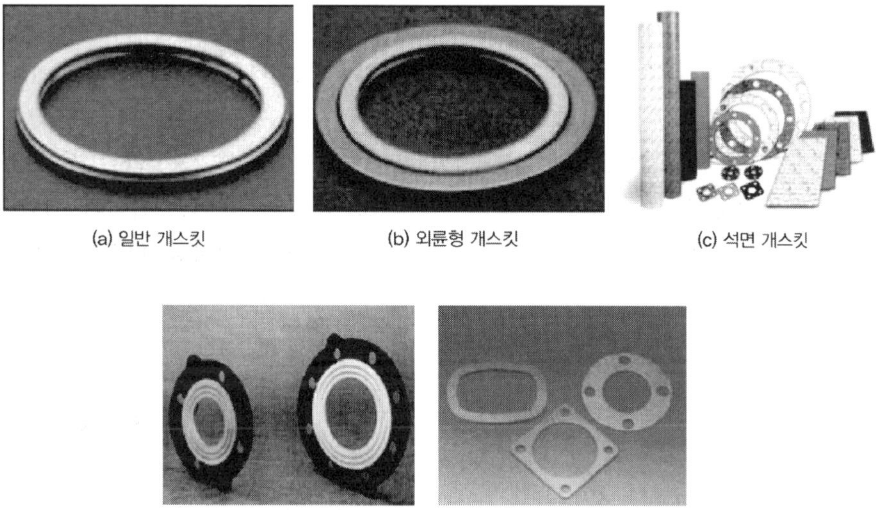

(a) 일반 개스킷 (b) 외륜형 개스킷 (c) 석면 개스킷

(d) 테프론 고무 개스킷 (e) 팽창흑연 시트개스킷

그림 8-1 개스킷의 종류

다. 합성수지류

합성수지류는 패킹 중 가장 많이 사용되는 것은 테프론(teflon)이다. 어떠한 약품이나 기름에도 침해되지 않으며 내열 범위는 −100~260℃이지만, 탄성이 부족하기 때문에 석면, 고무, 파형 금속관 등으로 표면처리하여 사용하고 있다.

라. 금속류

금속류 개스킷에는 철, 구리, 납, 알루미늄, 크롬강 등이 사용되며 주로 납이나 강이 많이 쓰이고, 고온 고압의 배관에는 철, 구리, 크롬강으로 제조된 패킹이 사용된다. 금속 개스킷의 결점은 고무와 같은 탄성이 없기 때문에 한번 강하게 죄어진 볼트가 온도 때문에 팽창하던가, 진동 때문에 약간 헐거워지면 이것을 보충하여 압력을 일정하게 유지하기가 어려우므로 누설을 일으킬 수도 있다. 금속제 개스킷에 사용되는 금속의 특징은 다음과 같다.

① 납(Pb, lead) : 전성 및 비중(11.4)이 크고, 부식에 강하고 유연하며 친화성이 좋아 개스킷으로는 양호한 재질이지만, 200℃ 이상에서는 크리프(creep)가 크다.
② 주석(Sn, tin) : 중성 용액은 좋지만 산 알칼리에 약하며, 400℃가 한계이다. 내식성이 있어 황을 함유한 석유화학 제품용에는 특히 좋다.
③ 구리(Cu, copper) : 철에 이어 널리 사용되는 재질로서 300℃ 정도까지 사용된다. 단, 환원가스에 고온으로 접촉되면 무르게 된다.
④ 모넬메탈(monel metal) : 상온, 고온 하에서 산, 알칼리 기타 부식성 물체에 잘 견딘다. 단, 질산, 염산액에는 약하며, 250℃ 이상에서는 황을 함유한 가스에 접촉하면 무르게 된다.
⑤ 크롬강 : 650℃까지의 산화에 견디고 내식성도 철보다 양호하다.
⑥ 스테인리스강(18－8) : 가장 일반적으로 사용되고 있는 내식성 재질이지만, 황산, 할로겐에는 불안정하나, 소량의 크롬(Cr)을 첨가하여 안정화된 것이 사용된다.
⑦ 하스텔로이(hastelloy) : 특히 염산(HCl)에 강하다. 이들 금속과 석면판(石綿板)의 조합 방법은 (그림 8－2)와 같이 더블 재킷형, 프렌치형, O링형 등이 있다.

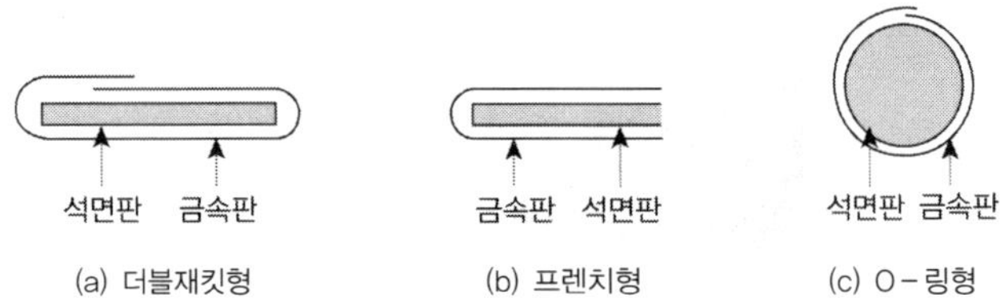

그림 8-2 금속판과 석면판의 조합형식

마. 개스킷의 취급법(取扱法)

① 오래된 개스킷은 완전히 제거하고, 플랜지면을 깨끗이 청소한 후 새 개스킷을 부착한다.
② 판상의 것은 재단하여 개스킷의 모양을 만드는 수가 많지만, 이때는 치수를 정착하게 맞추는 것이 중요하므로 플랜지면에 흑연 등을 칠하고, 종이를 부착하여 현물 크기의 본을 뜬 다음 여기에 맞추어 절단하면 된다.
③ 개스킷의 형상을 갖춘 것을 사용할 때는 정상 위치에서 될 수 있는 대로 셀로판테이프 등으로 한쪽 면에 붙여 두면 좋다.
④ 죄기 전에 적당한 죔압력을 조사해 두고, 한도 이상으로 죄는 것은 피하여야 하며, 특히 소용돌이형 개스킷에서는 너무 죄면 파괴되는 수가 있다.
⑤ 마지막 죌 때는 토크 렌치(torque wrench)를 사용하여 적당한 토크로 힘을 균일하게 분배하기 위하여 대각선 방향으로 죄는 것이 바람직하다.

2 나사용 패킹

가. 페인트(paint)

페인트와 광명단을 혼합하여 사용하며 고온의 기름 배관을 제외하고는 모든 배관에 사용할 수 있다.

나. 일산화연(一酸化鉛)

일산화연은 냉매 배관에 많이 사용하며 빨리 굳기 때문에 페인트에 일산화연을 조금씩 섞어서 사용한다.

다. 액상 합성수지

액상 합성수지는 화학약품에 강하고 내유성이 크며, 내열 범위는 −30～130℃이다. 증기·기름·약품 배관에 사용한다.

3 글랜드 패킹(gland packing)

회전축이나 충동축의 누설을 적게 하는 밀봉법에 사용되는 패킹으로서, 축 주위와 패킹 박스 사이에 밀어 넣고 패킹 누름을 축 방향으로 압축함으로써 밀착시킨다. 구조면에서 대별하면 편(編) 패킹, 플라스틱 패킹, 메탈 패킹, 콤비네이션 패킹 등이 있다.

가. 석면 편조(編組) 패킹

편조 패킹에 사용하는 섬유는 주로 석면, 무명, 삼베, 울, 화학섬유 등이다. 본 재료는 사용 온도에 따라 석면계 8종류가 사용되며, 뜨는 방법은 「통째뜨기」, 「8자뜨기」, 「꼬기」의 4종류로 분리된다.

① **통째뜨기** : 굳고 견고하기는 하나 가는 것을 만들 수가 없다.
② **8자뜨기** : 조직이 유연하며 친화성이 좋지만 굵은 것에는 적합하지 않다. 그러나 통째뜨기 및 8자뜨기는 밸브용에 적합하므로 다음과 같이 분류·사용한다.
4.8mm각～11.1mm각 ………………………………………… 8자뜨기
12.7mm각 이상 ………………………………………………… 통째뜨기
③ **격자뜨기** : 가장 새로운 뜨기법이며, 회전 펌프용으로 적합하나 가격이 비싸다.
④ **꼬기** : 비교적 치수가 작은 밸브스핀들에 적합하다.

이상 편조된 제품은 개개의 목적에 따라 그리스, 합성고무, 플루오르 오일, 테프론 같은 함침제(含浸劑)를 함침시켜 사용한다. 또한 표면에는 소착 방지와 감마(減摩)를 목적으로 그래파이트, 마이카분(황, 몰리브덴) 등을 칠하는 수가 많다.

편조 패킹의 특징은 함침제의 배합을 임의로 할 수 있으며, 유연성이 있고, 비교적 가혹한 조건에도 사용할 수 있다. 또한 가격이 저렴하나 함침제가 빠져 나가기 쉽고, 조직이 치밀하지 못한 것이 결점이다.
따라서, 오일 등을 함침시킨 것은 200℃를 넘고 압력이 올라가면 오일이 외부로 유출하기 쉬워져 패킹의 용적이 줄어들기 때문에 때때로 다시 죔 작업을 반복한다. 한편, 테프론을 함침시킨 것은 테프론과 석면의 기계적 결합이 형성되므로 내부 유체압에 의한 테프론이 유출되는 일이 없으며, 내열성이 높으므로(260℃) 섭동(攝動)이 별로 없는 곳에는 300℃ 정도까지 가능하다.

나. 플라스틱 패킹

석면섬유에 적당한 바인더와 윤활제를 가해 끈 모양 또는 링 모양으로 성형한 가소성(可塑性) 패킹이며, 편조 패킹과는 달리 그 구조는 일정한 조직을 가지고 있지 않다. 기밀 효과가 좋고, 저마찰성(低摩擦性), 치수의 융통성 등의 장점도 있지만 구조상 무르고 변화하기 쉬우므로 고온 고압의 증기에는 메탈패킹과 조합하여 사용하면 좋다.

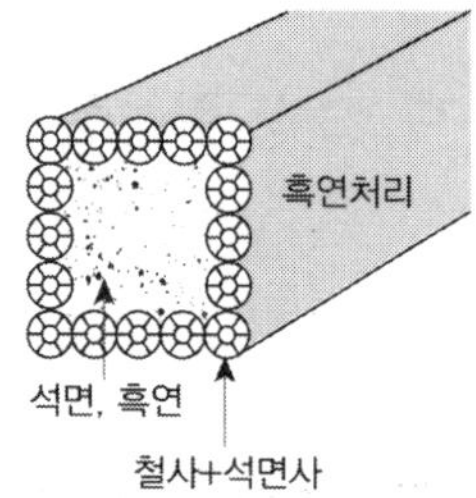

그림 8-3
플라스틱 코어형 패킹

다. 메탈 패킹(metal packing)

금속을 주체로 한 패킹은 빠른 회전용 펌프의 글랜드 패킹으로서 많이 사용되고, 고온 고압용으로 그 가치가 크다. 메탈 패킹의 특징은 열전도율이 크고, 내열성, 내약품성이 크다. 그러나 기밀효과가 좋지 않으므로 플라스틱 패킹과 조합하여 사용하고, 플라스틱 코어형 패킹(콤비네이션 패킹)은 고온 고압에서 사용될 경우 강도는 물론 기밀성이 충분해야 한다.
메탈 패킹의 대표적인 플라스틱 코어형 패킹은 고온 고압용 패킹으로서 양질의 석면 섬유와 순수한 흑연을 균일하게 혼합하고, 소량의 내열성 바인더로 굳힌 것을 심으로 하여 사용 조건에 따라 스테인리스강선, 모넬메탈선, 연코넬선을 넣은 석면사로 편조한 것이며, 외측 표면을 극히 소량의 흑연으로 마무리 처리한 것이다.
죔압력이 균일하게 될 만큼의 유연성이 있고, 유기질의 바인더가 섞여 있지 않으므로 고온에서의 용량 감량도 적어 광범위한 각종 유체에 사용할 수 있다.

라. 메커니컬 실(mechanical seal)

금속이나 탄소 등의 경질 재료로 만들어진 것인데, 재료 공업이 발달됨에 따라서 대단히 우수한 것들이 만들어지고 있다.

(그림 8－4)는 원심펌프 등에 사용하는 액체 누설 방지용으로서 축 구멍에 부착한 금속제의 시트(seat)에 대해서 축과 같이 돌아가는 링이 스프링 및 액체의 압력에 의해서 A의 접촉점에 밀어 붙여지므로 액체를 밀봉하게 되어 있다.

그림 (a)는 물, 기름 및 알코올 등에 쓰이는 것이고, 그림 (b)는 강산, 기름 및 용제용으로써 고온에서도 사용할 수 있는 것이다. 그림 (c)는 금속, 동류에 의해 접촉되는 것이고, 그림 (d)는 가스에 사용되는 예의 하나로 냉동용 압축기의 크랭크축 실에 쓰이는 것을 도시한 것이다.

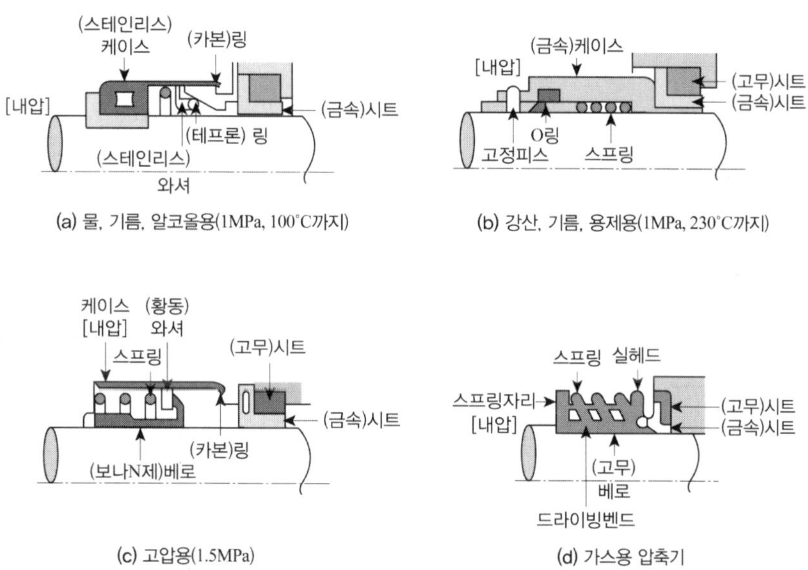

그림 8-4 메커니컬 실의 종류

〈표 8-1〉 온도에 따른 개스킷 사용법

개스킷 재질	사용 유체	최고 사용 온도 (℃)	최고 TP계수 온도(T)×압력(P)	유효한 개스킷 두께 (inch)
인조고무	물·공기	250	15,000	$\frac{1}{32}$, $\frac{1}{16}$, $\frac{3}{32}$, $\frac{1}{8}$, $\frac{1}{4}$
식물섬유	기름	250	40,000	$\frac{1}{64}$, $\frac{1}{32}$, $\frac{1}{16}$, $\frac{3}{32}$, $\frac{1}{8}$
섬유질로 짠 인조고무	물·공기	250	125,000	$\frac{1}{32}$, $\frac{1}{16}$, $\frac{3}{32}$, $\frac{1}{8}$, $\frac{1}{4}$
고체 테프론	화학유체	500	150,000	$\frac{1}{32}$, $\frac{1}{16}$, $\frac{3}{32}$, $\frac{1}{8}$
압축석면	대부분의 유체	750	250,000	$\frac{1}{64}$, $\frac{1}{32}$, $\frac{1}{16}$, $\frac{1}{8}$
탄소강	고압유체	750	1,600,000	링 조인트 개스킷은 별도 규정에 의함
스테인리스강	고압유체 및 부식성 유체	1200	3,000,000	
스파이널 바운드 SS/테프론 CS/석면 SS/석면 SS/세라믹	화학유체 대부분유체 부식유체	500 750 1200 1900	250,000＋	스파이널 바운드 개스킷에 주로 사용하는 두께는 0.175 또는 0.125

마. 글랜드 패킹의 취급법

① 글랜드 패킹을 교환할 때는 기존의 것을 완전히 제거하고, 신제품의 이물질을 제거한 후 부착한다.

② 이미 링형으로 절단된 제품은 그대로 좋지만, 코일형의 것에서 링형으로 절단해야 할 때는 단면이 풀리지 않도록 잘 절단하는 동시에 양 끝면이 밀착하도록 절단 치수에 주의한다.

③ 죔 압력이 균일하게 되도록 절단 개소를 균등하게 배분해야 한다.

④ 죔 압력은 대단히 중요하다. 그러나 이것은 패킹의 종류, 구조 등에 따라 다르므로 제조 메이커에 죔 압력과 죔 토크 관계를 설정하여 문의한다.

⑤ 패킹은 고온에서의 열 감량이 있으므로 일정시간 사용한 후 한 번 더 죄어 준다.

⑥ 누설을 발견할 때는 즉시 더 죄어서 누설의 통로를 차단한다.

〈표 8-2〉 패킹의 압력

사용 압력(kgf/cm^2)	패킹의 소요 링수	죔 압력(kgf/cm^2)
10～30	6	70
30～50	8	100

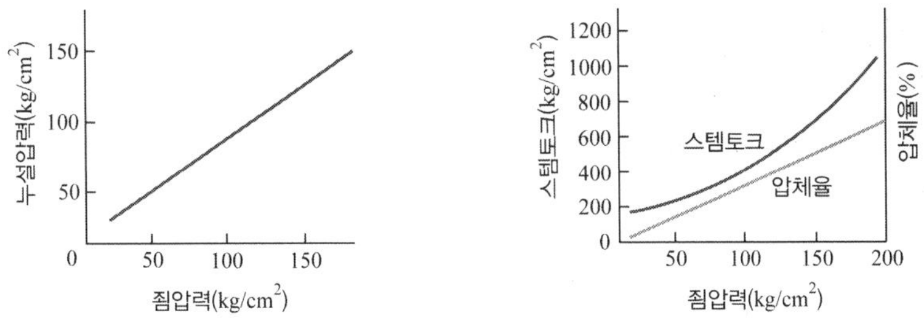

(a) 죔압력과 누설압력 관계 (b) 죔 압력과 스템 토크의 관계

그림 8-5 죔 압력과 누설압력, 스템 토크의 관계

끝으로 현대공업의 눈부신 발전에 대응하여 패킹의 개발도 진행되고 있다. 그러나 고도화한 현재의 여러 장치에 대응하려면 좀 더 빠른 패킹의 개발이 바람직하다. 재료면에 있어서의 플루오르수지(fluororesin), 각종 합성고무의 응용, 구조면에서 O－링의 보급, 메커니컬 실의 개발 등은 확실히 크게 진전되었지만 아직도 많은 문제가 남아 있다. 그러나 이런 문제는 항상 사용자와 메이커의 긴밀한 협력에 의해서만 빠른 달성이 얻어질 수 있다.

2 보온재의 종류와 용도

단열을 열 절연이라고도 하며 기기, 관리, 덕트 등에 있어서 고온도의 유체에서 저온도의 유체로의 열 이동을 차단하는 것을 말한다. 일반적으로 보온, 보냉, 방로(防露), 방한(방동), 단열과 같이 구별해서 사용할 때가 많다. 관공사의 경우에는 다음과 같이 구분된다.

① **보온** : 증기관이나 온수관 등에 대한 단열로서 불필요한 방열을 방지하고 또 인체에 화상을 입히는 위험 방지나 실내 공기의 이상 온도 상승의 방지 등을 목적으로 한다.

② **보냉** : 냉수관, 냉매 배관 등에 대한 단열로서, 관 내 온도가 외기 온도 또는 실내 공기 온도에 비해서 저온인 관계로 일어나는 불필요한 열 취득을 방지하고 또, 관 표면에 일어나는 결로(結露) 방지를 목적으로 한다.

③ **방로** : 실내 혹은 천정 내에 배관한 급수관, 배수관 등에 대한 단열로서 주로 관의 표면에 일어나는 결로 방지를 목적으로 한다.

④ **방한** : 방동이라고도 하며 보온의 일종으로도 생각할 수 있는데, 한랭지 혹은 겨울철에 대비해서 급수관 등에 하는 단열로서, 관 내의 물의 동결에 의한 관 및 부속품의 파손을 방지하는 목적이다.

⑤ **단열** : 연료 배기통 등 고온도의 관에 대한 단열로서 가연물의 화재 예방과 인체에 대한 위험 방지를 주목적으로 한다.

보온 재료로는 그 사용 목적에 따라서 보온재, 보냉재, 단열재 등으로 구별해서 부를 때도 있으나 일괄해서 보온재라고 부를 때가 많다. 한편 시공을 표시할 때에는 보온공사, 보냉공사, 방로공사 등으로 구별해서 표현할 때가 많다.

〈표 8-3〉 보온재의 종류와 안전 사용 온도

보온재의 명칭	안전 사용 (최고)온도[℃]	보온재의 명칭	안전 사용 (최고)온도[℃]
석면 보온판·통	550, 350	탄화코르판	130
석면판	400	우모펠트	100
석면이 든 규조토 보온재	500	규산칼슘보온판·통	650
로크울보온판·통	600, 400	폼폴리스티렌보온판·통	70
로크울블랭킷	600	펄라이트보온판·통	650
글라스울보온판·통	300	경질폼라버보온·통	50
글라스울블랭킷	350	내화단열벽돌	900～1500
탄산마그네슘 물반죽 보온재	250		

보온재 종류의 선정시는 다음과 같은 조건을 고려해야 한다.

① 안전 사용 온도 범위에 적합해야 한다.
② 열전도율이 가능한 한 적어야 한다.
③ 물리적·화학적 강도가 커야 한다.
④ 단위 체적에 대한 가격이 저렴해야 한다.
⑤ 공사 현장 상황에 대한 적응성이 커야 한다.
⑥ 불연성으로서 화재시 유독가스를 발생하지 않으며 사용 수명이 커야 한다.
⑦ 부피, 비중이 작아야 한다.
⑧ 흡수성이 적고, 가공이 용이해야 한다.

1 보온재의 종류

보온 재료는 유기질 보온재와 무기질 보온재로 나누며, 유기질 보온재는 펠트, 탄화코르크, 기포성 수지 등으로 나누고, 무기질 보온재는 석면, 암면, 규조토, 탄산마그네슘, 유리섬유, 슬래그섬유, 글라스 울 폼 등이다. 무기질은 일반적으로 높은 온도에서 사용할 수 있으며, 유기질은 비교적 낮은 온도에서 사용한다.

일반적으로 무기질은 유기질보다 열전도율이 약간 크며, 보온재는 다공질의 것은 다공질 속에 미세한 공기가 들어 있어 단열효과를 크게 할 수 있다.

가. 유기질 보온재

(1) 펠트(felt)

양모 펠트와 우모 펠트가 있고, 압축 펠트와 제직(製織) 펠트가 있으며, 주로 방로 피복에 사용한다. 아스팔트로 방온한 것은 −60℃정도까지 유지할 수 있어 보냉용(保冷用)에 사용되며, 관의 곡면 부분의 시공도 가능하다.

그림 8-6 펠트

(2) 코르크(cork)

액체, 기체의 침투를 방지하는 작용이 있어 보냉, 보온 효과가 좋다. 관상·원통형·탄화코르크는 금속 모양으로 압축한 후 300℃로 가열하여 만든 것으로 냉수, 냉매배관, 냉각기, 펌프 등의 보냉용에 사용된다.

그림 8-7 코르크

(3) 기포성 수지

합성수지 또는 고무질 재료를 사용하여 다공질 제품으로 만든 것이다. 열전도율이 극히 낮고 가벼우며, 흡수성은 좋지 않으나 굽힘성은 풍부하다. 불에 잘 타지 않으며 보온성 보냉성이 좋다.

나. 무기질 보온재

(1) 석면

석면질 섬유로 되어 있으며, 400℃ 이하의 파이프, 탱크 노벽 등의 보온재로 적합하다. 400℃ 이상에서는 탈수, 분해하고 800℃에서는 강도와 보온성을 잃게 된다.

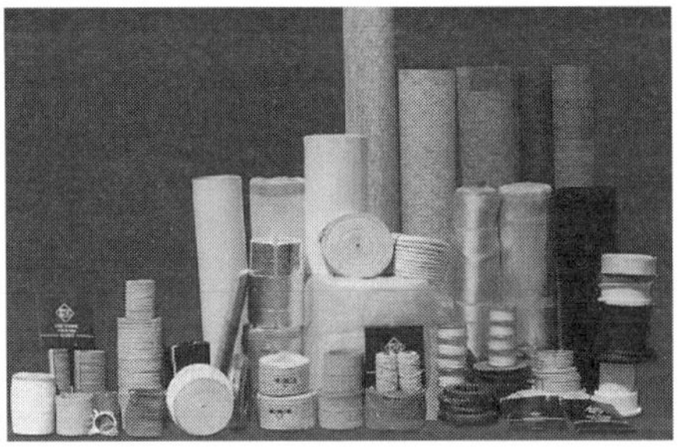
그림 8-8 석면

석면은 사용 중 부서지거나 뭉그러지지 않아서, 진동이 있는 장치의 보온재로 많이 쓰인다. 석면띠는 석면 섬유를 펠트 모양으로 만든 판을 25mm당 20∼40층으로 쌓아 겹친 것이며, 석면포는 긴 섬유의 직물 사이에 암면이나, 아모사이트 석면 또는 크리소라이트 석면을 넣고 이불 모양으로 만든 것으로, 증기 터빈, 밸브, 플랜지, 곡관 등의 복잡한 표면의 보온에 사용한다. 또, 파형 석면은 석면지(asbestos paper)를 파형으로 한 것과 평면으로 한 것을 교대로 겹쳐 물유리 등으로 접착시킨 것이다.

(2) 암면(岩綿)

안산암, 현무암에 석회석을 섞어 용융하여 섬유 모양으로 만든 것으로 석면보다 꺾어지기 쉬우나 값이 싸며, 보냉용으로 사용할 때는 방습을 위해 아스팔트 가공을 한다. 식물성, 내열성, 합성수지 접착제로 판상(板狀), 또는 원통상으로 가공하며 400℃ 이하의 파이프, 덕트 탱크 등의 보온·보냉용으로 사용하며 제조 공정은 (그림 8－9a)와 같다.

① 홈매트(home mat) : 일반 건물의 간벽, 내벽 천정에 주로 사용하며 냉동 및 저온 창고의 보온단열과 결로 방지에 사용되며, 사용 온도 600℃, 밀도 50kg/m^3 정도이다.

② 블랭킷(blanket) : 빌딩의 덕트, 천정, 마루밑 등의 단열재로 한쪽 면에 은박지, 메탈라스, 크라프트지가 부착되었으며, 사용 온도는 600℃이고, 밀도는 40～50kg/m^3 이다.

③ 파이프 커버(pipe cover) : 파이프 단열재로서 사용 온도 700℃, 밀도 160kg/m^3 이하로 300A이하의 관경에 사용하고, 400A 이상의 관은 라멜라매트라는 밀도 80～100kg/m^{3}의 것을 사용한다.

④ 하이울(high wool) : 900℃ 이상의 열설비 표면 보온 단열재이다.

⑤ 파티션코어 : 내수성이 우수한 준경질 암면 판상제품으로 칼이나 톱으로 쉽게 절단하여 사용할 수 있으며, 흡음, 방화구조용 파티션 심재용으로 사용한다.

⑥ 로코트(rocoat) : 고온용 암면에 특수 무기 결합제 및 바인더를 혼합 제조한 것으로 분사식 내화·단열로 흡음피복재로서 철골구조, 기둥, 바닥, 보, 천정, 방송실 등에 사용한다.

⑦ 펠트(felt) : 하중이 걸리는 열설비, 보일러, 탱크, 덕트, 건조로 등의 700℃까지 사용한다.

⑧ 산면(loose wool) : 내열성이 높은 규산칼슘계의 광석을 1,500～1,700℃의 고열로 용융·고속회전방식으로 섬유를 만든 후 접착제가 처리되지 않고 형태가 없는 제품을 말하며, 충진용(벌크형), 분사용(입상형)으로 보온·보냉·단열·흡음재로서 사용 온도는 600℃이다.

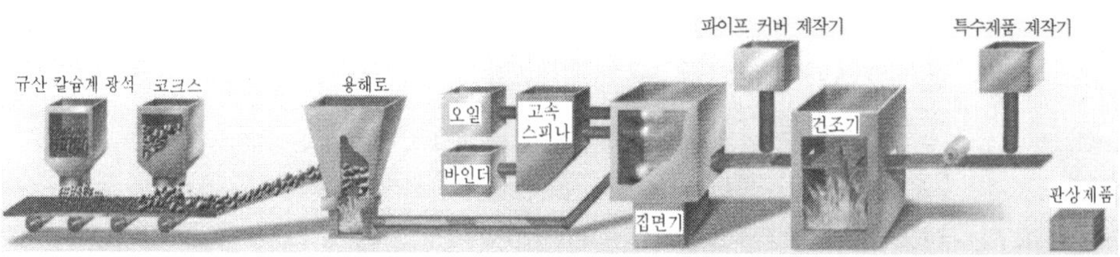

(a) 제조공정도

(b) 암면(홈매트) (c) 블랭킷 (d) 파이프커버 (e) 하이울

(f) 로코트 (g) 산면 (h) 보온판

그림 8-9 암면의 제조공정도 및 종류

(3) 규조토(硅藻土)

다른 보온재에 비해 단열효과가 낮으며, 따라서 다소 두껍게 시공한다. 500℃ 이하의 파이프, 탱크, 노벽 등에 사용한다.

(4) 탄산마그네슘($MgCO_3$) 보온재

염기성 탄산마그네슘 85%와 석면 15%를 배합하여 접착제로 약간의 점토를 섞은 다음 형틀에 넣고 압축 성형한다. 열전도율이 적고 300~320℃에서 열분해 한다. 방습 가공한 것은 습기가 많은 곳의 옥외 배관에 적합하며, 250℃ 이하의 파이프, 탱크의 보냉용으로 사용된다.

(5) 규산칼슘 보온재

규조토와 석회석을 주원료로 하여 화학적으로 결합시켜 침상 결정시킨 것으로 파이프 커버와 보드로 나눈다. 열전도율은 0.04kcal/mh℃로서 보온재 중 가장 낮은 것 중의 하나이며, 사용 온도 범위는 상온에서 650℃까지이다.

(6) 유리섬유(glass wool)

유리 섬유(면)는 용융상태인 유리에 압축공기 또는 증기를 분사시켜 짧은 섬유 모양으로 만든 것으로 유리의 성분 및 섬유의 굵기에 따라 사용 목적과 사용 온도가 다르나, 물 등에 의하여 화학 작용을 일으키지 않으므로, 단열·내열·내구성이 좋고, 가격도 저렴하여 보온재, 보온통, 보온판 등이 많이 사용된다.

① **매트**(mat) : 탄력 있는 두루마리 형태로 만든 제품으로 보온·단열 효과가 우수하며, 복원력이 뛰어나 운반 및 보관 등이 용이하게 압축 포장되어 있으며, 건물의 보온·단열재, 산업용 흡음차음재로 사용한다.

〈표 8-4〉 매트의 규격(KS L 9102)

상품명	밀도 (kg/m^3)	표 준 규 격			최고안전 사용 온도	비고
		두께(mm)	폭(m)	길이(m)		
KCM－16	16	25	1	20 16.5	300℃	1. 특수규격은 주문 생산 2. Al은박 크라프트지 그라스크로스등 부착가능
KGM－20	20	50		10 7		
		75		7 5		
KGM－24	24	100		5.4 3.5		

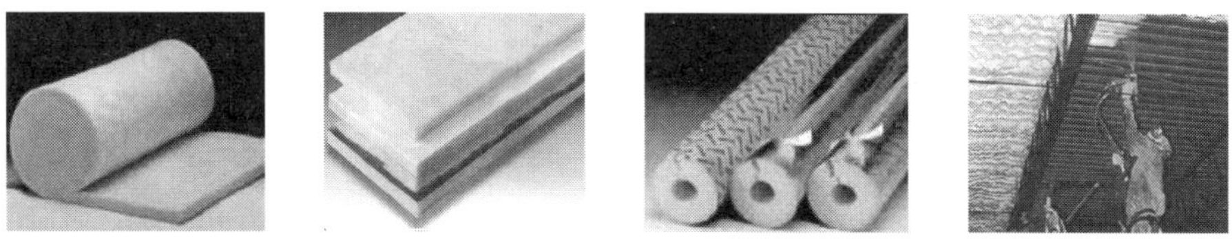

(a) 유리면 매트 (b) 보온판 (c) 보온통 (d) 블로울

그림 8-10 유리면 매트

② **보온판** : 열 경화성수지 및 특수 발수제를 사용하여 시공과 취급이 용이하도록 판상으로 만든 제품으로 탁월한 보온단열효과와 흡음효과가 있으며, 건물·커튼벽·경량칸막이 심재 등의 보온 단열 흡음재·열설비 선박·기차·자동차의 방화·단열흡음재에 사용한다.

③ **보온통** : 보온통은 온수관, 급수관 등의 파이프 보온 단열시공에 편리하도록 열 경화성 수지를 넣어 파이프 형태로 만든 제품으로 보온 단열효과가 우수하다.

〈표 8-5〉 보온판 및 보온통 규격

상품명		밀도 (kg/m^3)	표 준 규 격				최고안전 사용 온도
			두께(mm)	폭(m)	길이(m)	관경(A)	
보드	KGB－20	20	25	0.5	1		300℃
	KGB－24	24					
	KGB－32	32	50	1	1		
	KGB－40	40					
	KGB－48	48					
	KGB－64	64	75	1	2		
	KGB－80	80					
	KGB－96	96	100				
보온통	KGC15－300	60	20, 25, 30, 40, 50		1	15～300	300℃
	KGLM－30	30	25, 50			300 이상	

④ **블로울**(blow wool) : 블로울은 유리면 벌크를 입상(granule)화시킨 제품으로 주택의 천정, 마룻바닥의 보온단열 및 부정형 열설비의 충진용 보온단열재로서 사용온도는 500℃이며, 천정 충진밀도는 12～18kg/m^3, 표준규격은 15kg/bag(KGBW)이다.

(7) 글라스 폼(glass foam)

유리 미분에 카본 등의 발포제를 혼입 성형용기에 넣고 900℃ 정도로 가열하면, 유리는 연화하여 미소한 기초가 내부에 생겨 부상하므로 다공질 해면상의 제품이 된다. 흡습성은 없고 불연성, 내구성이 좋으므로 보온·보냉·단열재에 알맞아 냉장고 등에 많이 사용된다.

(8) 슬래그 섬유(slag wool)

슬래그 섬유는 제철시 생성되는 용광로의 슬래그를 응용하여, 압축공기를 분사해서 섬유 모양으로 만든 것인데 암면과 같은 용도로 사용되고 있다.

(9) 경질폴리우레탄 폼

폴리이소시아네이트와 폴리올을 매체로 발포제, 기포 안정제, 난연재 등의 존재 하에 화학 반응을 시켜 성형품 또는 발포하여 사용되는 것으로 열전도율이 극히 낮고 사용 온도는 초저온에서 약 80℃ 전후까지는 보온재로 많이 사용되고 있다.
경질폴리우레탄 폼은 현장 발포시 두 가지 액의 화학 반응에 의해 생성되는 것이므로 사용에 있어 적합한 원액의 선택, 적합한 공법, 숙련된 시공 기술 등을 충분히 고려하여 시공하여야 한다.

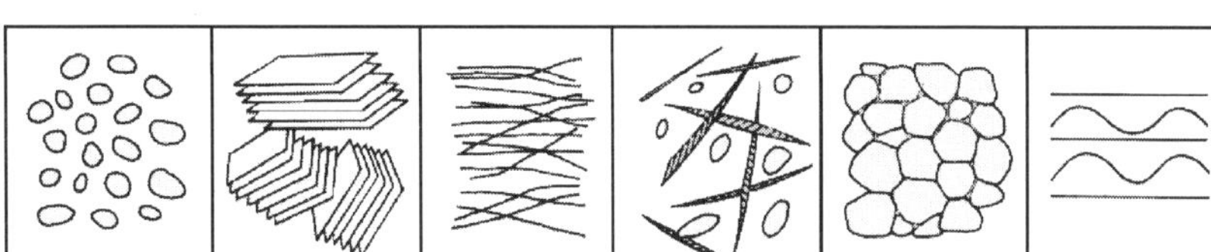

그림 8-11 보온재 조직의 구조 및 형태

(10) 보온 시멘트

석면, 암면, 점토 등을 접착제를 가해서 혼합한 것으로 물에 개어서 사용한다. 고온용, 85% 마그네시아용, 암면용 등 여러 가지 종류가 있다.

(11) 세라크울(Cerak wool)

세라크울은 고순도의 알루미나와 실리카를 전기로에서 2000℃의 고온으로 용융시키고 그 고온융체(高溫融體)를 증기 또는 공기의 고속기체로 내뿜어 섬유화하는 방법으로 제조되며, 최고 사용 온도는 1250℃로 제품의 종류는 블랭킷, 보드, 블록, 몰드폼, 부정형으로 제조하여 철강업 및 요업 분야의 노(爐)에 내화단열재(耐火斷熱材)로 사용된다.

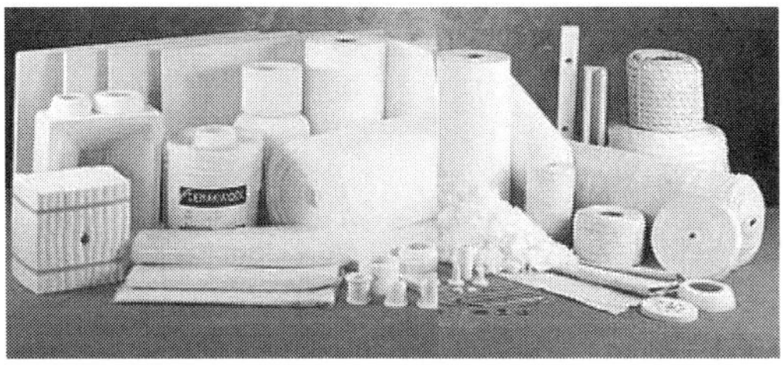

그림 8-12 세라크울

또 보온재의 사용 방법에 의한 분류는 시공 방법에 따라 다음과 같이 분류한다.

① **수결재(水結材)** : 물을 가해서 반죽하여 칠하는 것으로 오래 전부터 사용된 방법으로 규조토 보온재가 대표적인 것이다.

② **성형품(成形品)** : 일정 형상으로 성형 제조한 제품으로 가장 많이 사용되고 있는 보온·보냉용의 재료가 이에 속한다.

③ **충진재(充鎭材)** : 복잡한 물품·밸브류 등은 상자를 제작해서 내부에 충진하므로 시공이 대단히 간단하며, 분말 상태나 섬유질의 것이 적합하다.

④ **현장 발포제(現場發洛劑)** : 가장 대조적인 것은 폴리우레탄 폼으로서 최근에는 국내에서도 개발되어 많이 사용되고 있으며 복잡한 현상이라도 이음 없는 단열을 할 수 있는 장점도 있지만, 현장에서 두 가지 이상의 액체를 화학 반응시킨다는 어려움이 있다.

⑤ **뿜어 붙이는 재료** : 벽, 천정, 탱크 등 대형 대상물에 편리한 방법이며, 석면류 내화물 폴리우레탄폼 등이 사용되고 있으며, 단열 및 방음재 역할을 한다.

⑥ **프리 웨브(free web)제품** : 외장재와 내장재를 일체로 해서 제작한 것이며 현장에서는 단순히 부착 작업만을 하게끔 된 것으로 인건비를 낮추고 공기(工期)를 단축하는 대책으로 매우 유리하며 건물 자체를 경량화시킬 수 있다.

2 배관의 보온 방법

가. 보온재의 두께

보온재의 두께에 관해서는 두께가 두꺼울수록 단열효과는 커지는데 공사비 측면에서 부담이 되므로 경제성을 고려하여 적절한 두께를 결정한다.

이것이 표준 시공두께인데 일정한 조건, 즉 외기, 혹은 실내온도, 보온재의 열전도율, 표면 열전도율, 내부 온도 등 외에 내용연수나 시공가격 등을 고려해서 계산식으로 구할 수가 있다. 그러나 특수한 경우를 제외하고는 하나하나 계산하지 않고 표에 의해서 구하는 것이 보통이다.

<표 8－6>은 국토교통부 시방에 의한 급배수 설비 및 공기조화 설비의 각각의 표준 두께를 표시한 것이며, 두께는 보온재 자체의 두께이고, 보조재, 외장재의 두께는 포함되지 않는다.

〈표 8-6〉 보온재의 표준 시공두께(국토교통부 시방)

(a) 급배수 위생설비

종별 \ 호칭경(A)		15	20	25	32	40	50	65	80	100	125	150	200	250	300 이상	참고 사용구분
Ⅰ	급배수관 및 소화관	20	20	20	20	20	20	20	20	25	25	25	40	40	40	글라스 울
Ⅱ		20	20	20	20	20	20	20	20	20	20	20	20	30	30	폼 폴리스티렌
Ⅲ		20	20	20	20	20	20	25	25	25	25	25	40	50	50	로크울
Ⅳ	급탕관	20	20	20	20	20	20	20	20	25	25	25	40	50	50	로크울
Ⅴ		20	20	20	20	20	20	20	20	25	25	25	40	40	40	글라스울
Ⅵ	기기	25														－
Ⅶ		50														－

(b) 공기조화설비

종별 \ 호칭경(A)		15	20	25	32	40	50	65	80	100	125	150	200	250	300 이상	참고 사용구분
Ⅰ	냉온수관 및 냉수관	40	40	40	40	40	40	40	50	50	50	50	50	50	50	로크울
Ⅱ		－	－	－	－	40	40	40	40	40	40	40	40	40	40	글라스울
Ⅲ		40	40	40	40	40	40	40	40	40	40	40	40	40	40	폼 폴리스틸렌
Ⅳ	증기관	20	20	25	25	25	25	25	30	30	30	30	40	40	50	로크울
Ⅴ		20	20	20	20	25	25	25	25	25	25	25	40	40	40	글라스울
Ⅵ	온수관 및 유관	20	20	20	20	20	20	20	20	25	25	25	40	50	50	로크울
Ⅶ		20	20	20	20	20	20	20	20	25	25	25	40	40	40	글라스울
Ⅷ	풍도	옥내음폐부는 25, 기타는 50														
Ⅸ	기기	75														
Ⅹ		50														
Ⅺ		25														

(c) 덕트설비

보온재	급기덕트		배기덕트	
	옥내	옥외	옥내	옥외
유리 섬유	25	50	0～20	50
암면	30	60	0～30	60
보일러실 주방 등 실온이 높은 방을 냉방용 덕트가 통과할 때는 옥외의 두께 기준				

나. 보온과 보냉의 관계

보온(保溫), 보냉(保冷)도 단열인 것에는 변함이 없고, 다만 열의 이동 방향이 보온인 경우에는 관이나 기기의 내부에서 외부를 향해서 일어나는데 대하여, 보냉인 경우는 반대로 외부에서 내부를 향해서 일어난다. 난방용의 온수관은 전자의 예이고, 냉방용의 냉수관은 후자의 예이다. 한편 동일한 관에 계절에 따라서 냉수 및 온수를 통하는 냉온수관은 단열시공은 냉수관으로 취급한다.

보온과 보냉의 관계에서 중요한 것은 결로(結露)의 원리를 알아 두어야 한다. 일반적으로 공기(습공기)를 냉각하면 어떤 온도에서 공기중의 수분이 응결하기 시작하며, 이 온도를 노점온도(露點溫度; dew point temperature)라고 한다.

보냉시공을 할 경우, 결로를 방지하려면 단순히 표준 시공두께의 보온재로 피복하는 것만으로는 불완전하며, 반드시 방습재를 병용해야 한다. 방습재는 아스팔트계 및 비닐계의 것이 주가 되며 원칙적으로 고온측에 사용한다. 이것은 외부의 공기를 되도록 보온재의 겉쪽에서 차단하여 보온재의 내부나 관의 표면의 결로 현상을 방지하기 위함이다.

다. 보온·보냉 공사

전항에서 설명한 보온·보냉의 관계에 의거해서 공사를 한다. 시공하는 대상에는 관류(管類)와 같은 원통형인 것, 직사각형 덕트와 같은 평면인 것 및 기기류와 같은 변형인 것이 있는데 기본적 원리는 동일하며, 다만 시공을 적절히 할 수 있는 재료, 공법의 차이가 있을 뿐이다.

(1) 배관의 보온·보냉 시공법

(그림 8-13b)와 같이 보냉인 경우는 반드시 방습재를 사용한다. 한편 아스팔트계 방습재는 보온통이 폴리스티렌 폼일 때에는 침식을 일으키므로, 대신 아세트산비닐계의 방습재를 사용한다. 보온통을 연속해서 시공할 경우 그 축심 방향의 이음매는 위치가 엇갈리게 부착한다.

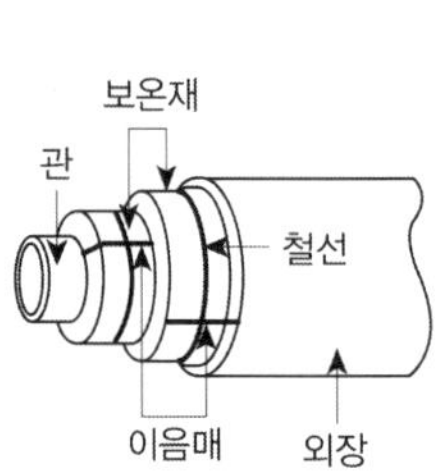

(a) 보온시공(보온 두께 75mm 이상의 경우)

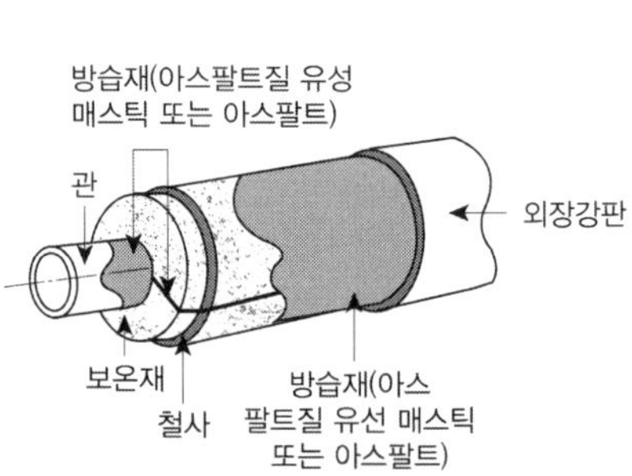

(b) 보냉시공

그림 8-13 배관의 보온·보냉 시공법

플랜지, 밸브의 보온도 두께나 시공 순서는 관일 때와 동일한데, 그 부분의 보온 및 외피는 관의 부분과 연결하지 않고, 이음매를 두거나 (그림 8－14)와 같은 요령으로 보온 시공한다.

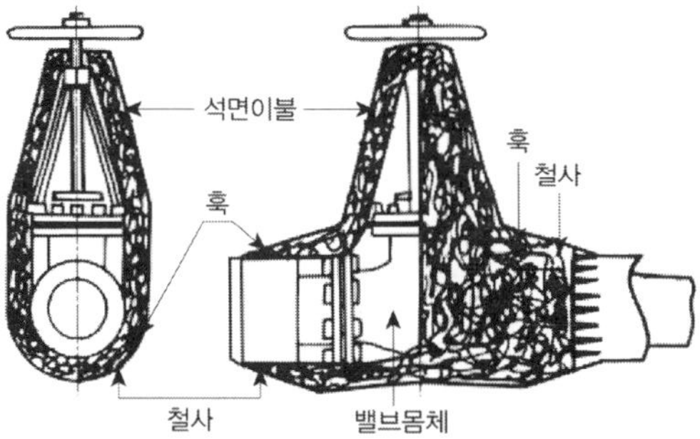

(a) 밸브부

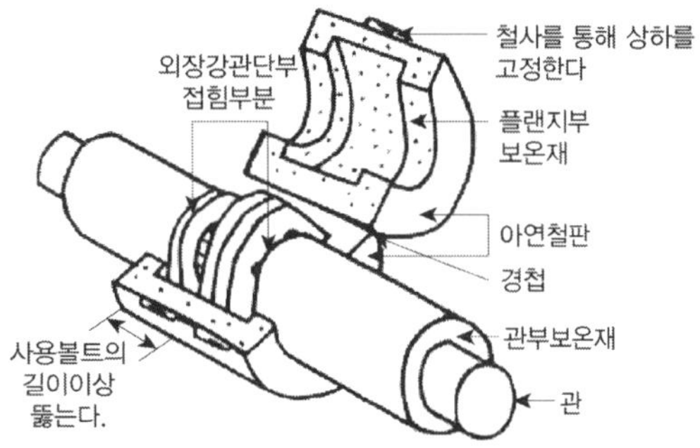

(b) 플랜지부

그림 8–14 밸브, 플랜지부의 보온시공

관의 보온·보냉의 시공 순서는 일정하지 않지만 급배수관 및 공기조화 설비배관의 보온·보냉 시공순서는 <표 8－7>과 같다. 아연도금강관의 외피를 시공하는 것을 현장 용어로 래깅(lagging : 보온피복인 것)이라고 부른다.

〈표 8–7〉 배관의 보온·보냉 공사의 재료와 시공순서(국토교통부 시방)

시공 종별	공기조화설비용 배관			참고사용구분
	(가) 로크울배관	(나) 글라스울배관	(다) 폼폴리스티렌보온재	
U	1. 보온통 2. 철선 3. 아스팔트펠트 4. 원지 5. 면포	1. 보온통 2. 철선 3. 아스팔트펠트 4. 원지 5. 면포	1. 보온통 2. 점착테이프 3. 원지 4. 면포	옥내노출배관
V	1~3. U종과 동일 4. 비닐테이프	1~3. U종과 동일 4. 비닐테이프	1~2. U종과 동일 3. 비닐테이프	천장내 파이프 샤프트내 배관
W	1~3. U종과 동일 4. 알루미글라스배관	1~3. U종과 동일 4. 알루미글라스배관		
X	1~2. U종과 동일 3. 아스팔트루핑 4. 방수미포	1~2. U종과 동일 3. 아스팔트루핑 4. 방수미포	1~2. U종과 동일 3. 아스팔트루핑 4. 방수미포	바닥 밑, 암석내 및 콘크리트내배관
Y	1~3. X종과 동일 4. 철선 5. 아연철판	1~3. X종과 동일 4. 철선 5. 아연철판	1~3. X종과 동일 4. 철선 5. 아연철판	옥외노출 및 욕장, 주방 등의 다습 개소의 배관

주 : 1. 증기관, 온수관 및 유관일 때는 폼 폴리스틸렌 보온재를 제외한다.
2. 냉수 및 냉온수용의 옥내노출배관(각층기계실, 창고 등을 제외)의 밸브, 스트레이너 등은 분해할 수 있는 아연철판제 커버에 의한 외장을 행한다.
3. 증기관, 온수관 핀 유관일 때는 아스팔트펠트를 제외한다.

4. 냉·온수 및 냉수용배관에 사용하는 아스팔트루핑의 맞춤매는 유성매스틱으로 붙인다. 단, 폼 폴리스틸렌 보온재를 제외한다.
5. 폼 폴리스틸렌 보온재는 그 이음매를 전부 접착제로 맞붙인다.

(2) 덕트의 보온·보냉 시공법

덕트에 대한 보온, 보냉은 보온재로서 보온판이나 보온띠를 사용한다.
(그림 8-15)는 덕트에 대한 보온·보냉공사의 시공 예이다.

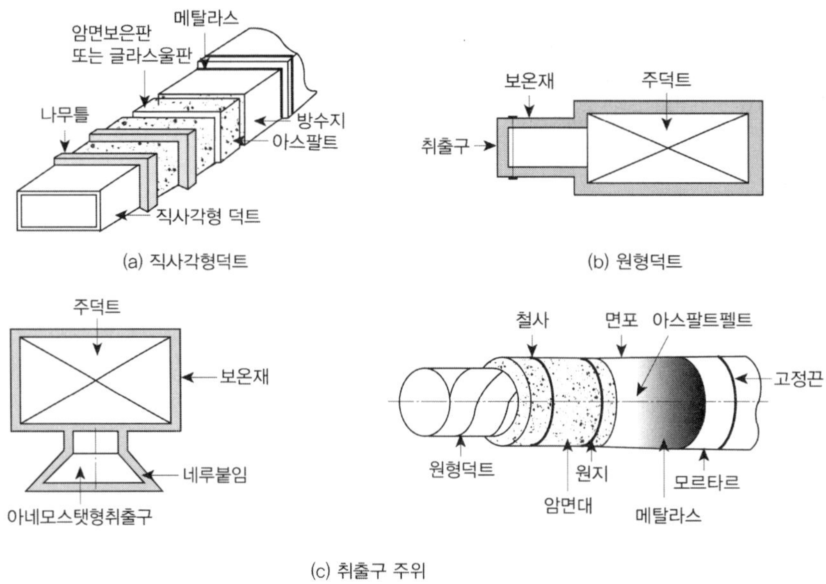

그림 8-15 덕트의 보온 시공

(3) 보온 시공상의 주의사항

① 보온재와 보온재의 틈새는 되도록 좁게 하고 겹침부의 이음새는 동일선상을 피해서 부착한다.

② 철선감기는 원칙적으로 띠상재에서는 피치를 50mm로 한 나선감기로 하고 보온통재에서는 1개에 대하여 2개소 이상 2번씩 감기를 하며, 접착테이프는 맞춤부와 이음부를 모두 붙여 준다.

③ 테이프 감기 등의 겹침폭은 원칙적으로 테이프상일 때는 15mm 이상, 기타의 경우는 30mm 이상으로 한다. 방수마포 감기일 때는 그 위에 아스팔트 방청도료를 2회 도장한다.

④ 테이프 감기는 배관의 아래쪽부터 위를 향해서 감아 올리는데 (반대로 하면 물, 먼지 침입함)비닐 테이프 감기 등에서 미끄러질 염려가 있을 때에는 접착테이프 등으로 미끄러지는 것을 방지한다.

⑤ 강판 감기는 관일때는 심(seam)걸침, 굽힘부를 새우상으로 하고, 직사각형 덕트 및 각형 탱크류는 심겹침, 이음매는 삽입 심으로 한다. 원형 탱크는 삽입 심으로 하고 경부(鏡部)는 방사선형으로 삽입 심으로 한다. 옥내 및 옥외의 다습개소의 이음매는 납땜 또는 실재에 의한 코킹(caulking)을 한다.

⑥ 바닥을 관통하는 배관, 덕트는 보온재를 보호하기 위해 바닥면에서 적어도 150mm의 높이까지를 아연도금철판이나 스테인리스강판으로 피복한다. 증기관 등이 벽·바닥 등을 관통할 때에는 벽면에서 25mm 이내는 보온하지 않는다.

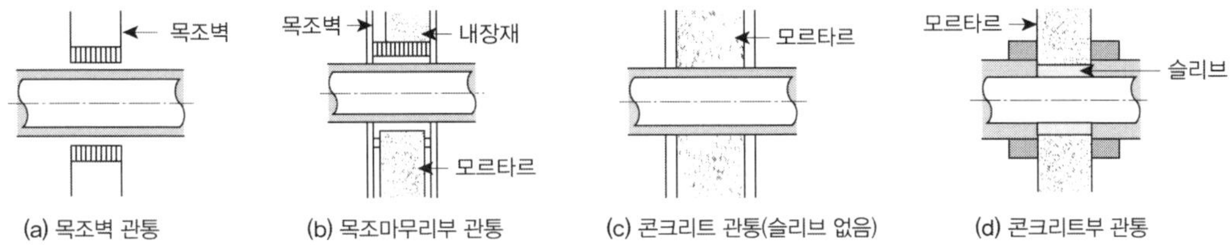

그림 8-16 관통부의 보온·보냉 시공

⑦ 냉·온수 수평배관의 현수 밴드는 보온을 외부에서 한다.

⑧ 보온의 끝 단면은 사용하는 보온재 및 보온 목적에 따라서 필요한 보호를 한다.

⑨ 보온을 필요로 하는 기기의 문·점검구 등은 개폐에 지장이 없고 보온 효과를 감소하지 않도록 시공한다.

③ 배관 도장재료(塗裝材料)

1 도장공사의 종류와 목적

도장 공사는 도장면의 미관을 주목적으로 하는 것, 방식을 주목적으로 하는 것, 색깔 분별에 의한 식별을 목적으로 하는 것, 기타 방음, 방열, 방습 등 특별한 목적을 갖고 있는 것들이 있다. 관공사일 때는 기기류에서는 방식과 미관을, 관류의 매설부에서는 주로 방식을, 노출부에서는 미관 또는 식별을, 보온 마무리에는 방습과 식별 등으로 다양한 용도를 지니고 있다. 방식을 주로 해서 고려하는 도장을 방청 공사, 미관이나 식별을 주로 한 도장을 도장 공사라 부른다.

2 도장 및 도료의 종류

도료의 성분으로서는 도막형성물(안료 포함)과 용제가 있다. 도료의 종류는 많지만 그것을 성분·안료·도막·도장법·피도장물·도장온도 등에서 분류하면 <표 8－8>과 같다. 또 방청도료에서 방청안료의 종류와 성질을 표시하면 <표 8－9>와 같다.

〈표 8-8〉 도료의 분류 및 그 명칭

분 류 법	대 표 적 인 종 류
성분(도막주유소)에 의한 분류	유성도료, 수성도료, 프탈산수지도료, 염화비닐수지도료
안료의 종류에 의한 분류	알루미늄페인트, 백납페인트, 백아연페인트
도료의 상태에 의한 분류	조합페인트, 된반죽페인트, 분상도료, 2액형도료
도막 성상에 의한 분류	투명도료, 무광도료, 백페인트, 흑에나멜
도막 성능에 의한 분류	내산도료, 내 알칼리도료, 방화도료, 곰팡이방지도료
도장 방법에 의한 분류	귀얄도장용도료, 뿜어붙임도장용도료, 전착도장용도료
피도장물에 의한 분류	콘크리트용도료, 경합금용도료, 새시용도료
도장 장소에 의한 분류	내부용도료, 외부용도료, 지붕용도료, 천정용도료
도장 공정에 의한 분류	초벌도장용도료, 중간도장용도료, 정벌도장용도료
건조 온도에 의한 분류	자연건조도료, 저온소착도료, 소착도료

〈표 8-9〉 방청안료의 종류와 성질

명칭	색깔	내산성	내알칼리성	내열성
연단	적등색	양	우	우
연백	백	불량	불량	약간 양
이산화연	흑록	우	우	불량
시아나미드연	단황	불량	양	양
염기성크롬산연	오렌지색	양	양	우
염기성황산염	백	양	양	우
연산칼	크림색	약간 불량	약간 불량	양
아연화	백	불량	우	우
아연분말	회색	불량	양	우
징크로메이트(ZPC형)	단황	약간 불량	불량	약간 불량
바륨·포타슘크로메이트	단황	–	–	–
알루미늄분말	은백색	약간 불량	불량	우
그라파이트	흑	우	우	우
벵갈라	적녹색	양	우	우

주) 내열성은 120～150℃에서의 성적

가. 광명단 도료(연단)

적색 안료에 사용되며, 연단(鉛丹)을 아마인유와 혼합하여 만들며, 녹을 방지하기 위해 페인트 밑칠 및 다른 착색도료의 초벽으로 우수하다. 밀착력이 강하고 도막(塗膜)은 질이 조밀하여 풍화에 잘 견디므로 방청도료로서 기계류의 도장 밑칠에 널리 사용된다.

① 프탈산계 : 상온에서 도막을 건조시키는 도료이다. 내후성, 내유성이 우수하나, 내수성은 불량하고 특히 5℃이하의 온도에서 건조가 잘 안 된다.

② 요소멜라민계 : 내열성, 내유성, 내수성이 좋다. 특수한 부식에서 금속을 보호하기 위한 내열도료로 사용되고 내열도는 150～200℃ 정도이며, 베이킹 도료로 사용된다.

③ 염화비닐계 : 내약품성, 내유성, 내산성이 우수하여 금속의 방식도료로서 우수하다. 부착력과 내후성이 나쁘며, 내열성이 약한 것이 결점이다.

④ 실리콘 수지계 : 요소멜라민계와 같이 내열도료 및 베이킹 도료로 사용된다.

다. 산화철 도료

산화 제2철에 보일유나 아마인유를 섞어 만든 도료로서, 도막이 부드럽고 가격은 저렴하나, 녹 방지 효과는 불량하다.

라. 알루미늄 도료(은분)

알루미늄 분말에 유성 바니스를 섞어 만든 도료로서, 알루미늄 도막은 금속광택이 있으며 열을 잘 반사한다. 400～500℃의 내열성을 지니고 있어 난방용 방열기 등의 외면에 도장한다. 은분이라고도 하며 방청 효과가 크고, 수분이나 습기가 통하기 어렵기 때문에 내구성이 풍부한 도막이 형성된다.

마. 타르 및 아스팔트

관의 벽면에 타르 및 아스팔트를 도포하여 표면에 내식성 도막을 형성하여 물과의 접촉을 막아 부식을 방지하며, 노출시에는 외부적 원인에 따라 균열발생이 용이하다. 도료 단독으로 사용하는 것보다는 첨가제를 섞어서 사용하거나, 130℃ 정도로 담금질해서 사용하는 것이 좋다.

바. 고농도 아연 도료

최근 배관 공사에 많이 사용되는 방청 도료의 일종으로서, 도료를 칠했을 경우 생기는 핀홀(pin hole) 등의 곳에 물이 고여도 주위의 철 대신 아연이 희생전극이 되어 부식되므로, 철을 부식으로 부터 방지하는 전기부식 작용을 하는 고농도 아연 도료이다.

사. 에폭시 수지(epoxy resin)

보통 비스페놀 A와 에피크롤히드린을 결합해서 얻어지며, 아미노산 등의 경화제를 가하면 기계적 강도나 내약품성이 우수하게 된다. 내열성, 내수성이 크고, 전기절연도 우수하며, 도료 접착제, 방식용으로 널리 사용된다.

3 전처리(前處理) 작업 및 도장 시공

도장 시공상 전처리는 도장의 시공상에 있어서 중요하다. 전처리는 도장할 표면의 녹 제거 및 탈지를 하는 것으로, 표면이 조잡할수록 성의 있는 시공이 필요하다. 또, 유지류가 부착되었을 때는 약품 세척을 한다.

방청 시공은 탱크류의 내면에 대해서 하는 경우가 많다. <표 8－10>은 국토교통부 시방에 의한 탱크류의 종별을 표시한다. 이중 에폭시 수지 코팅은 액상의 에폭시 수지에 경화제 및 충진제를 가해서 기계적 강도, 내약품성을 우수하게 한다. 내열성, 내수성이 크고, 전기 절연도 우수하며, 도료, 접착제 방식용으로 널리 사용된다. 시공은 전처리 후 코팅을 한 뒤 가열 경화시킨다.

아연용사는 보통 메탈리콘 뿜어 붙임이라고 하며 아연을 용해해서 뿜어 붙인 뒤 그 위에 보호피복을 입힌다. 또 아연 대신 알루미늄을 사용하면 알루미늄용사이다.

용해 아연(알루미늄)도금은 용해한 금속에 의한 도금법이며 도장을 한다. 도장 시공의 온도는 20℃ 내외, 습도는 76% 정도가 가장 좋다.

〈표 8－10〉 탱크류의 방청(국토교통부 시방)

설비구분	조류	시공개소	방청처리의 종별	비고
위생	강판제고가수조 압력수조	내면	에폭시수지코팅 또는 아연용사	－
	팽창수조		알루미늄용사	－
	저탕조		에폭시수지코팅	스테인리스강판제의 경우는 제외
	소화제 저장탱크		에폭시수지코팅	－
공기조화	환수조	내면		－
	팽창수조		알루미늄용사	－
	헤더 (냉수 및 온수)		용융아연도금 또는 무기질아연분말 도료	－

익힘문제

1. 개스킷에 대하여 설명하시오.

2. 글랜드 패킹의 취급에 대하여 설명하시오.

3. 유기질과 무기질 보온재의 종류에 대하여 설명하시오.

4. 석면과 암면, 규조토의 특징에 대하여 설명하시오.

5. 배관의 보온·보냉 시공법에 대하여 설명하시오.

6. 광명단 도료에 대하여 간단히 설명하시오.

제9장 배관공작(配管工作)

1 각종 관이음 방법

1 관용(管用) 나사

관용 나사란 주로 배관용 탄소강 강관을 이음하는데 사용되는 나사로서 피치를 작게 하고 나사산을 낮게 한 것이다. 관용 나사의 호칭치수는 관의 호칭치수(관의 안지름과 거의 같은)이며, 나사산의 형태에는 평행나사와 테이퍼나사가 있다. 테이퍼나사는 특히 누수를 방지하고 기밀을 유지하는데 사용되며, 관의 축 방향에 대하여 직각으로 나사가 나있고 기밀을 충분히 보존하기 위해 나사에 실링테이프(sealing tape)를 감아 이음한다. 또한, 테이퍼 수나사는 테이퍼 암나사와 평행 암나사에 대하여 사용하고, 평행 수나사는 평행 암나사에 한하여 사용하는 것을 원칙으로 하고 있다. 나사산의 각도는 55°이고 나사산의 크기는 25.4mm당 나사산 수로 표시하며 호칭지름 2~6A($\frac{1}{16}$~$\frac{1}{8}$B)일 때는 28산, 8A($\frac{1}{4}$B)~10A($\frac{3}{8}$B)일 때는 19산, 15A($\frac{1}{2}$B)~20A($\frac{3}{4}$B)일 때는 14산, 25A(1B)이상일 때는 11산의 4가지 종류가 있다.

나사의 각부 명칭은 다음과 같다.

① 나사산 : 골과 골 사이의 높은 부분
② 산마루 : 나사산의 맨 꼭대기
③ 골(root) : 나사홈의 밑 부분
④ 사면(斜面) : 산마루와 골을 연결하는 나사면
⑤ 골지름(minor diameter) : 수나사는 최소지름, 암나사에서는 최대지름
⑥ 안지름 : 암나사의 최소지름
⑦ 바깥 지름 : 나사의 축에 직각으로 잰 최대지름(d)
⑧ 피치지름(유효지름) : 바깥 지름과 골지름의 평균지름(d_2)
⑨ 나사각 : 나사의 중심선을 포함한 평면 내에서 잰 경사면 사이의 각

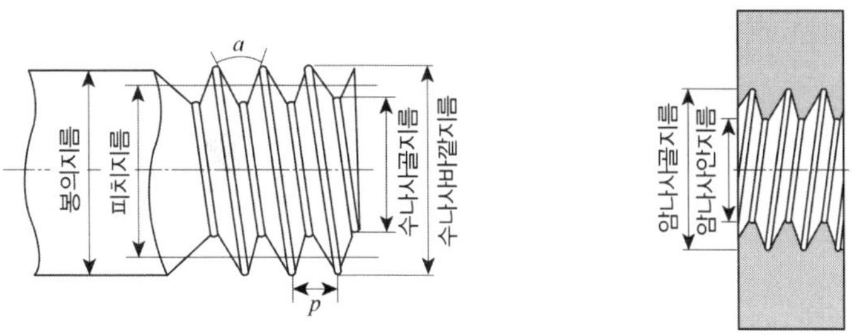

(a) 수나사 (b) 암나사

그림 9-1 나사 각부의 명칭

2 강관 이음

강관에 나사 이음을 할 때에는 나사부분에 패킹을 감고 파이프렌치를 사용하여 규정 위치까지 체결한다. 이때 주의할 점은 이음쇠가 헐거운 경우 누수가 되며, 빡빡한 경우 이음쇠가 파손되므로 나사크기를 정확히 내는 기능이 필요하다. 나사 이음에 사용되는 패킹의 종류에는 광명단, 액상합성수지, 실링테이프(sealing tape) 등이 있다. 액상합성수지나 광명단을 나사부에 바를 때에는 나사의 끝에서 2/3 정도만 나사 홈에 가득차게 바르고, 이음쇠에 바를 경우는 입구의 2～3산 정도에만 바른다. 실링 테이프는 두께가 0.1mm, 나비 13mm 정도의 테이프로서 나사용 패킹으로 최근에 많이 사용되고 있다. 사용 방법은 나사가 난 방향으로 당기면서 나사부 전체를 1회전 감고 마지막에 10～15mm 정도 겹치게 한다.

가. 강관나사 내기

강관을 파이프 바이스에서 150mm 정도 나오게 하여 관이 찌그러지지 않을 정도로 단단히 고정시킨 후 리머작업을 하여 나사를 낸다. 이때 관경 15～20A 강관은 나사를 1회에 내고, 25A이상은 2～3회에 걸쳐 나사를 낸다.

나. 관의 나사부 길이 산출 방법

배관 도면에는 일반적으로 관의 중심선을 기준으로 치수가 표시되어 있고, 나사부분의 길이는 표시되어 있지 않다. 나사 이음할 때의 나사의 길이는 관의 지름에 따라 다르다. (그림 9-2)는 90° 엘보 2개를 사용하여 나사 이음할 때의 치수를 나타낸 것으로, 관의 길이를 산출할 때는 다음 식이 이용된다.

$$L = l + 2(A - a),\quad l = L - 2(A - a),\quad l' = L - (A - a)$$

여기서, L : 배관 중심선간의 길이
l : 관의 길이
A : 이음쇠의 중심에서 단면까지의 길이
a : 나사가 물리는 최소길이
l' : 한쪽의 이음을 완료한 상태에서의 중심과 관 끝의 길이

나사가 물리는 최소길이(a)는 관의 지름에 따라 다르며 <표 9-1>과 같다.

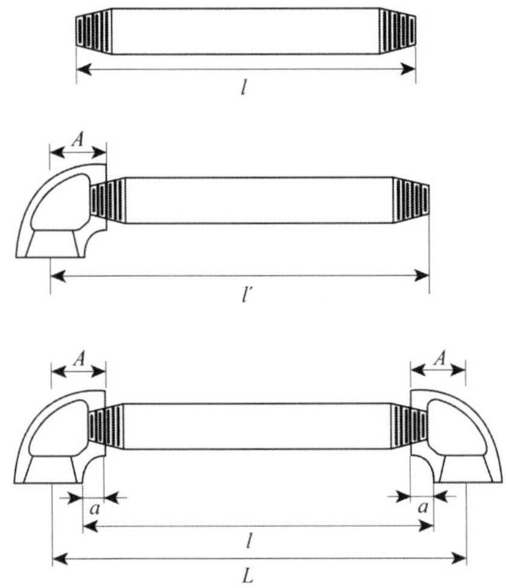

그림 9-2 나사 이음의 치수

〈표 9-1〉 관지름에 따른 나사부 길이와 나사가 물리는 길이

관지름(A)	15	20	25	32	40	50	65	80	100	125	150
나사부 길이(mm)	15	17	19	21	23	25	28	30	32	35	37
나사가 물리는 길이(a)	11	13	15	17	19	20	23	25	28	30	33

<표 9-2>는 많이 사용되는 이음쇠 나사 이음시 필요한 치수를 나타낸 것이다.

〈표 9-2〉 강관 이음쇠의 여유 치수

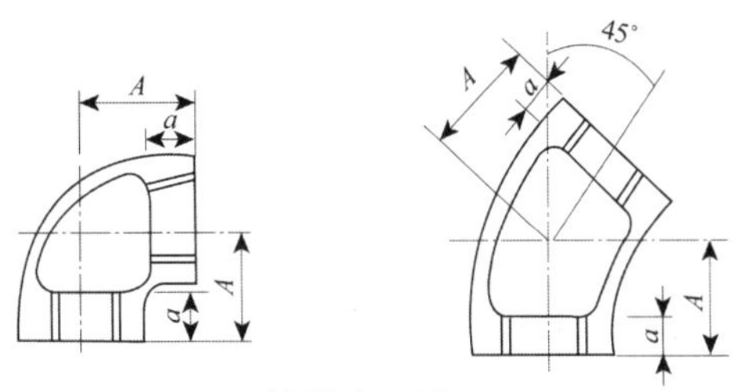

(a) 엘보(90°, 45°)

호칭지름	**중심에서 단면까지의 거리(mm)**		**90° 엘보**	**45° 엘보**
	A(90°)	A(45°)	$A-a$(mm)	$A-a$(mm)
15	27	21	16	10
20	32	25	19	12
25	38	29	23	14
32	46	34	29	17
40	48	37	30	19
50	57	42	37	22

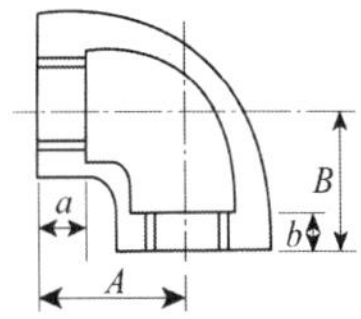

(b) 이경엘보

호칭지름(mm)	중심에서 단면까지의 거리(mm)		90° 엘보	45° 엘보
	A	B	$A-a$	$B-b$
20×15	29	30	16	19
25×15	32	33	17	22
25×20	34	35	19	22
32×20	38	40	21	27
32×25	41	45	23	30
40×25	41	45	23	30
40×32	45	48	27	22

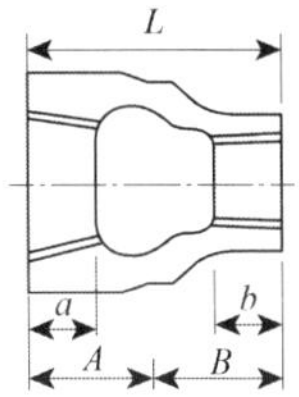

(c) 리듀서

호칭지름(mm)	L(mm)	여유 치수(mm)		
		$A-$a	$B-b$	$L-(a+b)$
20×15	38	7	7	14
20×20	42	7	7	14
32×20	48	9	9	18
32×25	48	8	8	16
40×25	52	10	9	19
40×32	52	9	8	17
50×32	58	11	10	21
50×40	58	10	10	20

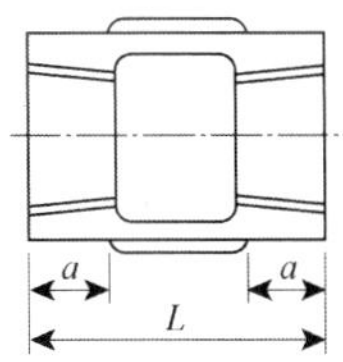

(d) 소켓

호칭지름(mm)	L(mm)	여유치수(mm)
		$L-2a$
15	35	13
20	40	14
25	45	15
32	50	16
40	55	19
50	60	20

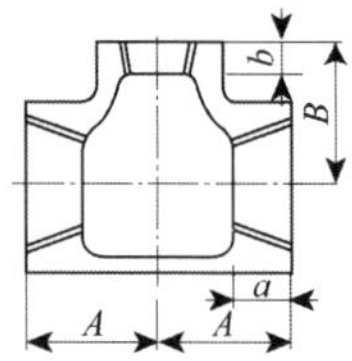

(e) 이경티

호칭지름(mm)	중심에서 단면까지의 거리(mm)		여유치수(mm)	
	A	B	A−a	B−b
20×15	29	30	16	19
25×15	32	33	17	22
25×20	34	35	19	22
32×20	38	40	21	27
32×25	40	42	23	27
40×20	38	43	20	30
40×25	41	45	23	30
40×32	45	48	27	31
50×20	41	49	21	36
50×25	44	51	24	36
50×32	48	54	28	37
50×40	52	55	32	37

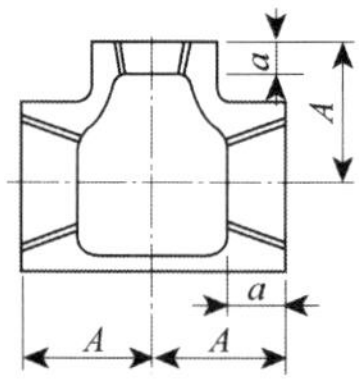

(f) 동경티

호칭지름(mm)	중심에서 단면까지의 거리(mm)	여유치수(A−a) (mm)
15	27	16
20	32	19
25	38	23
32	46	29
40	48	30
50	57	37

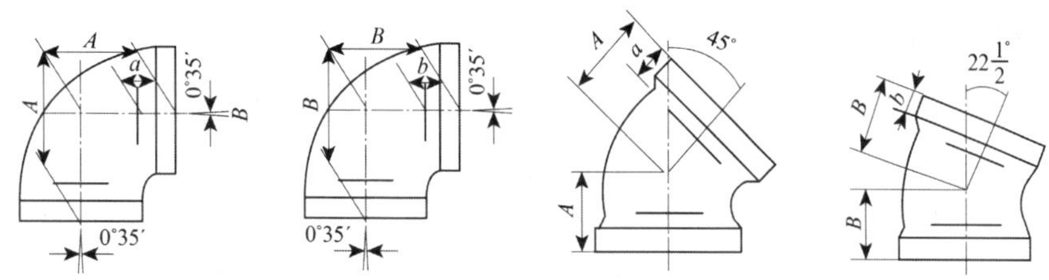

(g) 배수관 이음쇠

호칭지름	90° 엘보		90° 대곡엘보		45° 엘보		22.5° 엘보	
	A	$A-a$	B	$B-b$	A	$A-a$	B	$B-b$
32	44	27	57	40	33	16	30	13
40	49	31	63	45	36	18	32	14
50	58	38	76	56	42	22	37	17
65	70	47	92	69	50	27	42	19
80	80	55	106	81	56	31	48	23
100	99	71	132	104	68	40	57	29

[예제 1] 표준 나사산에 있어 완전 나사부와 불완전 나사부를 그리고 표시하시오.

(풀이)

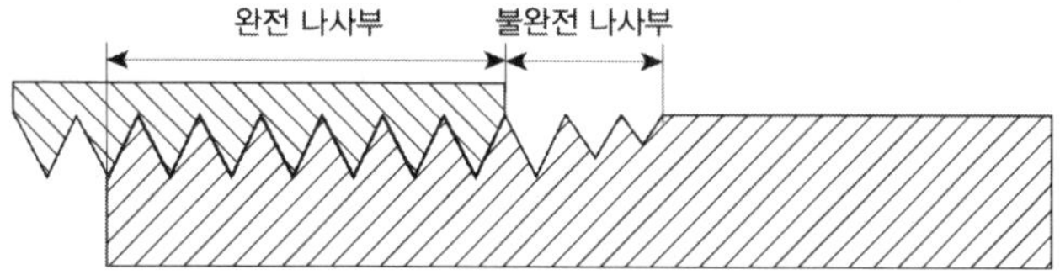

[예제 2] 중심선의 길이가 600mm되게 25A의 관에 90°와 45°의 엘보를 연결할 때 파이프의 실제 절단길이는?

(풀이) $L = 600 - \{(A - a + (A' - a)\}$

$= 600 - \{(38 - 15) + (29 - 15)\} = 600 - 37 = 563\text{mm}$

[예제 3] 호칭지름 20A의 관을 그림과 같이 나사 이음할 때 중심간(中心間)의 길이를 각각 300mm와 200mm라 하면 관의 절단길이 L는 얼마인가?

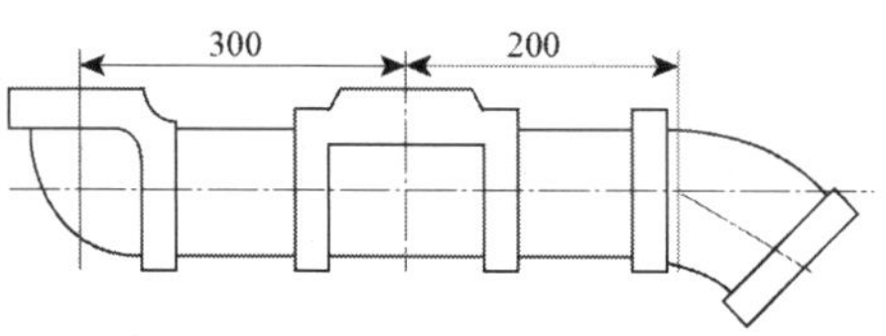

(풀이) (1) 300mm간의 관의 길이

$L = 300 - 2(A - a) = 300 - 2(32 - 13) = 262\text{mm}$

(2) 200mm간의 관의 길이

$L = 200 - \{(A - a) + (A' - a)\} = 200 - \{(32 - 13) + (25 - 13)\}$

$= 200 - 31 = 169\text{mm}$

다. 용접 이음

용접 이음은 주로 강관을 이음할 때 사용한다. 가스접합은 지름이 작은 관의 이음에 사용되며, 용접속도가 전기용접에 비해 느리고 변형이 심하다. 전기용접은 지름이 큰 관의 맞대기용접, 플랜지용접, 슬리브용접에 사용하며 용접속도가 빠르고 변형이 적다. 또한 아크용접(arc welding)은 금속아크용접법과 탄소아크용접법이 있으나, 관의 용접에는 금속아크용접법이 보통 사용된다.

(1) 맞대기용접 이음

관을 맞대기 용접하려면 먼저 관 끝을 (그림 9－3)과 같이 베벨가공을 한 다음, 관을 롤러 작업대 또는 V블록 위에 올려놓고 양쪽 관 끝의 루트 간격을 정확히 맞춘다. 이음 개소에 관의 안지름과 관 축이 일치되게 조정하여 검사한 후 3～4개 부위를 가접한 다음에, 관을 회전시키면서 아래보기자세(flat position)로 용접한다.

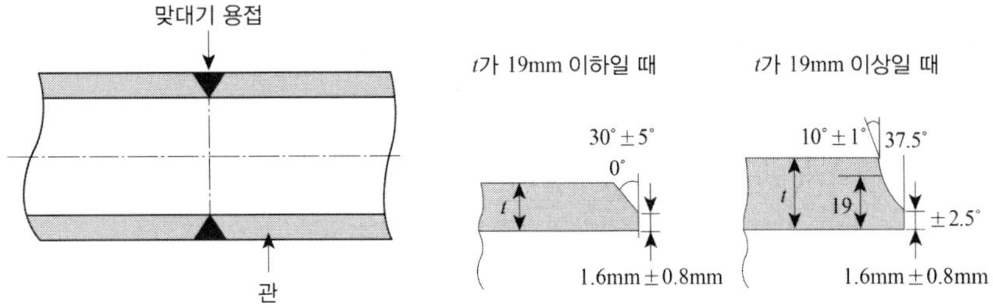

그림 9-3 강관의 맞대기 용접

(2) 슬리브(sleeve)용접 이음

슬리브용접 이음은 주로 특수 배관용 삽입용접시 이음쇠를 사용하여 이음하는 방법이다. 압력배관, 고압배관, 고온 및 저온배관 합금강배관, 스테인리스강배관의 용접 이음에 채택되며, 누수될 염려가 없고 관지름의 변화가 없는 것이 특징이다.

(3) 플랜지용접 이음

플랜지 이음에는 용접 이음과 나사 이음이 있으나 주로 용접 이음이 사용되고, 강관 용접 플랜지는 보통 사용 압력 0.5MPa와 1.0MPa의 것이 사용된다. 공사현장에서의 플랜지의 위치는 볼트로 죄기 쉬운 곳으로 하며, 관을 여러 줄로 나란히 배관할 때는 플랜지의 이음 부분이 서로 어긋나게 배관한다. 탱크에 부착할 때는 볼트로 결합하여 쉽게 해체할 수 있도록 배관한다. 지름이 큰 관의 직관은 공장에서 플랜지를 이음하고, 곡관부분은 현장에서 이음하면 편리하다.

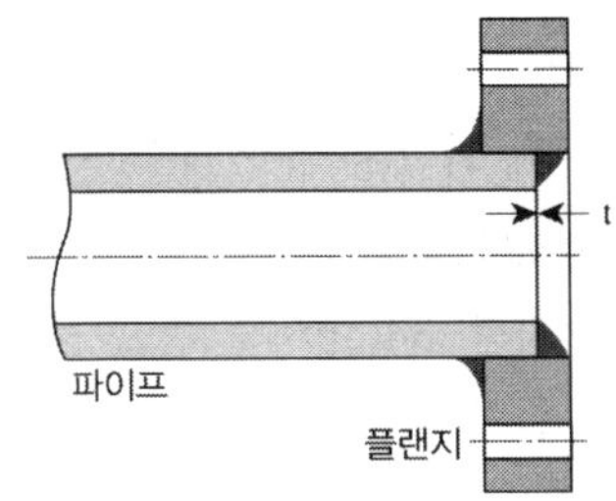

그림 9-4 플랜지 용접 이음

라. 관 구부리기(bending)

관 구부리기에는 냉간 구부림에 의한 작업이 주를 이루나 곡률반경이 작은 경우에는 열간 작업을 행한다. 냉간 구부림을 행할 때에는 램식 벤딩기(ram type bender)를 사용하며, 열간 작업에서는 먼저 관 속에 모래를 채우고 적당한 온도까지 가열한 다음 구부린다. 이때 지름이 작은 관은 손으로 구부릴 수 있으나, 관의 지름이 커지면 체인블록(chain block), 윈치(winch) 등이 사용된다.

(1) 관 구부림 중심 소요 길이 산출법

관의 구부림 작업을 행하려면 먼저 관재료의 소요 길이를 산출하여야 한다. 이때 구부림 중심 곡선길이를 L, 곡률반경을 R, 구부림 각도를 θ라 할 때 다음 식에 의하여 계산된다.

$$L = 2\pi R \times \frac{\theta}{360} = R \times \theta \times \frac{2\pi}{360} = R \times \theta \times 0.01745$$

여기서 곡률반경 R은 관의 중심선까지의 거리를 말한다.

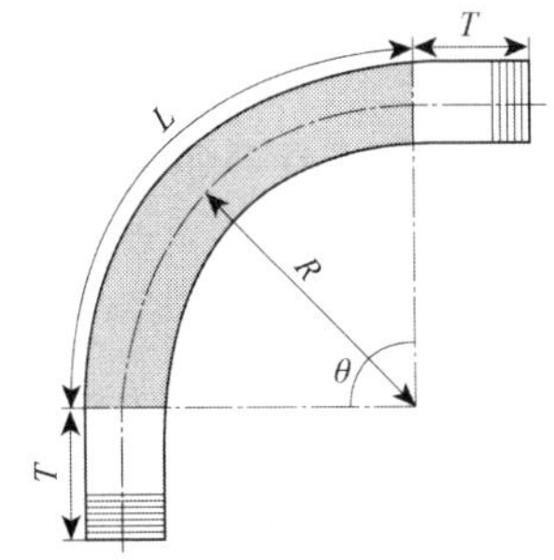

그림 9-5 곡선 길이의 산출

(2) 관벽의 수축의 신장

관을 구부릴 때는 관의 외벽은 신장(伸張)되고 내부 벽은 수축된다. 관의 중심부는 이론적으로 줄거나 늘지 않는다. 따라서 구부림 곡선의 실제 길이는 관의 중심부가 된다. 호칭지름 25A(바깥지름 34mm)의 관을 곡률반경 R=100mm로 90° 구부림할 때, 중심부와 바깥 쪽, 안쪽의 곡선 길이를 구하면 다음과 같다.

① **중심부의 곡선길이(L)**

$L = R \times \theta \times 0.01745 = 157.05\text{mm}$

② **외부벽의 곡선길이**

이때의 곡률반경 R_e는

$$R_e = R + \frac{d}{2} = 100 + \frac{34}{2} = 117\text{mm}$$

따라서 외부 벽의 곡선길이 L_s는 184.3mm이다.

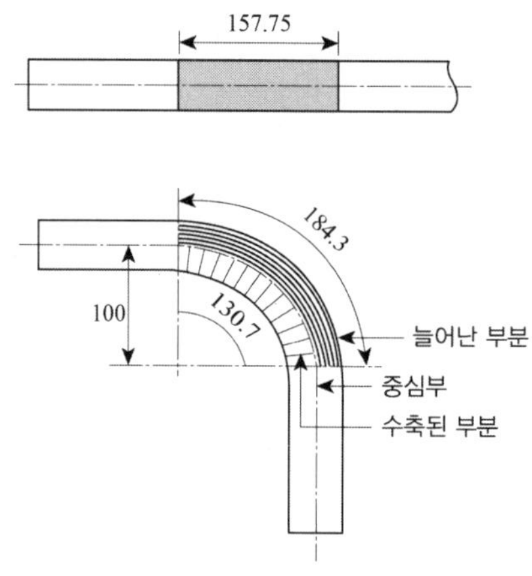

그림 9-6 관벽의 수축과 신장

[예제 4] 호칭지름 20A 강관을 곡률반경 100mm로 90° 구부림을 할 경우 곡선길이는 얼마인가?

(풀이) $L = R \times \theta \times 0.01745 = 100 \times 90 \times 0.01745 = 157.05\text{mm}$

3 주철관 이음

주철은 순철에 탄소가 1.7~6.67% 함유되어 있는 것을 말하며, 공업적으로는 탄소가 2.3~4.5% 정도 함유된 것이 많이 쓰인다. 주철은 용접이 어렵고 인장강도가 낮기 때문에 주철관을 이음할 때는 소켓 이음, 플랜지 이음, 기계식 이음, 빅토릭 이음, 타이튼 이음, 노-허브 이음 등을 한다.

가. 소켓 이음(socket joint)

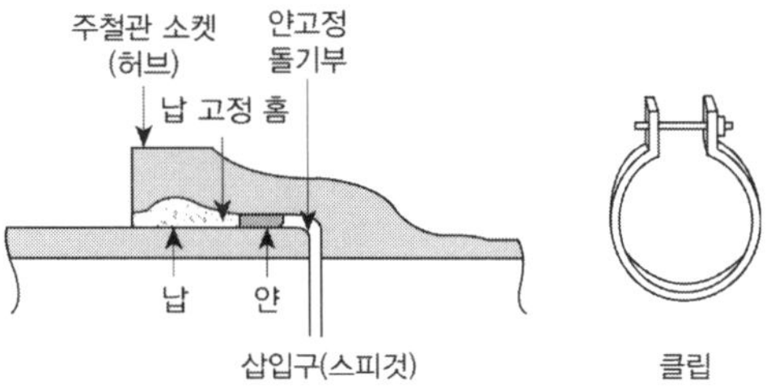

그림 9-7 소켓 이음

연납이음이라고도 하며, 주로 건축물의 배수배관 및 지름이 작은 관에 많이 사용된다. 주철관의 허브(hub) 쪽에 스피것(spigot)이 있는 쪽을 넣어 맞춘 다음 얀(yarn)을 단단히 꼬아 감고 정으로 박아 넣는다. 얀은 납과 물이 직접 접촉하는 것을 방지하고 납은 접합부에 굽힘성을 부여하여 준다. 얀 채움의 길이는 수도관의 경우에는 삽입길이의 1/3 정도가 알맞고, 배수관의 경우에는 2/3 정도가 알맞다. 납은 충분히 가열하여 표면의 산화물을 완전히 제거한 다음, 접합부에 충분한 양을 단번에 부어 넣는다. 여러 번 부어 넣으면 이음매에 블로홀이 생겨 누수의 원인이 된다. 수평관일 경우는 클립을 이음부 주위에 완전히 장착하여 용융납이 외부에 유출하지 않도록 한다. 이음부에 수분이 있으면 용융납이 비산하여 위험하므로 주의를 요한다.

(1) 소켓 이음시 누수의 큰 원인

① 얀의 양이 너무 많고 납이 적은 경우
② 코킹하기 전에 관에 붙어 있는 납을 떼어내지 않는 경우
③ 코킹 세트를 순서대로 차례로 사용하지 않고 순서를 건너뛴 경우 또는 불완전한 코킹의 경우

〈표 9-3〉 주철관 납땜 이음재료(소켓이음 1개소)

종류 / 관지름(mm)	수도용 주철관				배수용 주철관	
	납(kg)	얀(kg)	배관공(명)	소켓 깊이(mm)	납(kg)	얀(kg)
75	2.3	0.084	0.04	90	1.0	0.14
100	3.0	0.112	0.055	95	1.4	0.19
125	3.5	0.132	0.055	95	1.7	0.23
150	4.3	0.166	0.07	100	2.0	0.28
200	5.6	0.195	0.08	100	2.6	0.35
250	7.4	0.252	0.14	105	3.2	0.43
300	8.8	0.294	0.17	105	3.8	0.51
350	10.1	0.364	0.20	110		
400	11.0	0.389	0.23	110		
450	12.9	0.462	0.28	115		
500	16.1	0.553	0.40	115		
600	20.0	0.714	0.50	120		
700	24.3	0.851		125		
800	28.8	1.021		130		
900	34.8	1.181		135		
1000	38.8	1.49		140		

나. 플랜지 이음(flange joint)

플랜지가 달린 주철관을 플랜지끼리 맞대고 사이에 패킹을 넣어 볼트와 너트로 죄어 이음하는 방법이며 볼트를 죌 때는 스패너로 조금씩 대칭으로 죈다.

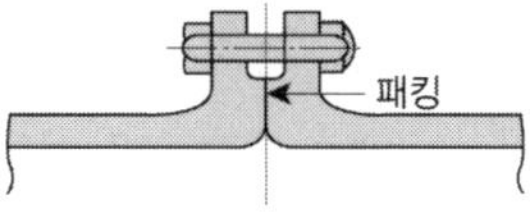

그림 9-8 플랜지 이음

다. 기계식 이음(mechanical joint)

이 방법은 수도용 원심력 구상흑연 주철관이나 수도용 구상흑연 주철이형관 등에 사용한다. 이음 방법은 고무링을 압륜(押輪)으로 죄어 볼트로 체결한 것이며, 소켓 이음과 플랜지 이음의 장점을 채택한 것으로서 다년간 개발한 결과 최근에 와서는 150mm 이하의 수도관에도 사용한다.

(1) 기계식 이음의 특징

① 기밀성이 좋다.
② 수중 작업이 가능하다.
③ 고압에 대한 저항이 크다.
④ 간단한 공구로 신속하게 이음이 되며 숙련공이 필요하지 않다.
⑤ 지진 기타 외압에 대하여 굽힘성이 풍부하므로 이음부가 다소 구부러져도 물이 새지 않는다.

(2) 기계식 이음 방법

기계식 이음 방법은 주철제 압륜과 고무링을 차례로 끼운 다음, 허브(hub)에 스피것(spigot)을 끼워 넣는다. 수구와 삽입구 사이 틈새는 고무링 압륜으로 누르고 볼트와 너트로 균등하게 죄어 고무링을 밀착시킨다.

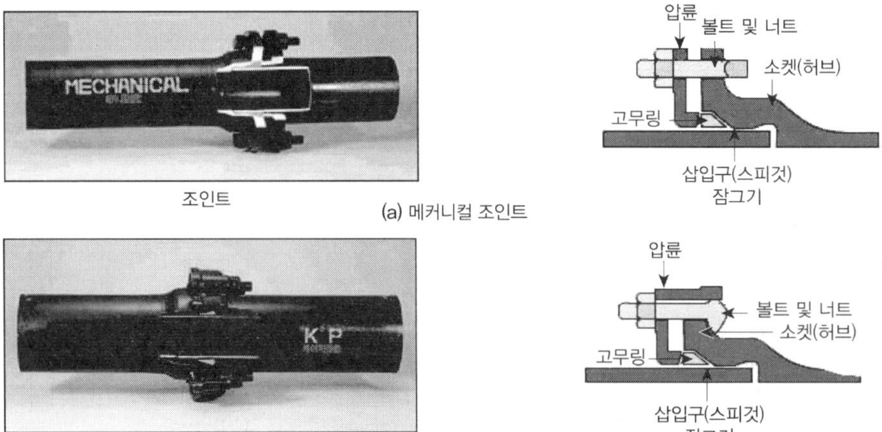

(a) 메커니컬 조인트

(b) KP 메커니컬 조인트

그림 9-9 기계식이음

라. 타이튼 이음(tyton joint)

이 방법은 미국 파이프 회사에서 개발한 세계 특허품으로서 현재 널리 사용되고 있는 새로운 이음 방법이다.

이 이음의 특징은 고무링 하나만으로 이음하며, 고무링은 단면이 원형으로 되어 있어, 그 구조와 치수는 견고하고 장기적으로 이음에 견딜 수 있도록 만들어져 있다. 소켓 내부의 홈은 고무링을 고정시키고 돌기부는 고무링이 있는 홈 속에 들어 맞게 되어 있으며 삽입구의 끝은 쉽게 끼을 수 있도록 테이퍼로 되어 있다.

(1) 타이튼 이음의 특징

① 이음에 필요한 부품은 고무링 하나 뿐이다.

② 이음 과정이 간편하여 관 부설을 산속히 할 수 있다.

③ 이음부의 굴힘 허용도는 호칭지름 300mm까지는 5°, 400mm 이하는 4°, 500mm 이하는 3°까지다.

④ 온도 변화에 따른 신축이 자유롭다.

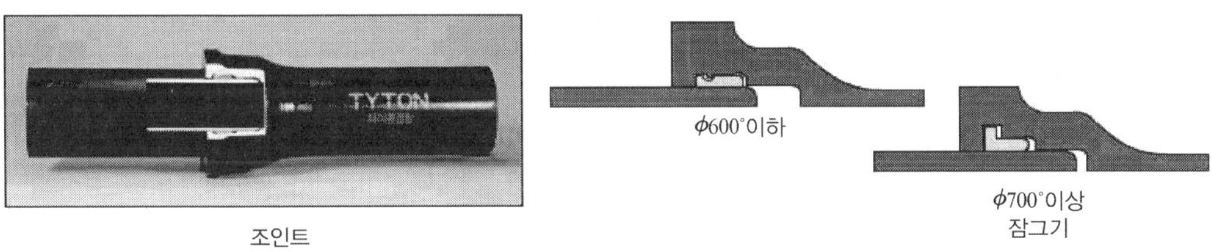

그림 9-10 타이튼 이음

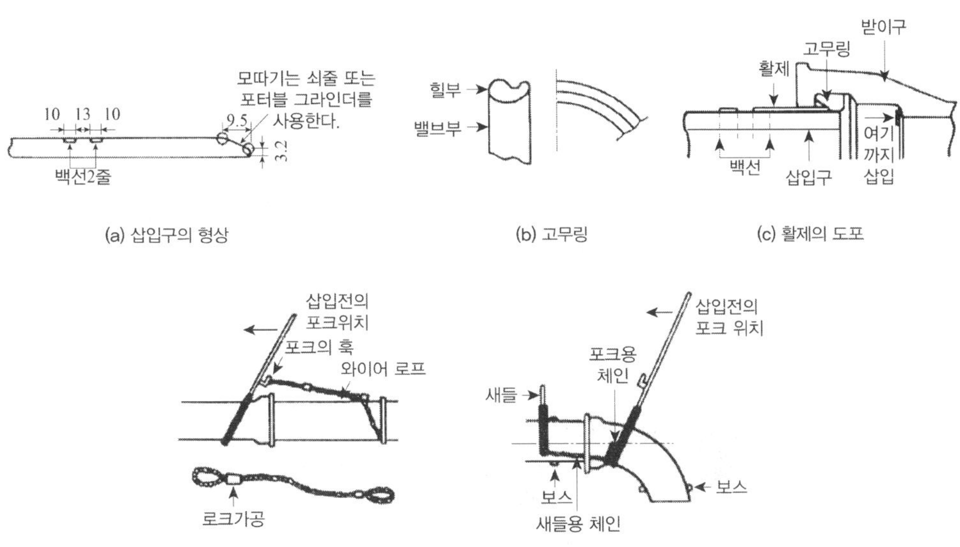

(a) 삽입구의 형상　(b) 고무링　(c) 활제의 도포

(d) 관지름 250mm 이하는 포크에 의하여 이음

그림 9-11 타이튼 이음 순서

마. 빅토릭 이음(victoric joint)

특수 모양으로 된 주철관의 끝에 고무링과 가단주철제의 칼라(collar)를 죄어 이음하는 방법으로 수도용 또는 가스용 배관에 이용되며, 빅토릭형 주철관을 사용한다. 호칭지름 350mm 이하이면 2분할하여 칼라를 2개의 볼트로 죄고, 400mm 이상이면 4분할하여 원형을 짝지어 4개의 볼트로 안쪽의 고무링과 관을 밀착시킨다. 빅토릭 이음의 특징은 관 속의 압력이 높아지면, 고무링은 더욱 관 벽에 밀착하여 누수를 막는 작용을 한다.

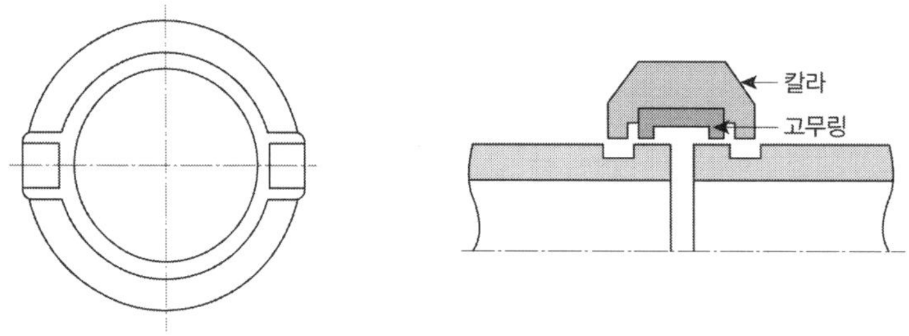

그림 9-12 빅토릭 이음

바. 노-허브 이음(no-hub joint)

노-허브 이음은 종래 사용하여 오던 소켓 이음을 혁신적으로 개량한 것으로, 스테인리스강 커플링과 고무링만으로 쉽게 이음할 수 있는 방법이다. 시공이 간편하며, 경제성이 있어 현재 고층 건물의 배수관 등에 많이 사용되고 있다.

(1) 노-허브 이음의 특징

① 드라이버(driver)공구의 하나로서 쉽게 이음할 수 있다.
② 노-허브 이음은 커플링나사 결합으로, 시공이 완료되어 공수를 줄일 수 있다.
③ 허브(hub) 타입의 주철관 직관은 견적 및 시공시 직관을 구분하여야 하나, 노-허브 직관은 임의의 길이로 절단하여 사용할 수 있어 견적 및 시공이 편리하다.
④ 노-허브 이음시 누수가 발생하면 죔 밴드를 죄어 주거나, 고무패킹만 교환하여 주면 쉽게 보수가 가능하다.

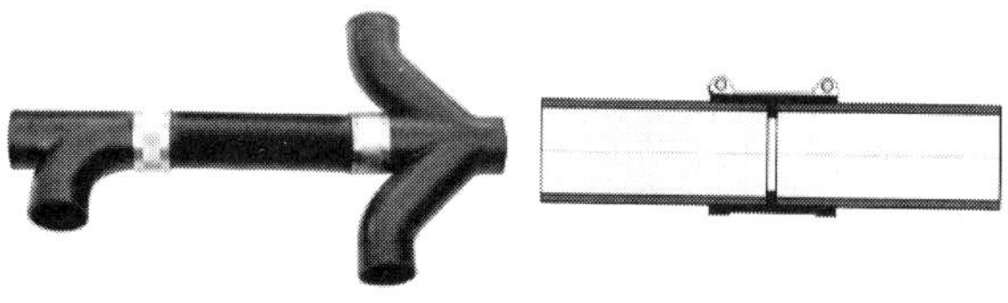

그림 9-13 노-허브 이음

〈표 9-4〉 노-허브용 직관의 규격

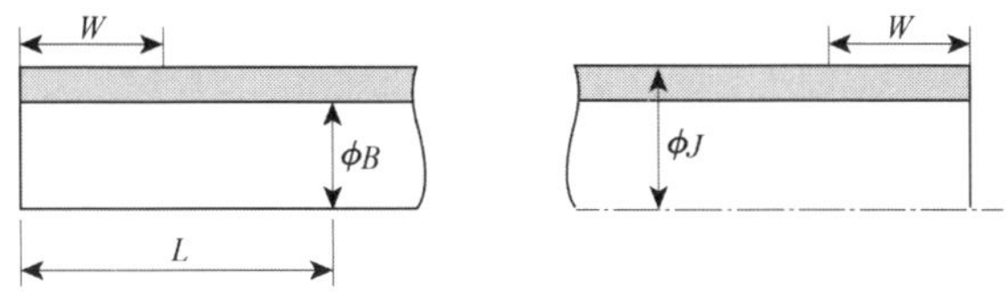

[단위 : mm]

호칭지름	안지름(B)	바깥지름(J)	개스킷 쪽(W)	길이(L)	
ϕ50	50±1.5	58.6±1.5	28.7	1,500	
ϕ75	75±1.5	84±1.5	28.7	1,150	3,000
ϕ100	100±1.5	111.2±1.5	28.7	1,500	3,000
ϕ125	125±2.3	134.6±2.3	38.1	1,500	3,000
ϕ150	150±2.3	160±2.3	38.1	1,500	3,000

4 동관(銅管) 이음

동합금 주물제와 이음매 없는 순동관을 가공한 동관이음이 있으며, 일반적으로 후자가 많이 사용된다. 스피것(spigot)을 소켓 모양으로 하고 모세관 작용에 의한 흡입력 납재를 침투시켜 이음한다. 관의 면과 이음 내면의 틈새는 관지름 20～25mm에서 0.2mm, 그 이상에서는 최대 0.25mm이다. 이외에 연납땜, 경납땜의 청동체결용 유니언, 플레어 이음, 플랜지 이음, 절연 이음 등이 있다.

가. 납땜 이음(soldering joint)

납땜 이음은 황동제의 납접용 이음쇠를 이용하며, 동관을 이음쇠의 슬리브에 끼우고 그 사이를 납땜으로 이음하는 방법이다. 납땜재료는 봉납 또는 와이어 플라스턴(wire plastan)이 사용되며, 강도를 요하는 곳은 은납, 황동납, 등의 경납이 사용된다.

〈표 9-5〉 동관 납땜부의 사용 압력(kgf/cm^2)

사용하는 납땜 재료	사용 온도 (℃)	호칭지름(in)				
		급수·급탕관				증기배관
		$\frac{1}{4}$~1	$1\frac{1}{4}$~2	$2\frac{1}{2}$~4	5~8	전부
납(H50A)	38	14	13.3	10.5	9.1	−
	66	10.5	8.8	7	6.3	−
	93	7	6.3	5.3	4.9	−
	121	6.0	5.3	3.5	3.5	1.05
솔더 (주석96, 은4)	38	35	28	21	10.5	−
	66	28	24.5	19.3	10.5	−
	93	21	17.5	14	10.5	−
	121	14	12.3	10.5	9.8	1.05

(1) 연납땜

연납은 주석(Sn)과 납(Pb)의 합금이며, 주석과 아연의 합금 비율에 따라 용융점이 다르다. 연납의 성분과 용융온도로서 주석 63%, 납 37%일 때 융점이 가장 낮은데 이때의 융점은 182℃이다.

주석도금 철판이나 아연도금철판, 황동판의 납땜에는 주석 30～40%인 것을 가장 많이 사용한다.

납은 인체에 대단히 해로우므로 식기를 용접할 때는 사용해서는 안 되며, 열을 많이 받는 것에는 사용할 수 없다.

〈표 9-6〉 연납용 용재

종 류	용 도
염산(HCl)	아연·아연도금 철판
화아연(ZnCl)	주석도금 강판·구리·합금판
염화암모늄(NH_4Cl)	철강계 금속
로진	납
인산	구리·구리합금판

(2) 경납접

경납은 연납접보다 큰 강도를 요구할 때 사용하며, 다음과 같은 종류가 있다.

① **황동납(Cu+Zn)** : 구리 50～60%, 아연 50～70%의 합금으로 융점은 800～1000℃이다. 구리합금, 강철 등의 땜에 사용한다.

② **인동납(Cu+Ag+P)** : 구리가 주성분이며, 소량의 은, 인을 포함한 합금으로 되어 있다. 일반적으로 구리 및 구리합금의 땜납으로 쓰인다. 납땜 이음부는 전기전도나 기계적 성질이 좋으며, 황산 등에 대한 내산성도 우수하다.

③ **은납(Cu+Zn+Ag)** : 구리, 아연, 은의 합금으로 용융점은 600～900℃이며, 은세공에 사용한다.

④ **양은납(Cu+Zn+Ni)** : 구리와 아연의 합금에 니켈을 배합한 것으로 양은, 니켈, 합금 등의 땜에 사용된다.

⑤ **용제(flux)** : 납땜을 할 때, 모재 표면에 있는 산화막 기름을 제거하여 깨끗이 하고, 가열 중에 생성된 금속 산화물을 용해시켜서 액체 상태로 만들며, 납의 흐름을 좋게 한다. 경납용 용제에는 붕사와 붕산이 있다.

⑥ **납땜인두** : 납땜인두는 열전도율이 크고 친화력이 있는 구리를 사용하며, 크기는 인두의 머리 무게로 표시한다. 인두의 가열온도는 300～500℃이고, 열전도율이 좋으므로 100～150℃로 예열하는 것이 좋다.

나. 압축 이음(compressed joint)

한쪽 동관의 끝을 나팔형으로 넓히고, 압축이음쇠를 이용하여 체결하는 이음 방법이다. 압축이음을 플레어 이음(flare joint)이라고도 하며, 관지름 20mm 이하의 동관을 이음할 때, 기계의 점검 보수 등의 필요한 장소에 압축이음 방법을 사용한다.

(1) 압축 이음 방법

관을 관축에 대하여 직각으로 절단한 다음, 슬리브 너트를 관에 끼우고 플런저(plunger) 또는 플레어공구를 사용하여 나팔 모양으로 만든다. 압축이음은 진동 등으로 인한 풀림을 방지하기 위하여 더블너트(double nut)로 체결한다.

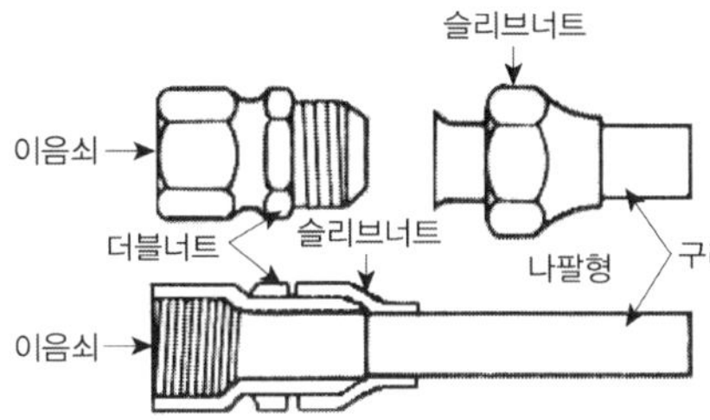

(a) 압축 이음

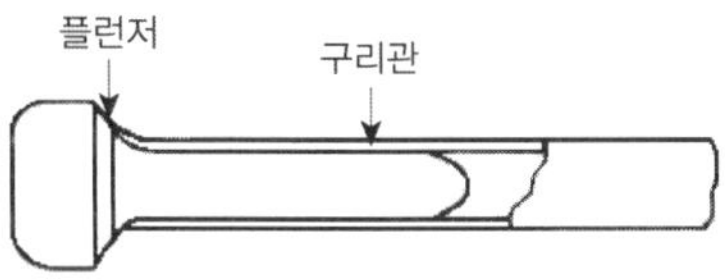

[플런저에 의한 넓히기]

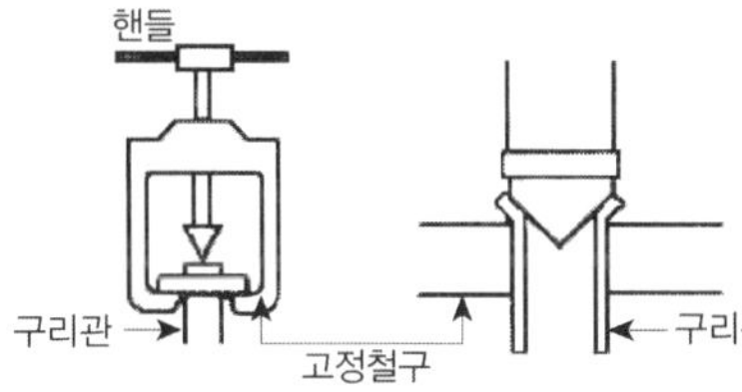

[플레어공구에 의한 넓히기]

(b) 나팔 모양 제작

그림 9-14 압축이음 및 나팔 모양 만들기

다. 플랜지 이음(flange joint)

플랜지 이음은 냉매 배관용으로 사용되며, 플랜지는 시트의 모양에 따라 삽입형(揷入形), 홈꼴형, 랩형(lap type joint) 등이 있고 재질에 따라서 황동제, 포금제, 단조 제품 그림 등이 있다. 동관과 플랜지의 이음에는 유합 플랜지를 제외하고는 납땜에 의한다. 플랜지를 체결할 때에는 플랜지 사이에 패킹을 넣고 볼트로 죄어 이음한다. 유합플랜지는 플랜지를 미리 관에 끼우고 관 끝을 (그림 9－15)와 같이 젖혀서 양면 사이에 패킹을 끼우고 체결하는 방법이며, 상당한 고압에도 견디므로 많이 사용된다. 특히, 고압으로 인한 누설을 방지하기 위해서는 젖혀진 끝 부분을 납땜할 때도 있다. 이때는 패킹을 삽입하지 않는다.

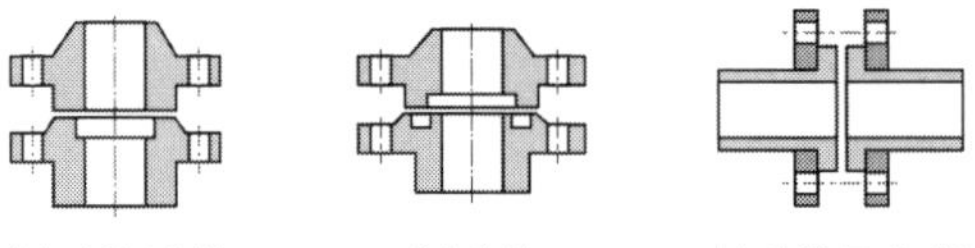

그림 9-15 동관용 플랜지 종류

라. 동관의 분기 이음

동관의 주관 도중에서 이음쇠를 사용하지 않고 직접 분기하는 방법이며, (그림 9-169(a))의 주관은 지관 안지름보다 1~2mm 정도 큰 구멍을 뚫고 다듬질한 후, 지관의 끝을 넓혀서 주관의 외면에 밀착하도록 만든 후 납땜이음 한다. 이 방법은 상용압력 20kgf/cm^{2}까지 충분히 견딜 수 있다. 그림 (b)는 주관에 작은 구멍을 뚫고, 티뽑기 공구를 사용하여 끝을 쳐올린 다음, 지관을 삽입하고 납접이음하는 방법이다. 이 방법은 티(tee) 부속을 사용할 곳에 직접 티를 만들어 사용하므로 시공비를 절감할 수 있다.

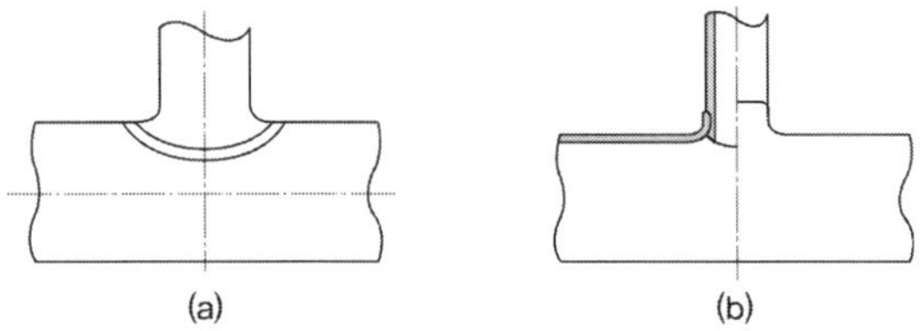

그림 9-16 동관의 분기 이음

마. 용접 이음

동관과 동관을 직접 수소용접하는 방법이며, 복사난방 매설관의 온수관, 의료용 마취 가스배관 등의 이음에 사용한다. 용접 이음은 배관의 충격이나 진동에 대하여 이음을 보호하며, 이음부 사이에 일어나는 전해 작용에 의한 부식 현상을 방지할 수 있다.

바. 동관 구부리기

강관과 거의 같은 방법으로 구부리고, 열간 구부림시 가열온도는 600~700℃ 정도 가열하며, 냉간으로 구부릴 때는 구리관용 벤더를 사용한다. 최소 곡률반경이 관지름의 4~5배가 되도록 하여 구부린다.

사. 저온용접(低溫熔接)의 원리

땜납은 납과 주석의 합금으로서 용융온도는 성분비율에 따라 다르며 순수한 납의 용융점은 326℃이고, 주석의 용융점은 232℃이다. 그러나 납과 주석을 배합하여 합금을 만들면 주석의 양이 증가함에 따라 용융점은 주석의 용융점보다 낮은 182℃이 된다.

더욱더 주석의 양을 증가시키면 용융온도는 182℃보다 점점 높아진다. 이때 용융점이 가장 낮은 점 182℃를 공정점이라고 한다.

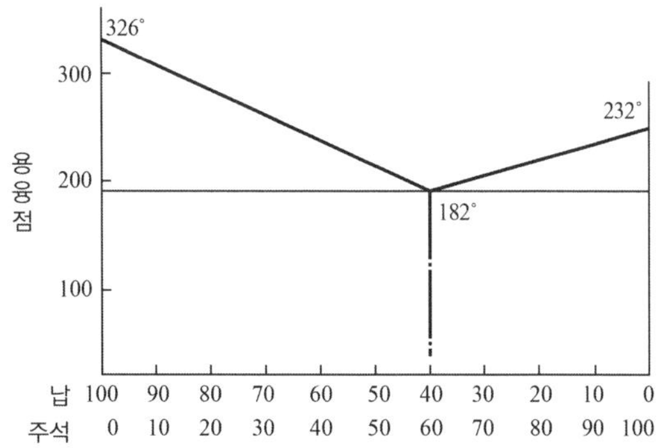

그림 9-17 연납의 성분비율과 용융온도

보통 용접은 금속의 용융온도 이상에서 행하여지므로 저온용접은 이와 다른 특징이 있다

① 용접되는 재료의 변질이 없다.

② 용접시 열에 의한 변형이 적고 균열 발생도 적다.

③ 공정조직으로 하면 결정이 미세하게 되어 강력한 이음이 된다.

5 연관(鉛管) 이음

수도용 연관에는 1종(성분순도 납 99.8% 이상)과 2종의 합금연관이 있다. 연관의 사용 압력은 상용압력에서 0.75MPa 이하 시험 수압은 1.75MPa이다. 납은 알칼리 성분에 약하므로 콘크리트 배관을 할때는 아스팔트 제트테이프 등으로 충분히 감아 시공한다. 연관의 이음 방법에는 플라스턴 이음, 살올림 납땜 이음, 용접 이음 등이 있다.

가. 플라스턴 이음(plastan joint)

플라스턴 이음은 비교적 용융점이 낮은 플라스턴 합금에 의한 이음 방법으로서 특수한 기술이나 숙련이 없어도 간단하게 시공할 수 있기 때문에 최근에는 널리 사용되고 있다. 플라스턴이란 주석(Sn) 40%와 납(Pb) 60%의 합금을 말하며, 용융점이 232℃이다.

플라스턴 이음의 종류에는 직선 이음, 맞대기 이음, 수전소켓 이음, 맨더린 이음 등이 있다.

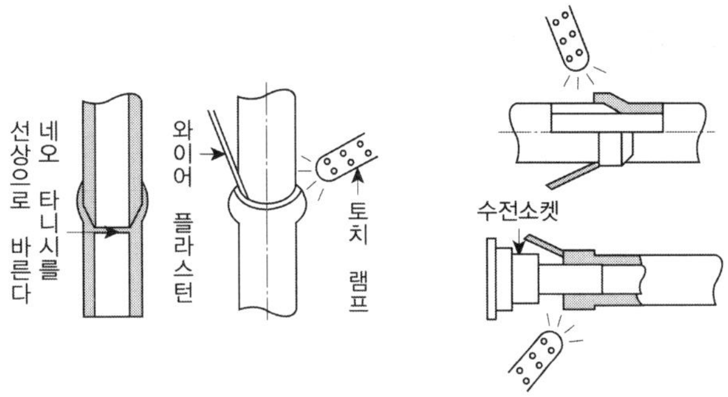

그림 9-18 플라스턴 이음

나. 살올림 납땜 이음(over－cast soldering joint)

살올림 납땜은 이음자리에 용해된 땜납을 끼얹거나 녹여 붙여서 이음하는 방법으로서 성금 납땜, 옥형납땜, 문지르기 이음, 또는 구(球)이음 등 여러 가지 이음으로 불린다. 이 이음은 연관이 완전히 접속되고 수압에 견디기 때문에 수도관 등의 이음에 많이 사용되어 왔으나, 플라스턴 이음의 보급으로 사용빈도가 점차 줄어들고 있다.

다. 용접 이음

연관과 연관을 직접 수소용접하는 방법으로 전기 화학 작용에 의한 부식 작용이 없으므로 화학 공장의 약액 수송관, 화학 배수관 등의 이음에 이용된다.

라. 연관의 벤딩

연관 속에 모래를 채우고 구부리는 방법과 모래를 채우지 않고 심봉과 벤드벤을 이용하여 구부리는 방법이 있다. 연관의 구부림 가열온도는 100℃ 전후로서 이 온도에 달하면 표면에 광택이 나고 물을 떨어뜨리면 물방울이 튀어 떨어진다. 특히 용융점이 낮아 온도의 식별이 어려우므로 주의하여야 한다.

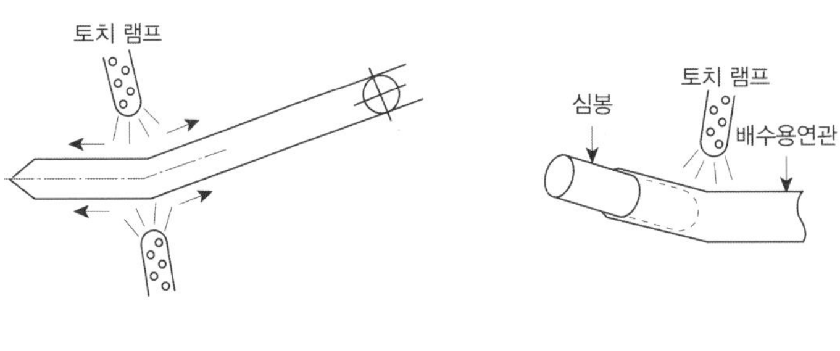

그림 9-19 연관 구부림 방법

6 스테인리스강관 이음

일반 배관용 스테인리스강관(KS D 3595)은 내식, 내열 및 고온용의 배관에 사용되며 관 공작은 다소 어려움이 있으나, 용접 또는 압착 이음이 널리 사용되고 있으며, 최근에는 스테인리스강관 배관용 원터치방식 쐐기형 이음쇠가 제품화되어 있다.

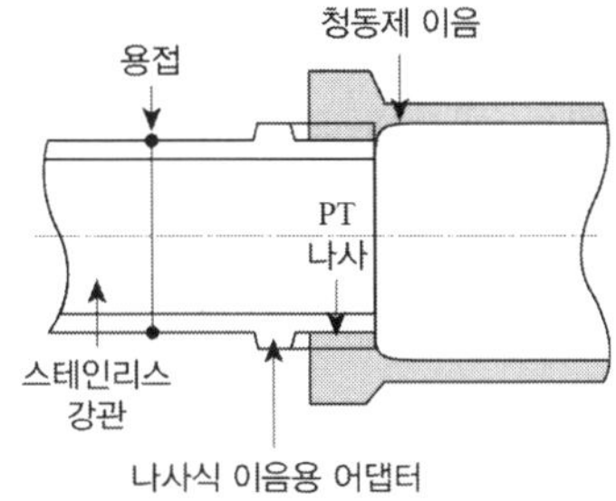

그림 9-20 스테인리스강관 원터치식 이음쇠와 나사식 이음법

가. 나사식 이음

일반적으로 강관의 나사 이음과 같이 행하며 밸브 등을 장착할 때 사용하는 것으로서 나사식 스테인리스강 어댑터를 매개체로 사용한다.

나. 납땜 이음

이음부를 플럭스(flux)에 2～3회 돌려 고루 적셔서 이음부에 끼워 넣은 다음, 버너로 이음 부분이 붉게 될 때까지 가열한다. 다음에는 관을 가열하여 납이 이음부에서 외부로 빠져 나올 때까지 납땜한 다음 세척액이나 물로 급랭한다.

완료 후 5분마다 비눗물 또는 암모니아수로 세척하여 관 내의 이물이나 플럭스를 제거하고 필요에 따라서는 샌드페이퍼, 와이어브러시 등을 사용하여 표면을 깨끗이 한다.

플럭스를 붕산과 불화칼륨의 분말을 같은 모양으로 혼합하여 사용한다. 납땜 재료는 주석 함유량이 많은 것을 사용하면 좋다.

다. 압착 이음(grip joint method)

13SU에서 60SU 이하는 몰코 이음이 주로 사용된다. 이음 방법으로는 프레스공구를 사용하여 취부용 그립 조(grip jaw)의 홈에 이음쇠의 볼록 부분이 꼭 끼도록 한 후 전기스위치를 넣으면 조가 이음쇠에 밀착되며 압착되어 이음이 완료된다.

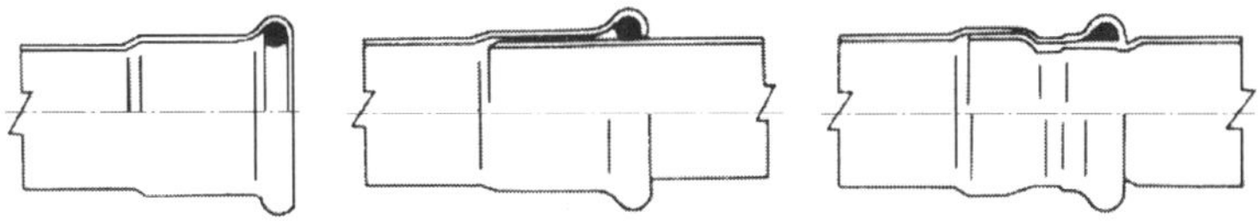

(a) 파이프 삽입 전 (b) 파이프 삽입 후 (c) 프레스 작업 후

그림 9-21 압착 이음 단면상세도

라. MR 이음의 특징

① 관의 나사내기 프레스가공 등이 필요없고 관의 강도를 100% 활용할 수 있다.
② 화기를 사용하지 않기 때문에 기존 건물 등의 배관공사에 적당하다.
③ 접속에 특수한 공구를 사용하지 않고 스패너로만 간단히 접속시킨다.
④ 작업에 숙련이 필요로 하지 않고 배관 작업이 간단하다.
⑤ 이음새 본체는 청동제 주물(BC 6)로 스테인리스강관과 타종 강관과의 자연전위차가 없기 때문에 부식 문제가 없다.
⑥ 열팽창이 스테인리스강관과 거의 같고 동합금제 링을 사용하여 관 내 수온 변화에 의한 이완 현상이 없고, 따라서 누수는 물론 각종 성능이 저하되지 않는다.

마. 플랜지 이음

플랜지에 의한 이음의 경우는 일반적으로 가공된 부재를 공사 현장에 반입시켜 접합시키는 것으로 하며, 주의사항은 아래와 같다

① 플랜지에 사용하는 개스킷은 스테인리스강관 전용의 지정품을 사용하여야 하며, 이때 개스킷의 시트가 접히거나 벗겨지지 않도록 주의하여야 한다.
② 스테인리스강관을 이용한 수도용 강관에 보통 강의 루스(loose)플랜지로 접합할 경우에는 볼트에 절연 슬리브가 끼워져 있는 것을 사용하여야 한다.
③ 절연 플랜지 사용시 볼트용 절연 슬리브 및 절연 와셔는 한쪽(bolt)머리 쪽으로만 사용하여야 한다.
④ 수직관에 절연 플랜지를 사용할 경우 볼트용 절연 슬리브 및 절연 와셔는 하측 플랜지 쪽에 오도록 조립하여야 한다.

바. 용접 이음

(1) 열영향

스테인리스강의 용접 이음에 있어 열영향은 오스테나이트 스테인리스강(STS 304, STS 316 계열)은 보통강보다 열팽창이 크고 열전도도가 작으므로 열영향을 감소시켜 주는 것이 중요하며, 방치하면 잔류응력이 크게 되고 균열발생 원인이 된다. 입자의 성장이나 탄화물의 석출을 일으켜 인성을 나쁘게 하고, 크랙(Crack)의 발생을 촉진하는 경우도 있다. 그러므로 가능한 열을 빨리 확산시켜 주거나 냉각에 대한 고려를 할 필요가 있다.

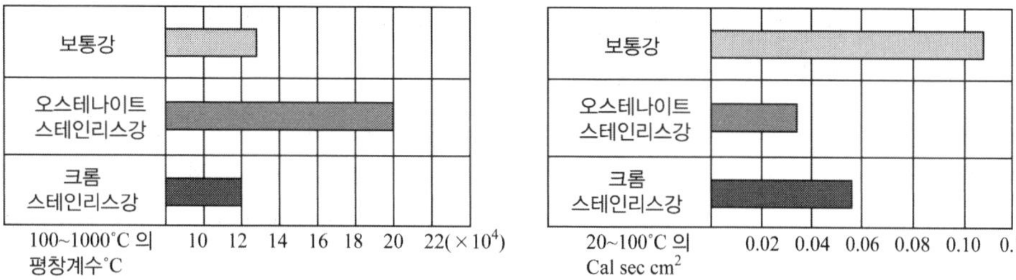

(a) 팽창계수 (b) 열전도도

그림 9-22 스테인리스강의 팽창계수와 열전도도

(2) 용접시 열영향 방지 대책

① **용접 후 고용화 열처리** : 입계부식 방지, 균일냉각 및 신속냉각(450~870℃ 범위)이 필요하다.

② **안정화 원소 첨가** : 니오븀(Nb), 탄탈늄(Ta), 티타늄(Ti) 등의 원소를 첨가하여 크롬 탄화물의 형성을 방지한다.

③ **극저탄소강의 사용** : C가 0.030% 이하 함유된 오스테나이트 스테인리스강 사용, 일반적으로 304L, 308L, 316L 등의 용접봉이 사용된다.

④ **탄화물 석출의 억제** : 모재 및 용착금속의 탄화물 석출온도 범위를 가능한 단시간 내에 냉각시킨다. 사용하는 용접봉을 가능한 한 직경이 작은 것을 사용하여 모재에 입열을 적게 하는 것도 좋다.

⑤ **용접 방법의 선택** : 산소-아세틸렌 가스 등의 낮은 열원을 이용한 느린 속도의 용접은 곤란하다. 일정한 용접속도로 속도를 빨리할 수 있는 방법을 택하는 것이 좋다.

(3) 스테인리스강관의 TIG용접

TIG용접(tungsten inert gas arc welding)은 전극으로 내화성이 높은 텅스텐을 사용하기 때문에 비용극식(non-consumable electrode type)의 아르곤 가스 용접이라고도 부른다.

TIG용접은 MIG용접에 비해 아크의 열집중력이 적으나, 아크길이는 용이하게 변화시킬 수 있어 모재 가열시 강약의 조절이 용이하다. 이 방법은 비교적 4.0mm 이하의 박판에 사용되며, 또 파이프 등의 맞대기용접의 이음부에 이면 비드를 형성하게 한다.

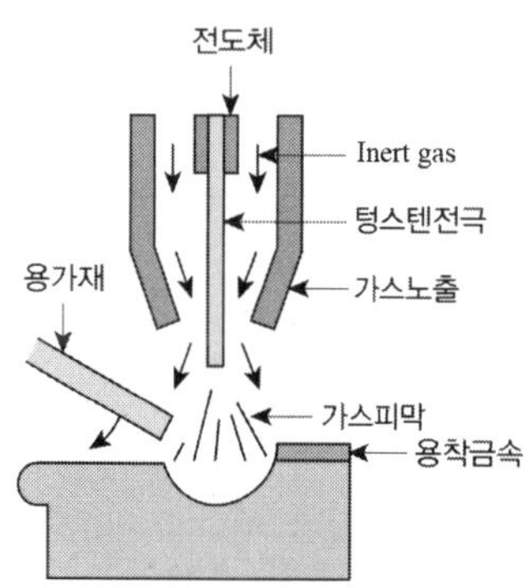

그림 9-23 TIG용접방법

이때 이면의 내식성을 중시하는 경우에는 아르곤가스를 이면으로 취입시켜 대기의 영향을 없애는 방법을 사용하기도 한다.

용접전류에는 교류와 직류 모두 사용되고 있으나 스테인리스강의 용접에는 보통 봉을 마이너스(−)에 접속시킨 직류정극성으로 하여 사용한다. 만약 전극을 플러스(+)로 하면 전자충격에 의한 전극의 과열로 인해 텅스텐이 소모됨과 동시에 그 금속이 용접금속에 말려 들어가 내식성을 약화시키기 때문이다. 보호가스는 순아르곤가스를 사용하고 전극봉은 순텅스텐에 1~2%의 토륨(thorium)을 첨가한 것이 바람직하다. 전극봉의 치수는 용접전류 및 소재 두께에 따라 선택한다. TIG용접에서는 용가재를 첨가하는 경우와 첨가하지 않는 경우가 있으며, 첨가하는 경우에는 용접봉을 손으로 피딩(feeding)하는 방법과 릴 와이어 형태로 자동 송급시키는 방법이 있다. 그러나 두께 3.0mm 이하에서는 용가재없이 용접홈 형상을 I형으로 밀착시켜 용접하는 것도 가능하다. 텅스텐 전극봉의 직경은 2.4mm 또는 3.2mm를 사용한다. 용접전류는 전극봉과 용접모재의 두께에 따라 조정하여 사용한다.

2면 비드를 형성시키기 위해서 여러 가지의 제어가 필요하다. 먼저 이면비드의 형성 방식은 키홀(key hole)형과 열전도형으로 크게 분류가 된다. 키홀형은 아크가 모재의 이음부 사이로 이면까지 관통이 되어 루트(root)의 이면모서리를 용융시켜 이면 비드를 형성하도록 한 것이고, 열전도형은 아크열에 의해 용융된 금속이 루트면으로 흘러 들어가 용입되어 루트면을 융합시키는 것으로 그 주위의 열전도 혹은 열 전달에 의해 용융된 이면 비드가 형성되는 방법이다. 판 두께 3.0mm 이하의 박판용접에서는 보통 열전도형이 양호하다. 용접시 주의사항은 다음과 같다.

① 모재는 용접하기 전에 깨끗하게 청소할 것
② 용접 전 용접 부위를 청결하게 할 것
③ 용접 전류는 가능한 한 저전류를 사용하고 아크길이는 짧게 할 것
④ 과열과 변형을 방지하기 위해 짧고 단속적인 용접을 하며, 무리한 위빙(weaving)을 하지 말 것

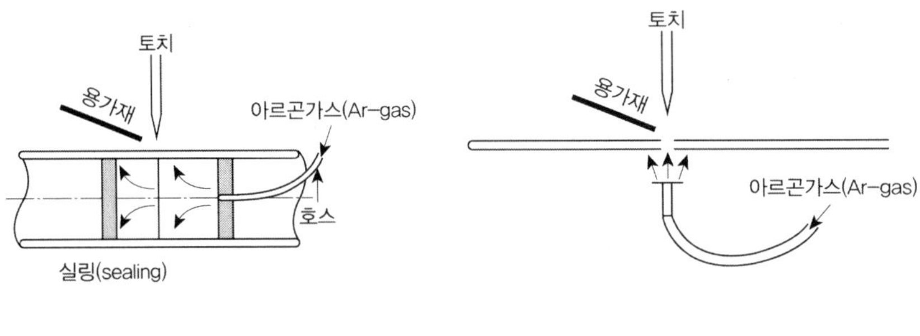

그림 9-24 파이프용접과 평판용접(두께 3mm 이하)

7 폴리부틸렌관 이음(polybutylene pipe joint)

폴리부틸렌은 최근에 개발된 신소재로서 일명 에이콘 이음(PB관 이음)이라고도 하며, 외관상으로 PE와 유사하나 보다 강하며, 또한 가볍고 화학 작용에 대한 우수한 내식성을 가지고 있어 온돌난방, 급수위생, 농업원예, 공업화학 배관에 널리 사용되고 있다. PB 배관재의 특성으로는 강한 충격, 강도, 유연성, 온도 화학작용 등에 대한 저항성이 크고, 시공이 간편하며 재사용이 가능하다. 재질의 굽힘성은 관경의 8배까지 가능하며, 또한 에이콘 파이프의 사용 가능 온도는 −30∼110℃ 정도로 내한성과 내열성이 강하다. 에이콘 이음은 정확한 파이프 길이를 측정한 다음, 마킹된 부분을 파이프 커터, 톱 등을 사용하여 파이프를 절단한다. 이때 부드러운 삽입을 위하여 그래브링(grabring)과 O－링 부분에 실리콘 윤활유를 발라준 후, 파이프를 PB관 연결 부속재에 가벼운 힘으로 수평으로 살며시 밀어 넣어 준다.

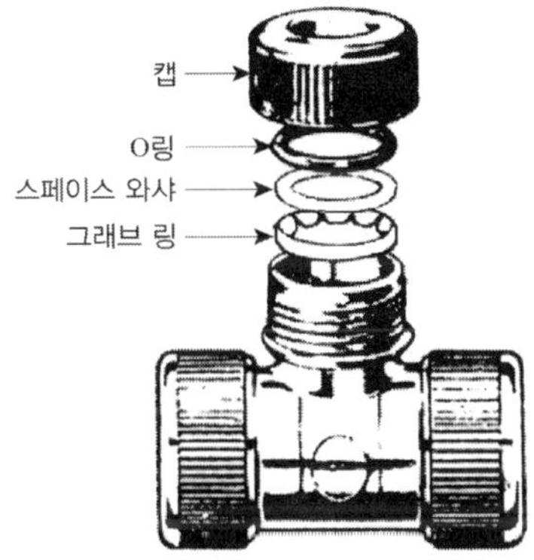

그림 9-25 에이콘 이음재의 단면 및 조립도

8 염화비닐관 이음

염화비닐관(염비관), 경질염화비닐관, 일반관, 박육관, 수도용 경질염화비닐관, 수도용 내충격성 경질 염화비닐관 등의 규격이 있으며, 이외에 내열경질염화비닐관이 있다. 이러한 관재들을 이음의 제조방법에 따라 분류하면 열간가공하여 접속할 때 사용하는 것과 열간가공을 하지 않고 냉간가공으로 접속할 때 사용하는 TS 이음이 있다. 각각 사출성형된 형 그대로의 갑형 이음과 일반 이음을 2차 가공하여 갑형받이로써 성형된 을형 이음이 있다.

〈표 9-7〉 염화비닐관의 열간이음과 냉간이음

종 류			비 고
열간이음		갑형	사출성형기에 의하여 성형한 것 다만, 모따기한 것을 포함함
		을형	열간이음 갑형 또는 관을 가열가공한 것
냉간이음	TS식	갑형	사출성형기에 의하여 성형한 것
		을형	열간이음 갑형 및 관을 가열가공한 것
	나사식	갑형	사출성형기 또는 압출성형기에 의하여 성형한 것
		을형	열간이음 갑형을 가열가공한 것

가. 냉간 이음법

일정한 테이퍼로 만들어진 TS 이음관을 접착제를 바른 관에 삽입하여 잠시 동안 그대로 잡아 두면 충분한 강도를 가지는 이음 방법이다. 접착부가 이음관의 좸형으로 인하여 단위면적당 이음부 강도가 다른 이음 방법보다 월등하게 크다.

특별한 숙련이 필요하지 않으며, 간편하고 경제적이며 안전한 이음 방법이다. TS 이음관은 관의 크기에 따라 1/15－1/37의 테이퍼로 되어 있으며, 관의 바깥쪽과 이음관의 안쪽에 접착제를 바르면 접착면에 약 0.1mm의 팽윤층이 생기므로 바르기 전과 비교하면 관의 바깥지름은 0.1mm 작아지고, 이음관의 안지름은 0.1mm 커진 것과 다를 바 없으므로 접착제를 바르지 않고 삽입할 때 보다 더 깊이 들어간다. 이것을 유동삽입이라 하며, 더욱 힘을 주어 삽입하면 염화비닐수지의 탄성에 의해 관은 다소 오므라들고 이음관은 다소 넓혀지므로 더욱 깊이 삽입된다. 이것을 변형 삽입이라 한다. 다음에 이음관 입구부는 관과 이음관의 틈새 0.2mm까지는 넘쳐 나온 접착제에 의해 접착 효과를 더욱 발휘할 수 있다. 이것을 일출 접합이라 하며, 이상의 세 가지 접속효과에 의해 이음강도가 유지된다. TS 이음 방법의 특징은 가열기가 필요 없고 시공 작업이 간단하며, 시간이 절약된다. 또한 특별한 숙련이 필요 없고 경제적 이음 방법으로 좁은 장소 또는 화기를 사용할 수 없는 곳에서의 배관 등 특수 경우에서도 사용할 수 있다.

(a) 동경티

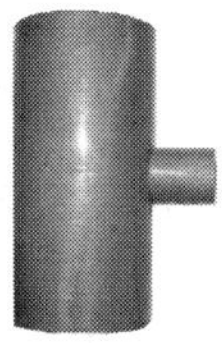
(b) 이경티

(c) 수전티

(d) 리듀서

(e) 엘보

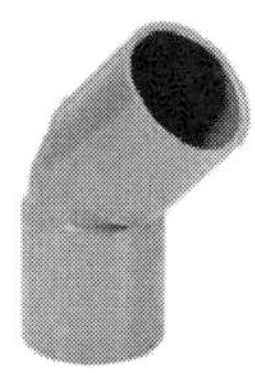
(f) 45°엘보

(g) 45°벤드

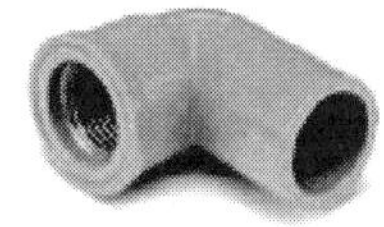
(h) 수전엘보

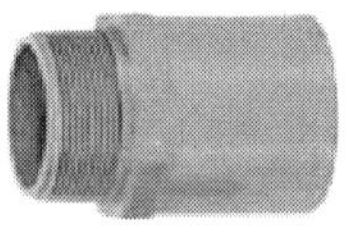
(i) 밸브소켓

(j) 수전소켓

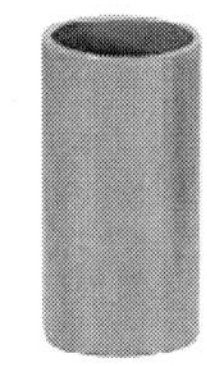
(k) 소켓

(l) 캡

그림 9-26 TS관 이음재의 종류(KS M 3402)

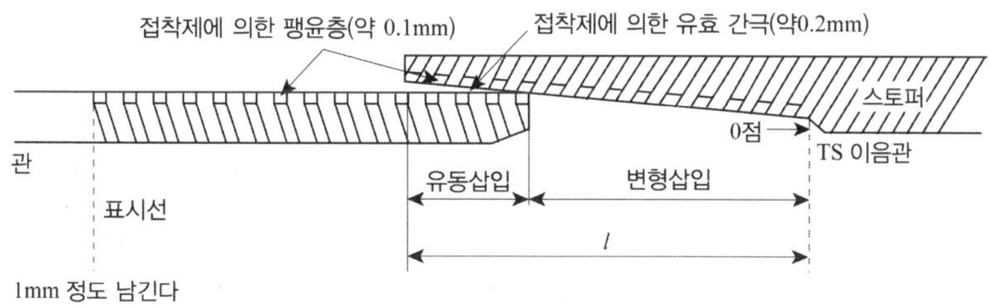

(a) TS 이음의 원리

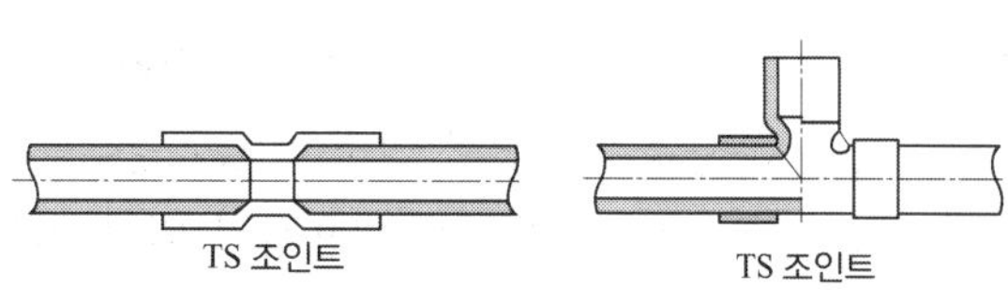

(b) 접합 완료한 곳의 단면도

그림 9-27 TS식 냉간이음

나. 고무링 이음법

고무링의 탄성을 이용하여 누설을 방지하는 이음 방법으로 접착제 또는 가열할 필요없이 고무링을 그대로 삽입시키면 되므로 간편하고 경제적인 이음 방법이다.

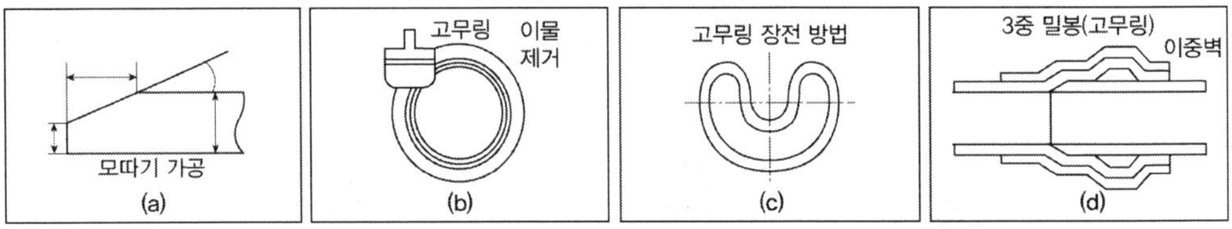

그림 9-28 고무링 이음법

(1) 고무링 이음의 특징

① 시공 작업이 간단하며 특별한 숙련이 없어도 시공할 수 있다.
② 시공 속도가 빠르며 수압에 견디는 강도가 크다.
③ 신축 및 휨에 대하여 완전하며 신축관을 따로 설치할 필요가 있다.
④ 외부의 기후 조건이 나빠도 이음이 가능하며 좁은 장소나 화기의 위험이 있는 곳에서도 이음이 안전하다.
⑤ 가열하거나 접착제를 바르지 않고 손쉽게 이음이 되므로 경비가 절감된다.
⑥ 이음 후에 관을 빼거나 다시 끼울 수도 있으므로 필요할 때 이동할 수 있어 경제적이다.
⑦ 부분적으로 땅이 내려 앉는 곳에도 안전하다.

다. 열간 이음

경질염화비닐관을 가열하면 75℃ 정도에서 연화하여 변형하기 시작한다. 이것을 열가소성이라고 한다. 연화 변형된 관에 열을 제거하면 그 상태로 경화한다. 이 상태를 다시 열화온도에서 가열하면 본래의 모양으로 돌아가는데 이것을 복원성이라고 한다.
복원성은 온도가 낮을수록 크므로 이 성질을 이용하여 관을 이음하는 경우에는 가능한 한 낮은 온도에서 작업하는 것이 바람직하다.
관을 계속 가열하면 180℃정도에서 용융된다. 200℃ 이상이 되면 열 때문에 분해하여 염산가스가 발생하며 더욱 가열하면 다갈색으로 변하고 300℃ 이상으로 가열하면 탄화하여 흑색으로 변한다. 그러나 불꽃을 내면서 연소하지는 않는다. 이러한 성질을 난연성이라 한다. 이상의 열가소성, 복원성, 융착성을 이용하여 열간 이음을 한다. 열간 이음은 갑형 또는 을형 이음관을 사용하거나 동일 지름의 관을 서로 이음할 때 소켓을 사용하지 않고 삽입 이음하는 방법이다. 이음 방법에 따라 열간 이음은 1단 열간 이음과 2단 열간 이음으로 구분되며 1단 열간 이음은 50mm 이하, 2단 열간 이음은 65mm 이상의 관이음에 사용한다.

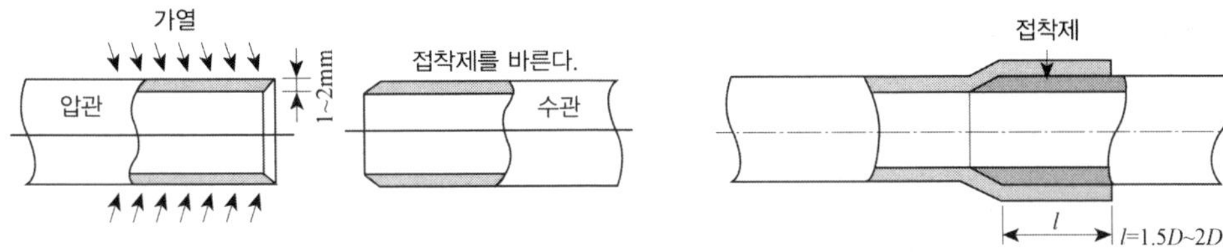

그림 9-29 열간 삽입 접착 이음

라. 플랜지 이음

관을 해체할 필요가 있는 경우의 이음 또는 다른 종류의 관과 이음할 때 사용되는 방법으로 보통 플랜지식 볼트 체결법을 쓰며, 패킹을 병용한다. 호칭지름 65mm 이상의 큰 관에 주로 사용된다.

이음 방법에는 플랜지 반전이음과 이종관 및 대구경관의 이음에 널리 이용되는 테이퍼 코어 플랜지 이음법 등이 있다.

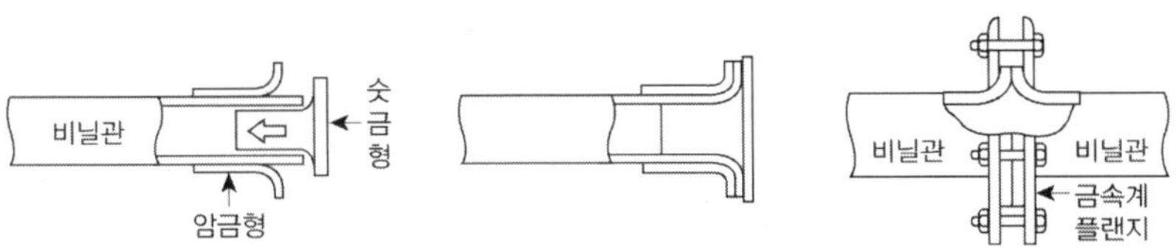

그림 9-30 플랜지 반전이음

마. 용접 이음법

플라스틱은 용접용 플라스틱과 비용접용 플라스틱으로 크게 나눌 수 있다. 전자를 열가소성 수지라 하며, 후자를 열경화성 수지라 한다. 열가소성 플라스틱은 열을 가하면 연화하고 더욱 가열하면 용융되어 유동되고, 열을 제거하면 온도가 내려가 처음 상태의 고체로 변하는 것을 말한다.

열경화성 플라스틱이란 열을 가해도 연화하는 일이 없고 더욱 열을 가하여 온도를 상승시키면 용융되지 않고 분해하며, 이와 반대로 열을 제거하면 처음 상태의 고체로 되어 변하지 않는 플라스틱을 말한다. 따라서 앞의 플라스틱은 용접이 가능하며, 보통 용접용 플라스틱이라 부른다.

열경화성 플라스틱은 현재로는 용접이 불가능하며, 이음 방법으로는 접착제에 의한 접착이나 리벳, 볼트·너트에 의한 기계적 이음법이 사용되고 있다.

용접용 열가소성 플라스틱은 우리들의 생활과 대단히 밀접한 것으로서 폴리염화비닐, 폴리에틸렌, 폴리아미드(polyamide), 폴리프로필렌, 메타크릴(methacrylate), 불소수지 등이 있으며, 용접이 안 되는 열경화성 플라스틱에는 페놀, 요소, 멜라민(melamine), 폴리에스테르(polyester), 규소 등의 수지가 있다.

용접 방법으로는 열기구용접, 마찰용접, 열풍용접, 고주파용접 등이 있다. 최근에는 플라스틱의 성질이 많이 연구되고 용접장치와 기술의 발달에 힘입어 용접 자동화로 인한 제품이 대량 생산되고 있다.

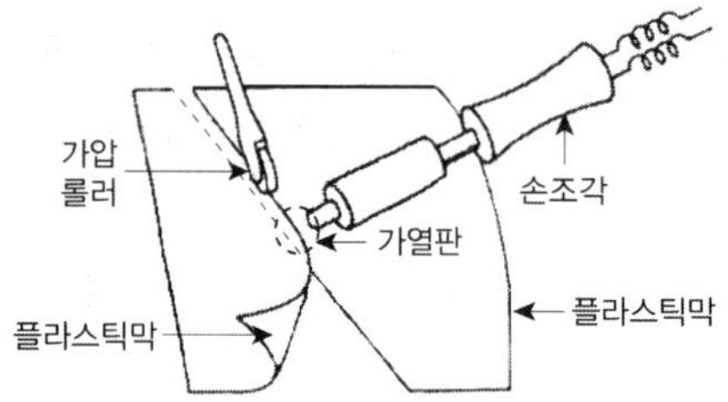

(a) 열기구용접

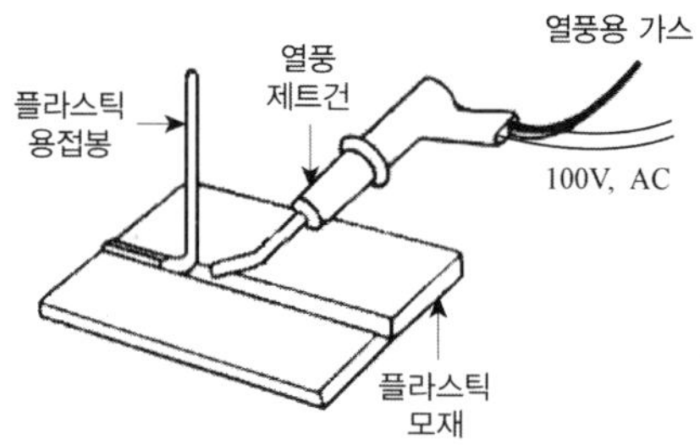

(b) 열풍용접

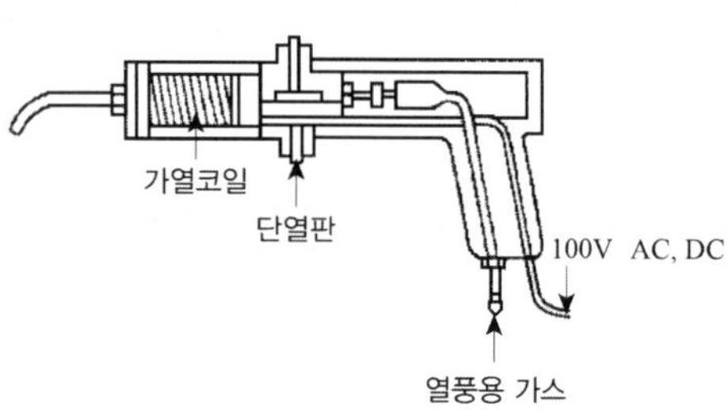

(c) 열풍용접 제트건

그림 9-31 열풍용접과 제트건

9 폴리에틸렌관 이음

폴리에틸렌관은 용제에 잘 녹지 않으므로 비닐관과 같은 방법으로는 불가능하며, 용착슬리브 이음, 테이퍼 조인트 이음, 인서트 이음, 플랜지 이음, 페이퍼 코어 플랜지 이음, 나사 이음 등을 행한다.

가. 용착 슬리브이음

용착 슬리브이음은 관 끝의 바깥 쪽과 이음관의 안쪽을 동시에 가열 용융하여 이음하는 방법으로 이음부의 접합강도가 가장 확실하고 안전한 방법이다.

이음시 주의점은 다음과 같다.

① 용융가열에 사용되는 지그(jig)는 이음관 및 관의 치수에 맞는 것을 사용한다. 지그의 재료는 열전도율이 큰 알루미늄합금을 사용하는 것이 좋으며, 용융한 폴리에틸렌이 지그에 달라붙지 않게 테프론가공을 한 것이 좋다. 철이나 구리로 만든 지그는 산화되기 쉬우므로 사용하지 않는 것이 좋다.

② 지그의 가열에는 토치램프, 숯불, 전열기, 프로판가스, 기타 어떤 것이라도 좋지만 240℃ 이상으로 과열되지 않도록 주의한다.

③ 경질관과 이음관은 동질 재료로서 용융속도가 동일하므로 동시에 지그에 삽입해도 되지만 연질관은 용융하기 쉬우므로 이음관보다 좀 늦게 관을 끼워서 가열하는 것이 좋다.

④ 이음관과 관을 가열하는 지그 치수는 허용차를 ±5mm 정도로 한다. 관과 지그의 사이가 넓으면 균일한 상태로 가열하기 어려우며 반대로 너무 좁아 무리하게 끼우면 모따기한 것이 변형된다.

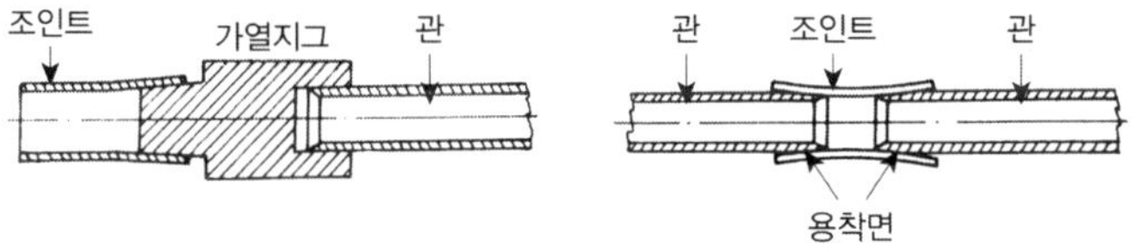

그림 9-32 용착 슬리브 이음

나. 테이퍼 조인트 이음

폴리에틸렌관 전용 포금제 테이퍼 조인트를 사용하여 이음한다.

① 양쪽의 관을 모따기 하고 80∼90℃로 가열한다.

② 슬리브 너트 및 캡너트를 끼운다.

③ 가열된 양쪽 및 끝을 테이퍼 관의 양쪽테이퍼 부분에 끼운다.

④ 슬리브 너트와 캡너트를 죄어서 누수를 방지한다.

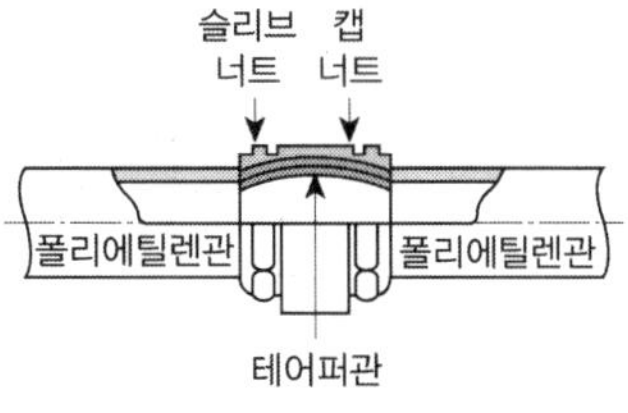

그림 9-33 테이퍼 조인트 이음

다. 인서트 이음(insert joint)

인서트 소켓을 이용하여 호칭지름 50mm 이하의 폴리에틸렌관을 이음하는 방법이다. 관 지름과 관 두께가 커질수록 클립의 체결력이 약하며 접합 강도가 불충분하다.

이음순서는 다음과 같다.

① 관 끝을 가열하여 연화시킨다.

② 관을 인서트 소켓에 끼운다.

③ 스테인리스제의 클립으로 죄어서 체결한다.

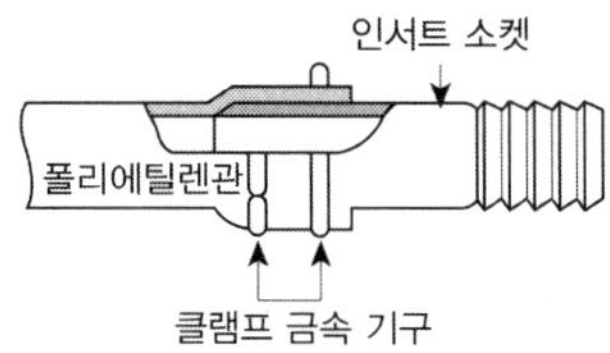

그림 9-34 인서트 이음

10 이종관(異種管) 이음

이종관의 이음에는 신축량, 강도, 중량 등 관재료에 따른 재료의 성질을 이해하여야 한다. 특히, 이종 금속관끼리의 이음은 가끔 관 내에서 전해 작용에 의한 부식 현상이 발생하므로 주의하여 시공하여야 한다.

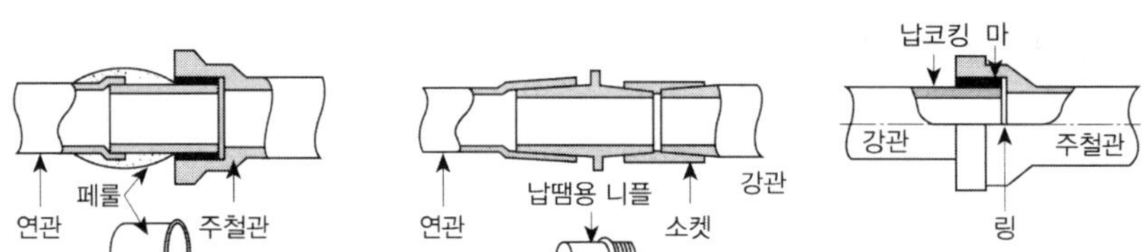

(a) 연관과 주철관 이음 (b) 강관과 연관 이음 (c) 강관 주철관 이음

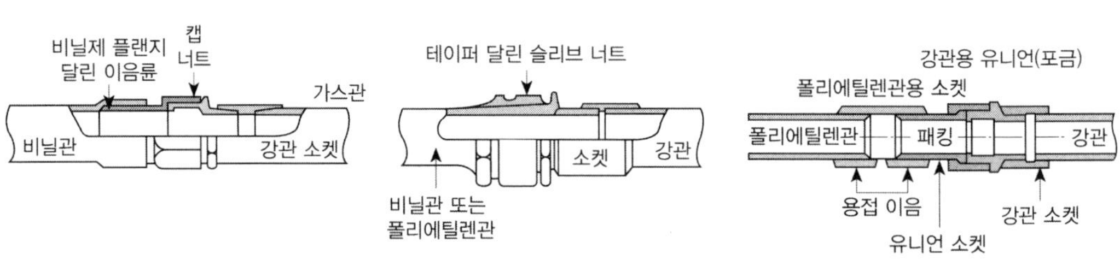

[강관용 유니언] [테이퍼 이음쇠(겉나사)] [테이퍼 이음쇠(속나사)]

(d) 강관과 폴리에틸렌의 이음

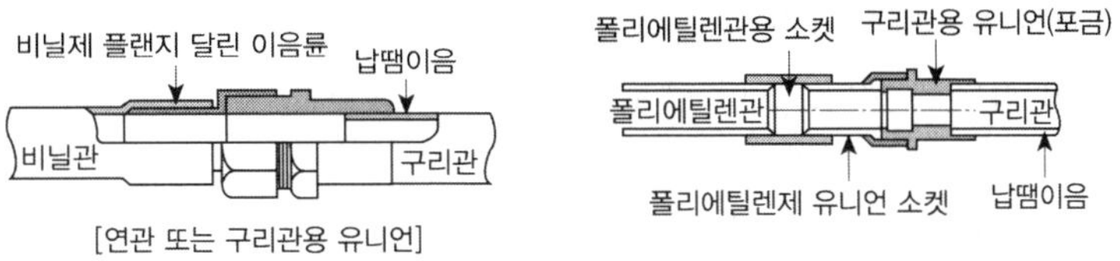

(e) 폴리에틸렌관과 구리관 모양

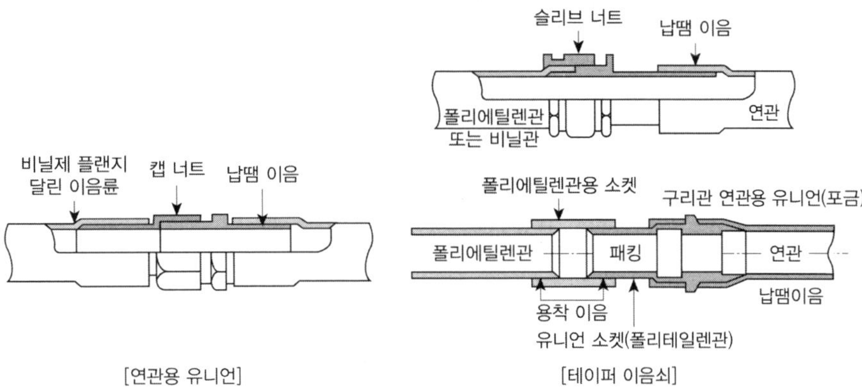

(f) 폴리에틸렌관과 연관의 모양

그림 9-35 이종관 이음방법

② 대구경 분기관 공작법(大口徑 分岐管 工作法)

지름이 큰 대구경관에서는 직관을 가지고 엘보, T, 리듀서 등의 부속을 만들어 사용하고 있다. 제작되어지는 부품 등이 정확하게 제작되어야만 도면과 같은 올바른 배관이 이루어지는 것이다.

부속 분기관의 제작이 제대로 되지 않으면 용접이나 배관 조립시 어려울 뿐만 아니라, 시공시간이 길어짐은 물론 어떤 경우에는 배관전체를 사용하지 못하게 되는 경우가 있다. 따라서 관 제작법을 충분히 익혀서 현장의 공사에 알맞은 시공이 되어야 한다.

1 관 제작 기초사항

가. 관의 절단과 이음

관의 지름이 크고 길이가 길어지면, 관 두께가 두꺼워지므로 용접부에 루트 간격 및 루트면, 홈 각도가 필요하게 되며, 루트 간격은 3~5mm 정도, 루트면은 1.5~2mm 정도로 한다. 홈 각도는 형태에 따라 다르며, 홈 형상은 V형, 베벨형, J형, U형, X형, K형,

H형 등 여러 가지 형태를 선택하며, 가장 많이 사용되는 V형의 경우 홈 각도를 60~70°정도로 한다. 또한 엘보나 T형 분기관에서 관 굽힘각도가 적게 되면 유체에 와류가 생겨 흐름이 원활하지 않으므로 충분한 주의를 요한다.

직선관을 이음 할 때에는 정반 위에 V블록을 올려 놓는 방법, 파이프를 2개 맞대어 놓는 방법, 용접용 바이스를 이용하는 방법, 앵글을 이용하는 방법 등이 있으며, 어느 것이나 기구에 파이프를 올려 놓고, 작업한다.

또한 90° 엘보나 45° 엘보를 연결 때에는 직각자를 이용하는 방법과 레벨을 이용하는 방법이 있으며, 어느 것이나 파이프를 4등분하여 표시한 후 한 쪽을 가접한 다음 반대쪽을 가접하여 각도를 잡는다.

T 이음을 할 때에도 직각자를 이용하는 방법이 많이 쓰이며, 플랜지 이음시에는 특별히 플랜지용 직각자를 사용하는 것이 좋다. (그림 9−36 참조)

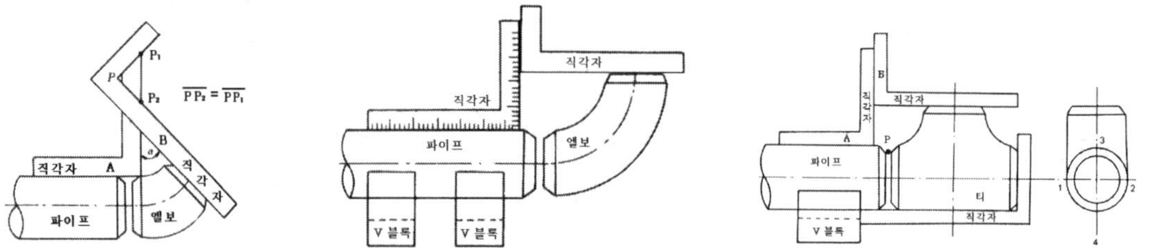

(a) 직관과 45° 엘보 이음 (b) 직관과 90° 엘보 이음 (c) 직관과 티의 이음

그림 9-36 관 접속에 따른 직각자 사용법

나. 절단각 산출법

직관을 이용하여 곡관을 만든 것으로 절단 편수가 3개인 것을 3편 엘보 또는 마이터(miter)라 하고, 절단 편수가 4개인 것을 4편 엘보 또는 마이터라 한다.

마이터의 절단각을 구하는 방법은 다음 공식에 의한다.

$$\text{절단각} = \frac{\text{중심각}}{2\,(\text{편수} - 1)}$$

따라서 중심각이 80°의 3편일 경우

$$\frac{80}{2(3\text{편} - 1)} = \frac{80}{2 \times (2)} = \frac{80}{4} = 20°\text{이다.}$$

그러므로 이 마이터의 절단각은 20°가 된다.

이와 같은 방법으로 중심각이 90°의 3편 마이터일 경우에는

$$\frac{90}{2(3-1)} = 22.5°\text{가 되며,}$$

중심각이 90°의 4편 마이터일 경우에는 $\frac{90}{2(4-1)} = 15°$가 된다.

이와 같은 방법으로 5편 이상인 마이터도 이 공식에 의하여 절단각을 구할 수 있다.

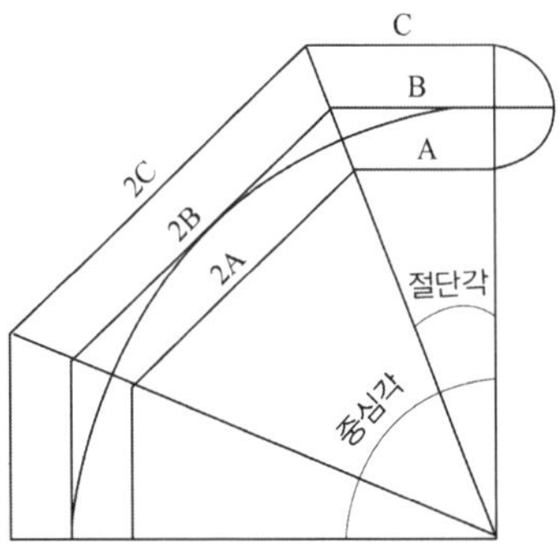

그림 9-37 마이터의 절단각

다. 절단선 긋는 방법

마이터를 제작하고자 할 때, 절단선을 긋는 방법으로는 마킹 테이프를 이용하여 긋는 방법, 계산에 의하여 절단각을 산출하여 긋는 방법, 전개 방법에 의하여 절단선을 긋는 방법이 있다. 이와 같이 절단선을 긋는 방법 3가지 중 테이프를 사용하여 긋는 방법은 현장에서 주로 이용되는 방법으로 지름이 작은 관에 사용하는 것이 적합하며, 계산에 의하여 절단선을 산출하여 긋는 방법은 지름이 큰 관에 적합하지만, 대량생산에는 적합하지 않고, 전개 방법에 의하여 절단선을 긋는 방법은 제작시간이 많이 걸리나 가장 정확하고, 대량생산에 적합한 방법이다.

2 마킹 테이프에 의한 법

가. 마킹 테이프의 사용법

마킹 테이프는 폭 30~40mm의 유동성 박판이나 셀룰로오스 또는 보루지 등을 이용하여 (그림 9-38)과 같은 방법으로 절단선을 구한다.

① (그림 9-38a)와 같이 마이터 절단선을 구하기 위하여 관의 절단 중심선에서 수직선 $\overline{MM'}$를 그은 후 마킹 테이프를 사용하여 관 주위를 한 바퀴 돌려 밀착시킨다.

② 관의 외면을 $\overline{MM'}$를 기준으로 4등분선을 긋는다.

③ 2번선과 4번선상에 L_1과 L_2의 길이로 만나는 점 A, B를 정한다.

④ 1과 A와 3을 지나도록 마킹 테이프를 밀착시켜 선을 긋고, 같은 방법으로 1과 B와 3을 지나는 선을 그으면 (그림 9-38c)와 같은 절단선이 된다.

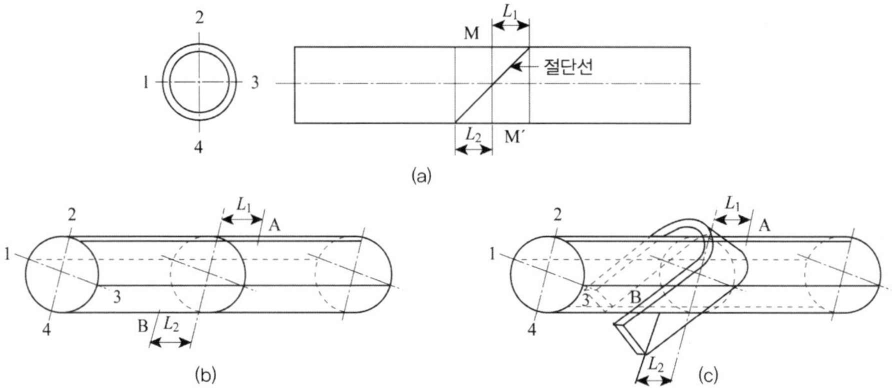

그림 9-38 마킹 테이프를 이용하여 절단선을 긋는 방법

나. 관제작법

(1) 동경 T형 분기관

① 주관의 둘레를 4등분하여 등분선을 그은 후 분기점에서 마킹 테이프를 관 주위에 감고 선을 긋는다.

② 관의 반경으로 분기점에서 양쪽으로 $\dfrac{D}{2}$를 잡아 만난 점 A와 B를 얻는다.

③ 2와 A 그리고 4를 지나는 선을 긋고 같은 방법으로 C와 B와 4를 지나는 선을 마킹 테이프를 사용하여 긋는다.

④ 2와 4를 지나는 선이 분기점과 만난 점 C에서 관의 두께만큼 절단편 쪽으로 이동하여 B점을 얻고 원활한 선으로 하면 절단선이 된다.

⑤ 같은 방법으로 분기관도 완성한다.

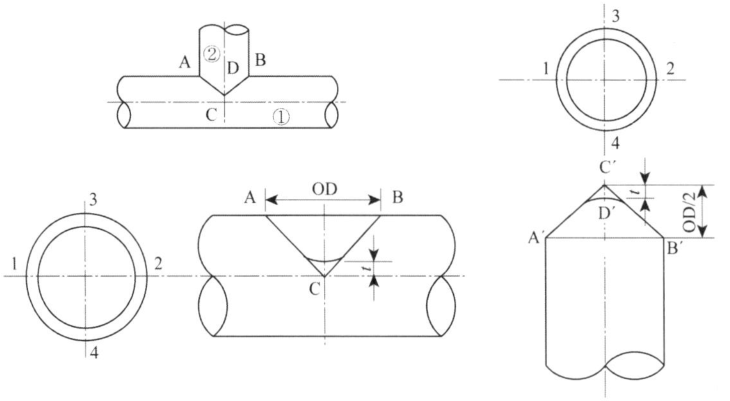

그림 9-39 동경 T형 분기관

(2) 이경 T형 분기관

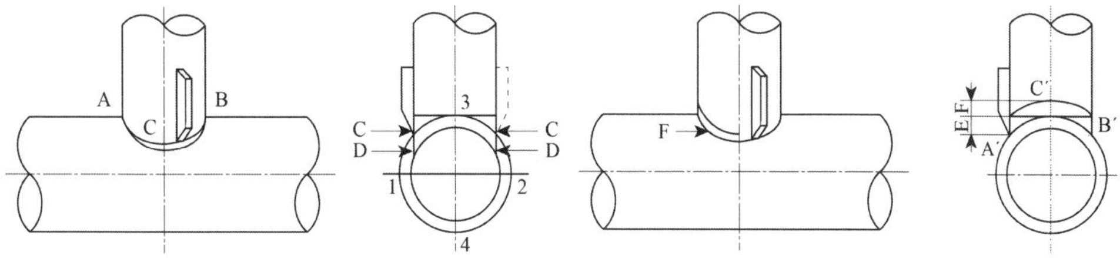

그림 9-40 이경 T형 분기관

① 주관의 분기점에서 마킹 테이프를 사용, 수직선을 긋고 원주를 4등분 한다.

② 분기관도 4등분한 후 주관의 등분선 및 수선과 일치되게 분기관을 수직이 되게 올려 놓는다.

③ 금긋기 바늘을 사용 분기관의 외면과 밀착시켜서 주관 위에 금을 그으면 ACB 곡선의 절단선이 된다.

④ 같은 방법으로 주관의 금긋기선과 분기관 끝과의 거리를 주관과 분기관이 만나는 점에서 잡은 후 마킹 테이프를 사용해 선을 그으면 절단선이 된다. (E=F가 되도록 C′점을 구한다)

(3) 45° Y형 분기관

① 관의 둘레를 4등분하고 (그림 9-41b)와 같이 중심선을 지나는 원둘레선을 그린다.

② 각 중심선에 나란히 관의 외형면을 그어 교점 A, B를 구한다.

③ 마킹 테이프를 사용하여 C-A와 C-B를 연결하여 그으면 절단선이 된다.

④ 분기관은 작도에서 F, G의 거리를 측정한 다음, 4번선과 3번선 위에 잡아 B와 A점을 얻는다.

⑤ 마킹 테이프를 이용하여 C-A와 C-B를 연결하여 분기관의 절단선을 긋는다.

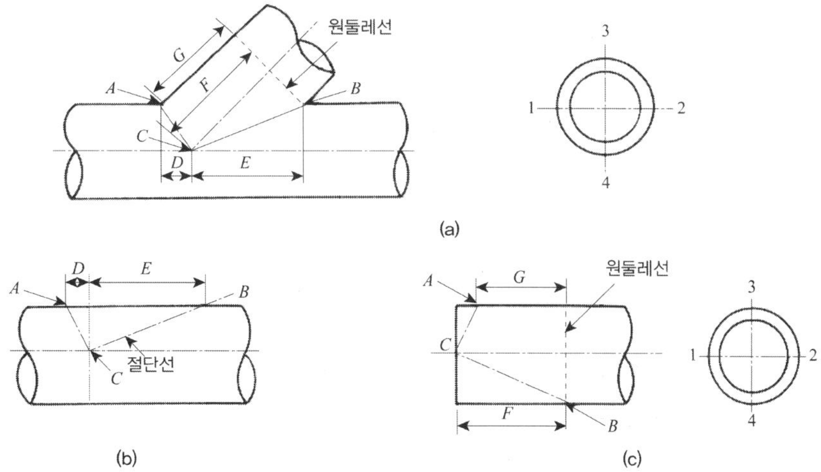

그림 9-41 45° 동경 Y형 분기관

3 계산에 의한 제작법(삼각함수 응용)

직각삼각형에서 빗변과 밑변의 높이의 각 θ에 대한 세 변의 길이간의 관계식은 다음과 같다.

$$\sin\theta = \frac{\text{높이}}{\text{빗변}} = \frac{H}{l} \quad \therefore\ H = l\cdot\sin\theta$$

$$\cos\theta = \frac{\text{밑변}}{\text{빗변}} = \frac{N}{l} \quad \therefore\ N = l\cdot\cos\theta$$

$$\tan\theta = \frac{\text{높이}}{\text{밑변}} = \frac{H}{N} \quad \therefore\ H = N\cdot\tan\theta$$

$$\cot\theta = \frac{\text{밑변}}{\text{높이}} = \frac{N}{H} \quad \therefore\ N = H\cdot\cos\theta$$

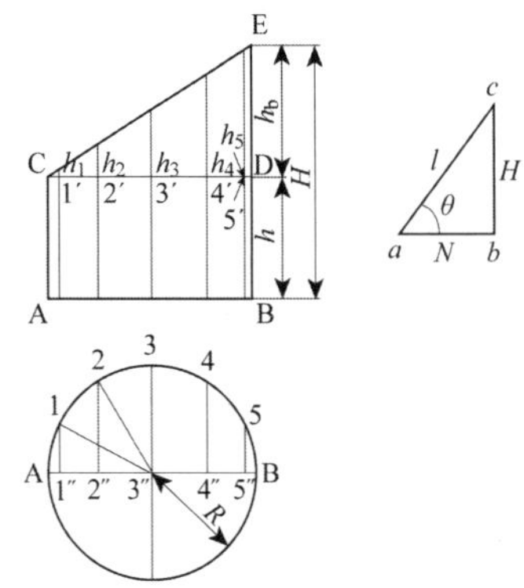

그림 9-42 관 제작법

임의의 각 θ의 sin, cos, tan값과 cot의 값은 삼각함수표에서 얻을 수 있다. 직각삼각형에서 각 θ와 한 변의 길이를 알면 나머지 두 변의 길이를 구할 수 있고, 두 변의 길이를 알면 각 θ를 구할 수 있다.

실례로 경사로 자른 원기둥의 작도순서는 다음과 같다.

① 평면도 반원주 $\widehat{AB}$를 6등분한 후 1, 2, …, 5를 얻고 수선을 세워 입면도의 CD와 만나는 점 1′, 2′ ……5′를 얻는다.

② 직각삼각형 1″, 3″, 1은 30°이고 2″, 3″, 2는 60°이므로, $\overline{1''3''} = R\cos 30° = 0.866R$이 되고, $\overline{2''3''} = R\cos 60° = 0.5R$이 된다.

③ 입면도 $\overline{C1'}$, $\overline{C2'}$, …, CD의 길이는 $\overline{C1'} = 0.134R$, $\overline{C2'} = 0.5R$, $\overline{C3'} = R$, $\overline{C4'} = 1.5R$, $\overline{C5'} = 1.866R$, $\overline{CD} = 2R$이 된다.

④ h_1, h_2, …, h_b의 높이를 구하는 직각삼각형은 모두 닮은꼴이고, $h_1 : h_b = \overline{C1'} : \overline{CD}$, 즉, $h_1 : h_b = 0.134R : 2R$의 비례식이 성립된다.

⑤ 따라서,

$$h_1 = \frac{0.134\,R\cdot h_b}{2\,R} = 0.067\,h_b,\quad h_2 = \frac{0.5\,R\cdot h_b}{2\,R} = 0.25\,h_b$$

$$h_3 = \frac{R\cdot h_b}{2\,R} = 0.5\,h_b,\quad h_4 = \frac{1.5\,R\cdot h_b}{2\,R} = 0.75\,h_b$$

$$h_5 = \frac{1.866\,R\cdot h_b}{2\,R} = 0.933\,h_b \text{가 된다.}$$

⑥ 전개시에는 $H - h_5 = h_1 + h$의 길이가 되고, $H - h_4 = h_2 + h$를 얻을 수 있다. 같은 방법으로 각 부의 실장을 구하여 나열하고 원활한 곡선으로 연결한다.

4 전개도에 의한 법

가. 평행전개법

어떤 물체를 전개하는 방법에는 평행전개법, 방사전개법, 삼각전개법이 있는데, 지름이 큰 관을 필요한 형상과 치수에 맞게 제작하려면 주로 평행전개법을 사용한다.
평행전개법은 직선 면소에 직각방향 혹은 평행 방향으로 전개하는 방법이며, 능선이나 면소는 실제길이이고, 서로 평행하다.

나. 관 전개법

(1) 엘보관

① 원기둥의 평면도 및 측면도의 반원주를 6등분하여 각 등분점을 0, 1, 2, …, 6으로 표시하고, 등분점에서 수평 또는 수직 연장선을 그어 대응되는 같은 번호의 연장선이 서로 만나는 점을 찾아 a, b, c, …, g를 표시하고 이으면 경사진 상관선이 된다.
② 지름이 서로 같은 두 원기둥이 만나면 상관선은 직선으로 나타난다.
③ 원통의 밑면에 연장선을 긋고 원주의 길이를 잡고 12등분(πd)한 후 0″, 1″, …, 6″를 정하고 각 점에서 수선을 세운다.
④ 각 상관점 a, b, c, …, g를 밑면에 평행하게 연장선을 그어 대응되는 점 a′, b, …, g′를 정하고 각 점을 원활하게 이으면 전개도를 얻을 수 있다.

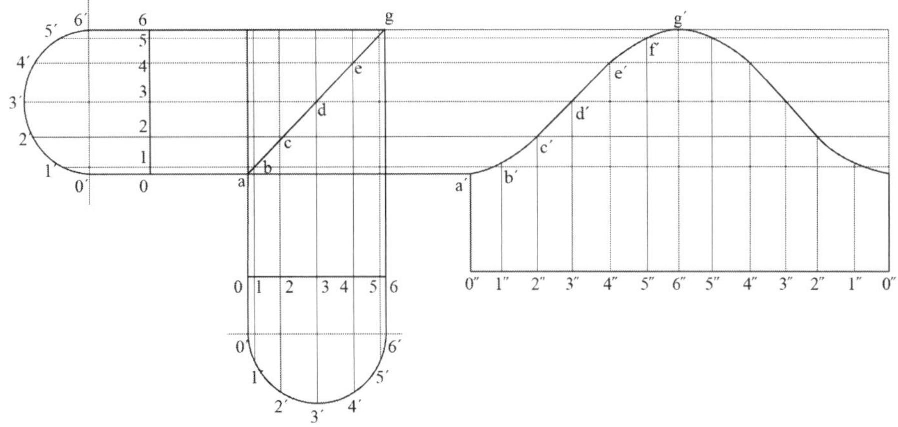

그림 9-43 엘보관 전개도

(2) 동경 T형 분기관

① 반원주 $\widehat{AE}$를 6등분하여 등분점 1, 2, …, 5를 구한 후 $\overline{AE}$에 수선을 세워 상관선과 만나는 점을 얻는다.
② AE에 연장선을 긋고 반원주의 길이로 잡아 6등분한 후 수선을 세운다.
③ 현도Ⅱ의 상관선과 만나는 점을 $\overline{AE}$에 평행선을 그어 등분선과 만나는 점을 얻는다.
④ 각 점을 원활한 곡선으로 연결한다.
⑤ 상부 원기둥도 같은 방법으로 전개한다.

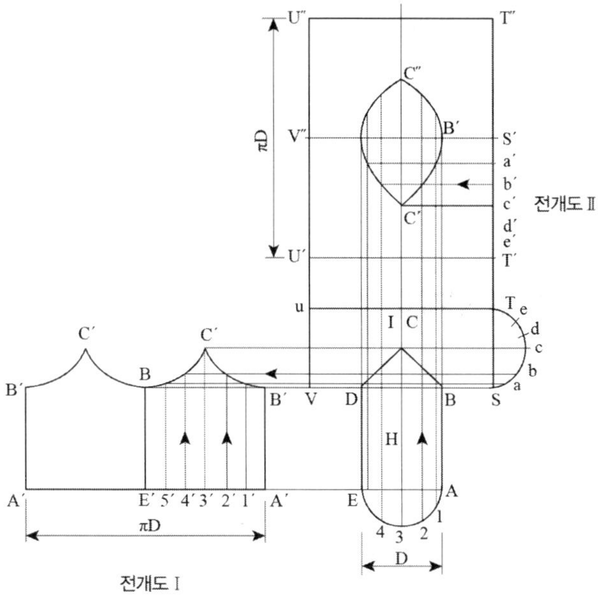

그림 9-44 동경 T형 분기관 전개도

(3) 동경 십자형 분기관

① 반원주 AB를 6등분하여 등분점 1, 2, …, 5를 잡은 후 AB와 수선을 세워 상관선 EDC와 만난점을 얻는다.
② AB에 연장선을 긋고 반원주의 길이로 잡아 6등분한 후 수선을 세운다.
③ EDC의 상관선과 만나는 점을 $\overline{AB}$에 평행선을 그어 등분선과의 만난 점 $\overline{E'D'C'}$을 얻는다.
④ 각 점을 원활한 곡선으로 연결하고 다른 편도 같은 방법으로 한다.

(4) 동경 Y형 분기관

① 반원주 $\widehat{AF}$를 6등분하여 등분점 1, 2, 3, 4, 5를 잡은 후 $\overline{AF}$와 수선을 세워 상관선 B, C, D와 만나는 점을 얻는다.
② $\overline{AF}$에 연장선을 긋고 반원주의 길이를 잡은 후 6등분하여 수선을 세운다.
③ B, C, D의 상관선과의 교점을 $\overline{AF}$에 평행선을 그어 등분선과 만나는 점 B,′ C,′ D′을 얻는다.
④ 원활한 곡선으로 연결하며, 나머지도 같은 방법으로 한다.

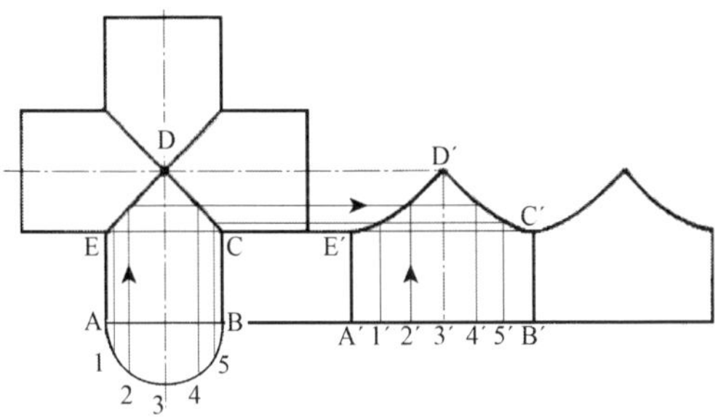

그림 9-45 동경 십자형 분기관 전개도

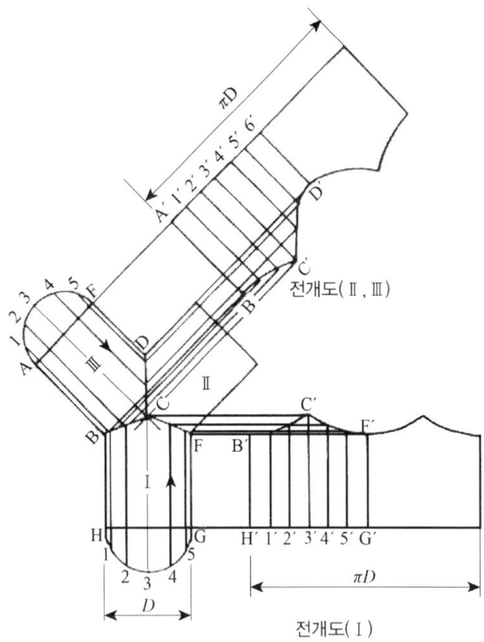

그림 9-46 동경 Y형 분기관 전개도

(5) 4편 마이터

① 수평·수직의 기준선을 정하고 반경(R)에 맞게 반지름을 그린다.

② 편수에 따라 n−1이 되게 90°를 정한다. 등분된 선은 편의 중심이 되며 원통의 중심과 수직으로 만난다.

예) 3편 : 3−1=2등분, 4편 : 4−1=3등분

③ 입면도를 작도하기 위하여 엘보의 정방형 O, b, X, j를 그리고 a, b를 물체의 직경으로 한다.

④ O를 중심으로 a와 b를 지나는 원호를 돌리고 직각 b, O, j를 6등분한다.

⑤ 원호와의 교점 s와 t를 잡고 꼭지점 O와 연결선상에 $\overline{ab}$의 길이로 s′와 t′를 얻은 후 $\overline{ss'}$, $\overline{tt'}$와 수선을 그어 $\overline{DF}$, $\overline{FH}$와 $\overline{CE}$, $\overline{EG}$를 얻는다.

⑥ 반원주를 6등분하여 중심선과 평행선을 그어 상관선에서 만나는 점을 얻는다.

⑦ 중심선과 평행하게 각 상관점을 이동하여 동일번호와 점을 정하고 각 점을 완만하게 연결하면 전개가 완성된다.

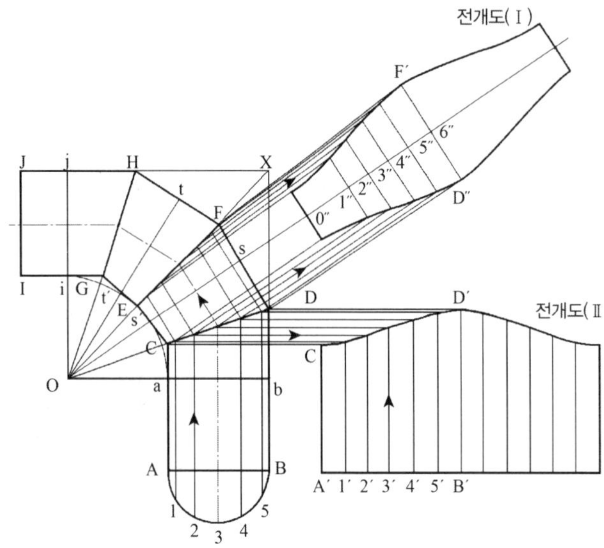

그림 9-47 4편 마이터 전개도

(6) 동심 리듀서

① Ⅰ, Ⅱ면의 리듀서 길이와 관경을 그린다.

② 80A 반경(44.6mm), 32A 반경(21.4mm)에 의한 조건에 의해 구배의 실장을 구한다. 80A에서 32A관의 리듀서 길이는 80mm로 한다.

③ 리듀서길이 80mm의 실장길이는 +3mm가 추가된 83mm이 된다.

④ 기준점(0, 0″)을 전개지에 그은 다음 디바이더 80A(원주=279.9)를 4등분(70mm) 하면 0, 0″, 1, 1″ 2, 2″ 3, 3″, 4, 4″의 점을 이어 번호를 부여한다.

⑤ Ⅰ,Ⅱ면에서 기준점①②,⑤⑥를 수직으로 선분을 긋는다.

⑥ ①,②기준점에서 루트간격 3mm를 띄우고③,④를 수직으로 긋는다.

⑦ a 지점(83mm)은 1″ 점에서 호를 그리면 ⑬, ⑭점이 나오며, 3″점에서 호를 그리면 ⑪, ⑫점이 나온다.

⑧ b 지점(140mm)

㉮ 기준점에서 루트간격 3mm를 띄운다.

㉯ 1′, 3′ 지점에서 원을 그리면 4″, 2′, 0′수평으로 루트간격 3mm 간격을 띄운다. (③, ④부분)

㉰ 1″, 3″에서 원(140mm)을 그리면 1″점에서 호 ⑦, ⑧점이 생기며, 3″점에서 호 ⑨, ⑩점이 나온다.

㉱ 최종 ⑦과 ⑪, ⑧과 ⑫, ⑨와 ⑬, ⑩과 ⑭를 이어주면 완성이 된다.

㉲ 단, (그림 9-48)과 같이 동심 리듀서 전개 후 중심(1′, 3′)에서 양쪽 15mm씩 띄우고 전체는 30mm이며, 1′, 3′에서 리듀서 모양을 그려주면 된다.

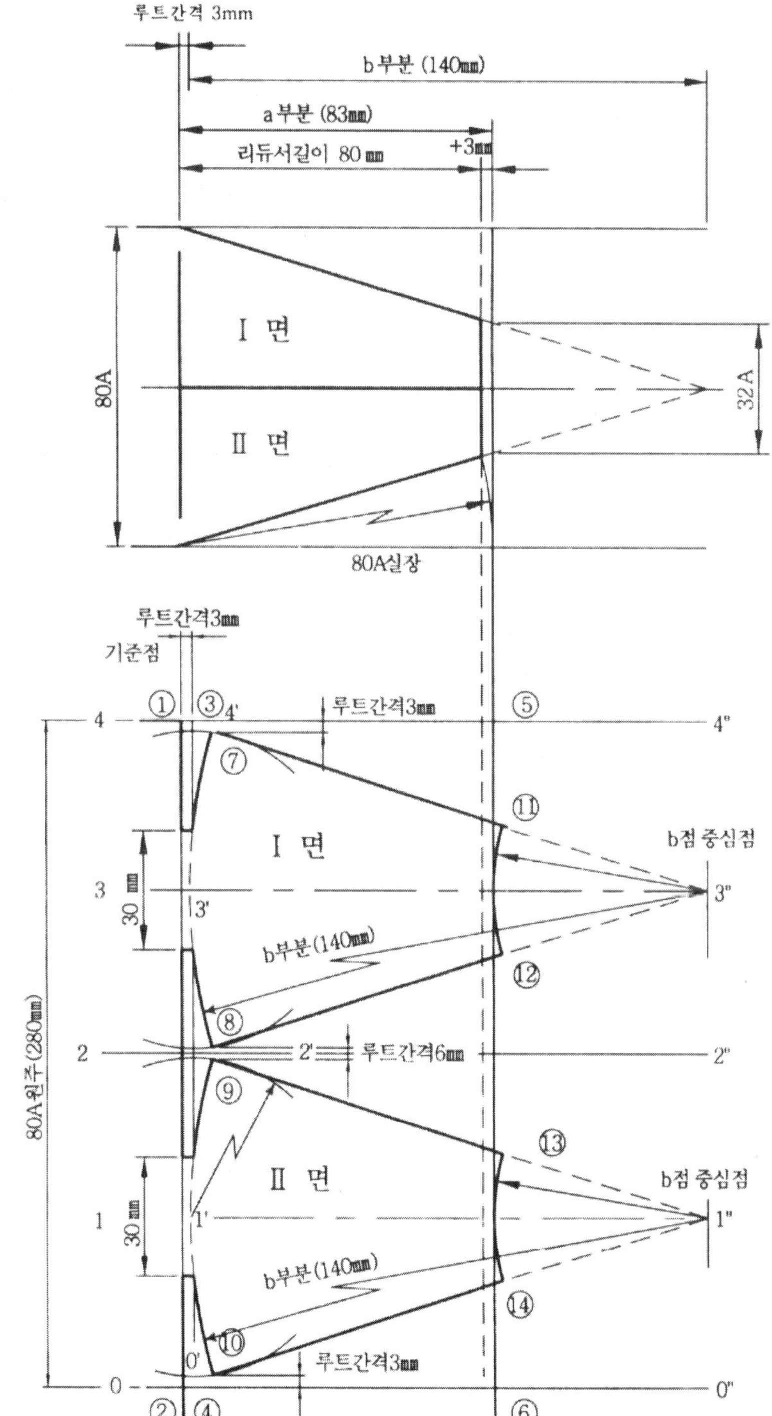

그림 9-48 동심 리듀서 전개도

(7) 편심 리듀서

① Ⅰ, Ⅱ면의 편심 리듀서 길이와 관경을 그린다.

② 80A 반경 (44.6mm), 50A 반경(30.3mm)에 의한 조건에 의해 구배의 실장을 구한다.
80A에서 50A관까지의 리듀서 길이를 80mm로 한다.

③ 리듀서길이 80mm의 실장길이는 +4mm가 추가된 84mm가 나오면, 기준점(0, 0″)을 전개지에 긋는 다음 디바이더 80A의 원주에 4등분(70mm)하면 0, 0″, 1, 1″, 2, 2″, 3, 3″, 4, 4″의 점을 이어 번호를 부여한다.

④ Ⅰ면의 a 지점(84mm)
   ㉠ 구배가 되는 부분으로 +4mm 나오면서 ⑤, ⑥의 수직을 형성한다.
   ㉡ Ⅱ면에서 받치는 부분으로 구배가 없기 때문에 리듀서길이 80mm에 수직으로 나타낸 점이 ⑬, ⑭부분이다.
   ㉢ ①, ② 기준점에서 Ⅰ 면 부분만 루트간격 3mm를 띄우고 ③, ④를 수직으로 긋는다

⑤ Ⅰ면의 b지점(130mm)
   ㉠ 기준점에서 루트간격 3mm를 띄운다.
   ㉡ b점에서 130mm을 디바이더로 맞춘 다음 ③, ④수직점(4mm 띄운점)에서 원호를 그리면 4′, 2′가 나온다. 이때 만나는 점이 ⑦,⑧부분이 I면 리듀서부분이 된다.
   ㉢ 단 (그림 9-49)와 같이 편심리듀서 전개 후 3′ 중심에서 15mm씩 양쪽으로 30mm 간격을 띄우고 리듀서 모양을 그려주면 된다.

⑥ Ⅰ면의 c 지점(67mm)
   ㉠ m점과 n점을 수직 이등분하면 수평 3″점과 만나는 점이 Ⅰ면의 c 지점(67mm)이다.
   ㉡ ⑤, ⑥ 수직선에서 I면의 c 지점에서 호를 그리고 50A 원주 4등분(47.5mm)에서 만나는 점이 ⑪, ⑫점이다.
   ㉢ 최종 ⑦과 ⑪, ⑧과 ⑫를 연결한다. 이으면 완성이 된다.

⑦ Ⅱ면은 리듀서 80mm 수직부분(⑨, ⑩)과 50A 원주 4등분(47.5)을 디바이더로 맞춘 다음 1′에서 원을 그리면서 ⑬, ⑭ 부분이 나오면 ④와 ⑬, ⑩과 ⑭ 부분을 연결한다.

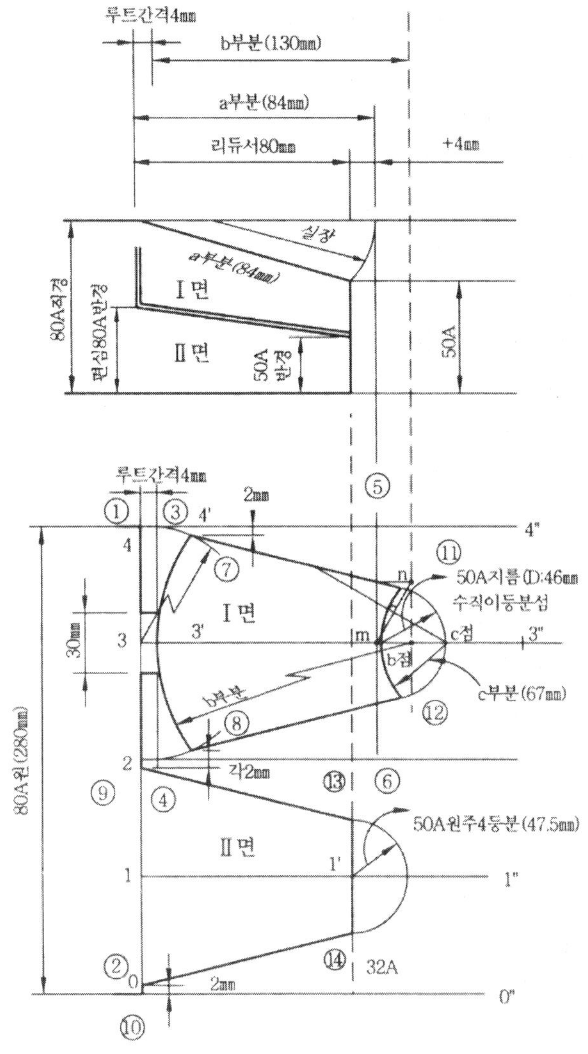

그림 9-49 편심 리듀서 전개도

5 분기관 제작 방법

가. 전개도에 의한 엘보 제작 방법

(1) **작업 준비** : 재료 및 공구를 준비한다.

(2) **현도 및 전개도를 그린다.**

(3) **전개도를 파이프 표면에 대고 마킹한다.**

① 전개도를 필요한 부분만 잘라낸다.

② 전개지를 파이프에 고무줄 등을 전개 이용하여 완전히 밀착시킨다.

③ 파이프는 바이스나 기타 고정지그(jig)를 사용하여 움직이지 않도록 한다.

④ 전개선을 따라 10~20mm 간격으로 펀칭한다.

⑤ 절단선보다 5~6mm 안쪽으로 파이프의 표면 4등분점에 펀칭하여 루트 간격과 각도를 수정할 수 있다.

⑥ 펀칭이 끝나면 전개도를 파이프에서 벗겨내고, 펀칭점을 따라 석필로 연결하여 그은 선이 선명히 나타나도록 한다.

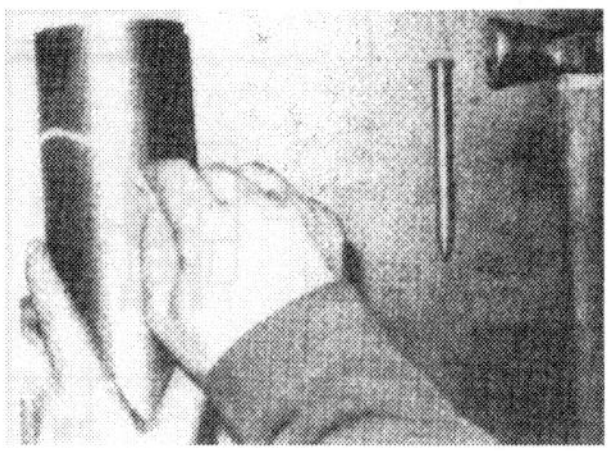

그림 9-50 강관에 마킹하기

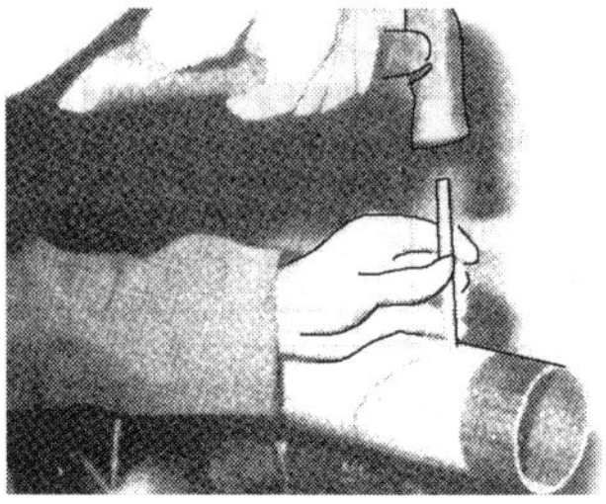

그림 9-51 강관에 펀칭하기

(4) **절단한다.**

① 예열불꽃을 조절하고 고압 산소를 분출시키며 불꽃을 재조절한다.

② 백심 끝에서 파이프 표면까지는 1.5~2mm 정도를 유지한다.

③ 루트 간격 2~3mm를 고려하여 절단 선을 결정하고 팁의 방향은 파이프의 중심을 향하도록 절단하며, 홈 용접시 베벨각을 주어 홈을 절단한다.

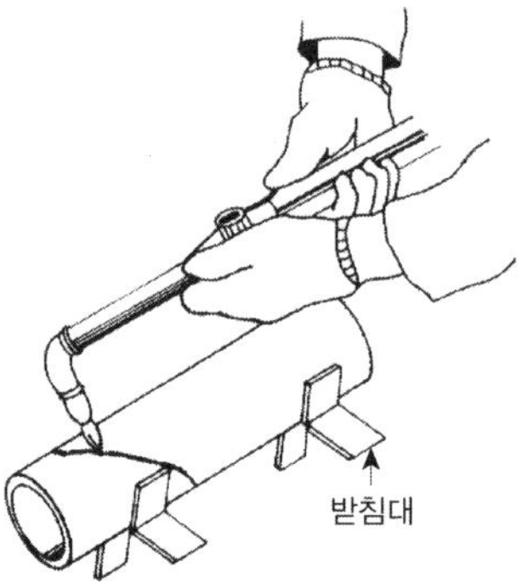

그림 9-52 가스절단 작업

(5) **가공한다.**

① 정이나 와이어 브러시를 사용하여 슬래그를 제거한다.

② 디스크 그라인더(disc grinder)나 줄을 이용하여 절단면을 가공한다.

③ 가공할 재료는 움직이지 않도록 고정시켜 놓고 가공하며, 특히 디스크 그라인더를 사용할 때는 주위를 살핀 후 작업한다.

④ 각 부품의 절단 각도, 가공 상태 등을 점검한다.

(6) **가접한다.**

① 가접의 위치는 본 용접에 지장이 적은 곳을 택한다.

② 먼저 가접할 곳은 각도 등의 교정이 용이한 곳을 택한다.

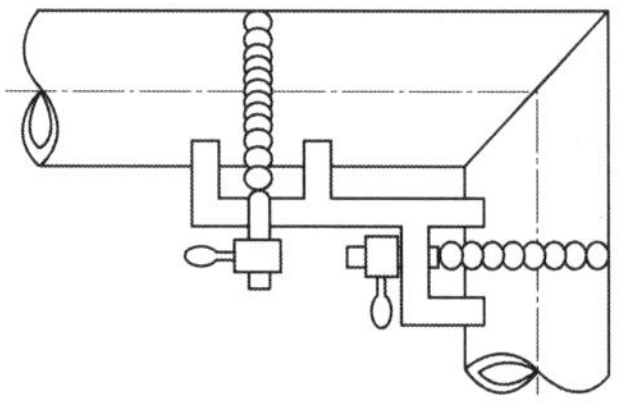

그림 9-53 가접 준비

③ 가접 개소는 파이프 둘레의 3~4개소로 한다.
④ 파이프가 안정된 위치에 있도록 받침대나 지그 또는 모래상자를 이용하여 고정한다.
⑤ 가접의 크기는 10mm 이하로 하며, 루트 간격을 유지하고 충분히 용입이 되도록 해야 한다.
⑥ 처음 가접을 한 후 현도나 직각자를 사용하여 각도 등을 확인 교정한다.
⑦ 각도 등을 확인하면서 가접을 완료한다.

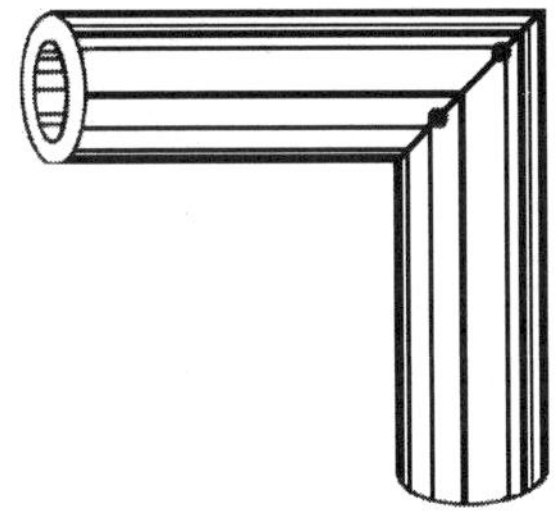

그림 9-54 가접 위치

(7) 검사한다.

(8) 정리 정돈한다.

나. 마킹 테이프에 의한 엘보 제작 방법

(1) 작업 준비를 한다 : 재료 및 공구를 준비한다.

(2) 현도를 그린다.

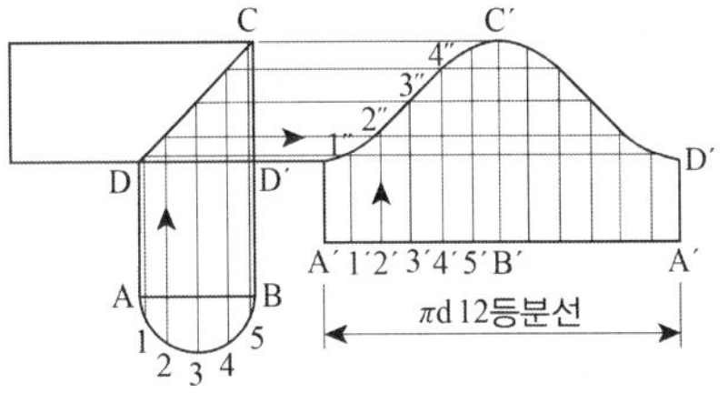

그림 9-55 엘보 현도

(3) 마킹 테이프를 이용한 직접 선 표시법

① 준비된 재료에 4등분선을 긋는다.
② 강관 등분은 (그림 9-56)과 같이 마킹 테이프나 직각자 등을 이용하는 방법이 있다.

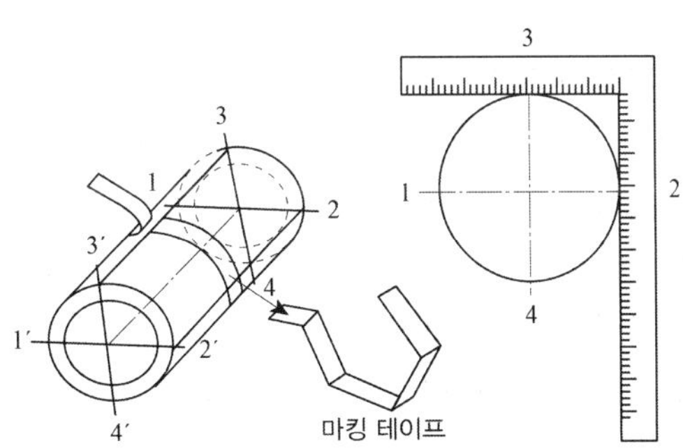

그림 9-56 파이프 둘레 등분

③ 현도에서 각 등분 부위의 마킹점(markting point)을 옮긴다.

④ 현도에서 옮겨진 마킹점이 지워지지 않도록 센터 펀치(center punch)로 펀칭한다.

⑤ 그은 점을 기준으로 마킹 테이프를 강관의 절반씩 마킹하여 정확히 절단선을 긋도록 한다.

⑥ 마킹점을 확인하고, 마킹 테이프를 표시점에 맞추어 (그림 9−58)과 같이 밀착시킨다.

⑦ 마킹 테이프를 따라서 석필로 절단선을 긋는다.

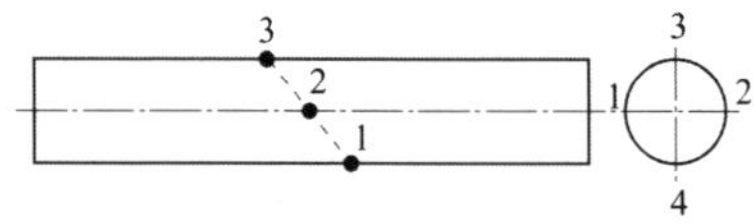

그림 9−57 마킹점

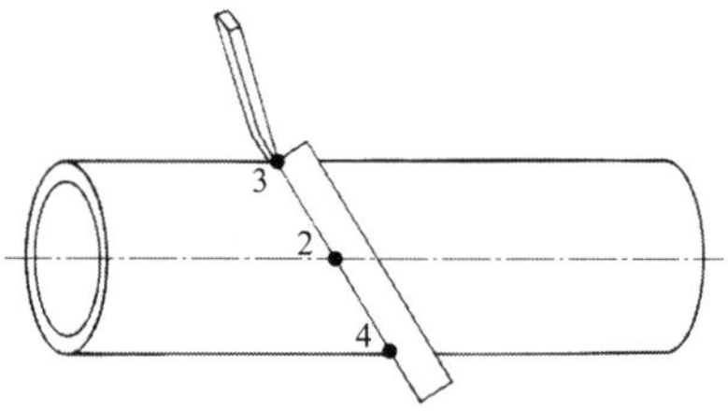

그림 9−58 마킹방법

(4) 절단한다.

① 예열불꽃을 조절하고. 고압 산소를 분출시키며 불꽃을 재조절한다.

② 백심 끝에서 파이프 표면까지는 1.5~2mm 정도로 유지한다.

③ 루트 간격 2~3mm를 고려하여 절단선을 결정하고, 팁의 방향은 파이프의 중심을 향하도록 절단하며, 홈 용접시 베벨각을 주어 홈을 절단한다.

(5) 가공한다.

① 정이나 와이어 브러시를 사용하여 슬래그를 제거한다.

② 디스크 그라인더(disc grinder)나 줄을 이용하여 절단면을 가공한다.

③ 가공할 재료는 움직이지 않도록 고정시켜 놓고 가공하며, 특히 디스크 그라인더를 사용할 때는 주위를 살핀 후 작업한다.

④ 각 부품의 절단 각도, 가공 상태 등을 점검한다.

(6) 가접한다.

① 가접의 위치는 본 용접에 지장이 적은 곳을 택한다.

② 먼저 가접할 곳은 각도 등의 교정이 용이한 곳을 택한다.

③ 가접 개소는 파이프 둘레의 3~4개소로 한다.

④ 파이프가 안정된 위치에 있도록 받침대나 지그 또는 모래상자를 이용하여 고정한다.

⑤ 가접의 크기는 10mm 이하로 하며, 루트 간격을 유지하고 충분히 용입이 되도록 해야 한다.

⑥ 처음 가접을 한 후 현도나 직각자를 사용하여 각도 등을 확인 교정한다.

⑦ 각도 등을 확인하면서 가접을 완료한다.

(7) 검사한다.

(8) 정리 정돈한다.

익힘문제

1. 관용 나사에 대하여 설명하시오.

2. 곡관의 중심길이 계산식에 대하여 설명하시오.

3. 나사 이음과 용접 이음의 장·단점을 기술하시오.

4. 강관 이음법 3가지를 열거하시오.

5. 주철관 이음법에 대하여 설명하시오.

6. 저온용접의 원리에 대하여 설명하시오.

7. 동관 이음법 3가지를 들고 설명하시오.

8. 합성수지관 이음 중 TS식 이음의 원리를 설명하시오.

9. 폴리에틸렌관 이음 중 용착 슬리브에 대하여 설명하시오.

10. 콤포 이음에 대하여 간단히 설명하시오.

11. 이종관 이음 방법에 대하여 설명하시오.

12. 3편 마이터의 절단각을 구하시오.

13. 마킹 테이프를 이용하여 절단선을 긋는 방법에 대하여 설명하시오.

14. 대구경 분기관을 전개하는 방법에 대하여 설명하시오.

제10장 배관시공(配管施工)

1 배관시공 일반

배관은 시공도면에 따라 전 배관에 대하여 급배수 및 위생배관, 냉난방배관, 공조용 덕트, 전기배선, 전기배관, 배기덕트, 조명 등 연도와의 병렬 교차를 위해 최소 간격이 필요한 구배 등 관련 사항을 상세히 살펴 배관위치를 결정지어야 한다.
배관위치에는 기능적인 면과 시공적 또는 유지관리의 점에서 스스로 우선순위가 정해진다. 기능면을 말하자면 자연중력식 배수배관 등은 배관구배를 엄격히 지키지 않으면 안되며 굽힘부를 되도록 적게 하여야 하며, 급수배관은 누수되었을 때 그 밑에 있는 물건을 더럽히거나 전기배선이 되어 있다면 위험하므로 아래쪽으로 배관해야 한다.
덕트의 위치를 배관 밑으로 하면 배관의 점검이나 보수가 곤란하므로 상하의 위치 관계에 있어서 전기 관계의 배선, 배관, 덕트, 연도 등은 위쪽에 설치하고, 파손 등에 의하여 누수 염려가 있는 것은 아래쪽으로 하는 것이 유지 관리상 편리하다.
콘크리트 바닥이나 벽에 매설하는 배관이나 이것을 관통하는 관에 대하여는 콘크리트를 다지기 전에 사전에 충분한 강도가 있는 틀이나 슬리브 등을 소정 위치에 장착하여 치핑이나 구멍뚫기 공사는 가급적 피하도록 하여야 한다.

1 슬리브(sleeve)

가. 벽, 바닥, 보 등을 관통할 때

콘크리트를 치기 전에 미리 슬리브를 넣어 둔다. 슬리브의 내경은 관통하는 관의 외경에 피복되는 재료의 두께를 고려하여 마무리된 외경보다 좀 크게 한다. 위치는 시공도에 맞춰서 정확히 먹줄을 치고 정하며 특히 구배가 있는 배관은 위치를 신중히 정하여야 한다.

나. 방수층이 있는 바닥을 관통할 때

변소, 욕실 등 바닥에 버린 물이 슬리브를 통해서 밑으로 흐르지 않게 슬리브 상단을 (그림 10−1)과 같이 바닥 마무리 면보다 5mm 전후로 늘려 놓는다.

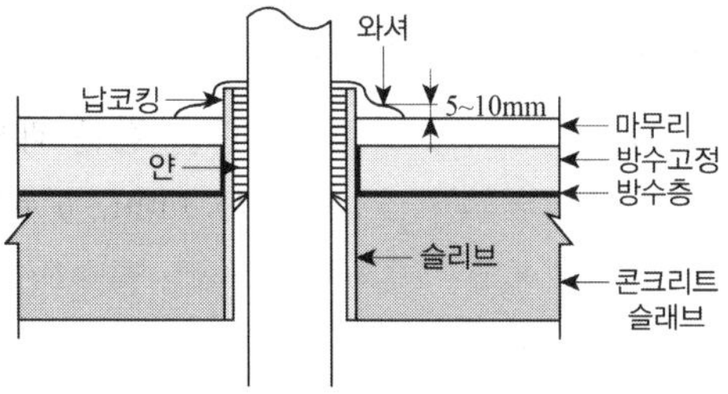

그림 10−1 방수층 관통부 상세

다. 옥상을 관통할 때

(그림 10−2)에 표시하는 바와 같이 파이프 샤프트의 크기만큼 옥상에 콘크리트로 샤프트를 연장하여 방수층의 상향수직부보다 상위에서 수평되게 배관하여 옥외로 낸다. 또 배출구는 그림과 같이 빗물 침입을 고려해서 시공한다.

라. 수조(水槽)나 풀 등의 벽, 바닥을 관통할 때

수압이 걸리는 벽이나 바닥을 관통할 때는 충분한 방수를 고려한 뒤 시공한다. (그림 10−3)과 같이 칼라붙이 슬리브를 사용하여 관과 슬리브 사이는 수밀되도록 코킹한다. 칼라의 직경은 슬리브경의 3~4배로 하여 슬리브에 용접한다.

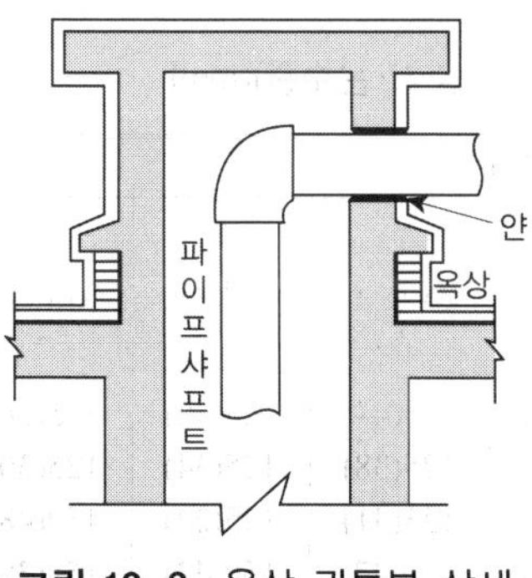

그림 10−2 옥상 관통부 상세

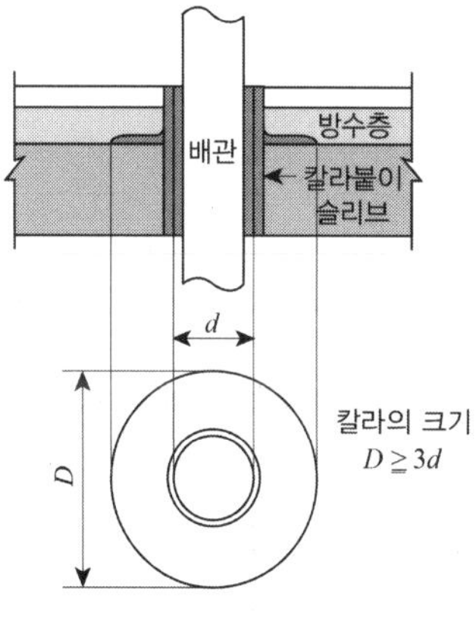

그림 10−3 콘크리트 관통부 상세

마. 보 관통 슬리브의 예

<표 10−1>에서 증기관을 65A, 슬리브 간격을 5m로 하면 슬리브 관경이 200A(내경 204.7)인 것을 선정한다.

(그림 10−4)에서 65A의 외경 $d=76.3$mm, 보온두께 $t=25+25+5=55$mm, 보온관의 경 $d'=d+t=131.3$mm, 보온두께 5mm는 방수지, 원지 면테이프 등의 중복 부분으로 한다. 배관구배는 24mm, 1스팬의 슬리브관은 같은 레벨로 하여 $a=20$mm로 취하면 $b=a+24=44$mm, $b+d'=44+131.3=175.3$mm, $b'=204.7-175.3=29.4$mm, 6m의 1스팬의 유효간극$=a+b'=20+29.4=49.4$mm, 다수의 스팬을 같은 조건으로 관통하는 경우에는 (그림 10−4b)처럼 된다.

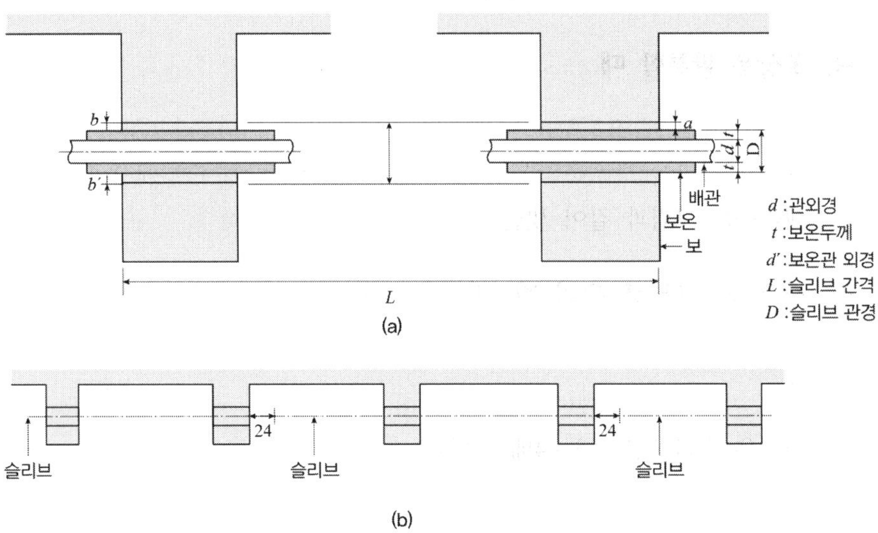

그림 10−4 보 관통 슬리브의 예

〈표 10−1〉 보, 벽 관통 슬리브 관(증기·온수관)(mm)

강관(A)	슬리브 간격 m							1/250	
	1	2	3	4	5	6	7		
	슬리브관(A)	슬리브관(A)	슬리브관(A)	슬리브관(A)	슬리브관(A)	슬리브관(A)	슬리브관(A)	m당	mm
15	100(34)	100(30)	100(26)	100(22)	125(44)	125(40)	125(36)	1	4
20	100(29)	100(25)	125(46)	125(42)	125(38)	125(34)	125(30)	2	8
25	100(22)	125(43)	125(39)	125(35)	125(31)	125(27)	150(48)	3	12
32	125(39)	125(35)	125(31)	125(27)	150(47)	150(43)	150(39)	4	16
40	125(33)	125(29)	125(25)	150(45)	150(41)	150(37)	150(33)	5	20
50	125(21)	150(41)	150(37)	150(33)	150(29)	150(25)	200(61)	6	24
65	150(20)	200(65)	200(61)	200(57)	200(53)	200(49)	200(45)	7	28
80	200(56)	200(52)	200(48)	200(44)	200(40)	200(36)	200(32)		

강관(A)	슬리브 간격 m							1/250	
	1	2	3	4	5	6	7		
	슬리브관 (A)	슬리브관 (A)	슬리브관 (A)	슬리브관 (A)	슬리브관 (A)	슬리브관 (A)	슬리브관 (A)	m당	mm
100	200(31)	200(27)	200(23)	250(69)	250(65)	250(61)	250(57)		
125	250(55)	250(51)	250(47)	250(43)	250(39)	250(35)	250(31)		
150	250(20)	250(66)	250(62)	300(58)	300(54)	300(50)	300(46)		
200	350(34)	350(30)	350(26)	400(73)	400(69)	400(65)	400(61)		
250	400(14)	450(61)	450(57)	450(53)	450(49)	450(45)	450(41)		
300	500(60)	500(56)	500(52)	500(48)	500(44)	500(40)	500(36)		

※ 비고 : 관 내온도 100℃, 주위온도 20℃
피복두께 15～50A－20, 65～125A－25, 150A－30, 200A－40, 250～300A－50

바. 슬리브관의 선정

현장에서 먼저 문제가 되는 것은 관통슬리브의 관경이다. 관의 종류에 따라 수평 배관에는 규정의 구배를 잡아 보, 벽 등의 슬리브관 내를 효과적으로 배관시공하고, 보온시공을 완전히 하여야 한다. 관통공(貫通孔)은 크기에 따라 구조적으로 보강이 필요하므로 나관 보온관의 외경 배관구배 등을 감안해서 슬리브 관 내경과의 간극을 최소한으로 줄여서 슬리브관경을 결정한다.

SRC의 보에 슬리브 넣기는 배관시공의 시점에서는 특별한 방법이 없으므로 정확한 계산을 하여 도면을 작성, 가공 공정의 제품 검사로 슬리브의 위치는 확인할 수 있지만, RC의 경우에는 현장시공이 되는 관계로 보, 슬리브를 정확히 넣지 않으면 따내기를 하여야만 한다. 특히 수직보의 경우는 부정확하게 되기 쉬우므로 보 높이의 허용 범위 내에서 슬리브 관경을 좀 더 크게 선정하여야 한다.

사. 슬리브 간격

① **철골보 슬리브** : 건축공사에 속하지만 위치와 치수는 설비에서 결정하고, 슬리브는 강관제로 하여 건축공사시 설치한다.

② **철근보 슬리브** : 슬리브는 종이 슬리브로 하고, 간격은 (그림 10－5)를 참조한다.

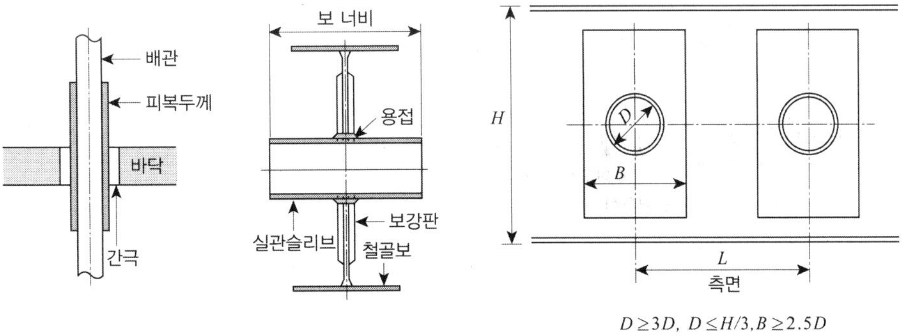

그림 10-5 슬리브 간격

아. 상자(箱子) 넣기

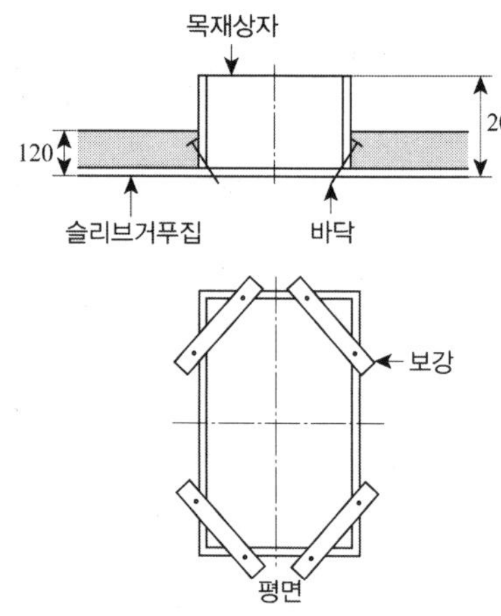

그림 10-6 바닥 관통

① **바닥 관통**

㉠ 일반층의 슬리브 두께는 특수한 경우 외에는 120mm 이상은 없으므로 상자는 두께 15mm, 폭 200mm의 목재로 가공해서 폭을 상자 높이로 표시한 후에 확실하게 못질한다.

㉡ 상자의 크기는 소요 치수보다 100mm를 추가하는 것이 표준이지만 덕트구멍의 경우에는 더 크게 여유치수를 잡는 것이 일반적이다. 특히 공급 덕트에 대해서는 벽관통부 내의 보온을 완전히 할 수 있는 크기가 바람직하지만 너무 크면 구멍메우기 보수비가 가산되기 때문에 보온재를 손상하지 않고 통과할 수 있는 크기로 한다.

㉢ 상자의 한 변의 크기는 400mm 이상이 되면 상자의 상부면에 목재로 보강한다.

② **벽 관통**

㉠ 벽 두께를 확인하고 배근 전에 거푸집에 못질하여 보강근 완료 후 상자 밑에 석재를 끼운다.

㉡ 벽의 스팬을 관통해서 사용하는 덕트의 경우, 거푸집 해체 후 수평의 차이가 발생하므로 상자의 크기를 표준보다 크게 한다.

㉢ 폭이 큰 상자를 벽에 집어넣는 경우, 일반적인 방법으로 시공하면 거푸집을 해체하였을 때 상자의 하면에 (그림 10－7b)와 같이 보기 흉한 달 모양의 공간이 생긴다. 상자 폭이 크면 콘크리트를 재치있게 다지더라도 상자 밑에는 공기층이 그대로 남기 때문에 이상 상태를 해소하자면 상자 밑의 진공을 상부로 탈출시키는 방법을 택하여야 한다.

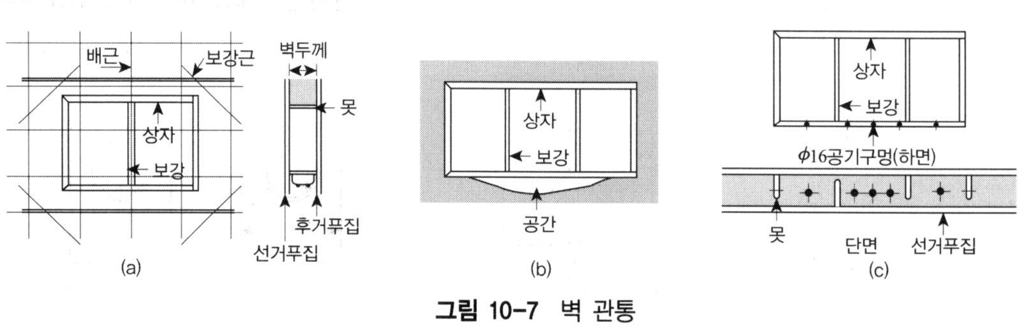

그림 10-7 벽 관통

자. 인서트(inset)

매달림볼트 지지 간격에 걸리는 중량은 배관류 외에 관 내의 진동이나 지진 등의 동요로 인하여 순식간에 정하중보다 더 무거워진다. 그 하중은 (그림 10－8)과 같이 인서트의 나사 부분으로 지탱하지만, 나사바닥의 단면적은 매달림 볼트보다 작으므로 인서트 호칭경의 선택에는 신중을 기해야 한다.

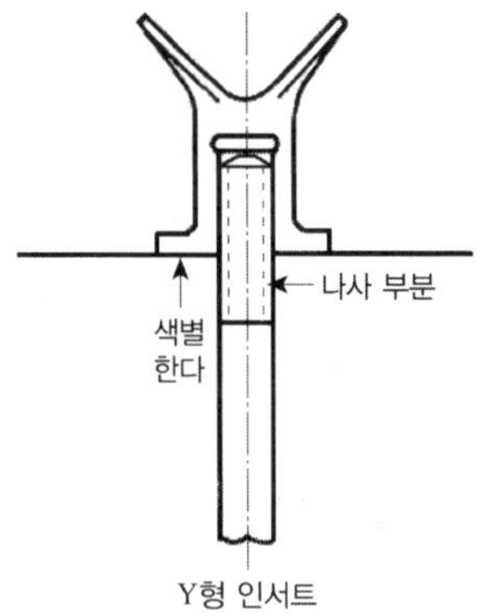

그림 10-8 인서트 처리(1)

인서트는 콘크리트 타설 전에 바닥배근 사이를 누비고 슬래브거푸집에 박지만 통상 바닥배근에는 결속하지 않는 것이 관행이므로 거의 고립해서 콘크리트 속에 매설하여 슬래브거푸집 해체 후에 완전여부를 확인한 후에 사용한다.

비록 확실한 인서트라 하더라도 콘크리트 타설 3개월 후에는 하중이 걸리는데 그 시점에서는 구체(軀體)를 따내도 몇 년 후의 것보다 별로 단단하지 않다. 인서트에 걸리는 하중을 줄이기 위해서도 지지 간격을 좁히든가 중하중의 것에 대해서는 (그림 10－9a)처럼 철선을 사용해서 바닥철근에 결속한다.

관경이 큰 냉각수 배관의 경우에는 인서트를 쓰지 않고 배근 부근에 상자를 넣어 (그림 10－9b)처럼 짧은 달림 볼트를 보강근에 걸쳐서 그 보강근을 바닥배근에 철사로 결속한다. 그리고 구멍 메우기 보수 후 방진장치를 하고 나서 매달림 볼트를 시공한다. 후공사가 되면 바닥 배근을 찾아내는데 시간이 걸리고 천장면을 크게 짓밟게 되므로 신축의 경우는 구멍내기 공법은 피해야 한다. (그림 10－9c)에서 관련 공사와 협의하여 상자넣기를 하지 않고 바닥거푸집 패널에 매달림 볼트의 구멍을 뚫는 시공 방법도 있다.

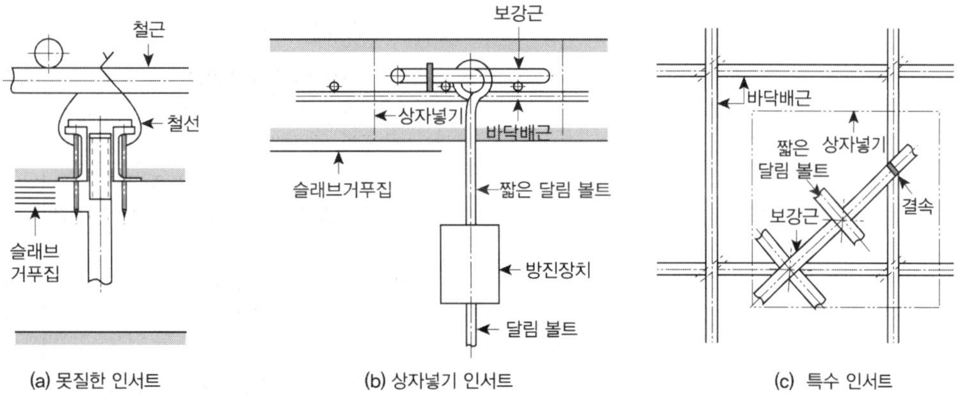

그림 10-9 인서트 처리(2)

2 배관의 구배

가. 일반 사항

건축설비의 배관은 모두 구배를 줄 필요가 있는데 이는 통수할 때 관 내에 고인 공기를 쉽게 빼며, 수리를 할 때 물을 뽑기 위하여 공기와 바꾸어지기 쉽게 하는 등의 목적이 있다. 따라서 공기빼기용 밸브나 장치는 그 구배 아래에 설치한다. 배관구배는 유속과도 관련되므로 유속 제한을 할 필요가 있을 때는 배관 구배에 주의하여 시공하여야 한다.

나. 급탕온수배관

특히, 자연순환일 때는 급수관과 환수관의 온도차에 의한 순환력을 이용하는 것이므로 열원으로부터 급수관은 일정한 상향구배로 하고 환수관은 열원을 향하여 하향구배로 한다. 강제 순환일 때도 이에 준한다.

다. 배수배관

배수배관과 중력식 증기배관의 환수관은 일정한 구배로 관 말단까지 하향구배로 하고 물포켓이나 에어포켓이 만들어지는 요철(凹凸)배관 시공은 하지 않도록 한다. 배수배관은 구배를 급경사지게 하면 관 내의 물 흐름 깊이가 얕아지고 물이 관바닥을 급속히 흐르게 되므로 고형물을 부유시키지 않는다.
이와 반대로 경사가 너무 완만하면 유속이 떨어지고 관 내 물 길이는 증가하나 밀어 내리는 힘이 감소하여 역시 고형물이 남게 된다. 이와 같이 관 내의 유속에는 배수 기능을 만족시키기 위한 제한유속이 있고 제한유속은 실험과 경험에 의하여 구해지며 관지름의 설계상 배관의 구배 결정에 있어 신중히 고려되어야 한다.

〈표 10-2〉 각종 배관구배와 제한유속

구분	배관명칭	구배	원칙적인 구배방향	제한유속(m/s)
급·배수관	급수관	1/100~1/200	수도직결을 양수기 이후는 끝올림, 옥상탱크부터는 끝내림, 압력탱크로부터는 끝올림	0.5~1.5 최대 2.5
	급탕관, 반탕관	1/100~1/200	급탕관은 저장탱크(보일러)부터 끝올림, 반탕관은 저장탱크(보일러)를 향하여 끝내림	0.5~1.5
	옥 내 배수관	관경 65mm 이하 (분기관)1/50 관경 75mm 이상 1/100	배수수직관을 향하여 끝내림 옥외배수관을 향하여 끝내림	최소 0.6 최대 1.4
	통기관	1/100~1/200	가로지르기관은 수지관을 향하여 끝올림	
	소화관	1/100~1/200 1/500	소화펌프부터 끝올림	2.0~3.0
	가스관	1/100	계량기로부터 끝올림	

구분	배관명칭	구배	원칙적인 구배방향	제한유속(m/s)
	옥 외 배수주관	1/100～1/200	하수본관을 향하여 끝내림 압거의 구배 관경 구배 100mm 2/100 이상 125mm 1.7/100 이상 155mm 1.5/100 이상 180mm 1.3/100 이상 200mm 1.2/100 이상 230mm 1/100 이상	
	빗물가로 지르기관	1/100 이상		1.4 정도
냉·난방배관	증기관	순구배…… 관경 50mm 이하 1/200 이상 관경 65mm 이상 1/250 이상 끝내림		
		역구배 …… 1/50 이상		
	환수관	중력환수 1/150 이상		
		진공환수 1/250 이상		
	냉온수관	1/200 이상…… 동일관을 냉온수관에 고용하는 공조 방식 끝올림		
	냉각수관	1/200 이상		
	온수관	1/150 이상 …… 직접 난방 방식		
액체연료 공급관	중경유관	1/200 이상		

라. 가스배관

가스 중에는 수분이 함유되어 있어 수분이 응축하여 관 바닥에 고이므로 적당한 곳에 드레인 밸브(drain valve)를 설치한 후에 하향구배로 배관한다.

3 배관의 신축

가. 일반 사항

배관에 변형이 생기는 원인에는 관 자체의 재질과 배관 주위의 환경 조건 또는 관 내 유체의 성상에 따르는 것을 생각할 수 있다. 어떤 경우이든 온도 변화가 가장 큰 영향을 미치므로 관이나 이음에 손상을 줄 염려가 있는 배관에 있어서는 필요한 장소에 신축이음을 설치하여 그 변형을 흡수하도록 하여야 한다. (그림 10－10 참조)

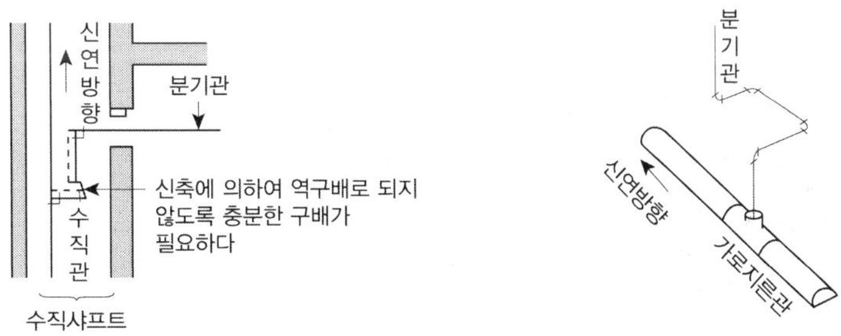

(a) 수직관에서의 분기　　(b) 가로지른 관에서의 신축 대책

그림 10-10 분기관의 신축 대책

나. 관의 열팽창

관의 온도 변화에 의한 신축량은 다음 식으로 구할 수 있다.

$$\Delta l = \alpha L \Delta t$$

여기서, Δl : 관의 신축길이(mm)
L : 온도변화가 일어나기 전의 관 길이(mm)
α : 관의 선팽창계수
Δt : 온도 변화(℃)

재질에 따른 관의 평균 팽창계수(mm/m℃)는 다음과 같다.

- 탄소강 : 11.5×10^{-6}
- 동(보통상품) : 17.7×10^{-6}
- 황동 : 18.2×10^{-6}
- 스테인리스강 : 16.7×10^{-6}

다. 배관 시공

배관의 신축을 충분히 흡수하지 못하는 배치일 경우에는 신축이음의 사용 여부를 검토한다.

수직 샤프트 내에서 신축하는 수직배관의 분기관이 샤프트 벽을 관통할 경우에는 수직관 및 가로지르는 관의 신축을 흡수하도록 배관한다.

〈표 10-3〉 기기주변 배관의 신축 대책

관경 D(mm)	기기간의 거리		
	0~5m	5~10m	10~30m
125mm 이하	직관길이가 $10D$ 이상일 때는 1엘보가 필요	직관길이가 $10D$ 이상일 때는 2엘보가 필요	직관길이가 $10D$ 이상일 때는 3엘보 또는 신축이음이 필요
150~175mm	직관길이가 $10D$ 이상일 때는 3엘보가 필요	직관길이가 $10D$ 이상일 때는 4엘보가 필요	직관길이가 $10D$ 이상일 때는 4 엘보 이상 또는 신축이음

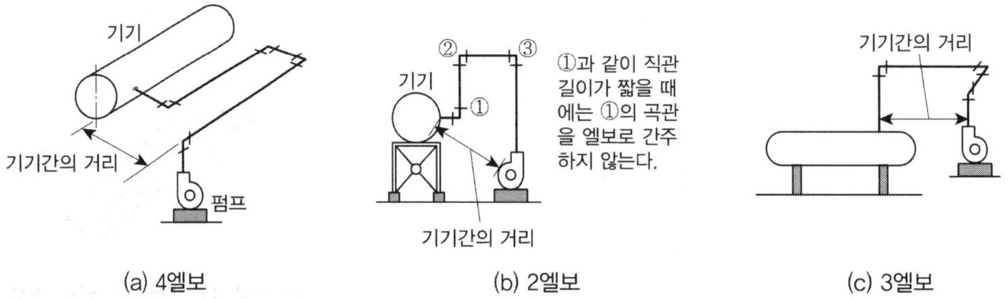

그림 10-11 기기 주변 배관

또 가로지르는 주관에서 수직관을 분기한 경우에도 주관의 열팽창에 의하여 분기관에 과대한 응력이 걸리지 않도록 오프셋배관으로 한다. 어느 경우에도 배관 도중에 공기핀 홀이 생기지 않도록 하지 않으면 안 된다.
기기류를 연결하는 배관은 그 관의 신축을 되도록이면 배관 자체에서 흡수하도록 하여 기기에 관의 영향이 미치지 않도록 90°곡관을 3~4개소에 사용한다.
배관가공에 의하여 신축을 흡수하게 할 때는 신축곡관을 사용하며, 루프형과 오프셋형이 있으므로 관 지름과 팽창량에 따라 선정한다.

4 배관의 배열

천정 바닥 위와 수직샤프트 내 트랜처 내에서는 장착 작업에 필요한 간격이나 메인터넌스에 필요한 간격이 다르다. 나사식 이음이나 밸브를 이음하는데 필요한 간격 플랜지, 이음이나 플랜지형 이음의 볼트, 너트의 예비 죔에 필요한 간격 주철관의 납 코킹을 위한 작업 간격, 메인터넌스상의 밸브, 플랜지의 패킹 교환·재배치 등의 수리가 필요하다. (그림 10−12)의 배관간격 L은 배관의 외경 간격 l을 나관의 경우는 100mm, 피복관의 경우는 65mm를 표준으로 해서 산출된다. 노출배관의 배관으로는 정연한 상태가 되지만, 대구경관과 소구경관을 인접하여 배관할 때에는 보기좋게 간격을 유지 한다. L'는 나관 피복관이며 모두 $6l'$를 측면에서 150mm 떨어져 시공하는 것을 표준으로 하여 산출한다.

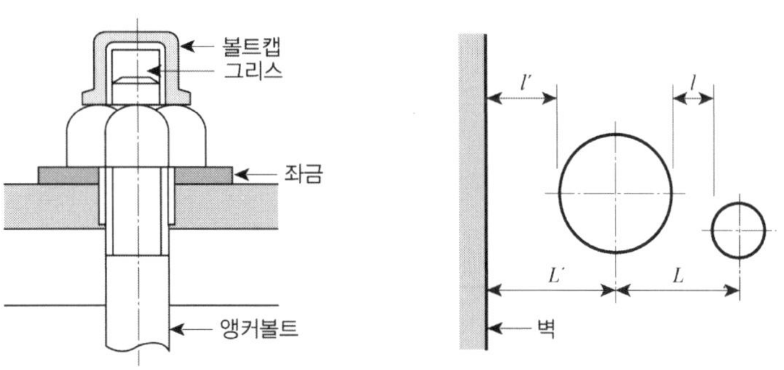

그림 10-12 배관의 배열

가. 나관(操管)

〈표 10-4〉 나관배관의 표준간격(mm)

L	160	165	170	170	175	180	190	195	210	220	230	260	285	310
강관 (A)	15	20	25	32	40	50	65	80	100	125	150	200	250	300
15	125	125	130	135	135	145	150	155	170	180	195	220	245	270
20		130	130	135	140	145	155	160	170	185	195	225	250	275
25			135	140	140	150	155	165	175	190	200	225	250	275
32				145	145	155	160	165	180	195	205	230	255	280
40					150	155	165	170	180	195	210	235	260	285
50						160	170	175	190	200	215	240	265	290
65							180	185	195	210	220	245	275	300
80								190	205	215	230	255	280	305
100									215	230	240	265	290	320
125										240	255	280	305	330
150											265	290	315	340
200												315	340	370
250													370	395
300														420

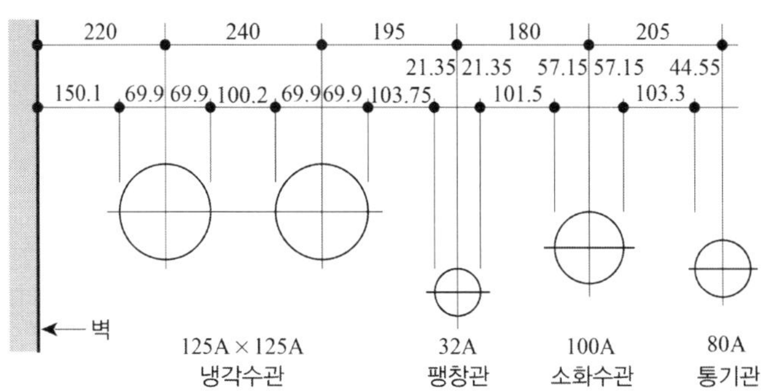

나. 냉·온수관

〈표 10-5〉 냉·온수배관의 표준간격(mm)

L	190	195	200	205	215	220	230	235	250	260	275	300	335	360
강관(A)	15	20	25	32	40	50	65	80	100	125	150	200	250	300
15	150	150	155	160	170	175	185	190	205	215	230	255	290	315
20		155	155	160	175	180	190	195	205	220	235	260	295	320
25			160	165	180	185	190	200	210	225	235	260	295	325
32				170	190	200	205	210	225	240	240	265	310	335
40					195	200	210	215	230	240	255	280	315	340
50						210	215	220	235	245	260	285	320	345
65							225	230	240	255	265	295	330	355
80								235	250	260	275	300	335	360
100									260	275	285	310	345	375
125										285	300	325	360	385
150											310	335	385	410
200												365	410	435
250													435	460
300														485
피복두께	30	30	30	30	40	40	40	40	40	40	40	40	50	50

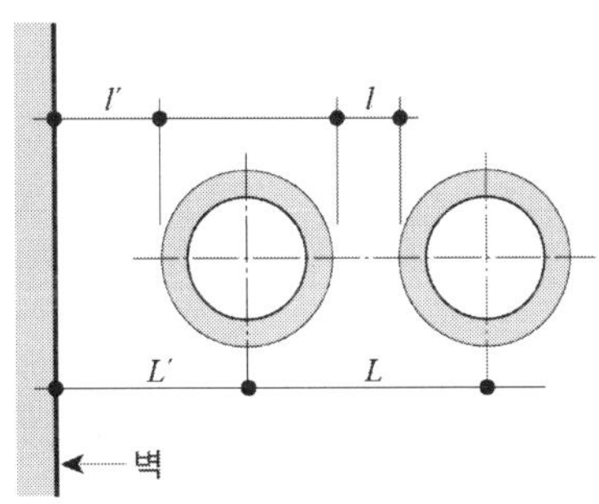

5 배관의 식별(識別) 표시(KS A 0503)

공장, 광산, 학교, 극장, 선박, 차량, 항공 보안시설 기타에 있어서 배관계에 설치한 밸브의 잘못된 조작을 방지하는 등의 안전을 도모하는 것, 배관계 취급의 적정화를 도모하는 것을 목적으로 배관에 식별 표시를 한다.

① **식별색** : 관 내 물질의 종류를 분별하기 위하여 칠하는 색

② **물질표시** : 관 내 물질의 종류·명칭 표시

③ **상태표시** : 관 내 물질의 상태 표시

④ 안전표시 안전을 촉구하기 위해 관에 식별색을 칠하며, 위험표시, 소화표시, 방사능 표시가 있다.

〈표 10-6〉 물질의 종류와 식별색

종 류	식별색	종 류	식별색
물	파랑	산 또는 알칼리	회보라
증기	어두운 빨강	기름	어두운 주황
공기	흰색	전기	연한 주황
가스	연한 노랑		

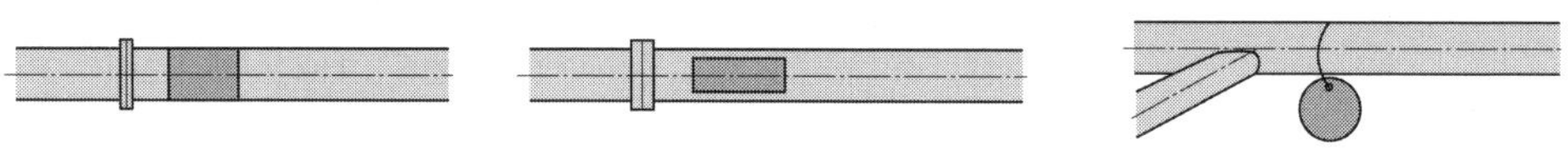

(a) 관에 직접 환상 표시　(b) 관에 직접 직사각형 표시　(c) 표찰을 관에 부착 표시

그림 10-13 식별색에 의한 물질 표시 보기(물인 경우)

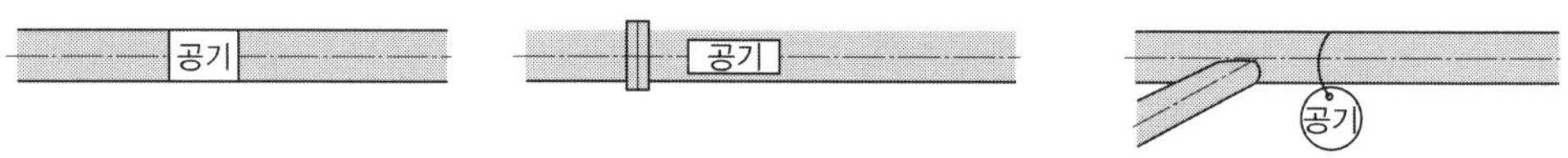

그림 10-14 물질 명칭의 표시 보기(공기인 경우)

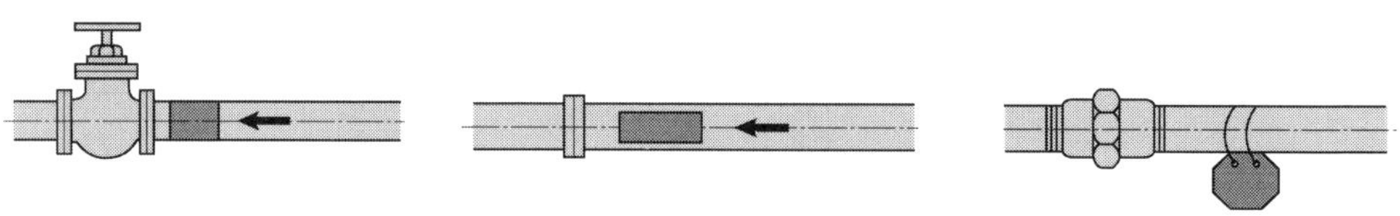

그림 10-15 흐름방향의 표시 보기(황산인 경우)

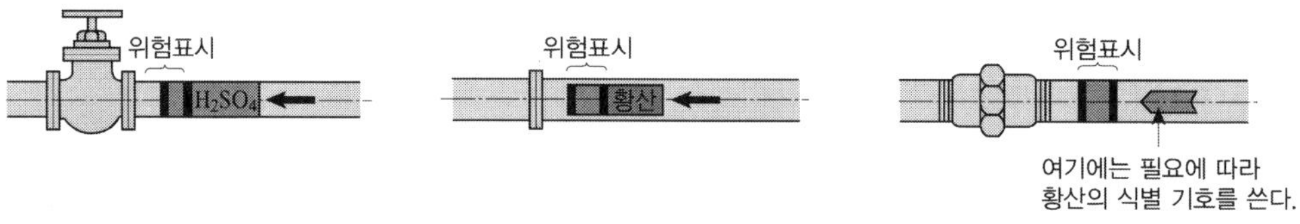

그림 10-16 위험 표시 보기(황산인 경우)

② 배관 지지장치의 시공

배관의 하중을 지지하는 장치로서는 서포트, 행거, 리스트레인트, 브레이스 등이 있으며, 이들은 배관계의 적절한 내·외부 응력을 잘 흡수하여 배관장치 시스템의 안정적 유지가 필요하므로 시공시 주의를 하여야 한다.

1 배관 지지의 필요조건

① 관과 관 내의 유체 및 피복제의 합계 중량을 지지하는데 충분한 재료일 것
② 외부에서의 진동과 충격에 대해서도 견고할 것
③ 배관 시공에 있어서 구배의 조정이 용이하게 될 수 있는 구조일 것
④ 온도 변화에 따른 관의 신축에 대하여 적합할 것
⑤ 관의 지지 간격이 적당할 것

2 배관의 지지 간격

배관의 지지 간격은 배관의 전 중량에 의한 휨의 크기와 회전 모멘트로 결정한다. 특히 드레인관과 환수관은 구배를 유지함과 동시에 휨을 고려하여 배관을 해야 한다.
층간 변위·수평방향의 가속도에 대한 응력이 필요한 경우는 좌굴응력을 검토해서 지지 구간 내에서 관이 진동하지 않도록 적절한 간격을 선정하여야 한다. 지지 간격의 거리는 수치로나 선도(線圖)로 구할 수 있으나 <표 10－7>에 의해서 구하는 것이 편리하다.

〈표 10-7〉 배관의 지지 간격

배관	배관계	관경	행거의 지름(mm)	간격
입상(立上)	동관 강관 염화비닐관			1.2m 이내 각층 1개소 이상
수평주관	동관 (L－type)	20mm 이하	9	1.0mm 이내
		25～40mm	9	1.5mm 이내
		50mm	9	2.0mm 이내
		65～100mm	13	2.5mm 이내
		125mm 이상	13	3.0mm 이내
	강관	20mm 이하	9	1.8mm 이내
		25～40mm	9	2.0mm 이내
		50～80mm	9	3.0mm 이내
		90～150mm	13	4.0mm 이내
		200mm	16	5.0mm 이내
		250mm	19	5.0mm 이내
		300mm 이상	25	5.0mm 이내

3 배관계 지지장치의 설계계획(設計計劃)

배관계 지지장치의 설계계획이라 함은 플랜트 전체의 배관계 지지장치 일식(一式)을 레이아웃하여 지지장치 개별의 시방(示方), 즉 지지방법, 지지하중, 지지점 이동량 등을 결정하는 것이다. 이들 계획에 필요한 자료, 계획 순서, 방법에 대해 다음에 설명한다.

가. 지지(支持)장치 설계에 있어서의 필요 자료(資料)

(1) 배관도(配管圖)

이중에 포함되는 필요 사항은 관의 치수·재질·내부 유체의 종류(비중) 온도·압력, 보온 보냉재 두께·부피·비중, 플랜지·밸브 등 배관에 부속되는 부품의 시방(중량), 배관계의 단말(端末) 조건, 즉 타워접속점의 이동량 반력(反力), 모멘트(moment) 등 제한값 등이다.

(2) 건축물도(建築物圖)

이것은 지지점의 설정에 필요한 것으로서 보일러·터빈 건물도, 기기가대(機器架臺), 파이프 래크 등의 도면, 기타 배관 주위에 설치되는 설비류의 도면 등이다.

(3) 각종 기술 자료

관 및 보온재의 중량표, 밸브·플랜지 중량표, 관의 열팽창량, 기타 관련 규격 등이 필요하다.

나. 설계 순서

(1) 입체배관도의 작성

배관도에서 작성하는 것으로서 축척으로 그릴 필요는 없으나 대개 비례적으로 그리는 것이 원칙이며, 배관의 시방, 단말조건 등을 기입하며, 이것은 지지하중, 지지점 이동량 계산의 기본이 되는 것이다.

(2) 지지점의 설정

배관도, 건물도를 기본으로 하여 지지점을 설정해 나가는 것으로서 이 경우 고려해야 할 것은 배관계의 양단 지지점은 가급적 단말 가까이 설정하고, 밸브나 수직관 등과 같이 집중하중이 있는 근처에 지지점을 설정한다. 가급적 건물, 기기가대 등의 개설(概說)의 보를 이용한다. 지지 간격을 적절히 잡아서 배관의 자중의 횡에 의한 과대응력의 발생이나 드레인 배출에 지장이 없게 한다. 지지하는데 장해가 되는 근접배관, 설비기기의 유무를 체크한다. 이상과 같이하여 설정한 지지점을 입체배관도중에 도시한다.

③ 배관의 점검

1 작업장 재료

재료를 야적(野積)하여 놓으면 비와 눈 등에 의해 탈색되기 쉬우므로 현장에 반입된 재료는 검수 후에 완벽한 보관 관리를 해야 한다. 특히 한번 탈색된 보온재는 사용을 못하기 때문에 비와 눈 등을 피하여 완전히 시트로 덮어서 빗물이 스며들지 못하게 하여야 하며, 각 작업 구역의 재료는 항상 정리 정돈해 두고 불필요한 재료는 모아 따로 정리한다. 또한 작업 구역에 따라 환기설비를 하고, 소화기를 배치한다.

2 은폐부분

가. 바닥 밑

(1) 배관구배는 규정대로 잡혀 있는가, 매달림 볼트를 확인한다.
(2) 배관시공이 끝나면 배수관류는 만수테스트를 한다.
(3) 배관 그 밖의 나사 부분의 시공 완료 후, 피복시공을 한다.
(4) 바닥 벽 관통 부분의 구멍메우기를 확인한다.
(5) 바닥 밑 내의 잔재정리(殘材整理), 청소 등의 검사를 한다.

나. 샤프트 내

(1) 바닥밴드, 벽 서포트의 설치, 신축이음 유무를 확인한다.
(2) 위험이 따르는 배관과 전기배관의 간격이 150mm 이내이면, 전기배관을 절연체로 피복한다.
(3) 개구부 블록쌓기와의 공정 맞춤을 한다.
(4) 중간배관의 수압테스트를 한다.
(5) 수압테스트 합격 후 배관의 나사 부분, 그 밖의 부분을 페인팅 한다.
(6) 백관의 용접 부분 주변은 브러싱 후 방청페인트를 칠한다.
(7) 피복관을 완전히 시공한다.
(8) 바닥의 구멍메우기를 표준에 따라 시공하고, 천정에 구멍메우기용 잔재 등을 남기지 않도록 한다.
(9) 샤프트 내부의 잔재정리, 청소 등을 한다.
(10) 냉각수 배관의 고정 철물이 최하부와 최상부에 있는가를 확인한다.

다. 천정 내부

(1) 배관구배 달림 볼트의 확인을 한다.
(2) 관고정은 수압테스트 전에 재확인을 한다.
(3) 배관의 나사 부분 그 밖의 철재 부분의 페인팅을 확인한다.
(4) 보관통 부분의 피복관은 완전히 시공되었는지, 특히 냉온수관을 중시 확인한다.
(5) 배관, 달림볼트 등이 관련공사와 접촉하고 있는 지를 확인한다.
(6) 밸브류의 조작 위치와 점검구를 확인한다.
(7) 방화구획에 의한 관통 부분은 불연재로 완전히 구멍이 메워졌는지를 검사한다.

라. 바닥 매설

(1) 일반층의 경우 바닥 깊이가 80mm 정도이므로 코일의 직경은 20A가 한도여서 피복 외경이 67.2mm가 된다. 구배를 잡기는 곤란하므로 역구배가 되지 않도록 배관을 하고, 피복재는 완전히 감아 철선으로 동여매어 표면에 노출되지 않도록 되메우기를 한다.

(2) 히팅패널(heating panel)
① 배관재료는 동관, 스테인리스강관과 같이 열전도율이 높고, 가격이 저렴한 것을 사용한다.
② 히팅패널이 시공되는 바닥공법은 슬래브 위에 단열재, 보호모르타르, 신더 콘크리트 모르타르 등의 순서로 행하며. 대리석깔기 등이 바닥 마무리가 되는 경우와 바닥 위를 융단깔기로 하는 경우가 있다. 타설된 슬래브에서 바닥까지의 마무리 치수는 180mm가 일반적이다.
③ 180mm의 두께 속에 5～6개의 시공공정이 있는데, 그 중에서 히팅패널은 보호모르타르가 끝나고 나서, 공장 가공된 패널세트를 시공도에 따라 각각 설치하여 각 세트를 배관접속하여 수평조정을 한다.
④ 패널의 구배잡기는 근란하므로 역구배가 되지 않도록 전체적으로 수평조정을 정확히 하며, 수압시험이 끝나면 신더 콘크리트 안에 매설한다.
⑤ 단열재, 표면마무리 등 그 밖의 두께에 따라 신더 콘크리트의 두께가 다양하므로 패널세트의 설치 방법도 달라진다.
⑥ 신더 콘크리트 타설 때에는 히팅패널 위에 얹히지 않도록 주의하여 시공하여야 한다. (그림 10－17)은 히팅패널이 시공된 각종 바닥공법과 신더 콘크리트의 두께에 의한 수평공정법을 나타내고 있다.

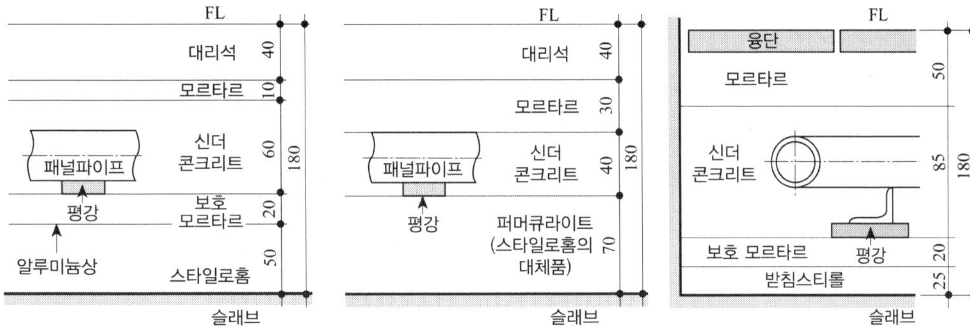

그림 10-17 히팅패널 시공 단면

마. 지중 매설(地中埋設)

(1) 매설배관은 표준시방에 따라 아스팔트 펠트 감기로 한다.

(2) 매설심도

① 일반부지 내 : 450mm 이상

② 차량통로 : 750mm 이상

③ 중차량 통로 : 1,200mm 이상

④ 한랭지 : 1,000~1,500mm(지역에 따라 조정)

3 노출 부분

가. 수평주관

① 배관구배는 규정대로 시공되었는지 점검한다.

② 신축이음의 고정철물은 정상적인 위치에 설치되어 있는가를 신축량과 신축 방향을 확인한다.

③ 냉각수 배관은 타배관과 구분하여 가설되었는지를 확인한다.

④ 매달림 볼트의 수직도를 확인한다.

나. 수직관

① 바닥밴드, 벽 서포트의 설치를 확인한다.

② 수직도 맞춤은 양호 한가 확인한다.

③ 바닥에 닿은 피복 위에 밴드걸이가 되어 있는가를 확인한다.

다. 관통 부분

① 기기류로 은폐되는 부분의 구멍메우기를 확인한다.
② 피복시공이 완전히 되어 있는지를 확인한다.
③ 벽에 닿은 부분에 플레이트 또는 행거가 설치되었는지 확인한다.

라. 기기(機器) 주변

① 증기, 온수, 급수관 등의 단관은 피복시공이 가능한 길이로 되어 있는지를 확인한다.
② 냉수관계의 펌프, 백관, 단관이 피복되어 있는지를 확인한다.
③ 급수펌프 토출관의 입상관에 플렉시블조인트가 되어 있는지를 확인한다.
④ 방진시공이 완전한지를 확인한다.
⑤ 기기의 방진장치와 내진 대책은 완전한지를 확인한다.
⑥ 진동하는 기기의 설치볼트용 로크너트를 확인한다.
⑦ 기초볼트의 너트 죔은 완전한가를 확인한다.
⑧ 피복시공에 의해 관련공사와 접촉되지 않는지를 확인한다.
⑨ 공기빼기 플로트밸브의 위치를 확인한다.

4 관의 부식과 방식법

관의 부식은 금속관 특히 강관이 가장 심하다. 관을 부식(腐蝕)시키는 상태는 관의 재질에 따르나, 이에 접하는 물(습기)이나 공기(산소)가 크게 관계한다. 부식은 물에 접하는 관의 내면(內面)에 많이 생기나 지중 매설관 등은 지하수에 접하는 외벽(外壁)에도 생긴다. 부식의 작용에 따라서 이것을 대별(大別)하면 다음의 3종이 된다. 그리고 이들 셋 또는 두 개의 부식 현상이 보통 동시에 일어난다.

1 금속의 이온화에 의한 부식

가장 일반적인 부식현상이다. 일반적으로 수중에서 금속은 소량이라도 (+)이온이 되어서 녹으려고 하는 성질이 있다. 금속이 (+)이온이 되려고 하는 힘, 즉 이온화 경향에는 일정한 순서가 있다. 다음은 이온화 경향의 순서를 나타낸다.

K > Ca > Na > Mg > Al > Zn > Fe > Ni > Sn > Pb > H > Cu > Hg > Ag > Pt > Au

이 순서는 또 전기화학적(電氣化學的) 활성(活性)의 순위를 나타낸다. 강관이 물에 접하고 있을 때를 생각하면 물은 강한 전해액(電解液)이며, 극히 미량이기는 하나 수소이온(H^+)과 수산이온(OH^-)으로 전리(電離)한 다음 평형 상태로 된다.

$$H_2O \leftrightarrows H^+ + OH^-$$

그러나 이온화 경향 순서에 의해 철(Fe)은 수소(H)보다도 이온화 경향이 크므로 철은 이온(Fe^{++})이 되어서 수중에 용출(熔出)한다. 이것은 (+)이온이며, 수 중의 H^+의 양전기(陽電氣)를 빼앗아서 Fe^{++}로 변하고 수소이온(H^-)은 수소가스(H_2)가 된다. 즉 다음의 평형 상태로 된다.

$$Fe + 2H^+ + \leftrightarrows Fe^{++} + H_2$$

이때 생긴 H_2는 철의 표면에 수소가스의 박막(薄膜)을 만들고, 철이 다시 용해하는 것을 막는다. 이때 수중에 산소가 존재하면 생성한 수소와 반응해서 물이 되고, 또 물의 흐름이 격심할 때도 수소는 끊임없이 제외되므로 반응은 거의 오른쪽으로 진행한다. 더욱 순수한 물(純水) 속에는 H^+는 적으나 탄산가스(CO_2)가 존재하면 그것이 물에 녹아서 탄산(H_2CO_3)이 되고 H_2CO_3의 전리에 따라서 H^+는 증가하므로 전식(電蝕)은 더욱 더 오른쪽으로 이행한다. 이상 반응은 반복해서 연속적으로 실시되는 것이다. 한편 철이온(Fe^{++}) 그대로 존재하지 않고 수중의 OH^-와 화합해서 수산화제일철이 된다.

$$Fe^{++} + 2OH^- \rightarrow Fe(OH)_2$$

다시 수중의 용존산소는 산화되어서 수산화제이철이 된다.

$$4Fe(OH)_2 + O_2 + 2H_2 \rightarrow 4Fe(OH)_3(\text{정확하게는 } Fe_2O_3 \cdot H_2O)$$

이것이 철의 붉은 녹이다. 용존산소가 불충분할 때는 그 중간 생성적인 자성산화철($Fe_3O_4 \cdot H_2O$), 즉 검정 녹이 생기는 수도 있다.

2 2종 금속간에 일어나는 전류에 따르는 부식

이것을 접촉부식이라고도 하며, 2종의 금속이 서로 접촉해서 수중에 있을 때 일어나는 현상이며, 전지(電池)의 작용과 같다. 여기에 강관과 동관을 접속배관해서 관속에 물이 충만할 때 이온화 경향순서에 의해 Fe은 Cu보다 이온화 경향이 크므로 철은 이온(Fe^{++})이 되어서 녹으려고 한다. 이 경향은 수중의 Fe^{++}의 농도가 적을수록 크다. 한편 동(銅)은 이온화경향이 철보다 작으므로 항상 주위의 Cu^{++}가 전하(電荷)를 잃고 Cu(금속동)가 되어서 분출하려고 한다. 이 때문에 전류는 물을 통해서 강관에서 동관으로 향한다. 여기서 강관은 전하를 감(減)해서 (−)전기를 띄나 동관에서의 전류로 중화되어서 부식을 단속한다. 이때에도 수소가스는 벽면에 분출해서 박막을 만드나, 수중의 산소와 결합해서 물이 되고 앞에서 서술한 전리 현상이 다시 단속되어 부식이 진행된다.

또 물이 난류(亂流)할 때라도 이 수소가스를 제거하게 되어 부식이 진행된다. 난류 속에 있는 금속부식이 대단히 빠른 것도 이에 기인한다. 이때 수중에 염분이 있다든가, 물이 산성 또는 알칼리성인 경우에는 물의 전도성이 커지므로 부식은 일층 진행한다. 실제로는 이종(異種) 금속관의 접속 외에 동관 또는 연관의 납땜(Pb와 Su의 합금)접합 강관과 포금제 금구(Cu와 Sn의 합금)의 접속 또는 금속소재의 불순물 등에 의해서도 일어난다. 강관의 일부에 녹이 생기면 국부적으로 전지가 되어, 이 부분의 부식 작용이 더욱 진행해서 강관의 벽면에 혹처럼 녹이 쌓이게 된다.

3 외부에서의 전류에 의한 부식

이 부식은 전식이라고도 하며, 전류가 외부에서 강관의 내부에 침입하고 이것이 습지나 저항이 적은 곳에서 외부로 도망할 때 일어나는 것이며, 이 외부에서의 전류는 주로 단선가공식(單線架空式)의 전차선로를 횡단해서 강관이 매설되어 있을 경우 궤도를 통해서 돌아올 전류가 우천시일 때는 궤도의 이음매에서 누전되어 대지로 흘러들어가 전류가 통하기 쉬운 매설 강관에 흐르게 된다. 이것이 습지나 저항이 적은 곳에서는 다시 대지로 흐르게 된다. 전식(電蝕)작용의 특징은 전류는 관 내에서 발생하는 것이 아니고 외부에서 유입하는 것이며, 부식은 전류가 흘러나간 곳에 집중적으로 발생한다.

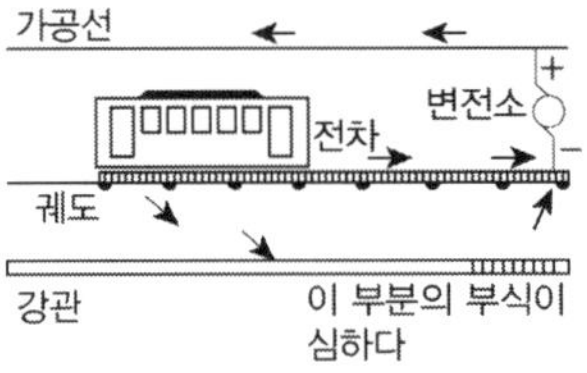

그림 10-18 전식작용

4 방식법(防蝕法)

방식의 견지에서 배관시공상의 주의할 점을 들면 다음과 같다.

(1) 이종금속관이 접속하고 있을 경우, 비금속(卑金屬)의 면적이 귀금속(貴金屬)의 면적보다도 커지도록 한다.(2종 금속 사이에 일어나는 전류에 따른 부식) 따라서 용접에 사용하는 용접봉, 납땜에 사용하는 납, 리벳 접합에 사용하는 리벳 등은 그 주재료보다도 이온화 경향이 낮은 금속을 사용하면, 좋은 결과를 얻을 수 있다.

(2) 일반적으로 기체와 액체가 동시에 접하는 부분에서 부식이 매우 심하므로 지하 배설관이나, 피트의 배관 등의 경우 제트의 저부에 드레인이 고이거나, 물방울이 부착하지 않도록 하고 청소하기 쉬운 구조로 한다.

(3) 금속표면에 요철이 있으면 부식하기 쉽다. 따라서 접합부의 나사부위나 용접부 부식이 빠르므로 다듬질을 깨끗이 함과 동시에 방식 도료로 페인팅 한다.

(4) 이종금속관의 접속시는 양금속관이 서로 접촉하지 않도록 절연시공을 하여 부식을 방지한다.

(5) 냉각수나 일반 급수에 있어서 용존산소나 기포가 존재하면 부식을 촉진하므로 탱크의 유입구나 유출구 등에 공기를 빨아들이는 일이 없도록 할 필요가 있다. 배관의 부식을 막는 데는 급속관의 관벽과 물과의 접촉을 차단하는 것이 간단한 방법이다. 이에 대해서는 타르, 아스팔트 페인트, 레커, 바니스 등의 도장에 의해서 관 벽면과 수분과의 사이에 내식성의 막을 만들어 물의 접촉을 차단하는 방법이 흔히 사용된다. 그러나 도장의 내구성 문제가 있고, 관 내벽과 같이 용이하게 도장이 되지 않는 경우도 있다. 방식 도료는 일반적으로 토양 속에서는 용해하기 쉽고, 노출 상태에 있어서는 온도 변화에 따른 균열, 관의 수축, 팽창 등 외부적 원인에 의한 박리(剝離) 또는 균열이 생기기 쉬운 단점이 있다. 금속관에 아연도금, 주석도금, 메탈리콘 등 내화학성이 강한 금속의 얇은 막으로 피복하는 방법도 있다. 내구성의 측면에서 도장보다도 우수한 방식성이지만 배관 현장에 있어서 가공은 곤란하므로 주로 공장 가공한다. 전식(電蝕)에 대한 방식법으로는 주트(jute)와 피치(아스팔트)로 관의 외벽을 피복해서 전기 절연층을 만들어 외부에서 전류를 절연하는 방법이나, 금속관의 이음부에 고무 또는 플라스틱 등 전기 절연물의 원판을 끼워서 플랜지 접합하여, 관을 흐르는 전류를 절연하는 방법 등이 사용된다.

(6) 내식성 견지에서는 플라스틱 관이 가장 우수한 배관재료라고 하겠으나, 사용상의 문제점이 있으므로 다음 테이프류를 강관에 감아서 사용한다.

① 라이닝 테이프

이것을 관의 외벽에 감아서 사용하면 산, 알칼리에 강하고 전기절연성도 우수하다. 가열하면 수축하여 관을 죄어서 밀착한다. 라이닝 테이프는 65%의 라텍스에 1.2% 유황과 기유촉진제를 가하고 여기에 염소가스를 통해서 만든 염산고무이다. 단점으로는 120℃ 이상의 열과 직사광선을 받으면 노화하여 우수한 특성을 잃게 된다.

② 글라스울 테이프

유리섬유 테이프에 양질의 아스팔트 건성유를 도포하고, 다시 내수성의 접착제와 전기 절연성의 혼합물을 얇게 도포한 것이다. 두께 0.4mm 정도로서 내산·내알칼리성이 강하고, 전기 절연성도 높다. 단점은 관을 감았을 때 겹침 부분이 완전히 수밀하지 못하므로, 장기간 경과하는 사이에 이 부분에서 물이 침수하여 부식을 촉진시키게 된다.

③ 비닐 테이프

이것은 내산·내알칼리성이 강하고 전기 절연성도 높으나, 겹침 부분이 완전 수밀하게 되지 않는 단점이 있다. 그러나 접착제를 도포한 비닐테이프를 견고하게 감으면 그 단점을 막을 수 있다.

익힘문제

1. 슬리브(Sleeve)에 대하여 설명하시오.

2. 급탕온수 배관 및 배수 배관의 구배에 대하여 설명하시오.

3. 배관의 신축에 대하여 설명하시오.

4. 배관의 식별 표시에 대하여 설명하시오.

5. 은폐 부분 점검항목을 나열하시오.

6. 기체와 액체가 동시에 접하는 부분에서의 배관방법을 설명하시오.

제11장 배관시험 및 안전관리

1 배관의 시험

배관공사가 완공되면 각종 기기와 배관라인 전반의 이상 유무를 확인한 다음 건축설비 공사 표준 시방서 등의 시험 기준에 의하여 사용 압력의 1.5~2배로 시험한다. 단, 시험 압력이 0.7MPa 이하일 경우는 0.7MPa로 시험하며 이외는 다음 식에 의한다.

$$P_r = 1.5 \times P \times \frac{S_1}{S_2}$$

여기서, P_r : 최소시험압력(MPa)

P : 설계압력

S_1 : 상온 상태의 허용응력(MPa)

S_2 : 상용 온도에서의 허용응력(MPa)

1 기기 및 라인의 점검

① 도면과 시방서의 기준에 맞도록 설비되었는가 확인한다.
② 각종 기기 및 자재와 부속품은 시방서에 명시된 규격품인지 확인한다.
③ 각 배관의 구배는 완만하고 에어포켓(air pocket)부는 없는지 확인한다.
④ 드레인 배출은 완전한지 확인한다.

2 급배수의 시험종별 기준값(HASS 206)

시험종별		수압·만수시험							기압시험	연기시험	박하시험	잔류염소의 측정
최소압력 등		$17.5kgf/cm^2$		실제로 받는 압력의 2배		설계도서에 기재된 펌프 양정의 2배	3mAq ($0.3kgf/cm^2$)	만수	0.35 kgf/cm^2 또는 250 mmHg	짙은 연기 25 mmAq	박하50g /수직관 길이 또는 25mmAq	유리 잔류염소 0.1 또는 0.2 ppm 이상
최소유지시간 등 / 계통		관공사 60min	모든 기구 장착 완료 후 2min	배관 공사 60min	모든 기구 장착 완료 후 2min	60min	30min	30min 또는 24h	15min	원칙적으로 15min	원칙적으로 15min	
급수·급탕	직결	○	○									○ 0.1ppm
	고치탱크이하			○※	○※							○ 0.2ppm
	양수관					○※						
	탱크류							○ 24h				○ 0.2ppm
배수	건물내 오수, 배수관						○		○	○	○	
	부지 배수관							○ 30min				
	건물내 우수관						○		○			
	배수 펌프 토출관					○						
	통기									○	○	
비고		수도사업자의 규정이 있을 때는 그것에 따른다. 압력은 배관의 최전부의 것		압력은 배관의 최전부의 것 ※ 최소 $7kgf/cm^2$로 한다.				배수를 포함하지 않는다.				

※ 통기관의 누설시험은 최초 시험 중에 한다.

3 냉난방용 배관 및 보일러의 수압시험 압력

〈표 11－1〉 보일러의 수압시험 압력

보일러의 종류	최고 사용 압력	시험 압력(MPa)
강제 보일러	0.43MPa 이하	(최고 사용 압력)×0.2
	0.43MPa 초과~1.5MPa 이하	(최고 사용 압력)×0.13+0.3
	1.5MPa 초과	(최고 사용 압력)×0.15
주철제 보일러	증기보일러	0.2
	온수보일러	(최고 사용 압력)×0.15

4 수압시험 방법

급수·급탕·소화계통 등 압력이 걸리는 배관계통에는 배관 완료 후에 수압시험을 하나, 시험은 일반적으로 주관과 지관으로 분리하여 행하고, 지관은 지관 모두를 시험한다. 이것은 전 계통을 단번에 시험하면 물이 새는 개소의 발견 및 물이 샐 때의 수리가 어려우므로 가급적 계통마다 시험을 하지만 배관 시공상의 능률이 나타나기에 합당하기 때문이다. 이때 배관의 개구부는 모두 플러그 또는 블라인드 플랜지(blind flange)를 설치한다. 분기밸브는 모두 전개하고 밸브 끝을 막음한다. 수직관의 경우는 최상부에, 횡주관에는 테스트 펌프를 부착하며, 반대측 관 끝에 공기빼기밸브를 장치하고, 그 가까이에 테스트 펌프를 연결한다. 그리고 공기빼기밸브를 전개하여 두고 관 내에 물을 채운다.

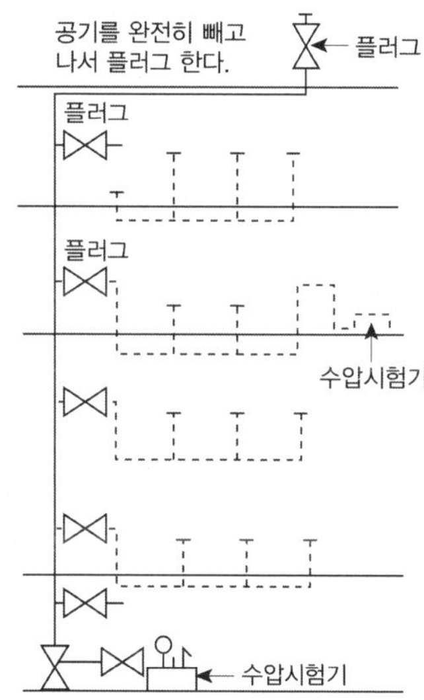

그림 11－1 수압시험

공기빼기밸브에서 물이 나오기 시작하여 관 내 공기가 완전 배제됨을 확인하고 공기빼기밸브를 닫아 밸브 끝을 플러그한 후, 테스트 펌프를 조작하여 소정 압력이 되면 테스트 펌프 연결점의 밸브를 닫는다. 압력계가 곧 내려가면 관 내 공기가 다 빠지지 않았거나 어딘가의 누수 때문인지 그 원인을 조사하여 수정한 후 시험한다. 물이 누수되는 것을 발견하면 나사 이음의 경우는 그 부분을 떼어 내고 나사를 절단하여 재체결한다. 단, 코킹 등을 하여서는 안 된다.

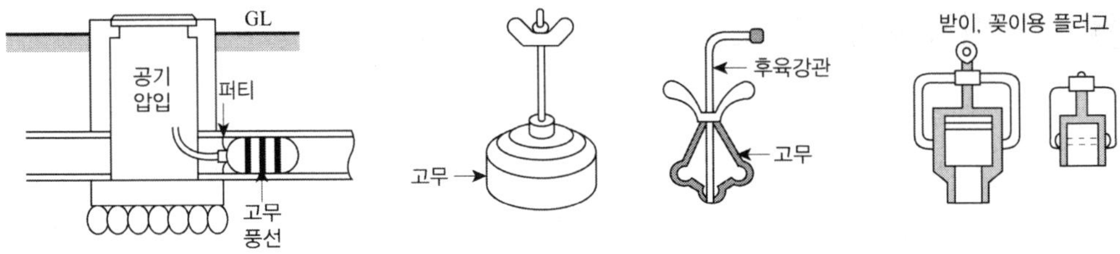

그림 11-2 각종 시험용 플러그의 종류

5 만수시험

만수시험은 배수 수직관, 배수 횡주관 및 기구 배수관의 완료 지점에서 각층마다 분류하여 배관의 최상부로 물을 넣어 라인 전체를 만수하여 이상 여부를 확인하는 시험이다. 시험 방법으로 벽면 또는 상면에 나와 있는 기구 배수관의 관 끝을 플러그한다. 연관의 경우는 선단을 막으며 수직관은 미리 만수시험 조인트를 넣어 두거나 시험용 기구를 사용한다. 만수는 상부층의 배수관에서 물을 넣고 수주 3m(거의 1층분)가 될 때까지 넣는다. 이때 횡주관 및 기구배수관의 구멍을 메우지 않는다. 이음개소를 잘 조사하여 물이 새면 보수하고 물을 채운다. 1층이 끝나면 2층, 3층을 시험한다. 이때 배수관의 만수시험을 만수 30분 이상으로 하고 누수를 확인한다. 단 관말을 폐지할 수 없을 경우는 2~3분 통수하여 누수를 확인한다.

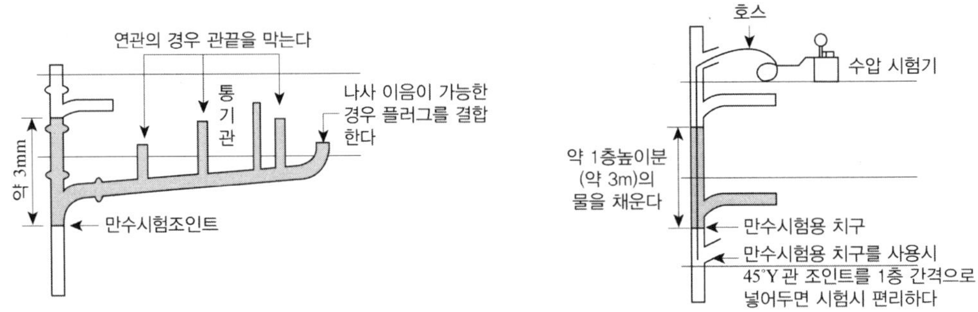

그림 11-3 만수시험 방법

6 기압시험

가. 기압시험의 일반 사항

배관 내에 시험용 가스를 흐르게 할 경우에는 수압시험에 통과되었더라도 공기가 새는 일이 있다. 이것은 기체가 물보다 밀도가 작기 때문이다. 도시가스, 프로판가스, 압축공기, 기름 등의 배관에 사용하되 누수가 허용되어서는 안 되는 급수배관에도 사용된다.

시험용구에는 봄베 속의 압축공기, 탄산가스, 질소가스 등과 압력계 또는 U형 튜브에 물을 넣은 것, 스톱밸브, 체크밸브 등이 있다. 누기의 발견에는 비눗물을 붓이나 헝겊에 묻혀 배관에 발라 기포의 발생 유무에 따라 판정하는 방법과 소량의 프레온가스를 관 내에 출입시켜 냉동기 배관의 냉매 누설시험과 같이 할로겐 검지기에 의하여 누설을 발견하는 방법도 있다. 공기는 온도에 따라 용적 변화가 일어나므로 기온이 안정된 시간에 시험할 필요가 있다.

나. 프로판가스 누출시험

질소나 탄산가스 봄베에 의하여 시험한다. 배관에는 감압기를 장착하고 그 배관의 1차측에 가압하여 1, 2차측 배관부의 누기시험을 행한다. 첫 번째로 감압기의 밸브를 닫고, 압력조정핸들을 풀어 2차 압력을 0으로 한다. 용기밸브를 서서히 열고 압력조정핸들을 돌려 2차 압력을 소정 압력까지 올린다. 둘째로 감압기의 밸브를 서서히 열고 가스를 배관 내에 유입시켜 2차 압력이 소정 압력으로 상승되는가를 재확인한다. 마지막으로 압력계의 지침이 하강되면 비눗물로 가스누설 개소를 점검·수리한다. 누설 개소 발견시에는 마킹을 하고 압력을 내린 다음 수리한다.

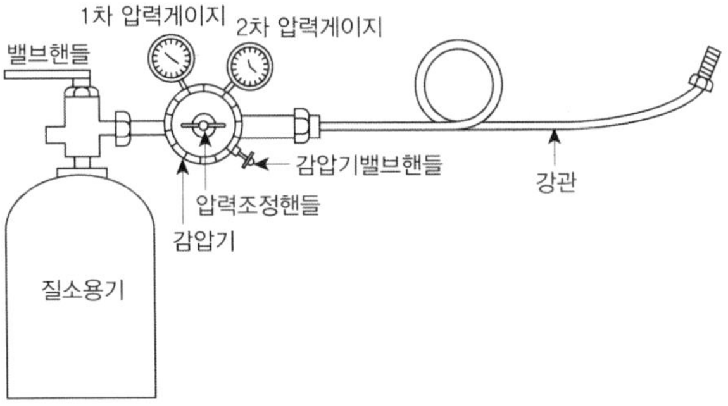

그림 11-4 감압장치도

(1) 중압배관의 완성 검사

① 기밀시험압력 : 0.3MPa(0.2MPa×1.5)

② 사용가스의 종류 : 질소, 탄산가스 등의 불연성가스 또는 공기(산소를 사용하여서는 안 됨)

③ 내압유지시간 : 5분 이상

④ 시험에 사용하는 기구 : 질소가스 등의 불연성가스용기 또는 공기압축기, 감압기, 비눗물 또는 누설검지기, 물, 브러시 또는 붓 등

(2) 고압배관의 완성검사

① 내압시험 : 내압시험 압력은 2.6MPa이고 이때 사용되는 유체는 주로 물이 사용된다.(수압펌프사용)

② 기밀시험 : 기밀시험 압력은 1.56MPa(내압시험 압력×3/5) 이상으로 5분 이상 실시하여야 한다. 이때 사용되는 가스로는 질소, 탄산가스 등의 불연성가스 또는 공기를 사용하며, 시험에 사용되는 기구에는 질소 또는 탄산가스용기 또는 공기 압축기 등을 이용한다.

7 연기 및 박하(薄荷)시험

가. 연기시험

배수통기관은 시공 완료 후에 유수시험 수압 또는 기압시험을 행하되 위생기구 등을 장착하고 트랩을 수봉한 다음, 최종시험으로서 연기시험을 행한다. 적당한 개구부에서 1개조 이상의 연기발생기로 취기(臭氣) 또는 짙은 색깔의 연기를 배관 내에 압송한다. 옥상통기 개구정상부에서 연기가 충분히 나오기 시작하면, 폐쇄하고 또 배수관 말단을 폐쇄한다. 관 내 기압은 25mmAq로 약 15분간 실시하며, 기압이 저하하지 않고 유지될 때까지 배관에서의 연기 누기를 검사하면서 수리한다. 연기 발생기는 발연기, 송풍장치, 스트레이너, 송연호스, 마노미터 등으로 구성되어 있다. 발연재료는 헝겊류에 기계유, 중유 등을 적셔 착화하여 연기를 일으킨다. 발연통 등을 사용할 때에는 금속류의 부식과 인체에 유해하지 않은 것을 사용하여야 한다.

나. 박하시험

최종 시험으로서 시험 대상 부분의 배관트랩을 수봉하고 수직관 7.5m에 대하여 박하유 50g을 4ℓ 이상의 온수에 녹여 그 용액을 수직관 정상부의 통기구에서 주입하여, 통기구를 봉한 다음 배관 트랩 및 기구와의 이음부에서의 누설을 취기에 의하여 검사한다. 이때 용기는 통기구 가까이의 건물 외부에서 만들고 용액을 만드는 작업 담당자는 시험이 완료될 때까지 시험 장소에 들어가지 않도록 한다. 일단 누기가 발견되면 박하 냄새가 그 부근에 확산되므로 연속시험은 할 수 없다.

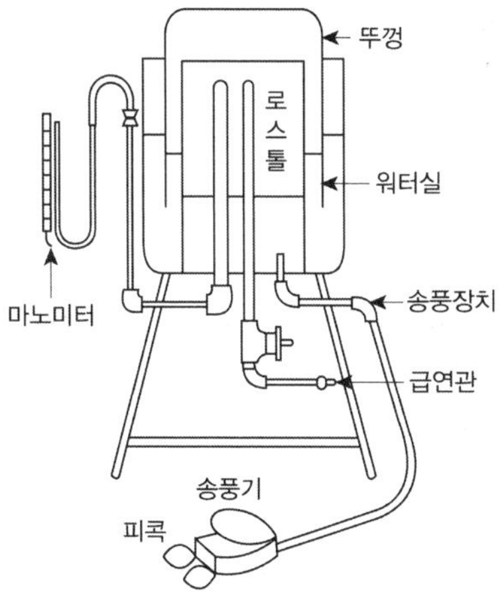

그림 11-5 발연기의 구조

8 통기시험

급수 급탕배관 등에 통기시험을 할 경우에는 시공이 잘못된 배관의 발견이나, 저유수 및 관말수전에서의 유리 잔류염소의 측정 등에 특히 유의하여야 한다. 배수배관에 대하여 통기시험을 할 경우는 각 기구와의 이음부분에 있어서 물받이 용기에 만수시킨 다음 배수할 때 누설이나, 관 내에 돌출부가 있는지 여부에 대하여 특히 유의하여야 한다. 개스킷이 굽혀져 장착되었거나 이음재료가 관 내에 빠져나와 있거나 모르타르가 막혀 있을 때의 조기 발견에 효과적인 방법이다.

9 방수·방출시험

옥내·옥외소화전의 시험은 방수시험으로 수원으로부터 가장 높은 위치와 가장 먼 거리에 대하여 규정된 호스와 노즐을 접속하여 시험한다. 스프링클러 설비는 자동경보밸브 및 유수작동밸브의 작동시험과 방수시험 밸브에 의한 방수시험을 한다. 또한 화학공장 등에 설치되는 이산화탄소 소화설비는 폐쇄장치와 지연장치의 관련 작동시험, 음향경보시험, 자동 또는 수동에 의한 조작회로시험을 하되 설비가스량의 10%(최소봄베 1개) 이상의 가스방출시험을 한다. 단 할로겐화물 소화설비는 이산화탄소 소화설비와 동일하나 가스방출시험에는 질소가스를 사용한다. 수압시험 기준에 있어서 소화펌프는 전양정 ×2배, 스프링클러 연결 송수관은 1.75MPa 이상으로 60분 동안 압력강하 0.05MPa 이내이며, 누수가 없어야 된다.

② 배관공작의 안전

1 수공구 작업 안전 수칙

수공구에 의한 사고는 사용하는 공구의 선정을 잘못했다든지, 사용 전의 점검 및 정비가 불충분했을 경우나 또는 사용 방법에 익숙하지 않아 사용 방법이 잘못됐을 때이다.

가. 수공구의 보관 관리

수공구는 일상 관리하지 않으면 공구의 정도와 수명에 영향을 미치므로, 공구담당자를 정하여 공구의 수리 및 불출을 하는 것이 대단히 중요하다. 그리고, 정기적으로 공구를 점검하여 공구가 파손 상태로 방치되어 있지 않은가, 불량공구를 사용되고 있는지 등을 조사하여 항상 안전한 상태로 사용되도록 하여야 한다.

나. 수공구 사용상의 유의사항

수공구의 사용 전, 사용 중, 사용 후 상태를 점검하여 확인하여야 한다. 공구의 사용시 공구실에서 꺼낸 공구이더라도 결함이 없는가를 반드시 점검하여 공구의 상태를 점검한 후 사용하여야 한다. 사용 후에는 반드시 소정의 장소에 갖다 놓아야 하며 사용 후 나빠진 공구는 즉시 수리하고 대용의 공구를 미리 준비하여 다음 작업에 지장이 없도록 한다.

다. 수공구의 운반

수공구의 운반 중에 부주의하여 부상을 입거나 타인에게 상처를 내는 경우가 적지 않다. 따라서 수공구의 운반에 대해서는 다음 사항에 유의할 필요가 있다.

① 수공구를 손에 잡고 사다리를 오르내리지 않도록 한다.
② 불안전한 장소, 즉 천정 크레인의 레일 등에 수공구를 놓지 않도록 한다.
③ 드라이버 등과 같이 뾰족한 공구류는 주머니 속에 넣지 말고 공구 상자에 넣는다.
④ 끌이나 정 등의 예리한 날 부분은 칼집에 넣어 두어야 한다.

2 배관용 나사 작업 안전 수칙

가. 배관 수공구 사용시

① 공구를 정리정돈한 다음 작업을 한다.
② 수동 나사 절삭기 작업시 핸들을 360° 회전시켜 작업해서는 안 된다.
③ 파이프 커터 핸들을 한번에 360° 회전시켜 작업해서는 안 된다.
④ 파이프 렌치는 관의 규격에 맞는 것을 사용한다.
⑤ 파이프 렌치 손잡이에 다른 관을 끼워 사용하지 않도록 한다.

나. 동력나사 절삭기 사용시

① 관을 척에 확실히 고정시킨다. 기계 사용 후에는 필히 척을 열어 둔다.
② 기계 각부의 클러치나 핸들은 정상 상태를 유지하도록 조정하여 둔다.
③ 절삭된 나사부는 맨손으로 만지지 않도록 한다.
④ 나사 절삭시에는 주유구에 의해 계속 절삭유가 공급되도록 한다.
⑤ 기계의 정비 수리 등은 기계를 정지시킨 다음 행한다.

3 배관 굽힘작업의 안전 수칙

가. 열간가공

① 토치램프 사용시 주위에 인화성 물질이 없는가를 확인한 후 사용하며, 안전한 위치에 놓는다.
② 토치램프 불꽃 방향을 항상 주의하면서 손잡이를 꼭 잡고 작업한다.
③ 산소 가열 토치로 작업시는 작업장 내에 인화성 물질이 없는가를 확인한 후 작업한다.
④ 작업 중 토치는 항상 안전한 정위치에 둔다.

나. 냉간 가공

① 기계의 굽힘능력 이상의 관을 굽히지 않는다.
② 센터포머(center former)와 엔드포머(end former)에 관을 확실히 고정하여 작업 중 관이 미끄러지면, 작업을 중단하고 재조정하여 작업하도록 한다.
③ 긴 관을 굽힐 때에는 주변에 장애물이 없는가를 확인해야 한다.
④ 굽힘 완료 후, 관이 포머에서 빠지지 않는다고 쇠망치로 포머를 타격하는 일은 없도록 한다.

4 기계톱(띠톱) 작업의 안전 수칙

① 톱날의 이상 유무를 확인한다.
② 톱날을 갈아 끼울 때는 강도를 확인하면서 알맞게 조정한다.
③ 사용 전에 공회전을 시켜 이상 유무를 확인한다.
④ 재료 절단시에는 톱날이 비틀리지 않는 상태에서 운동하도록 한다.

5 드릴 작업의 안전 수칙

① 장갑을 끼고 작업해서는 안 된다.
② 회전 중 주축과 드릴에 손이 닿지 않도록 주의한다.
③ 작업 전에 테이블을 조정한다.
④ 드릴날 끝이 양호한 것을 사용한다.
⑤ 드릴날이 잘 절삭되지 않고 이상한 소음이 발생하면, 즉시 드릴을 교환하거나 연삭하여 사용하도록 한다.
⑥ 드릴에 의한 칩(chip)이 발생하면 브러시로 제거한다.
⑦ 드릴척을 꼭 잡고 공작물을 조(jaw)에 단단히 고정시킨다.
⑧ 이상음이 나면 즉시 스위치를 끈다.

6 연삭 작업의 안전 수칙

① 연삭숫돌의 교환 및 시운전은 반드시 숙련공에 의하여 작업되어야 한다.
② 정확하게 숫돌차를 끼워야 하며, 구멍이 큰 것이나 굵은 것을 무리하게 두드려 넣지 않아야 한다.
③ 연삭 작업시는 보안경을 착용하여야 하며, 강하게 누르지 말고 가볍게 접촉시킨다.
④ 숫돌차에 금이나 파손 곳이 없는지 확인한다.
⑤ 이상한 소리가 나거나 진동이 심하면 즉시 점검, 수리한다.
⑥ 연마면에 먼지나 쇳가루가 있을 때는 반드시 청소한 다음, 작업에 임하여야 한다.
⑦ 작업자세를 바꿀 때나 잠시 자리를 뜰 때는 반드시 스위치를 끈다.

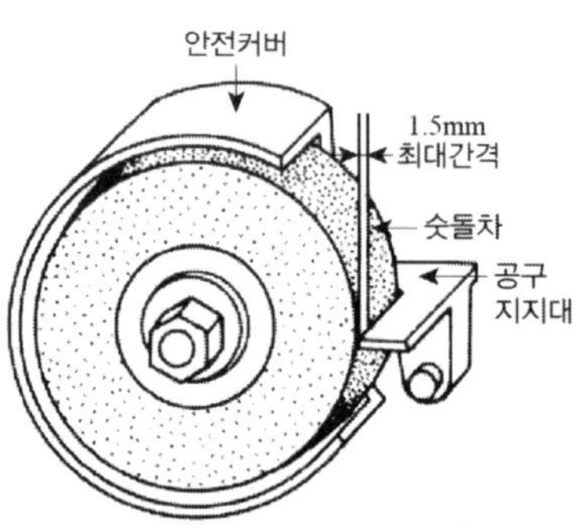

그림 11-6 연삭숫돌 공구지지대의 조정

7 공기기구 사용시 안전 수칙

① 공기기구는 기계력을 응용한 것이므로 활동부에는 항상 기름 또는 그리스를 주유하여 원활하게 움직이도록 하여야 한다.
② 공기기구를 사용할 때에는 처음에는 밸브를 천천히 열고, 일시에 전부를 열지 않는다.
③ 공기기구를 사용할 때에는 방진안경을 사용한다.
④ 공기기구는 반동으로 인해 예기하지 않은 부상을 당할 염려가 있으므로 주의한다.

8 용접 작업시 안전 수칙

가. 가스용접 및 절단

① 점화시에는 점화용 라이터(lighter)를 사용한다.
② 차광안경을 필히 착용해야 한다.
③ 가스 용접장치의 각 부분에 기름이 묻지 않도록 한다.
④ 산소, 아세틸렌가스병에는 충격을 주지 않는다.
⑤ 산소병은 40℃ 이하에서 보관한다.
⑥ 가스병은 화기에서 5m 이상 떨어지게 한다.
⑦ 산소와 아세틸렌 호스가 바뀌지 않도록 하며, 토치에 점화한 후, 가스용접기나 가스절단기를 이동하지 않아야 한다.

나. 전기 용접

① 무부하 전압이 높은 용접기를 사용하지 않는다.
② 안전 홀더와 보호구를 착용한다.
③ 전격 방지기를 설치한다.
④ 작업 중에 지시할 경우에는 전원 스위치를 내리고 지시한다.
⑤ 습기 있는 보호구를 착용하지 않는다.
⑥ 차광유리는 적합한 번호의 것을 택한다.
⑦ 작업장은 항상 정리 정돈한다.

9 배관 시공시 안전 수칙

① 가열된 관에 의한 화상에 주의한다.
② 작업 중 타인과 잡담을 금하고, 점화된 토치를 가지고 장난을 금한다.
③ 와이어로프는 손상된 것을 사용하여서는 안 된다.

④ 레버 호이스트(lever hoist) 사용시 제한 하중 이상의 과중한 중량을 매달지 말고 적재물을 필요 이상으로 높이 매달지 않아야 한다.
⑤ 물건을 고정할 때 중심이 한쪽으로 쏠리지 않도록 주의한다.
⑥ 로프가 훅(hook)에서 빠지지 않도록 유의한다.
⑦ 시공공구들이 낙하되는 일이 없도록 정리정돈을 철저히 한다.
⑧ 볼트와 너트를 체결할 때에는 몸의 중심을 잡고 작업하며, 스패너는 볼트머리에 맞는 것을 사용한다.

익힘문제

1. 배관 시험방법의 종류에 대하여 설명하시오.
2. 만수시험에 대하여 설명하여라.
3. 공구 관리의 중요성에 대해 서술하시오.
4. 수공구의 사용 전, 사용 중 및 사용 후에 유의해야 할 점에 대하여 설명하시오.
5. 배관 시공시 안전수칙 3가지를 설명하여라.
6. 윤활의 목적에 대하여 설명하여라.

제12장 플랜트설비 배관

1 기체수송 배관설비

1 기송 배관 개요

기송 배관이란 공기수송기(pneumatic conveyor)를 이용하여 고체의 분말 또는 미립자를 수송하도록 시설하여 놓은 배관을 말한다. 이 때 공기 수송기를 이용하면 일반적으로 물체의 수송에 많이 쓰이는 기타의 다른 종류의 콘베이어로는 도저히 수송할 수 없는 물체도 매우 효과적으로 목적하는 장소까지 운송이 가능하다.

(1) 피수송물의 포장이나 포장을 푸는 일이 없다.
(2) 장거리의 집중 또는 분산 수송이 가능하다.
(3) 날씨에 관계없이 하역 수송이 가능하다. 특히, 습기를 피해야 하는 물질이라도 비가 오는 날 옥외에서의 수송이 가능하며, 또 먼지가 많은 곳에서 수송을 하더라도 먼지가 재료에 섞여 들어갈 염려가 없다.
(4) 피수송물의 손실이 거의 없으며 작업장을 청결하게 유지할 수가 있다.
(5) 설비가 간단하며 좁은 공간을 이용하여 수송할 수가 있다.
(6) 보수하기가 쉬우며 인건비가 절약된다.
(7) 화학제품은 특수한 가스로 수송할 수 있으므로 안전하다.
(8) 수송관을 청소하면 여러 가지 재료를 계속 수송할 수 있다.

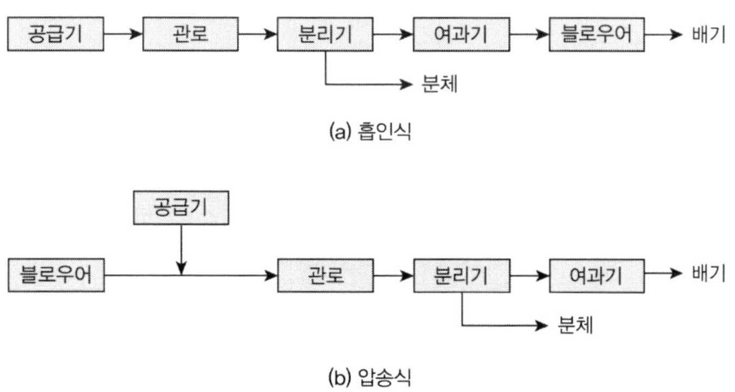

그림 12-1 공기 수송기의 구성요소와 수송방식

〈표 12-1〉 수송물의 형태에 따른 공기 수송기의 적용 산업 분야

용도 / 수송물의 형태	적용 산업 분야	수송 물체의 종류
입상물(粒狀物)	제분, 주조, 비료 공장 등	쌀, 밀, 콩, 모래, 황산 암모늄 등
분상물(粉狀物)	시멘트, 연탄, 도자기, 광산, 제약, 타일공장 등	시멘트, 재, 산성, 백토, 미분탄, 약품 분말 등
괴상물(塊狀物)	광산, 가구 제작, 목재가공 공장 등	석면, 코크스, 나무 조각 등
섬유상물(纖維狀物)	섬유, 제지, 공장 등	원면, 원면 펄프 등
종이류(紙狀類)	은행, 우체국, 회사, 제지, 생산, 백화점 등	전표, 장부, 카드 등

2 기송 배관의 형식 분류

기송 배관은 물체를 운송하는 동력원의 종류에 따라 진공식과 압송식 및 진공압송식 배관으로 분류할 수 있다.

가. 진공식 배관(vacuum type piping)

진공펌프로 수송관을 진공 상태로 만든 다음, 대기 중의 공기와 운반하고자 하는 물체를 동시에 흡입, 운송하는데 운반 도중 분리기에서 공기는 대기 중으로 다시 배출시켜 버리고 운반물을 수송선까지 추출해 내는 방식으로 흡인식(吸引式) 또는 진공흡인식이라고도 한다.

① **용도** : 흡입관이 여러 개 동시에 사용되어 운반물을 일정 장소까지 수송할 때 이용된다.

② **분류** : 진공의 높고 낮음에 따라 고진동식(3~4mAq 정도)과 저진공식(0.5~1mAq 정도)으로 분류된다.

③ **운반물의 수송 순서**

※ 진공펌프의 작동 → 공기 및 운반물을 흡입관으로 흡입 → 수송관으로 운반물 통과 → 진공 분리기에서 공기와 운반물 분리 → 배출관으로 운반물 배출(공기는 대기 방출) → 백필터에서 운반물 중의 먼지 제거 → 저장탱크에 운반물 저장

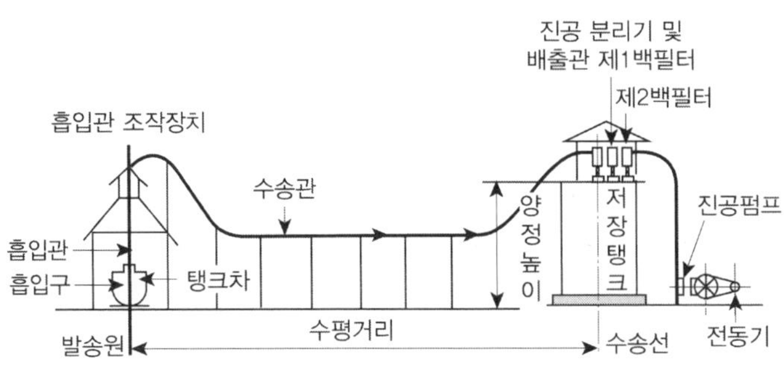

그림 12-2 진공식 배관

나. 압송식 배관(pressure type piping)

압축기로 공기를 밀어 넣고 피더에서 운반물을 운반하여 공기와 함께 수송선까지 수송한 후, 공기는 따로 배출해 버리는 방식이다.

① **용도** : 물건을 1개소에서 여러 개소에 동시에 운반하는 경우나 임의의 장소까지 운반물을 직접 운송하는 경우에 이용된다.

② **분류** : 공기 압송시 압력의 높고 낮음에 따라 고압송식(0.2～0.5MPa 정도)과 저압송식(0.1MPa 이하)으로 분류된다.

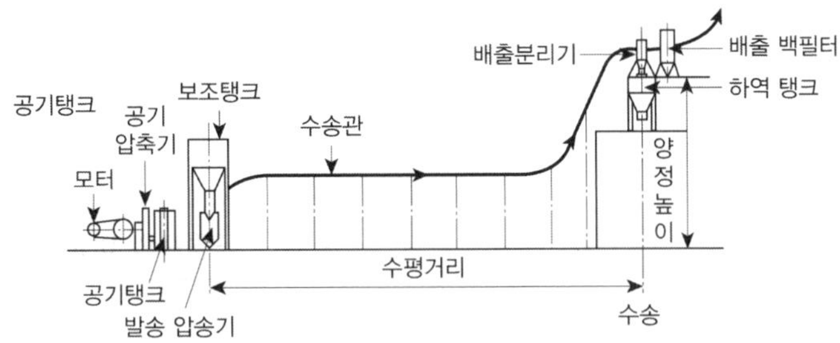

그림 12-3 압송식 배관

③ **운반물의 수송 순서** : 공기 압축기를 작동시켜 공기 압축 → 공기 수송기의 피더에서 운반물 흡입 → 발송 압송기로 수송관으로 공기 및 운반물 이송 → 배출 분리기 및 여과기에서 공기 배출, 하역물은 하역 탱크로 취출

다. 진공 압송식 배관(vacuum and pressure type piping)

① **용도** : 수송원(輸送元)이나 수송선(輸送先)이 여러 개소이거나 수송계통이 많아질 경우 또는 원거리의 경우에 이용된다.

② **분류** : 진공식이나 압송식의 경우와 마찬가지로 고진공·고압식과 저진공·저압식으로 분류된다.

③ **운반물의 수송순서** : 진공식 및 압송식의 운반물 수송 순서를 두 가지 다 병합하여 생각하면 된다. 즉, 진공식에서의 순서와 같이 진공펌프를 작동시켜 저장탱크에 운반물을 저장한 후, 공기 압축기를 작동시켜 일시 저장되었던 물건을 최종적인 저장탱크까지 취출한다.

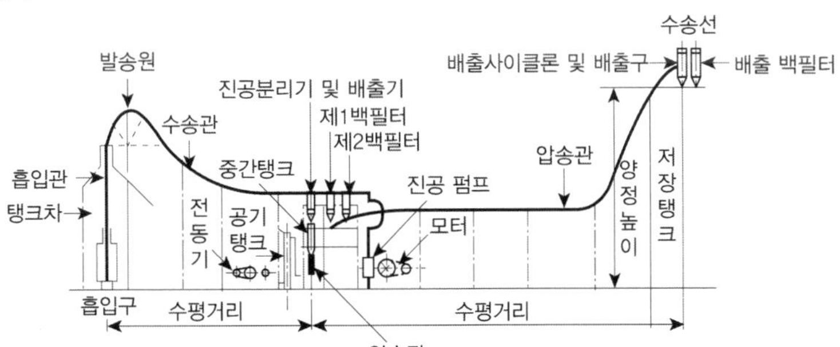

그림 12-4 진공 압송식 배관

3 기송 배관의 부속설비

가. 동력원

공기수송기에 사용되는 동력원으로 공기펌프를 들 수 있다. 진공식에는 진공펌프, 압송식의 경우는 공기압축기, 진공압송식일 때는 진공펌프와 압축기를 병용한다.

공기수송기용 공기펌프(blower)의 소요동력은 수송기의 형식, 수송물의 종류, 수송물을 받는 측의 공기펌프 배치 형식 등에 따라서 달라진다.

이 때 그래프에서 수직거리를 수평거리로 환산하려면 보통 도표에서 찾은 값에 3배를 한 값을 대입하면 된다. 예를 들면 수평거리가 20m, 수직거리가 30m라 하면 상등 수평거리로 환산하면 $20+30\times3=110$m가 된다.

〈표 12-2〉 터보식 진공펌프와 루트식 진공펌프의 비교

구 분	터보식(turbo blower)	루트식(roots blower)
용도	흡입공기 속 먼지에 의해 내부 부품의 마모, 손상을 받지 않아 진공식에 이용된다.	흡입공기 속 먼지로 인해 로터가 손상되어 효율이 저하될 염려가 있어 저압송식에 쓰인다. 단, 흡입측에 먼지분리기를 설치하면 진공식에도 사용 가능하다.
구조상의 특징	자동제어장치를 설치하여 공기의 흐름을 조정하면 동력의 이상 상승을 방지할 수 있다.	이상 압력 상승에 의해 발생하는 전동기의 과부하를 방지하기 위해 압력조정밸부를 설치한다.
압력변화에 따른 기류의 변화	크다	작다

나. 송급기(feeder)

공기수송기에서 분말이나 알갱이를 수송관 쪽으로 공급하는 장치를 말한다. 피더의 종류는 크게 흡입형과 압송형으로 구분된다.

다. 수송관(delivery pipe)

저압송식과 진공식을 이용할 때 수송 가능 거리는 250~300m이고, 그 이상의 거리로 수송할 필요가 있을 때에는 고압송식을 이용한다. 수송관에 쓰이는 덕트의 재료는 수송물의 종류, 성질에 따라 여러 가지가 쓰이는데 주로 용접강관, 가스관, 스테인리스강관, 황동관, 알루미늄관, 플라스틱관 등을 사용한다. 수송관에는 조작이 용이하도록 여러 가지의 신축관, 플렉시블관, 변환용 콕, 차단밸브 등을 사용한다.

라. 분리기(separator)

분리기는 공기 수송기의 가장 끝부분에 설치되는 기기로서, 압력 기류 중에서 대기 중으로 분립체를 흡출시키는 흡출식과 진공 속에서 대기 중으로 분립체를 압출시키는 압출식의 2종류가 있다. 흡출식은 그 구조가 비교적 간단하나 압출식은 복잡한 구조로 되어 있다.

② 화학공업 배관설비

화학공업이란 화학장치를 이용하여 원료를 화학적, 물리적 방법으로 처리하여 제품을 생산하는 것으로 생산의 출발점인 원료로부터 최후의 제품이 나오기까지 어떠한 단위 조작 기기에 의해 단계적인 처리를 받는다. 예를 들면, 원료를 혼합, 가열, 가압, 냉각, 증류, 증발, 추출, 분류, 건조의 공정을 거쳐서 소정의 제품이 만들어진다.

1 화학장치용 재료

먼저 경험적 자료 및 문헌 조사로 사용 능력, 안정성 등을 검토하고 물리적, 화학적 특성시험을 거쳐서 적당하다고 인정된 재료들에 대한 가격, 유지비 사용 수명 등을 검토 비교한 후 최종적으로 금속 재료의 가장 흔한 부식인 수소에 의한 탈탄, 암모니아에 의한 질화, 일산화탄소에 의한 카보닐화, 황화수소에 의한 부식, 산소 또는 가스에 의한 산화 등을 고려하여 선정한다.
특히 화학장치 재료는 다음과 같이 구비 조건을 갖추어야 한다.

① 접촉 유체에 대하여 내식성이 크며 크리프(creep) 강도가 클 것
② 고온 고압에 대하여 기계적 강도를 갖고, 저온에서도 재질의 열화(劣化)가 없을 것
③ 가공이 용이하고 가격이 싸며 쉽게 구할 수 있을 것

가. 강관 및 주철관

주로 보일러, 진열관, 열교환기, 석유 화학 설비 등에 보통강관 및 합금강관을 사용하고, 용도와 가공성에 따라 열처리하여 사용한다. 이것들은 가격이 싸며 특히 규소를 함유한 주철은 내식성과 내열성이 좋기 때문에 화학장치에 많이 사용된다.

나. 동관 및 알루미늄관

동과 그 합금은 기계적 강도가 약하나 염수에 내식성이 강하고, 가공성, 열전도성, 전기 전도성이 좋은 우수한 화학장치 재료이다.
알루미늄과 그 합금은 가공성이 좋아 공업용 순수 알루미늄이 화학장치에 많이 사용되며, 비교적 내식성이 높으나 바닷물과 같은 염수에는 약하다.

다. 합금강관과 연관

니켈합금으로 우수한 재료에는 모넬(monel : Ni+Cu+Fe), 인코넬(inconel : Ni+Cr+Fe), 하스텔로이(hastelloy : Ni+Cr+Fe+Mo) 등이 있으며, 내부식성과 내산화성이 강하고 고온(500~1,150℃)에 잘 견딘다.
납과 그 합금은 기계적 성질이 약하고 독성이 있으나 내산성이 높아서 화학장치의 내장 재료에 많이 이용된다. 그리고 비금속 재료로는 고온에서 안정되고 전기화학 작용을 수반하지 않는 무기질 재료와 고무류, 플라스틱 및 화합물에 잘 견디고 온도나 압력에 제한이 적으며 강부식성 유체에 적합한 규산질, 알루미나질, 유리류 등이 화학 공업 재료로 사용된다.

라. 자기 및 유리관

자기의 진흙을 1,300℃ 부근의 고온에서 소결 처리한 것이고, 유리관은 규산염을 고온에서 용융 처리한 것이다. 이것들은 기계적 강도가 낮아 화학장치 재료로 사용하기에는 제한이 있으나 강부식성 유체를 취급하는 데는 우수한 재료이며, 주로 금속에 코팅(coating) 또는 내장하여 사용한다.

마. 고무류 및 플라스틱관

화학 공업장치의 구조물이나 내장 재료로 널리 쓰이는 천연고무와 네오프렌, 스티렌, 부틸고무, 실리콘고무 등의 합성고무가 있으며, 천연고무는 기름, 벤젠에 녹지만 약산, 약알칼리, 염류에는 잘 견디고, 합성고무는 기계적, 화학적 성질이 우수하여 용도가 매우 다양하다.
플라스틱관은 가볍고 가공 및 설치가 쉬우며, 전기와 열전연성이 우수하고, 마찰에 잘 견디어 화학 공장의 배관에 널리 쓰이는데, 그 중에서도 테프론은 화학적 저항이 우수하여 강산, 강알칼리 등을 취급하는 주요 장치에 사용하며 나일론, 페놀수지, 에폭시수지 등도 패킹 재료로 쓰인다.

바. 내화물과 흑연

내화재나 단열재로 사용되며 규석질, 내화점초질의 산성 내화물과 알루미나질, 크롬질의 중성 내화물 및 마그네시아질, 돌로마이트질 등의 염기성 내화물이 있고 그 밖에 커버런덤질, 질코니아질, 티탄질 등이 있다. 흑연은 극심한 산화 조건 이외에는 전열성이 좋아 열교환기에 쓰인다. 인장강도가 낮으나 흑연과 에폭시수지를 혼합하여 만든 카베이트(karbate)는 우수한 화학장치 재료이다.

2 열교환기(Heat Exchanger)

열교환기는 넓은 뜻으로는 고온과 저온의 두 유체 사이에 열의 교환이 이루어지도록 도와주는 장치를 말한다. 일반적으로 저온과 고온의 유체 사이를 금속 등으로 막아 간접적으로 열을 교환시키는 방법이 이루어지고 있는데, 이러한 장치를 열교환기라고 한다.

가. 열교환기의 사용목적에 따른 분류

유체의 조작 상태는 가열 또는 냉각뿐으로 유체가 상변화(相變化)를 일으키지 않는 경우와 가열 또는 냉각에 의해서 증발, 응축하여 유체가 상변화를 일으키는 경우가 있는데 이들 조작 상태 즉, 사용 목적에 따라 가열기, 예열기, 과열기, 증발기, 재비기, 냉각기, 응축기 등으로 분류된다.

나. 구조에 따른 분류

구조상 종류는 사용 목적에 따라 조작 상태에 적합한 성능을 발휘할 수 있도록 전열부의 형식에 의하여 분류되며, 다관식과 2중관식 열교환기가 많이 사용된다.

〈표 12-3〉 열교환기의 구조상 분류

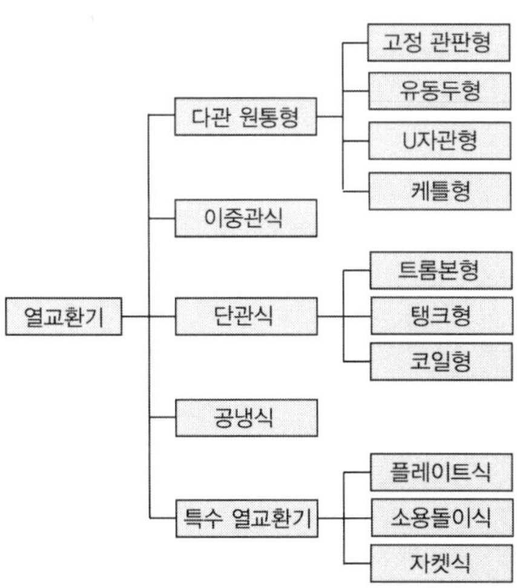

다. 열교환기의 설치 방법과 선정기준

여러 가지 사항을 고려하여 계획 설계된 열교환기는 어느 분야에 응용되든지 설치 후에 그 기능을 충분히 발휘할 수 있도록 설치해야 된다.
설치 장소는 콘크리트틀 또는 강제틀을 이용하여 수평 수직으로 운전 및 유지관리가 편리한 곳을 택하여 설치한다.

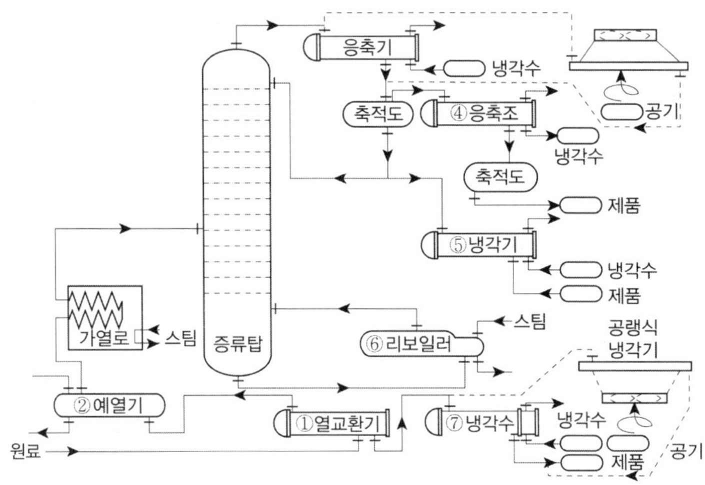

그림 12-5 열교환기의 응용

3 반응장치(反應裝置)

단위 반응에는 산화 반응, 환원 반응, 연소 반응, 술폰화 반응 등의 여러 가지가 있으며, 이것은 반응의 성질에 따라 분해 반응, 합성 반응, 중합 반응, 축합 반응 등으로 다시 나눌 수 있다. 단위 반응은 증류, 흡수, 확산 등의 단위 조작과 함께 화학 공장에서 가장 중요한 조작중의 하나이다.

가. 반응장치

반응장치는 반응 물질을 반응에 적합한 환경 즉, 알맞은 온도, 압력, 농도 등을 필요한 시간 동안 유지시켜 주는 장치로서, 화학제품 생산에서 핵심을 이루는 것이다.
반응장치는 조작 방법, 전열 형식, 구조 등에 따라 여러 가지로 나눌 수 있다.

(1) 조작 방법에 따른 분류

조작 방법에 따른 분류로는 화분식, 반화분식, 연속식 반응기가 있다.

(2) 전열 형식에 따른 분류

일반적으로 화학 반응은 열의 영향을 크게 받으며, 발열 반응과 흡열 반응에 있어서는 열의 출입도 달라진다. 그러므로 반응 온도를 알맞게 하여 줌으로써 반응 속도를 알맞게 유지 하고 부반응을 억제하며, 촉매의 수명을 연장하고 재질의 약화를 방지해야 한다.

(3) 구조에 따른 분류

구조에 따라서 교반 탱크형, 고정형, 유동층형, 이동층형, 회전가마형 반응장치로 구분된다.

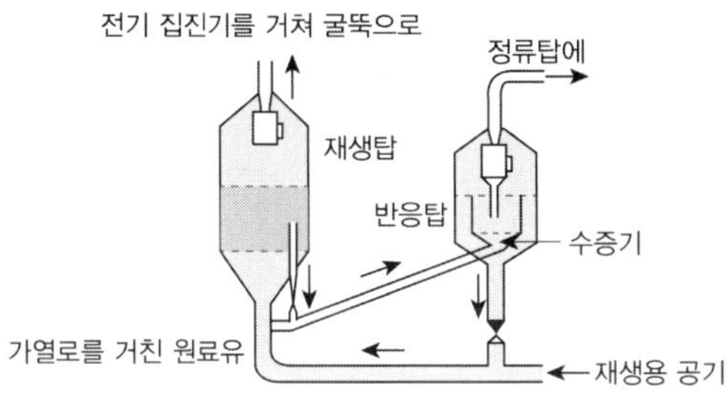

그림 12-6 유동층형 접촉 분해장치

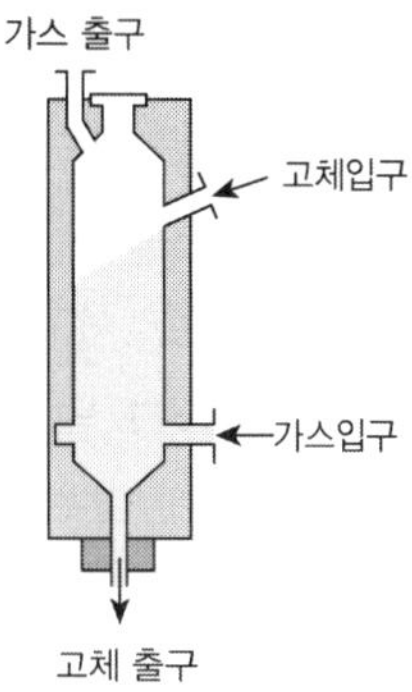

그림 12-7 이동층형 반응장치

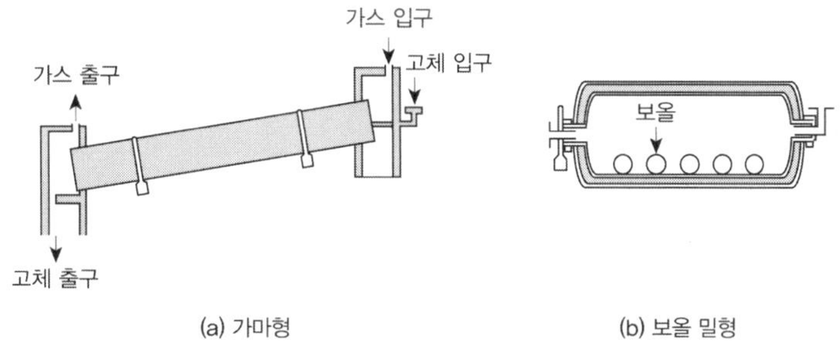

그림 12-8 회전 가마형 반응장치

4 혼합(混合) 및 교반장치(攪拌裝置)

혼합과 교반은 흔히 혼동하기 쉬운데, 혼합은 두 가지 또는 그 이상의 분리된 상을 균일하게 섞는 것을 말하고, 교반은 회전 기계로써 특정한 방향으로 유체의 운동을 유도하는 것을 말한다.

가. 혼합기

(1) 회분식 혼합기

니이더 믹서(kneader mixer)는 점도가 큰 재료에도 사용할 수 있지만, 일반적으로 반건조, 반소성체, 페이스트(paste)상 물질에 널리 사용된다. 이 장치에는 필요에 따라 가열 및 냉각 재킷을 설치할 수 있고, 밀폐도 할 수 있으므로, 화학 반응, 건조, 고무 등의 세정, 가열 용융 등에도 사용된다. 이 장치 안에는 제트(Z)자 모양, 또는 시그마(Σ)자 모양의 회전 날개 2개가 나란히 장치되어 있는데, 이들이 서로 반대 방향으로 각각 다른 속도로 회전하면서 재료에 전단 및 압축 작용을 하여 혼합한다. 또한, 종류로는 인터어보 믹서, 멀러 믹서 등이 있다.

(2) 연속식 혼합기

① **정지 혼합기** : 정지 혼합기는 유체의 흐름을 둘로 나누는 짧은 나사선 모양의 요소를 이용하여 흐름을 다시 180° 바꾼 다음, 이 흐름을 다음 요소로 전달하는 것으로서, 정체 유체나 또는 낮은 점도의 페이스트상 유체의 혼합에 효과적이다.

② **퍼그 밀** : 퍼그 밀(pug mill)은 1개 또는 2개의 회전축에 여러 개의 날개를 나사선 모양으로 달아 재료를 한 쪽 방향으로 이송하면서 혼합하는 것으로 점토의 혼합, 반죽에 널리 사용되고 있다.

③ **코니이더** : 코니이더(Ko-Kneader)는 단식 스크루의 압출기의 혼합 작용을 한층 강력하게 만든 것으로, 축 방향으로 왕복 운동을 하면서 회전하는 스크류에 의하여 재료를 이송한다. 플라스틱의 혼합, 반죽, 전극용 카본의 반죽, 안료의 분산, 이 밖에 셀룰로오스의 아세틸화 반응 등에 많이 사용된다.

나. 교반기

액체는 대부분 수직축이 있는 실린더 모양의 탱크나 통 안에서 교반된다. 통의 밑부분은 모서리를 제거하기 위하여 둥글게 되어 있으며, 윗부분은 열려 있는 것과 닫혀 있는 것이 있다. 임펠러는 수직축에 설치되어 있는데, 이 축이 전동기에 의하여 회전하면 임펠러가 회전하면서 액체를 흐름 형태로 만들어 통 안에서 순환시킨다. 교반기의 부품으로는 임펠러, 프로펠러, 패들터빈 등이다.

5 분리(分離) 및 정제(精製)장치

화학 공학에서 혼합물의 성분을 분리, 정제하는 조작은 같은 상이나 또는 서로 다른 상 사이에서 물질이 서로 이동되는 물질 전달 조작에 의하여 이루어진다. 물질 전달 조작은 기계적 분리 방법과는 달리 증기압, 용해도, 밀도, 입자의 크기 등의 차이를 이용한다. 이때 물질 전달을 일으키는 원동력(driving force)은 농도차이다.

가. 증류기(蒸溜器)

일반적으로 증류는 증류수를 만드는 방법과 같이 휘발성 액체를 가열, 증발시킨 다음 그 증기를 냉각, 응축시켜 다시 액체로 되돌리는 조작을 말하지만, 공업적으로는 이와는 좀 다른 뜻도 함께 가지는데, 예를 들면 끓는점(휘발도)의 차이가 있는 두 가지 종류 이상의 물질을 함유하는 액체를 가열 기화시켜 각 성분으로 분리하여 각각의 제품으로 회수하는 것이다. 단증류 및 수증기 증류와 연속증류합이 있다.

나. 흡수 및 흡착장치(吸着裝置)

흡수장치는 2성분 이상을 함유하는 기체 중에서 특정 성분만을 액체(용제)에 용해시키는 것을 흡수 조작이라 하며, 혼합 기체 중에서 유효성분의 회수 및 불용 성분을 제거하는데 이용한다. 그리고 액체 중에 용해된 기체를 발산시키는 조작을 스트리핑(stripping)이라 하는데, 액체(용제) 및 기체를 회수할 때에 이용된다. 또한, 흡착조직은 기체 또는 액체 혼합물을 다공성 고체의 흡착제와 접촉시켜 특정 성분을 흡착제 표면으로 이동시키는 것을 말하는데, 공업적으로는 다공성으로 내부 표면적이 대단히 크고 흡착성이 좋은 활성탄, 실리카 겔(silica gel), 활성 알루미나(activated alumina) 및 제올라이트(zeolite) 등이 흡착제로 많이 사용된다.

다. 추출(抽出) 장치

혼합물에서 원하는 성분만을 골라서 녹여 내기 위하여 선택성 있는 용매와 접촉시키는 조작을 추출이라 한다.

추출 조작은 추출 원료의 공급, 혼합 용액의 정치 방법 등에 따라 회분 추출, 향류 및 병류 추출, 그리고 두 상의 비중차를 이용하여 혼합, 분리를 동시에 하는 연속 추출로 분류할 수 있으며, 또 추출 원료의 상태에 따라 액체 추출, 고체 추출 등으로 분류할 수 있다.

라. 증발관(蒸發罐)

증발 조작은 용액을 끓여 비휘발성 물질의 용액으로부터 용매의 일부를 기화시키는 것을 말하는데, 그 결과로 용액은 농축된다. 증발장치에서 사용되는 에너지원은 주로 수증기이며, 규모가 작을 때에는 직접 가열하고, 규모가 클 때에는 보일러를 사용하여 효율을 높인다.

증발장치를 선정할 때에는 처리량, 용액의 성질, 스케일 제거 방법, 열원의 비용, 조작 방법 등을 고려하여 적합한 것을 선택한다.

마. 건조기와 가습기(乾燥期와 可濕氣)

(1) 건조기

건조 조작은 고체 중에 함유된 수분이나 다른 휘발성 물질을 주로 열에 의하여 제거시키는 것으로, 이 조작은 주로 화학 공업의 최종 공정에서 이루어진다. 건조 장치는 재료에 열을 유효하게 전달하여야 하기 때문에, 재료의 허용 온도 및 형태, 물리적, 화학적 성질, 제품량, 건조 조건 등에 따라 열의 도입 방법을 달리한다.

(2) 가습기와 제습기

화학 공장에서는 기체의 습도와 온도를 조정할 때 가열, 가습, 냉각 조작 등을 하게 되는데, 기체의 가습에는 기체 속으로 수증기를 넣어 주는 방법, 기체 속으로 높은 습도의 기체를 넣어주는 방법, 가열된 기체를 장치 안에서 액체와 접촉시키는 방법 등이 이용된다.

가습기는 그 형식에 따라 수평형 분무실식과 탑식 등으로 분류 할 수 있으며, 기체와 액체의 접촉 방법도 향류, 병류, 혼류 등으로 할 수 있다. 한편, 기체 및 액체로부터 습기를 제거할 때에는 실리카겔, 활성 알루미나, 제올라이트(zeolite)등의 흡착제를 채운 제습탑을 이용한다.

바. 정석(晶析) 및 침강장치(沈降裝置)

(1) 정석장치

정석은 액상 또는 기상에서 결정 물질을 생성시키는 조작을 말하는 것으로, 결정 물질의 생성은 결정핵의 발생과 결정핵의 성장으로 이루어진다. 결정 성장은 하나의 확산 과정을 거쳐 이루어진다.

정석장치는 장치 안에서의 유동 특성에 따라 회분식, 반회분식, 연속식 등으로 분류할 수도 있으나, 일반적으로 조작 특성에 따라 냉각식, 증발식으로 나눈다.

(2) 침강장치

침강 조작은 유체 속에 분산, 분유하고 있는 고체 입자 또는 액체 입자를 중력장이나 원심력장에서의 침강 현상을 이용하여 분리하는 것을 말한다. 그러므로 유체가 정지 상태에 있을 때나 유동 상태에 있을 때 모두 할 수 있다. 그리고 침강 조작은 유체 중에서 입자를 제거하기 위하여 하거나 입자 혼합물을 크기에 따라 나누기 위하여 할 때도 있다.

6 탑조류(塔槽類)

가. 탑(tower)

탑은 내부에서 여러 조작이 이루어지기 때문에 탑의 배치는 특히, 프로세스의 요구에 따른 노즐과 트레이(tray) 등의 탑 내 부속물과의 적절한 관계를 유지하도록 해야 하며, 쉽게 반입하여 설치할 수 있는 위치를 고려하여 선정하고 수리 보수가 용이하도록 한다.

① 탑은 도로를 기준으로 하여 반대쪽에 파이프 랙 및 일반기기를 위치하게 하고, 도로쪽에서는 항상 보수, 유지할 수 있는 공간을 확보한다.

② 탑을 배치할 때에는 주위에 공간을 확보하여 폭이 700~1,500m 정도의 플랫폼(platform)을 설치하며, 여러 개의 탑을 설치할 경우는 탑 중심에 맞추어 일직선상에 배치하고, 탑과 탑 사이의 간격은 2.5~3m로 유지하거나 장치 상호 간격을 지름의 3배 이상으로 한다.

③ 파이프 랙 밑에 펌프를 배치할 때는 기둥에서 탑 중심선까지 6~8m 정도 간격을 둔다.

④ 파이프 랙 위에 장치를 설치하고 이를 위해 레일이나 호이스트를 설치할 때는 구조물 끝에서 탑 중심까지 4m 이상 유지한다.

나. 용기(vessel)와 탱크

화학장치 중 유체의 저장, 반응 및 분리의 목적으로 사용되는 것이며, 일반적으로 펌프의 흡입을 갖게 되므로 정미 유효 흡입 수두(NPSH)를 충분히 만족시키는 높이로 설치한다.

① 용기는 종형탑과 거의 비슷하며, 맨홀은 조작상 편리하게 수직 용기의 경우는 바닥면에 가까운 동체에 설치하며, 수평 용기의 경우에는 동체 중앙부 측면 혹은 상부에 설치하고, 인체에 유해한 유체 탱크에는 안전상 2개의 맨홀을 설치한다.

② 입구노즐과 출구 노즐은 가능한 한 떨어지게 배치하며 드레인노즐도 출구노즐과 떨어지게 배치한다.

③ 용기 배치는 용기의 길이 방향을 중심으로 구조물 스팬 중간에 배치하고, 탑 중심선과 같게 하거나 탑 외경과 용기의 탄젠트라인이 일치해야 한다.

④ 용기의 간격은 내용물에 따라 다르지만 일반적으로 용기 외경으로부터 1~3m를 확보하거나 장치 상호 간격에 기준 한다.

⑤ 용기와 펌프 상이의 거리는 용기의 위치에 따라 펌프를 편리한 곳에 위치시키며, 약 4m 이상 되게 배치한다.

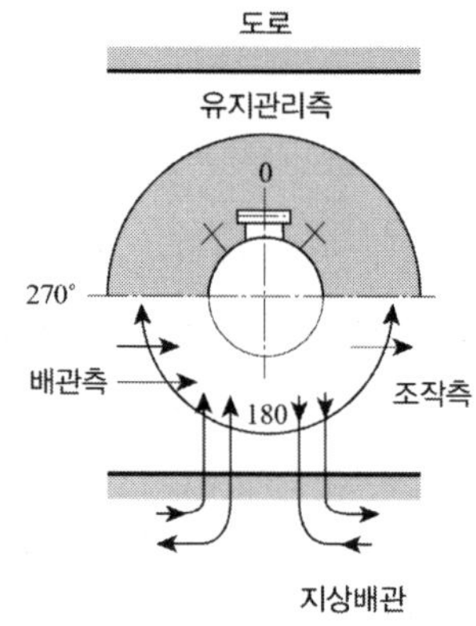

그림 12-9 탑의 조작 분포

③ 배관 설비공사

프로세스란 생산의 출발점인 원료로부터 최후의 제품까지 취급하는 물질이 어떠한 단위의 조작기기에 의해 단계적 처리를 받는 일련의 공정을 말한다. 프로세스 배관의 설계가 끝나면 실제 공사에 착수하게 되며, 이 배관공사는 실내에서 도면을 그리는 것과는 달리 현장에서 관을 가공하여 설치하고 용접하여 충분히 신뢰할 수 있는 공사를 하는 것이므로, 설계와는 또 다른 의미로 고충도 많고 여러 가지 문제도 야기된다.

일반적으로 석유화학 공장의 배관 설비는 프로세스(process) 배관과 유틸리티(utility) 배관으로 분류된다.

1 공사방법

가. 공장에서의 배관 제작법(shop fabrication system)

이것은 이미 정해진 공장에서 어느 정도 미리 제작해 현장으로 운반하여 직접 설치하는 방법으로, 저합금(低合金) 강관 또는 스테인리스강관 등의 특수 재료의 경우는 전체 배관을 선제작(先製作) 하며, 탄소 강관의 경우는 50～500A관에 대하여 적용한다. 그 이유는 40A 이하의 배관은 소켓 용접 및 잡배관이 많기 때문이며, 또 500A 이상의 배관은 규모가 크고 수송상 문제가 되므로 현장 제작이 유리할 때가 많다.

나. 현장 설치의 공장 제작법(unit shop fabrication system)

현장의 지리적 조건 때문에 미리 정해진 공장에서 선제작을 하면, 제작된 제품 수송 조건이 불리한 경우에 기계류를 현장에 반입하여 단위 공장 형태로 플랜트에 인접한 곳에 설치해 제품(spool)을 제작하는 방법이며, 선제작 작업원과 현장 작업원을 구분하여 업무를 담당하게 하기도 한다.

다. 현장 제작 시공법(field fabrication system)

소형 플랜트와 같이 배관의 규모가 작고, 직선 부분이 많으며, 정밀도가 높지 않아도 되는 경우에 사용하는 방법으로 모든 배관재료가 현장으로 직송되기 때문에 관리가 쉽다. 배관도에 의해 절단 치수를 산출하여 스케치도를 작성하고, 그 부근의 지상에서 선제작 한다.

라. 도면별(area) 공법

이 공법은 도면별로 배관공사를 시공하는 것이며, 배관공 및 사람의 일조(一組)가 그 구역의 배관을 완전히 시공하고 다음 구역으로 옮겨가는 공법이다.

마. 라인별 공법

이 공법은 라인별로 배관공사를 시공하는 것이며, 배관공의 조가 일군(一群)의 라인을 완전히 시공하고 다음 라인으로 옮아가는 공법이다.

2 시공 준비

배관 공사는 복잡하고 다양하며 계장, 전기, 보온, 보냉 등과 연관되는 최종 단계의 작업이므로, 그 준비 정도에 따라 공사에 큰 영향을 미친다.
시공준비 항목으로는 착수준비, 자료준비, 공사수행준비 등이 있다.

3 배관제작

가. 선제작 공장의 규모와 설비

공장의 크기는 사무실, 대기실 등을 제외하고, 하루의 배관량 1,000kg에 대하여 1,500m^2 정도로 하며, 다른 공지를 이용하는 재료나 제품의 하역장 크기는 공장의 약 5배 정도가 필요하다. 일반적으로 하루의 배관능력이 3,000kg 정도의 공장이 많으며, 이러한 공장의 대지면적 약 5,000m^{2}와 기타 하역장 면적 25,000m^{2}을 합하여 약 30,000m^2 정도가 필요하다.

나. 절단(cutting)

배관의 가접합, 조립, 용접 시공 전에 재료의 준비, 절단, 벤딩, 용접 홈의 가공 등을 해야 한다. 관의 절단 중 기계적 절단에는 자동가스 절단기, 기계톱, 고속지석 절단기, 동력나사 절삭기의 커터 등을 이용하는 방법이 있으며, 수동 절단에는 쇠톱, 파이프 커터 등으로 절단하는 방법이 있다.

다. 벤딩(bending)

일반적으로 엘보, 티는 규격품이 여러 종류가 제작되어 판매되고 있으므로 적정한 것을 사용하면 되지만, 규격품이 없을 경우 즉, 특히 큰 관의 경우는 벤딩이 곤란하므로 여러 편의 조각을 맞대어 접합한 마이터를 제작하여 사용한다.

라. 홈 가공

홈은 좋은 접합 결과를 얻고 경제적인 용접을 위하여 적절한 홈을 선택하여 잘 가공해야 한다. I형 홈은 가공은 쉽지만 6mm 이하의 얇은 관 두께일 때 사용하고, 6~20mm 두께의 관에는 V형 홈을 사용하며, 그 이상의 두꺼운 관에는 U형 홈, 대구경 관에는 X형 홈을 사용한다. 이와 같은 홈 가공은 보통 수동가스 절단기나 소형 자동가스 절단기를 사용하고, 특수강이나 고온 고압관의 홈은 홈 가공 전용기 등으로 가공한다.

마. 조립 및 가설

절단된 관, 굽힘된 관, 플랜지, 엘보, 티, 노즐 등을 정반 위에 놓고 치수공구를 사용하여 중심, 수평, 수직, 루트 간격 등을 맞추어 조립하고 치수가 적정하면 설치 위치에 임시로 부착한다. 임시 부착 방법으로는 대구경 관의 경우 틀을 사용하고, 중구경 관 이하에는 클램프를 사용한다.

4 현장 공사 요령

작업 현장은 전기 배선공사, 급수공사, 배수공사 등의 각종 공사가 한 장소에서 거의 동시에 이루어져 매우 복잡하고 또한, 불완전 요소가 많이 있기 때문에 될 수 있는 한 선제작으로 하여 안정된 배관을 해야 한다. 선제작을 한 경우에는 각종 기기 설치나 지하 공사 등이 완료되어 큰 장비가 들어갈 수 있을 때 일제히 시공을 하며, 배관 장비를 적재적소에 배치하여 능률적으로 관을 각종 기기에 연결시키고 볼트 등으로 임시 체결한다.

5 현장 배관의 기본사항

배관은 많은 구조물(structure)이나 기기 등의 사이에 유체수송을 목적으로 한 공간 구조물로 설치되기 때문에, 그 배치는 이러한 것들을 포함한 종합적인 관점에서 이루어져야 한다. 따라서 그 프로세스를 잘 이해하고 배관 제작 설치에 요구되는 사항을 정확히 파악하여 모든 상황의 전체 흐름을 염두에 두고 배관의 배치(piping layout)를 하는 것이 중요하다.

가. 배관의 기본 사항

(1) 배관은 가급적 그룹(group)화 되게 한다. 이것은 파이프 서포트(pipe support)의 경제성과 미관을 고려한다는 점을 들 수 있다.
(2) 배관은 가급적 최단거리로 함과 동시에 굴곡부를 적게 하여 유체에 대한 손실수두를 적게 하고, 불필요한 에어포켓이 생기지 않게 한다.
(3) 고온, 고압배관은 기기와의 접속용 플랜지 이외는 가급적 플랜지 접합을 적게 하고 용접에 의한 접합을 시행한다. 플랜지는 리크에 대한 보정치가 낮기 때문이다.
(4) 고압관 또는 고유속의 배관은 특히, 굴곡부나 분기관을 최소가 되게 해야 한다. 이것은 그 부분에서의 충격파에 의한 진동의 발생을 적게 하기 위함이다.

익힘문제

1. 기송배관시 송풍기와 압축기의 구분압력을 설명하시오.

2. 열교환기의 사용목적에 따른 분류를 설명하시오.

3. 플랜트 배관의 배관 시공방법의 종류를 설명하시오.

4. 플랜트 배관의 운전 중 응급 조치법의 종류를 설명하시오.

5. 화학장치용 재료로서 구비조건을 설명하시오.

익힘문제 해답

제1장 배관기초

1. 문제에서 $F=6m^2$, $t_1=18℃$, $k=0.45kcal/mh℃$, $d=0.25m$이므로,

콘크리트벽을 통한 발열량$(Q)=kF\left(\dfrac{t_1-t_2}{\delta}\right)=0.45\times6\times\left(\dfrac{18-(-10)}{0.25}\right)$

$=302.4kcal/h$

열저항$(R)=\dfrac{\delta}{\lambda F}=\dfrac{0.25}{0.45\times6}=0.093h℃/kcal$

2. 문제에서 $F=1m^2$, $t_1=1500℃$, $t_2=150℃$, $k_1=1.2kcal/mh℃$, $d_1=0.2$, $k_2=0.05kcal/mh℃$, $d_2=0.1m$, $k_3=0.05kcal/mh℃$, $d_3=0.1m$이므로,

열전도에 의한 손실 열량$(Q)=\dfrac{F(t_1-t_{n+1})}{\dfrac{\delta_1}{\lambda_1}+\dfrac{\delta_2}{\lambda_2}+\cdots+\dfrac{\delta_n}{\lambda_n}}=\dfrac{1\times(1500-150)}{\dfrac{0.2}{1.2}+\dfrac{0.1}{0.05}+\dfrac{0.1}{1.5}}$

$=570.4kcal/h$

3. 문제에서 $d_1=0.2m$, $d_2=0.21m$, $L=1m$, $k=50kcal/mh℃$, $t_1=300℃$, $t_2=100℃$이므로,

발열량$(Q)=\dfrac{2\pi L(t_1-t_2)}{\dfrac{\delta}{\lambda}\ln\left(\dfrac{d_2}{d_1}\right)}=\dfrac{2\pi\times1\times(300-100)}{\dfrac{1}{50}\ln\left(\dfrac{0.21}{0.20}\right)}=1.288\times10^6kcal/h$

4. 문제에서 $K=0.35kcal/m^2h℃$, $F=1m^2$, $t_a=30℃$, $t_b=-40℃$이므로

침입열량$(Q)=KF(t_a-t_b)=0.35\times1+\{30-(-40)\}=24.5kcal/h$

5. 20℃의 물의 열량을 Q_1, 80℃의 물의 열량을 Q_2, 열평형 후의 온도가 t_x이면 $0.4m^3=0.4\times1000kg=400kg_f$이고, 20℃의 물이 얻은 열량은 Q_1, 80℃의 물이 잃은 열량은 Q_2이므로 다음과 같다.

$200\times1\times(t_x-20)=400\times1\times(80-t_x)$

$\therefore\ t_x=60℃$

6. $P=pgh=1000\times9.8\times20=196{,}000Pa=196kPa$

$F=PA=196{,}000\times(1\times1.2)=235{,}200N=235.2kN$

7. $d=0.03\text{m}$, $v=30\text{m/s}$이므로

$$Q=Av=\frac{\pi}{4}\times 0.03^2\times 30=0.0212\text{m}^3/\text{s}$$

$$F=pQv=1000\times 0.0212^2\times 30=636\text{N}$$

8. 물의 질량$(m)=\frac{\pi}{4}\times 3^2\times 5\times 1000=35{,}325\text{kg}$

$$E_p=mgh=35325\times 9.807\times 30\times\frac{1}{1000}=10392.968\text{kJ}$$

9. 이상 기체의 상태방정식으로부터 구하면

$$PV=mRT,\ \ V=\frac{mRT}{P}$$

여기서, $m=3\text{kg}$

압력 $P=200\text{kPa}$

온도 $T=20+273=293\text{K}$이므로

$$\therefore V=\frac{3\times 0.287\times 293}{200}=1.261\text{m}^3$$

10. 문제에서 $m=10\text{kg}$, $P_1=400\text{kPa}$, $T=293\text{K}$, $P_2=150\text{kPa}$이므로,

$$W=2.303mRT\log\frac{P_1}{P_2}=2.303\times 10\times 0.287\times 293\log\frac{4}{1.5}=824.938\text{kJ}$$

제2장 배관시방

1. 관(pipe)이란 둥글고 속이 텅 비어 있는 긴 통을 말하며, 배관은 기체, 액체, 분체를 이송할 목적으로 관과 부속품들을 이어 배열하는 행위(piping) 또는 배열된 상태(pipe line)이다.

2. 건축배관은 작은 직경에 두께는 가는 편이고, 나사 이음, 플랜지, 본드, 용접 등으로 접합하며, 저압에 사용하고, 물, 증기, 기름, 도시가스 등을 운반하는데 일반 생활에 목적으로 하고, 산업배관은 큰 직경에 두께가 굵은 편이며, 주로 용접으로 접합하고, 고압에 사용되며, 산·알칼리, 기타 유·무기질 등의 액체나 기체를 운반하고, 산업생산에 목적으로 한다.

3. 품명, 규격, 단위, 수량, 단가, 금액 등이다.

4. 관의 치수 체계는 관의 굵기, 관의 두께, 관경의 길이이며, 관의 굵기를 표시하는 방법은 강관, 주철관, 비철금속관, 합성수지관 등 거의 모든 관의 경우, 내경을 기준으로 하고, 동판, 알루미늄판 등은 외경을 기준으로 하고 있다. 관의 두께는 관의 굵기와

종류에 따라 몇 개의 두께를 규정해 놓고 사용하도록 정하여져 있고, 관경의 길이는 보통 길이가 6m이다.

5. 스케줄번호는 강관의 두께를 계열화한 것으로 Sch라고 약기(略記)하고, 유체의 사용 압력 P와 그 상태에 있어서 재료의 허용응력 S와의 비에 의해서 관 두께의 체계를 표시한다.

6. 파이프의 호칭경은 보통 내경으로 하고, 관 두께는 규정되었거나 Sch No.로 하며, 튜브는 호칭경이 없이, 외경과 관 벽의 두께는 스케줄번호가 없이 실제 관벽의 두께로 표시한다.

7. 이음매 없는 관을 제조하는 방법의 공정순서는 둥근 강괴 → 가열 → 천공 → 인발 압연 → 재가열 → 정경 → 냉각 → 교정 → 절단 → 검사 → 끝가공 → 완성검사 → 표시 도장 → 수압시험 → 제품 출하 순으로 하고, 이음매 있는 용접관의 제조방법은 코일 → 슬리팅 → 언코일링 → 판 레벨링 → 관 성형 → 용접 → 교정 → 절단 → 검사 → 끝가공 → 완성검사 → 표시 도장 → 수압시험 → 제품 출하 순으로 한다.

8. 관두께와 스케줄번호를 구하는 식은

$$t = \left(\frac{P}{S} \times \frac{D}{175}\right) + 2.54 = \frac{PD}{175S} + 2.54$$

미터계열 : $\text{Sch No.} = 10 \times \frac{P}{S}$, 또는 인치계열 : $\text{Sch No.} = 10 \times \frac{1000P}{S}$ 이다.

9. $\text{Sch No.} = 10 \times \frac{P}{S} = 10 \times \frac{120}{60} = 20$

제3장 배관용 공구 및 기계

1. 줄의 종류는 줄 날의 크기에 따라 황목, 중목, 세목, 유목으로 나누며, 단면 형상에 따라 평형, 반원형, 원형, 각형, 삼각형 등으로 나누고, 줄의 크기에 따라 150mm, 200mm, 250mm, 300mm 등으로 나눈다.

2. 해머, 줄, 쇠톱, 소켓 렌치, 드릴 머신, 와이어 브러시, 그라인더, 멍키렌치, 체인렌치, 용접용 파이프클램프, 플라이어, 펜치, 바이스 플라이어, 워터펌프 플라이어, 롱노즈, 니퍼 등이 있다.

3. 배관 작업에 사용되는 측정기는 자, 직각자, 수준기, 버니어 캘리퍼스, 마이크로미터, 다이얼 게이지, 높이 게이지 및 정반, 틈새 게이지, 와이어 게이지, 드릴 게이지 등이 있다.

4. 파이프바이스는 관의 절단과 나사절삭 및 조립시 관을 고정하는데 사용되고, 규격은 고정 가능한 관경의 치수로 나타내며, 파이프커터는 관을 절단할 때 사용되고, 규격은 관을 절단할 수 있는 관경으로 표시하며, 파이프렌치는 관과 접합부의 부속류 분해 및 이음시 사용되며, 규격은 조(jaw)를 최대로 벌린 전 길이로 표시한다.

5. 수동 나사절삭기는 파이프에 수동으로 나사를 절삭할 때 사용되며, 리드형과 오스터형이 있다.

6. 동력 나사절삭기는 관의 나사내기, 관 절단, 관의 거스러미를 제거하는 작업을 한다.

7. 파이프 벤딩기의 종류는 램식, 로터리식, 수동롤러식이 있으며, 램식은 현장용으로 많이 쓰이며, 수동식은 50A, 모터를 부착한 동력식은 100A 이하의 관을 상온에서 벤딩할 수 있고, 로터리식은 공장에서 동일 모양의 벤딩제품을 다량생산할 때 적합하며, 수동롤러식은 32A 이하의 관을 구부릴 때 관의 크기와 곡률 반경에 맞는 포머를 설치하고, 롤러와 포머 사이에 관을 삽입하여 핸들을 서서히 돌려서 180°까지 자유롭게 벤딩을 할 수 있다.

8. 주철관용 공구는 납용 냄비, 파이어포트, 납물용 국자, 산화납 제거기, 클립, 링크 형 파이프커터, 코킹정, 급수주철관용 천공기 등이 있다.

9. 강관을 절단하는 방법은 파이프 커터, 손쇠톱, 기계톱, 휠고속절단기, 가스절단기 등에 의한 것들이 있으며. 기계톱은 상하 왕복운동을 하며 절단하는 기계이고, 휠 고속절단기는 두께 0.5∼3mm 정도의 얇은 연삭 원판을 고속 회전 시켜 재료를 신속하게 절단하는 기계이며, 가스절단기는 관을 소요 길이로 절단하며, 분기관 또는 줄임관 등을 조각내어 공작하는 경우에 사용하는 기계이다.

10. PT$\frac{1}{2}$ 관용 테이퍼 나사의 25.4mm 당의 산수는 14산이다.

11. 동관용 공구는 사이징 툴, 플레어링 툴세트, 튜브벤더, 익스팬더, 튜브커터, 티뽑기, 리머, 동관 용접기 등이 있으며, 플레어링 툴셋은 동관의 끝을 나팔형으로 만들어 압축이음시 사용하는 공구이다.

12. 연관용 공구의 종류는 봄볼, 드레서, 벤드벤, 턴핀, 맬릿, 토치램프 등이 있다.

13. 용접용 파이프클램프의 종류는 직선 이음용 체인 클램프, 엘보 이음용 체인 클램프, 조정용 체인 클램프, 플랜지 이음용 체인 클램프, T 이음용 체인 클램프, 파이프 용접용 밴드 클램프 등이 있다.

제4장 관의 종류와 용도

1. 관의 내외에서 열을 주고받을 목적으로 하는 곳에 사용하며, 보일러의 수관, 연관, 과열기관, 공기 예열관, 화학 공업이나 석유 공업의 열교환기관, 콘덴서관, 촉매관 등에 사용한다.

2. ① 직관 : 건축물의 냉난방 급수, 급탕 등 각종 배관과 연관 및 수관 열교환기용 튜브 등의 용도로 사용
   ② 팬케이크 코일과 레벨 와운드 코일 : 공업용으로 사용
   ③ 난방코일 : 조립식 온수온돌용

3. 1.0MPa 이하의 급수, 급탕, 배수, 냉온수의 배관 및 기타 배관에 사용

4. ① 수도용 입형 주철 직관 : 수도용
   ② 수도용 원심력 사형(砂形) 주철관 : 수도용
   ③ 수도용 원심력 금형 주철관 : 수도용
   ④ 덕타일 주철관 : 수도용
   ⑤ 원심력 모르타르 라이닝 주철관 : 수도용
   ⑥ 배수용 주철관 : 오수·잡수 배관용

5. 단독관으로 수명이 25~30년으로 수명이 길 뿐만 아니라, 시공이 간편하고, 공기가 단축되며, 보수가 용이하다. 이 관은 지역냉난방 시스템, 열병합 발전소, 자체 가열용 화학물질 이송관, 동파 방지 배관, 액화질소 등 냉매 배관, 온천수 배관 등에 사용한다.

6. 보통압관은 배수관에 사용되고, 압력관은 송수관 등에 사용한다.

7. ① 알루미늄관 : 가공·용접이 용이하고, 순도가 높은 것일수록 내식성, 가공성이 더욱 좋으며, 화학공업용 배관, 낙농배관, 열교환기 등에 사용한다.
   ② 규소 청동관 : 내산성이 우수하고 강도가 높아, 화학공업용 배관에 사용한다.

제5장 관 이음재료

1. 소켓(socket), 유니언(union), 플랜지(flange), 니플(nipple) 등

2. 이 이음쇠는 분기부의 곡률반경을 크게 하기 위하여 45°Y, 90°Y 이음을 사용하여 배수의 흐름을 원활히 하여 오물로 관이 막히는 것을 방지하도록 만든 것이다.

3. 관을 분해·수리·교체할 필요가 있을 때

4. 나사 이음형, 삽입용접형, 소켓용접형, 랩 조인트형, 블라인드형 등이 있다.

5. 용접, 플랜지, 나사배관에 비해 3배 정도 빨리 조립이 가능하며, 기밀성이 뛰어나고,

온도변화 및 진동에 대한 신축·유동성이 뛰어나며, 배관 끝단 부분에 고무링이 있어 소음 및 진동 전달을 최소화하고, 무용접 배관이므로 배관의 수명이 길다.

6. 수도에 사용되는 주철관 이형관은 접합부의 형상에 따라 소켓관과 플랜지관으로 구분하며, 이형관은 주철직관을 배관할 경우 관로의 굴곡, 계량기 등의 기기를 접속하는 부분에 사용되고, 배수용 주철관 이형관은 배수관 속의 오수가 원활하게 흐르고 이음쇠 부분에서 찌꺼기가 쌓이는 것을 방지하기 위해서 분기관이나 Y자형으로 매끄럽게 만들어져 있다.

7. 순동의 이음쇠 표기 방법에 있어서 C는 이음쇠 내로 관이 들어가 접합되는 형태이고, Ftg는 이음쇠 외로 관이 들어가 접합되는 형태이며, F는 ANSI규격 관용 나사가 안으로 난 나사 이음용 이음쇠이고, M는 ANSI규격 관용 나사가 밖으로 난 나사 이음용 이음쇠이다.

8. 소켓, 베어 소켓, 리듀서, 90° 엘보, 45° 엘보, 티, 이경 티, 캡, 급수 전용 소켓, 급수 전용 엘보 Ⅰ형, 급수 전용 엘보 Ⅱ형, 급수 전용 티, 어댑터 엘보 F(암), 어댑터 소켓 M(숫), 케이 유니언 등이 있다.

9. 수도용 폴리에틸렌 이음관은 사출성형기에 의해 제조되며, 수도용 폴리에틸렌관 1종과 2종에 사용하는 이외에 일반용 폴리에틸렌관에도 공용으로 사용하며, 관과 이음의 의 접합은 가열용 금형으로 이음쇠의 안쪽 면과 관 바깥 면을 동시에 가열 용융시켜 즉시 삽입하여 접합한다.

10. 신축 곡관이라고도 하며, 강관 또는 동관 등을 루프 모양으로 구부려 그 구부림을 이용히여 배관의 신축을 흡수하며, 구조는 곡관에 플랜지를 단 모양과 같으며 강관제는 고압에 견디고, 고장이 적어 고온·고압용 배관에 사용하며, 곡률반경은 관지름의 6배 이상이 좋고, 설치 공간을 많이 차지하며, 신축에 따른 자체 응력이 생긴다.

제6장 밸브·스트레이너·트랩

1. 산 등의 화학약품을 차단하는 기밀용으로 사용

2. 전후의 차압이 많은 곳, 대형 저장탱크나 온도제어, 급탕탱크, 열교환기용에 적합

3. 만액식 증발기에 사용

4. 공기빼기밸브는 배관이나 기기 중의 공기를 제거할 목적으로 사용된다.

5. 스트레이너의 종류에는 Y형 스트레이너, U형 스트레이너, V형 스트레이너가 있으며 용도는 배관에 밸브, 트랩, 기기 등의 앞에 설치하여 관 속의 유체에 섞여 있는 모래, 쇠부스러기 등의 이물질을 제거한다.

6. 하수관 및 건물 내의 배수관에서 발생하는 해로운 가스가 실내로 침입하는 것을 방지하기 위한 수봉식 기구이다.

7. 그 작동상 적어도 0.01MPa(0.1kg/cm^2) 이상의 유효압력 차가 필요하고, 운전 정지 중에 동결되지 않도록 하며, 증기 트랩 설치시 반드시 스트레이너를 트랩 앞에 부착한다.

8. 냉수나 온수의 혼합제어에 적당한 것으로서 2개의 유체를 한쪽 방향으로 적절하게 혼합시켜 흐르게 하며, 또한 온도가 서로 다른 2종의 유체를 혼합하여 일정한 온도로 유지하게 한다.

제7장 관 지지장치

1. 파이프로 배관에 직접 접속하는 지지대로서 배관의 수평부와 곡관부를 지지하는데 사용한다.

2. 빔에 턴버클을 연결하여 파이프의 아래 부분을 받쳐 달아 올린 것이며, 수직방향에 변위가 없는 곳에 사용한다.

제8장 기타 배관용 재료

1. 개스킷은 기밀성을 유지하기 위하여 파이프나 이음새나 용기의 접합면 등에 끼우는 것을 말한다.

2. 글랜드 패킹을 교환할 때는 기존의 것을 완전히 제거하고, 신제품의 이물질을 제거한 후 부착하며, 양 끝면이 밀착하도록 절단 치수에 주의하고, 죔 압력이 균일하게 되도록 절단 개소를 균등하게 배분해야 한다.

3. 유기질 보온재에는 펠트, 코르크, 기포성 수지가 있고, 무기질 보온재에는 석면, 암면, 규조토, 탄산마그네슘, 규산칼슘, 유리섬유, 글라스 폼, 슬래그 섬유, 경질폴리우레탄 폼, 보온 시멘트, 세라크울 등이 있다.

4. 석면은 400℃ 이하의 파이프, 탱크 노벽 등의 보온재로 적합하고, 암면은 안산암, 현무암에 석회석을 섞어 용융하여 섬유 모양으로 만든 것으로 석면보다 꺾어지기 쉬우나 값이 싸며, 규조토은 다른 보온재에 비해 단열효과가 낮고, 탄산마그네슘 보온재는 열전도율이 적고, 습기가 많은 곳의 옥외 배관에 적합하며 250℃ 이하의 파이프, 탱크의 보냉용으로 사용한다.

5. 배관의 보온 시공은 보온재료를 이중으로 덮고 외장하며, 보냉인 경우는 반드시 방습재를 사용하며, 아스팔트계 방습재는 보온통이 폴리스티렌 폼일 때에는 침식을 일으키므로, 대신 아세트산비닐계의 방습재를 사용한다.
6. 적색 안료로 연단(鉛丹)을 아마인유와 혼합하여 만들며, 녹을 방지하기 위해 페인트 밑칠 및 다른 착색도료의 초벽으로 사용한다.

제9장 배관공작

1. 관용 나사란 주로 배관용 탄소강 강관을 이음하는데 사용되는 나사로서 피치를 작게 하고 나사산을 낮게 한 것이며, 관용 나사의 호칭치수는 관의 호칭치수이고, 나사산의 형태에는 평행나사와 테이퍼나사가 있다.
2. 관의 구부림 작업에서 관재료의 중심 소요 길이를 L, 곡률반경을 r, 구부림 각도 θ라 할 때 다음 식에 의하여 계산된다.
$$L = \frac{2\pi R \times \theta}{360} = R \times \theta \times \frac{2\pi}{360} = R \times \theta \times 0.01745$$
3. 나사 이음은 분해조립이 쉬우나 누설될 염려가 있고, 용접 이음은 누설될 염려는 없으나, 분해조립을 할 수 없다.
4. 나사 이음법, 용접 이음법, 플랜지 이음법
5. 주철은 용접이 어렵고 인장강도가 낮기 때문에 주철관을 이음할 때는 소켓이음, 플랜지 이음, 기계식 이음, 빅토릭 이음, 타이튼 이음, 노－허브 이음 등을 한다.
6. 서로 다른 금속의 비율을 적당히 해서 가장 낮은 용융온도를 가지는 합금인 공정금속으로 하여 금속의 용융온도보다 낮은 온도에서 이용한 용접을 말한다.
7. 동관의 이음법은 납땜 이음, 압축 이음, 플랜지 이음이 있으며, 납땜 이음은 황동제의 납접용 이음쇠를 이용하며, 동관을 이음쇠의 슬리브에 끼우고 그 사이를 납땜으로 이음하는 방법이고, 압축 이음은 한쪽 동관의 끝을 나팔형으로 넓히고 압축 이음쇠를 이용하여 체결하는 이음 방법이다. 플랜지 이음은 냉매 배관용으로 사용되며, 플랜지를 체결할 때에는 플랜지 사이에 패킹을 넣고 볼트로 죄어 이음한다.
8. 일정한 테이퍼로 만들어진 TS 이음관을 접착제를 바른 관에 삽입하여 잠시동안 그대로 잡아 두면 충분한 강도를 가지는 이음 방법이다.
9. 용착슬리브 이음은 관 끝의 바깥쪽과 이음관의 안쪽을 동시에 가열 용융하여 이음하는 방법으로 이음부의 접합강도가 가장 확실하고 안전한 방법이다.

10. 철근콘크리트로 만든 칼라(Collar)와 특수 모르타르의 일종인 콤포로써 이음하는 방법으로 이음은 호칭지름 75～1,800mm의 전 관에 적용하며, 가장 역사가 오래되고 염가로 간단하게 이음할 수 있는 방식이다.

11. 이종관의 이음에는 신축량, 강도, 중량 등 관재료에 따른 재료의 성질을 이해하여야 하며, 특히 이종 금속관끼리의 이음은 관 내에서 전해 작용에 의한 부식 현상이 발생하지 않도록 한다.

12. 마이터의 절단각을 구하는 공식에 의하여
$$\text{절단각} = \frac{\text{중심각}}{2(3-1)} = \frac{\text{중심각}}{4} \text{이다.}$$

13. 마킹 테이프는 폭 30～40mm의 유동성 박판이나 셀룰로오스 또는 보루지 등을 이용하여 관의 절단 중심선에서 수직선을 그은 후 마킹 테이프를 사용하여 관 주위를 한 바퀴 돌려 밀착시켜 절단선을 구한다.

14. 지름이 큰 관을 필요한 형상과 치수에 맞게 제작하려면 주로 평행전개법을 사용하는데, 평행전개법은 직선 면소에 직각방향 혹은 평행방향으로 전개하는 방법이다.

제10장 배관시공

1. 벽, 바닥, 보 등에 배관을 관통시키기 위하여 콘크리트를 치기 전에 미리 넣어 두어 공간을 확보하여 배관시공을 용이하게 하기 위하여 사용하는 원통

2. 급탕온수배관의 구배에 있어서 자연 또는 강제순환일 때 급수관은 일정한 상향구배로 하고, 환수관은 열원을 향하여 하향구배로 하고, 배수배관은 하향 구배로 하며 물포켓이나 공기포켓이 만들어지는 요철(凹凸)배관 시공은 하지 않도록 한다.

3. 어떤 경우이든 온도 변화가 가장 큰 영향을 미치므로 관이나 이음에 손상을 줄 염려가 있는 배관에 있어서는 필요한 장소에 신축이음을 설치하여 그 변형을 흡수하도록 하여야 한다.

4. 공장, 광산, 학교, 극장, 선박, 차량, 항공 보안시설 기타에 있어서 배관계에 설치한 밸브의 잘못된 조작을 방지하는 등의 안전을 도모하는 것, 배관계 취급의 적정화를 도모하는 것을 목적으로 배관에 식별 표시를 한다.

5. 바닥 밑, 샤프트 내, 천정 내부, 바닥 매설, 지중 매설 등

6. 일반적으로 기체와 액체가 동시에 접하는 부분에서 부식이 매우 심하므로 지하 매설관이나, 피트의 배관 등의 경우 제트의 저부에 드레인이 고이거나, 물방울이 부착하지 않도록 하고 청소하기 쉬운 구조로 한다.

제11장 배관시험 및 안전관리

1. 수압시험, 만수시험, 기압시험, 연기시험, 박하시험, 통기시험, 방수·방출시험 등
2. 배수 수직관, 배수 횡주관 및 기구 배수관의 완료 지점에서 각층마다 분류하여 배관의 최상부로 물을 넣어 라인 전체를 만수하여 이상 여부를 확인하는 시험이다.
3. 수공구는 일상 관리하지 않으면 공구의 정도와 수명에 영향을 미치기도 하고, 갑자기 사용할 때 공구를 잘못 선택하여 혼동되는 경우가 있으므로 공구 관리를 잘하여야 한다.
4. 공구의 사용시 공구실에서 꺼낸 공구이더라도 결함이 없는가를 반드시 점검하여 공구의 상태를 점검한 후 사용하여야 한다. 사용 중에는 올바른 방법으로 사용하여야 하며 공구의 본래 목적 외에는 절대로 사용하지 않도록 한다. 사용 후에는 반드시 소정의 장소에 갖다 놓아야 하며 사용 후 나빠진 공구는 즉시, 수리하고 대용의 공구를 미리 준비하여 다음 작업에 지장이 없도록 한다.
5. ① 가열된 관에 의한 화상에 주의한다.
   ② 작업 중 타인과 잡담을 금하고, 점화된 토치를 가지고 장난을 금한다.
   ③ 시공공구들이 낙하되는 일이 없도록 정리정돈을 철저히 한다.
6. 윤활의 가장 중요한 목적은 감마(減磨) 작용이다.

제12장 플랜트설비 배관

1. 기체를 수송하는 장치는 그 압력차에 의하여 통풍기(fan), 송풍기(blower), 압축기(compressor) 등으로 크게 나눌 수 있으며, 기체수송에서 고려되어야 할 주요 요소로는 배출되는 풍량, 소요동력 및 압력차 등이다.

송풍기		압축기
팬	블로우어	
0.1kgf/cm^2(1,000mmAq) 미만	0.1 이상 1.0kgf/cm^2 (1이상 10mAq) 미만	1kgf/cm^2(10mAq) 이상

압축기를 용적형과 터보형으로 구분하면 다음과 같다.

- 압축기
  - 용적형(volume) 압축기
    - 왕복식 압축기(reciprocating compressor)
    - 회전식 압축기(rotate type compressor)
    - 나사식 압축기(screw type compressor)
    - 다이어프램식 압축기(diaphragm type compressor)
  - 터보형(turbo) 압축기
    - 원심식 압축기(centrifugal type compressor)
    - 축류식 압축기(axial flow type compressor)
    - 혼류식 압축기(mixed flow type compressor)

〈표〉 터보식 압축기와 왕복식 압축기의 비교

종류 / 비교항목	터보식 압축기	왕복식 압축기
3작동	고속회전을 하여야 임펠러를 통하는 기체에 속도와 압력을 부여할 수 있다.	가스밸브의 개폐에 어느 정도의 시간적 여유가 있어야 하므로 회전속도를 비교적 낮게 하여야 한다.
운전방법	증기터빈이나 전동기에 직결하여 운전할 수 있다	내연기관과 같은 저속기관에 직결하거나 고속 원동기에서 감속장치를 거쳐서 운전시켜야 한다.
설치면적	원동기가 소형으로 되어 설치 면적도 작다.	원동기, 압축기 모두가 대형이고 큰 관성용 휠이 필요하므로 면적도 커진다.
공사비	공사비가 저렴하다.	왕복운동부에 진동이 발생하므로 공사비용이 많이 들며 기초도 튼튼해야 한다.
효율	연속적으로 균일한 기체를 송출하므로 송풍이 적당하고 효율도 저하되지 않는다.	밸브의 누설에 따라 효율이 저하된다.
용도	저압이고 대용량의 경우에 사용된다.	고압이고 중·소 용량의 경우에 사용된다.

2. 열교환기의 사용목적에 따른 분류방법에는 이들 조작상태 즉, 사용 목적에 따라 가열기, 예열기, 과열기, 증발기, 재비기, 냉각기, 응축기 등으로 분류된다.

3. 플랜트 배관의 공사방법
   ① 공장에서의 배관제작법(shop fabrication system)
   ② 현장설치의 공장제작법(unit shop fabrication system)
   ③ 현장 제작시공법(field fabrication system)
   ④ 도면별(area) 공법
   ⑤ 라인별 공법

4. 플랜트 배관의 운전 중 응급조치법
   ① 코킹법(cauking)과 밴드보강법
   ② 인젝션법(injection)
   ③ 박스설치법(box-in)
   ④ 스토핑 박스법(stopping box)
   ⑤ 핫태핑법(hot tapping)과 플러깅법(plugging)

5. 화학장치용 재료로 다음과 같은 구비조건을 갖추어야 한다.
   ① 접촉 유체에 대하여 내식성과 크리프(creep) 강도가 클 것
   ② 고온·고압에 대하여 기계적 강도를 갖고, 저온에서도 재질의 열화가 없을 것
   ③ 가공이 용이하고 가격이 싸며 쉽게 구할 수 있을 것

부록

〈표 1〉 강관의 종류 및 용도

분류	KS 번호 (JIS)	규격 명칭	KS 기호 (JIS)	비고
배관용	D 3507 (G 3452)	배관용 탄소강 강관 (S : steel, P : pipe, P : piping)	SPP (SGP)	증기, 물, 가스 및 공기 등의 사용압력의 $10kg/cm^2$ 이하의 일반 배관용, 호칭경은 6~500A, 흑·배관
	D 3562 (G 3454)	압력 배관용 탄소강 강관(S : steel, P : pipe, P : pressure, S : service)	SPPS (STPG)	350℃ 이하, 사용압력 $10 \sim 100kg/cm^2$의 압력 배관용. 외경은 SPP와 같고 두께는 스케줄 치수 계열로 Sch #80까지 호칭경 6~500A
	D 3564 (G 3455)	고압배관용 탄소강 강관(S : steel, P : pipe, P : pressure, H : high)	SPPH (STS)	350℃ 이하, 사용 압력 $100kg/cm^2$ 이상의 고압 배관, 암모니아 합성 공업 등의 고압 배관, 내연기관의 연료 분사관용, SPPS와 동일 Sch #80~160
	D 3570 (G 3456)	고온 배관용 탄소강 강관(S : steel, P : pipe, H : high, T : temperature)	SPHT (STPT)	350℃ 이상의 고온 배관용, 외경은 SPPS와 동일, Sch #10~160까지
	D 3583 (G 3457)	배관용 아아크 용접 탄소강 강관 (S : steel, P : pipe, W : welding)	SPW (STPY)	호칭경 350~1500A의 대경관, 사용압력 $15kg/cm^2$ 이하의 수도, 도시가스, 공업용수 등의 일반배관용, 두께는 6.0~15.1mm
	D 3573 (G 3458)	배관용 합금강 강관 (S : steel, P : pipe, A : alloy)	SPA (STPA)	Mo강, Cr－Mo강의 이음매 없는 관으로 고온도의 배관에서 스테인리스관을 사용하는 것 이외의 곳, 외경은 SPP와 같고 두께는 스케줄 치수 계열에 따르면 고온강도가 크고 내산화성·내식성 강하여 고온·고압 보일러의 증기관·석유 정제용 고온·고압의 유관 등에 사용
	D 3576 (G 3459)	배관용 오오스테나이트 스테인리스 강관(steel tube stainless)	STS×T (SUS－TP)	내식·내산·고온용으로 저온용에도 사용 가능, 외경은 SPP와 같고, Sch #80까지, 6~300A
	D 3569 (G 3460)	저온 배관용 강관(S : steel, P : pipe, L : low, T : temperature)	SPLT (STPL)	빙점 이하의 특히 저온용이고, SPHT와 같은 외경으로 Sch #160까지
	D 3507 (G 3442)	수도용 아연도금 강관(S : steel, P : pipe, P : pipiping, W : water)	SPPW (SGPW)	정수두 100m 이하의 수도용으로 SPP에 아연 도금($600g/m^2$ 이상)
	D 3565 (G 3443)	수도용 도복장 강관(S : steel, T : tube, P : pipe, W : water, A : asphalt, C : coltar)	STPW-A STPW-C (－)	SPP 또는 SPW관에 피복한 것으로 정수두 100m 이하의 수도용, 80~1500A
	(G 4903)	배관용 이음매 없는 니켈크롬, 철, 합금관	(NCF－TP)	내식·내열·고온용을 대상으로 원자력 기기용의 화학 공업용, 석유 공업용으로 사용
	(G 5202)	고온·고압용 원심력 주강판	(SCPH－CF)	용접성이 우수한 주강관, 특히 고장력으로 토목, 건축용 기둥·석유 화학용의 고온·고압관, 가열노의 관에 사용. 탄소강계 2종, 저합금강계 3종류의 5종류

분류	KS 번호 (JIS)	규격 명칭	KS 기호 (JIS)	비고
열전달용	D 3563 (G 3461)	보일러·열교환기용 탄소강 강관 (S : steel, T : tube, H : heat)	STH (STB)	관 내외에서 열교환이 목적인 보일러의 수관, 연관, 과열관, 공기예열관, 화학공업, 석유공업의 열교환기관, 콘덴서관, 촉매관, 가열노관용에 사용. 관경 15.9~139.9mm, 두께 1.2~12.5mm
	D 3572 (G 3462)	보일러, 열교환용 합금강 강관(S : steel, T : tube, H : heat, A : alloy)	STHA (STBA)	
	D 3577 (G 3463)	보일러, 열교환기용 스테인리스강 강관(ST : stainless, S : steel, T : tube)	STS×TB (SUS-TB)	
	D 3571 (G 3464)	저온 열교환기용 강관(S : steel, T : tube, L : low, T : temperature)	STLT (STBL)	빙점아래 특히 저온에 사용, 냉동 창고, 스케이트 링크 등의 배관에 사용되며 50kg/cm^{2}의 수압시험을 실시한다.
	(G 4904)	열교환기용 이음매 없는 Ni-Cr 철합금관	(NCT-TB)	주로 원자력 발전, 원자력선의 증기 발생기용, 화학공업, 석유 공업의 각종 장치의 열교환기용에도 사용
구조용	D 3566 (G 3444)	일반 구조용 탄소강 강관 (S : steel, P : pipe, S : struclure)	SPS (STK)	일반 구조용 강재로 사용되며 관경은 21.7~101.3mm, 두께는 1.9~16.0mm
	D 3517 (G 3445)	기계 구조용 탄소강 강관 (S : steel tube, M : machine)	SM (STKM)	자동차, 자전거, 기계, 항공기 등의 기계부품으로 절삭해서 사용
	D 3574 (G 3441)	구조용 합금강 강관 (S : steel tube, A : alloy)	STA (STKS)	항공기, 자동차, 자전거, 기타 구조물에 사용
	D 3536	구조용 스테인리스강 강관 (ST : stainless, S : steel, T : tube)	STST (SUS)	항공기, 자동차, 자전거, 기타 구조물에 사용
	D 3568 (G 3466)	일반 구조형 각형 강관(S : steel, P : pipe, S : structural, R : rectangular)	SPSR (STKR)	토목·건축·기타 구조물, 표준 길이는 6m, 8m, 10m, 12m
	(G 5201)	용접 구조용 원심력 주강관	(SCW-CF)	압연강재, 단강품, 주조품과 용접하여 사용한다. 용접성이 우수하고 고장력이어서 토목 건축용 기둥, 석유화학용 고온·고압·가열노관에 사용
기타	D 3575 (G 3429)	고압가스 용기용 이음매 없는 강관 (S : steel, T : tube, H : high, G : gas)	STHG (STH)	고압가스, 액화가스 또는 용해가스를 충전하고 용기의 제조에 쓴다.
	(G 3439)	유정용 이음매 없는 강관	(STO)	유정 굴삭 및 채유 등에 사용하는 관
	(G 3465)	시추용 이음매 없는 강관	(STM-C)	시추용 케이싱, 코아 튜브, 시추로드에 사용

배관용 Symbol Mark

〈표 2〉 관이음 및 밸브(Fitting, Valve)

<table>
<tr><th>구 분</th><th>플랜지 이음
(flanged)</th><th>나사 이음
(screwed)</th><th>턱걸이 이음
(bell&spigot)</th><th>용접 이음
(welded)</th><th>땜 이음
(soldered)</th></tr>
<tr><td>1. 부싱(bushing)</td><td colspan="5">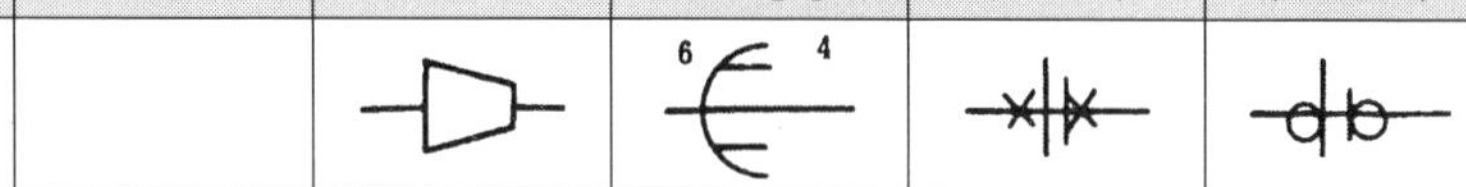</td></tr>
<tr><td>2. 캡(cap)</td><td colspan="5">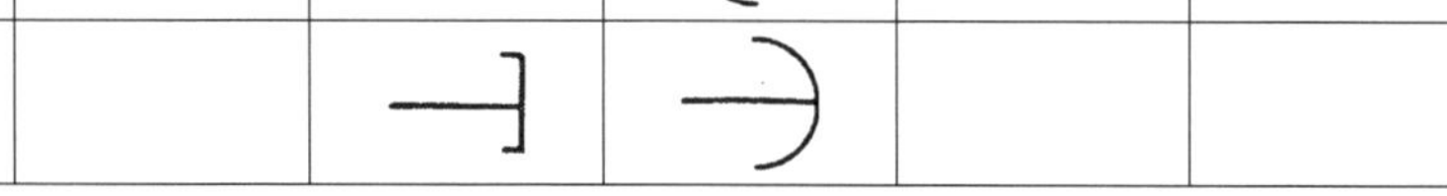</td></tr>
<tr><td colspan="6">3. 크로스(cross)</td></tr>
<tr><td>3.1 줄임 크로스(reducing)</td><td colspan="5">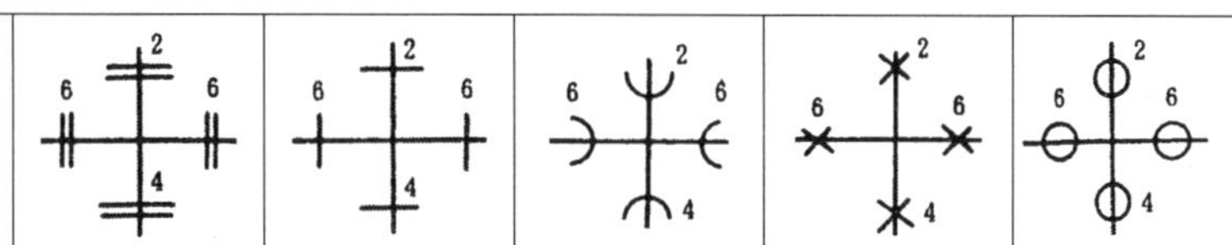</td></tr>
<tr><td>3.2 크로스(straight size)</td><td colspan="5">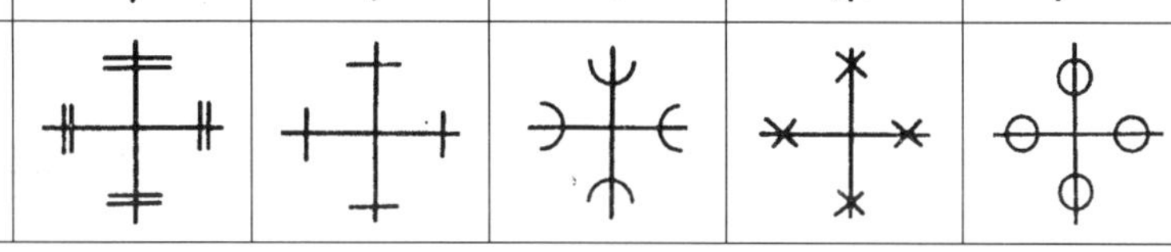</td></tr>
<tr><td colspan="6">4. 엘보(elbow)</td></tr>
<tr><td>4.1 45°엘보(45° elbow)</td><td colspan="5">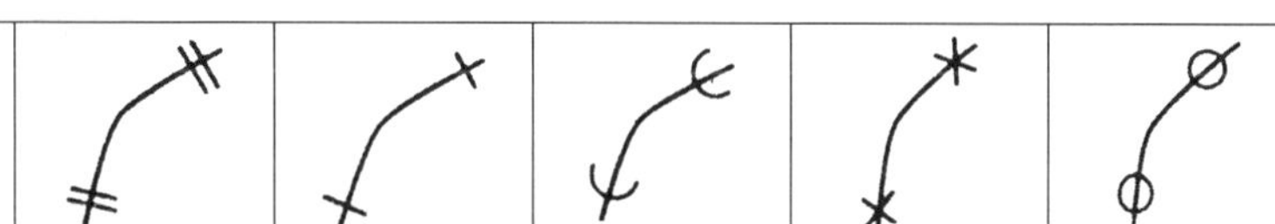</td></tr>
<tr><td>4.2 90°엘보(90° elbow)</td><td colspan="5">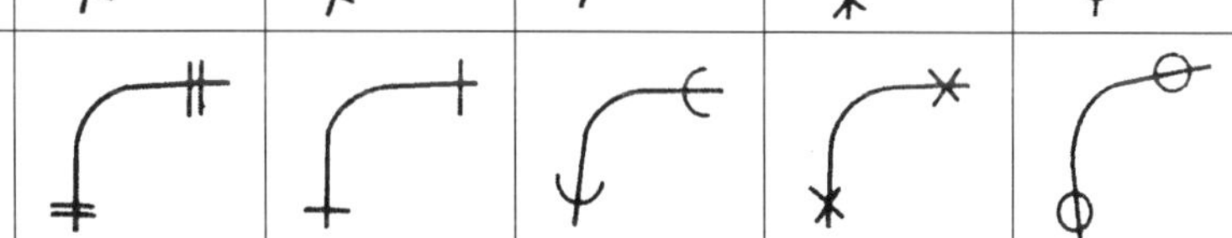</td></tr>
<tr><td>4.3 가는(turned down) 엘보</td><td colspan="5">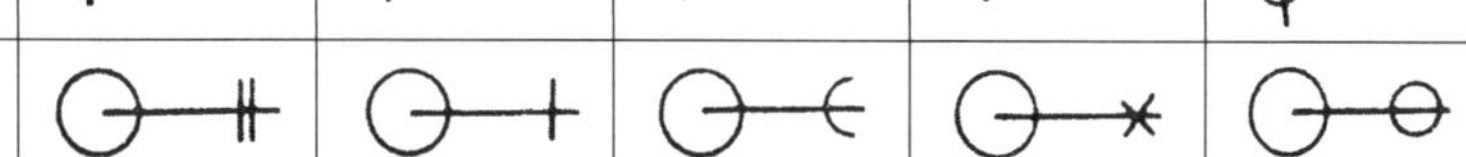</td></tr>
<tr><td>4.4 오는(turned up) 엘보</td><td colspan="5">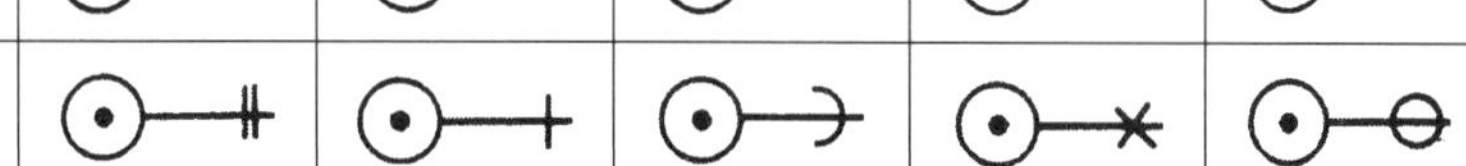</td></tr>
<tr><td>4.5 받침(base) 엘보</td><td colspan="5">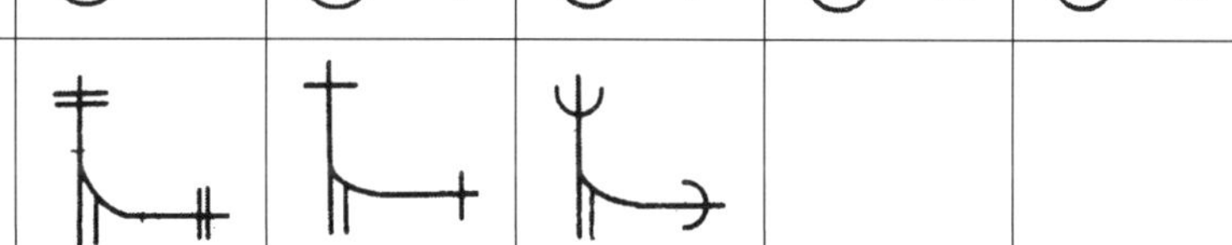</td></tr>
<tr><td>4.6 쌍가지 엘보
(double branch elbow)</td><td colspan="5">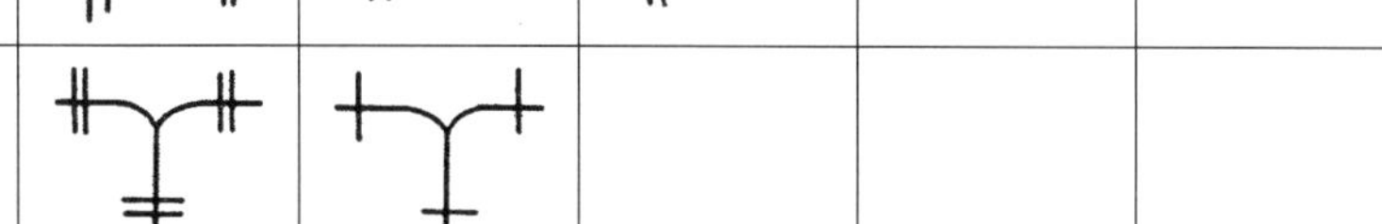</td></tr>
<tr><td>4.7 긴 반지름 엘보
(long radius elbow)</td><td colspan="5"></td></tr>
</table>

구 분	플랜지 이음 (flanged)	나사 이음 (screwed)	턱걸이 이음 (bell&spigot)	용접 이음 (welded)	땜 이음 (soldered)
4.8 줄임 엘보 (reducing elbow)					
4.9 옆가지 엘보(가는 것) side outlet elbow (outlet down)	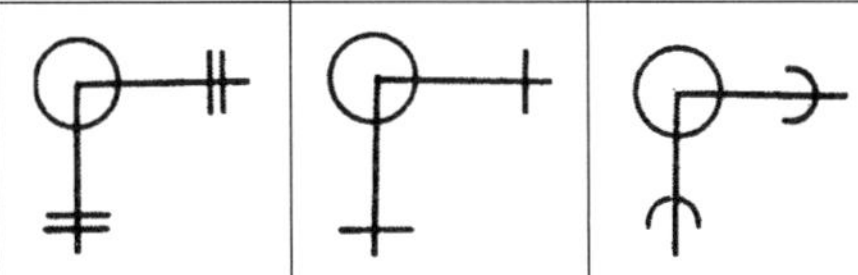				
4.10 옆가지 엘보(오는 것) side outlet elbow (outlet up)	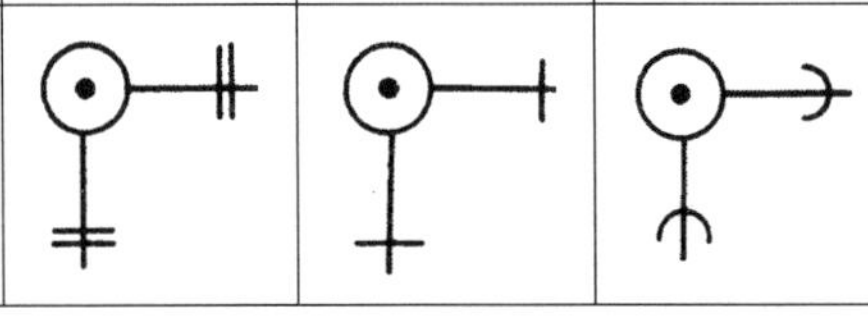				
5. 조인트(joint)					
5.1 조인트(joint)	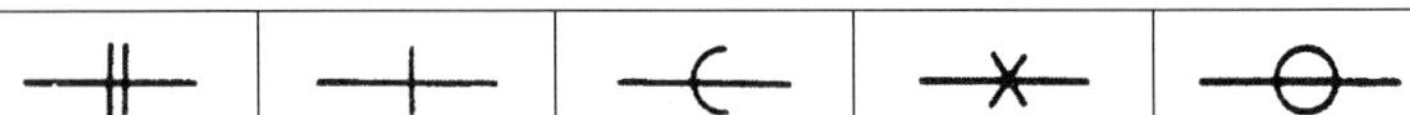				
5.2 팽창 조인트 (expansion joint)	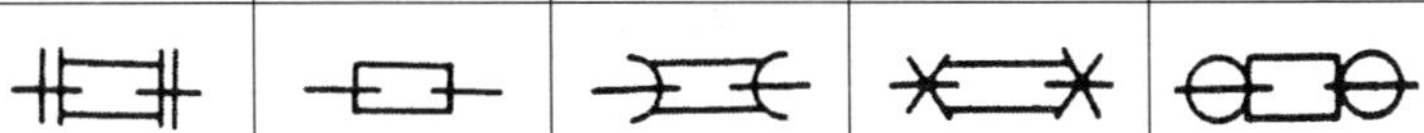				
6. 와이(Y)타이(측면)	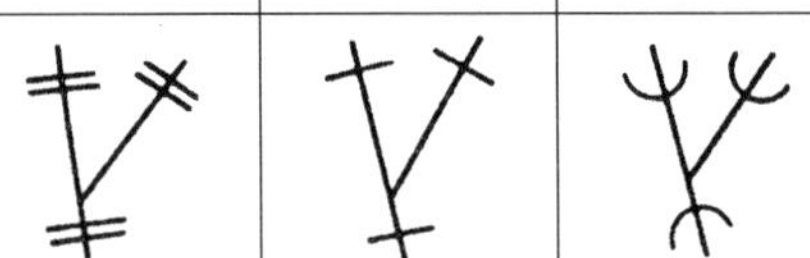				
7. 오리피스 플랜지 (orifice flange)	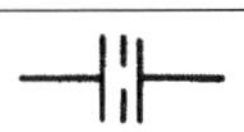				
8. 줄임 플랜지(reducing flange)	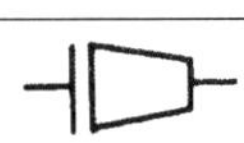				
9. 플러그(plugs)					
9.1 벌 플러그(bull plug)	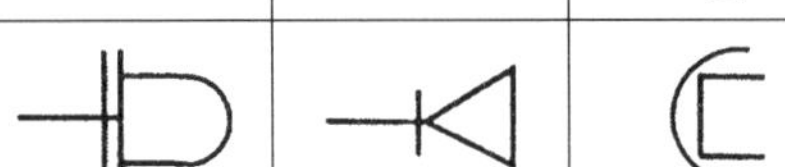				
9.2 파이프 플러그(pipe plug)					
10. 줄이개(reducer)					
10.1 줄이개(concentric)	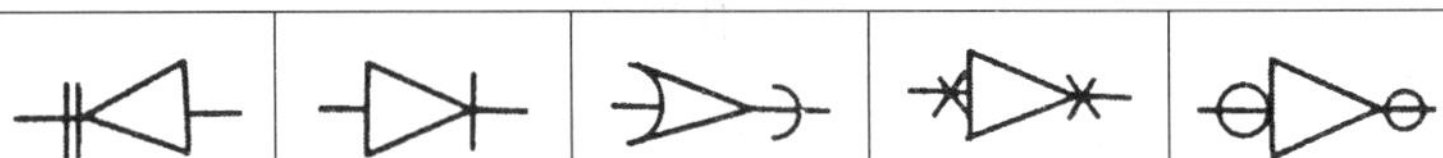				
10.2 편심줄이개(eccentric)	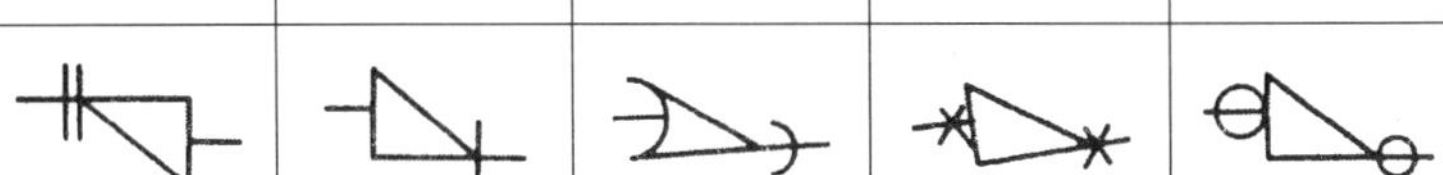				
11. 슬리브(sleeve)	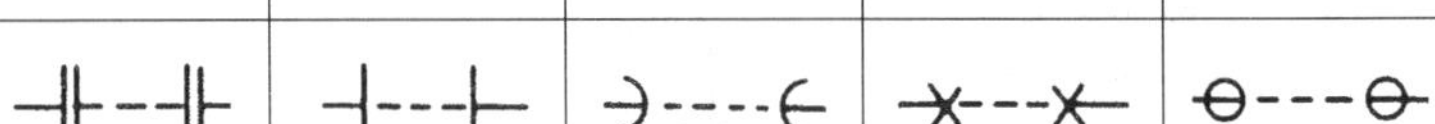				

구 분	플랜지 이음 (flanged)	나사 이음 (screwed)	턱걸이 이음 (bell&spigot)	용접 이음 (welded)	땜 이음 (soldered)
12. 티(tee)					
12.1 티(straight size)	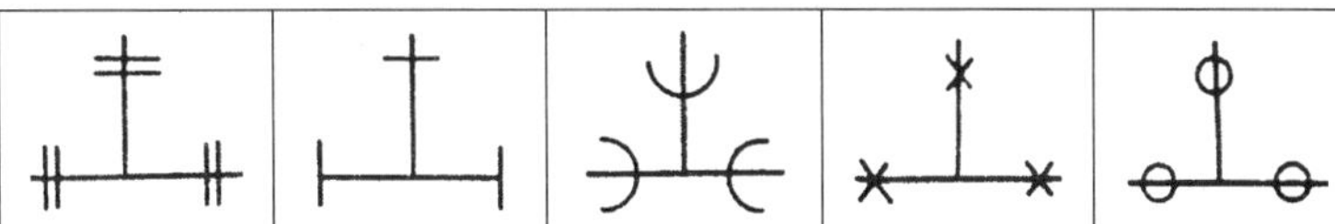				
12.2 오는 티(outlet up)	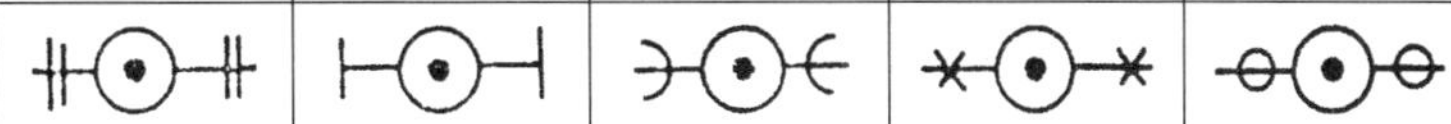				
12.3 가는 티(outlet down)	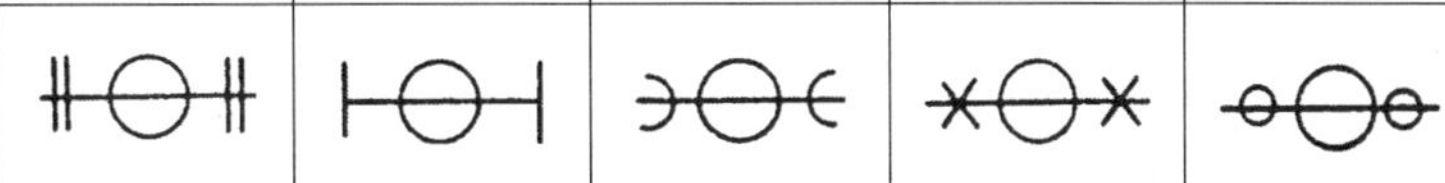				
12.4 쌍 스위프티 (double sweep)	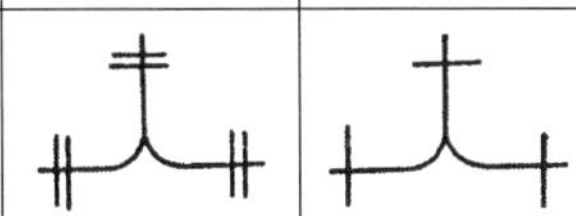				
12.5 줄임 티(reducing tee)	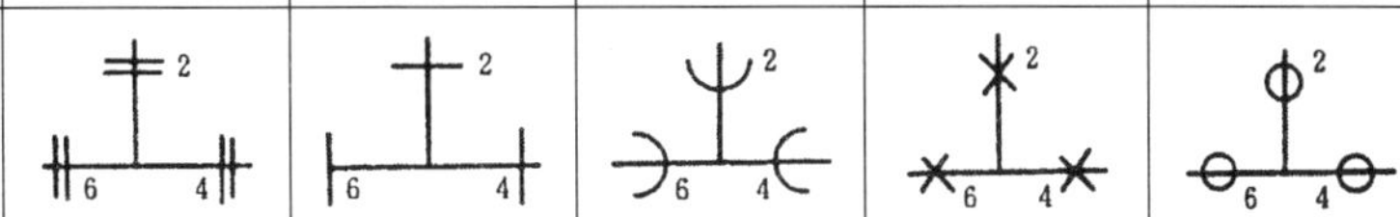				
12.6 스위프티(single sweep)	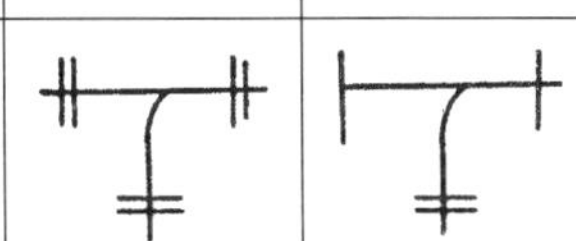				
12.7 옆가지 티(가는 것) side outlet(outlet down)	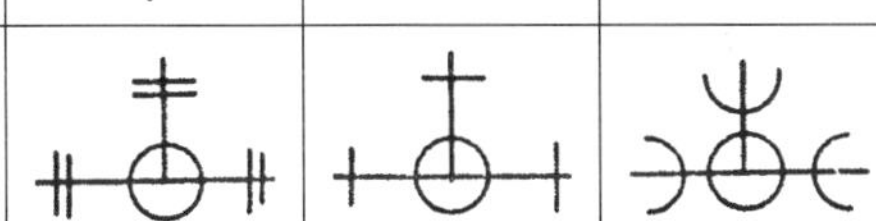				
12.8 옆가지 티(오는 것) side outlet(outlet up)	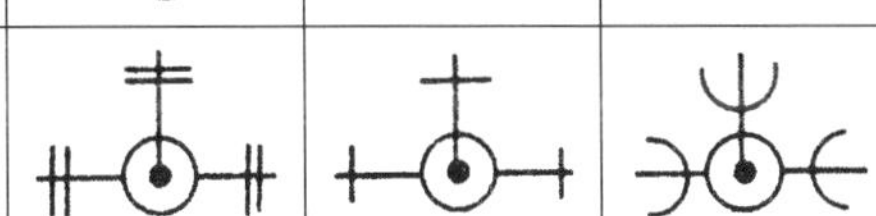				
13. 유니언(union)					
14. 앵글 밸브(angle valve)					
14.1 책 밸브(check valve)	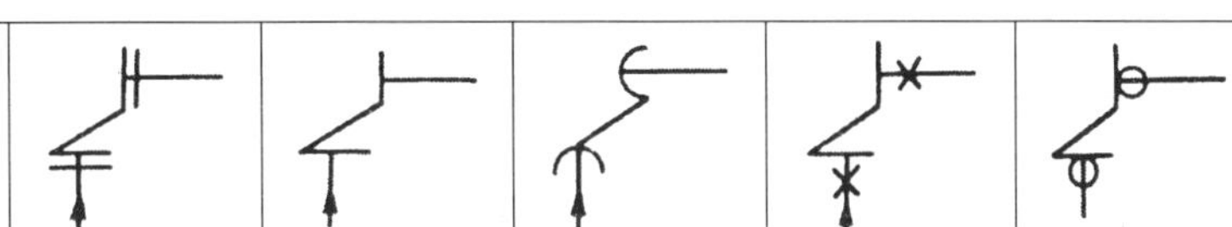				
14.2 슬루스 앵글 밸브(입면) sluice angle valve (elevation)	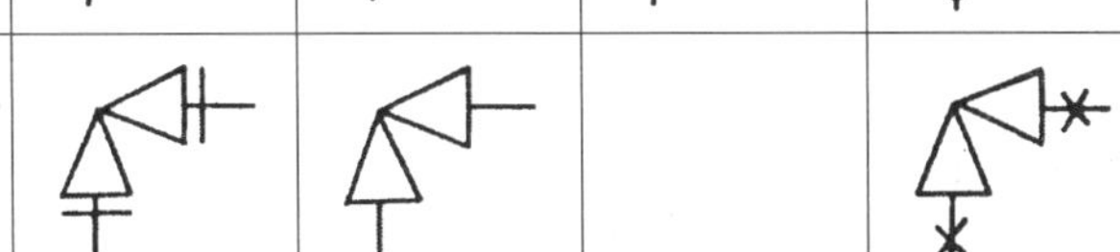				
14.3 슬루스 앵글 밸브(평면) sluice angle valve(plan)	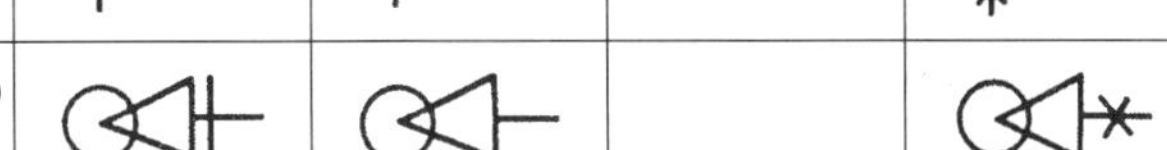				

구 분	플랜지 이음 (flanged)	나사 이음 (screwed)	턱걸이 이음 (bell&spigot)	용접 이음 (welded)	땜 이음 (soldered)
14.4 글로브 앵글 밸브(입면) globe angle valve (elevation)	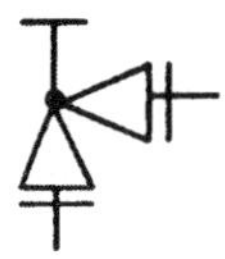	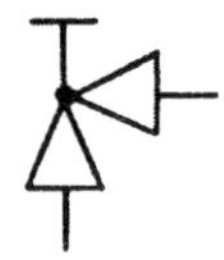		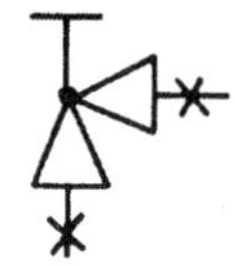	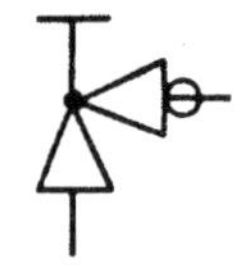
14.5 글로브 밸브(평면) globe angle valve(plan)					
14.6 호스앵클 밸브 (hose angle)	기호 22.1과 같다.				
15. 자동 밸브(automatic valve)					
15.1 바이패스(by pass) 자동 밸브	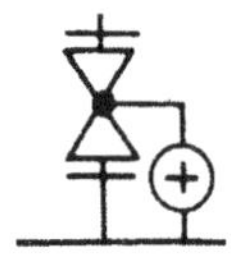				
15.2 가버너 자동 밸브 (governor operated valve)	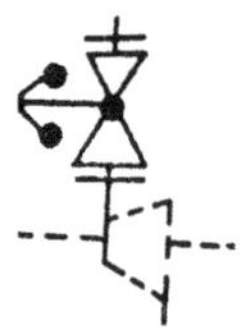				
15.3 줄임(reducing) 자동 밸브	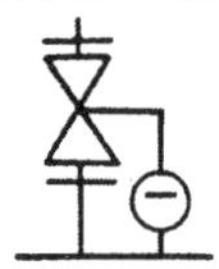				
16. 책 밸브(check valve)					
16.1 앵글 책 밸브 (angle check valve)	기호 14.1과 같다.				
16.2 책 밸브−straight way	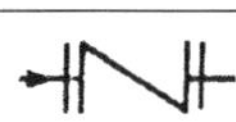	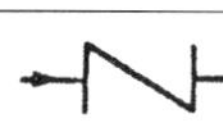		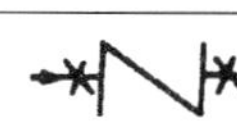	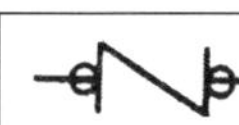
17. 콕(cock)	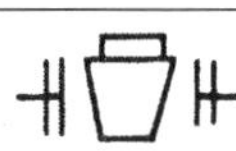	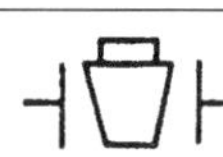		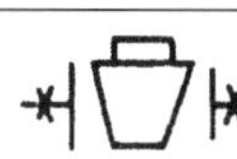	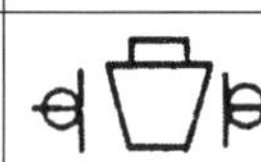
18. 다이어프램 밸브 (diaphragm valve)	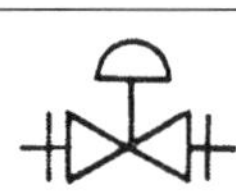	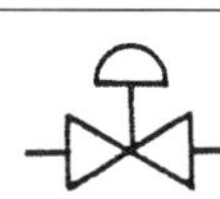			
19. 플로트 밸브(float valve)	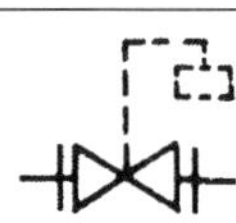	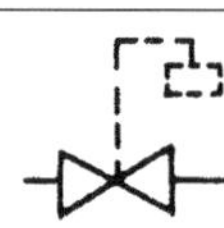		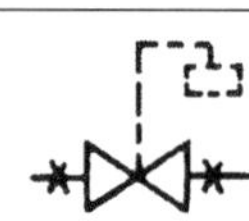	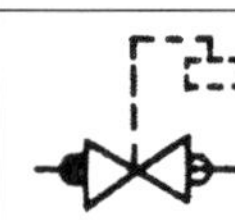
20. 슬루스 밸브(sluice valve)					
20.1 슬루스 밸브	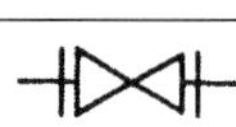	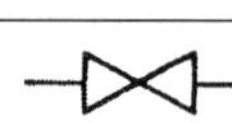	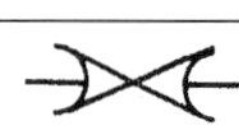	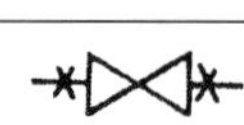	
20.2 앵글 슬루스 밸브 (angle sluice gate)	기호 14.2 및 14.3과 같다.				

구 분	플랜지 이음 (flanged)	나사 이음 (screwed)	턱걸이 이음 (bell&spigot)	용접 이음 (welded)	땜 이음 (soldered)
20.3 호스 슬루스 밸브 (hose sluice gate)	기호 22.2와 같다.				
20.4 전동(motor operated) 슬루스 밸브	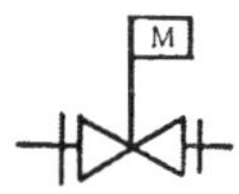	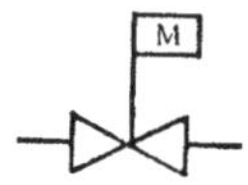			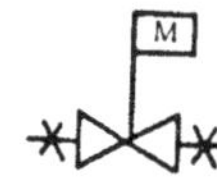
21. 글로브 밸브(globe valve)					
21.1 글로브 밸브					
21.2 앵글 글로브 밸브 (angle globe valve)	기호 14.4 및 14.5와 같다.				
21.3 호스 글로브 밸브 (hose globe)	기호 22.3과 같다.				
21.4 전동 글로브 밸브 (motor operated)	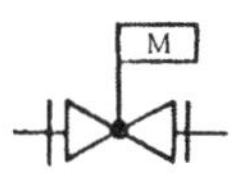	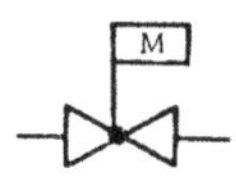			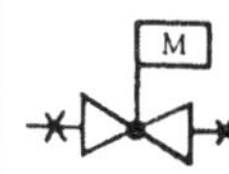
22. 호스 밸브(hose valve)					
22.1 앵글(angle) 호스 밸브		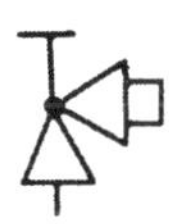			
22.2 슬루스 밸브		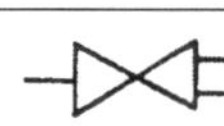			
22.3 글로브(globe) 호스 밸브	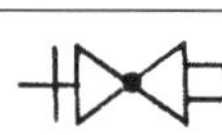	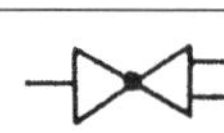			
23. 봉합 밸브(lock shield valve)	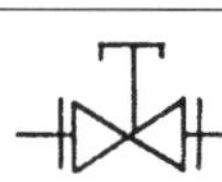	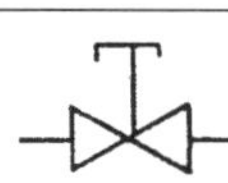			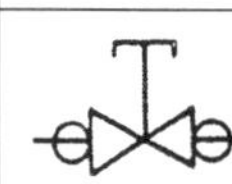
24. 지렛대 밸브 (quick opening valve)	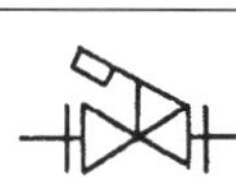	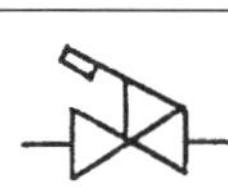		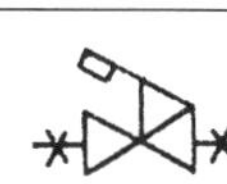	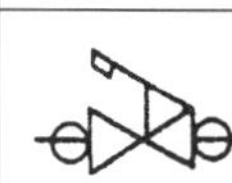
25. 안전밸브(safety valve)		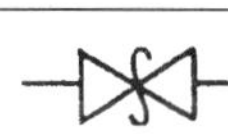	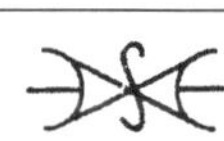		
26. 스톱 밸브(stop valve)	기호 20.1과 같다.				
27. 감압밸브 (reducing pressure valve)				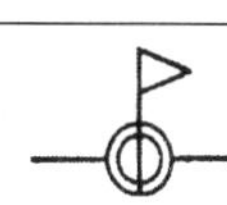	

〈표 3〉 냉난방 및 환기(Heating, Ventilating, Air conditioning)

1. 공기 제거기	air eliminator	
2. 앵커	anchor	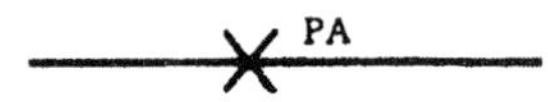
3. 팽창이음	expansion joint	
4. 걸이쇠 또는 받침쇠	hanger or support	
5. 열교환기	heat exchanger	
6. 열전달면, 평면도 (대기류 등 형식을 표시하라)	heat transfer surface, plan (indicate type such as convector)	
7. 펌프(진공 등 형식을 표시하라)	pump(indicate type such as vacuum)	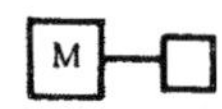
8. 여과기	strainer	
9. 탱크(형식을 표시하라)	tank(designate type)	
10. 온도계	thermometer	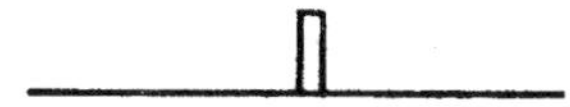
11. 온도조절기	thermostat	
12. 트랩	traps	
12.1 보일러 귀환	boiler return	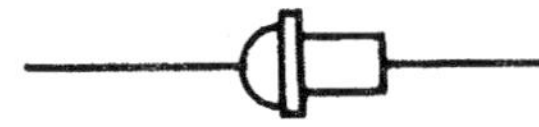
12.2 분출 온도, 조절식	blast thermostatic	
12.3 플로트	float	
12.4 플로트와 온도조절	float and thermostatic	
12.5 온도조절	thermostatic	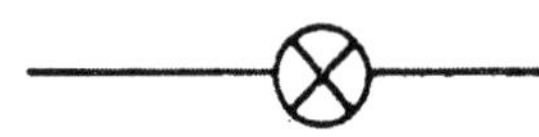
13. 유닛 히터 평면도(원심 송풍기)	unit heater(centrifugal fan), plan	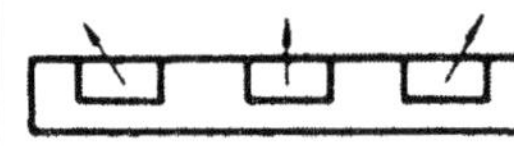
14. 유닛 히터 평면도(프로펠러)	unit heater(propeller), plan	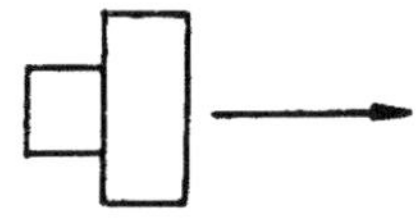

15. 유닛 벤티레이터	unit ventilator, plan	
16. 안전관(압력 또는 진공)	relief(either pressure or vacuum)	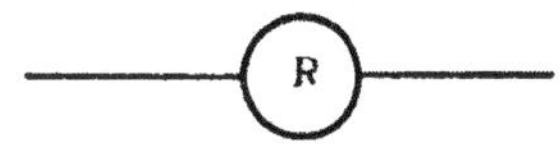
17. 배기점	vent point	
18. 점검문	access door	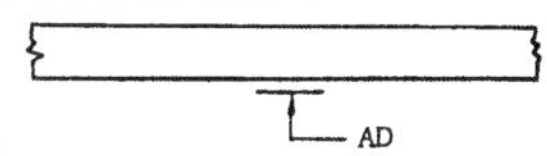
19. 이형관 연결구	adjustable blank off	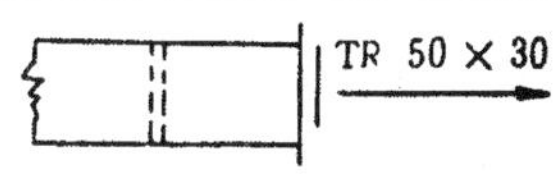
20. 이형관 직각 연결구	adjustable plague	
21. 자동 댐퍼	automatic dampers	
22. 캔버스 이음	canvas connections	
23. 분기 댐퍼	deflecting damper	
24. 흐름의 방향	direction of flow	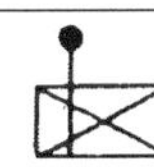
25. 덕트(첫째 숫자는 도면에 표시된 폭이며, 둘째 숫자는 도면에 표시되지 않은 폭이다)	duct(1st figure, side shown, 2nd side not shown)	
26. 덕트 단면(배기 또는 환기)	duct section(exhaust or return)	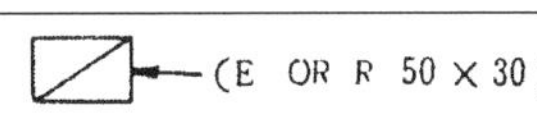
27. 덕트 단면(급기)	duct section(supply)	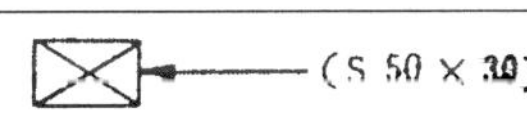
28. 친정 배기구(~형식을 표시하라)	exhaust inlet ceiling(indicate type)	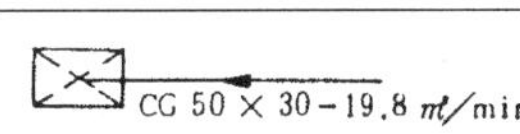
29. 벽면 배기입구 (~형식을 표시하라)	exhaust inlet wall (indicate type)	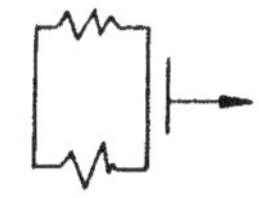
30. 벨트 씌우개 붙이 송풍기와 진동기	fan and motor with belt guard	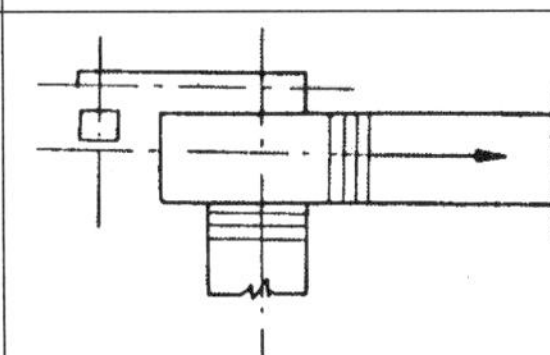
31. 공기 흐름방향으로 기울어져 내려감	inclined drop in respect to air flow	
32. 공기 흐름방향으로 기울어져 올라감	inclined rise in respect to air flow	
33. 스크린 붙이 루버흡기	intake louvers on screen	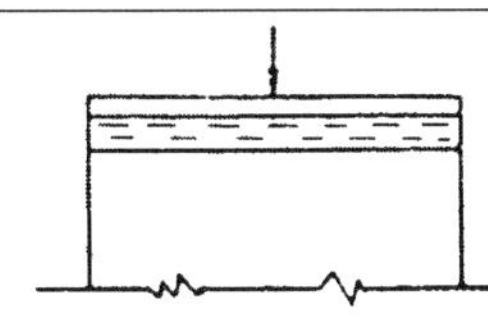

34. 루버의 크기	louver opening	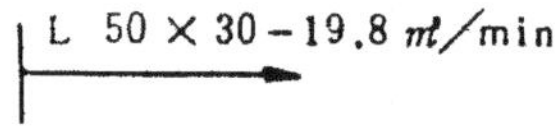
35. 천정 급기 출구 (~형식을 표시하라)	supply outlet ceiling(indicate type)	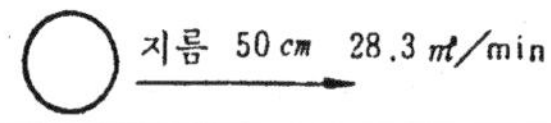
36. 벽면 급기 출구 (~형식을 표시하라)	supply outlet wall(indicate type)	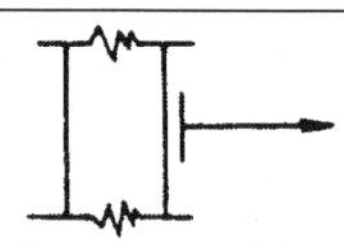
37. 베인	vanes	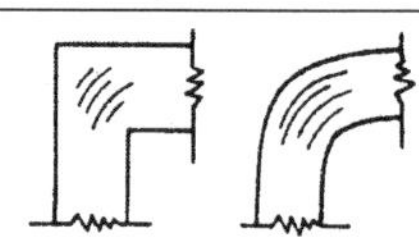
38. 풍량 조정 댐퍼	volume damper	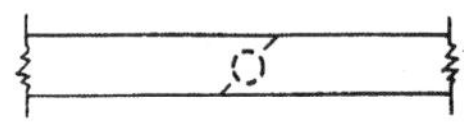
39. 모세관	capillary tube	
40. 압축기	compressor	
41. 압축기, 벨트 구동회전식 밀폐형	compressor, enclosed crankcase, rotary, belted	
42. 압축기, 벨트 구동 왕복식 개방형	compressor, open crankcase reciprocating, belted	
43. 압축기 직결 구동 왕복식 개방형	compressor, open crankcase reciprocating, direct drive	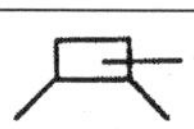
44. 응축기, 휜붙이 정압 공냉식	condenser, air cooled, finned, static	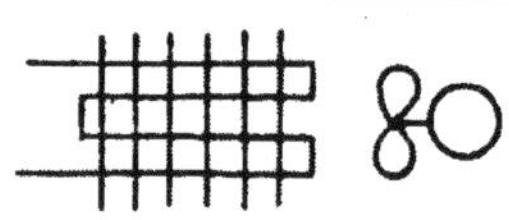
45. 응축기, 동심판 수냉식	condenser, water cooled concentric tube in a tube	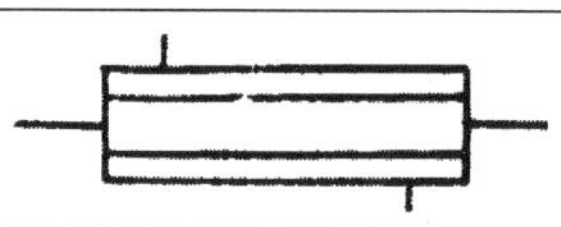
46. 응축기, 쉘코일 수냉식	condenser, water cooled shell and coil	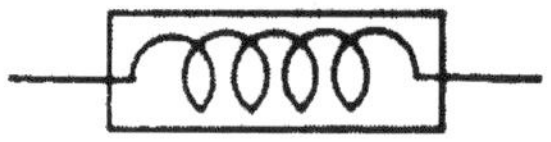
47. 응축기, 쉘코일 수냉식	condenser, water cooled shell and tube	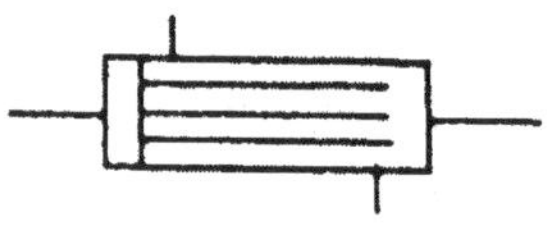
48. 응축 장치, 공냉식	condensing unit, air cooled	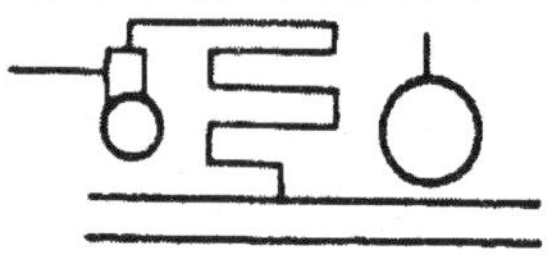
49. 응축 장치, 수냉식	condensing unit, water cooled	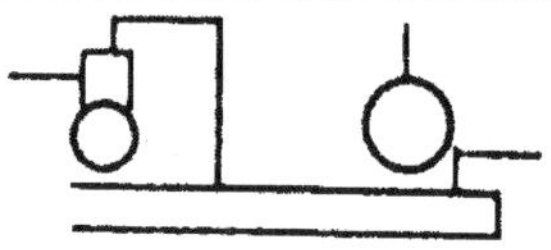

50. 냉각탑	cooling tower	
51. 건조기	dryer	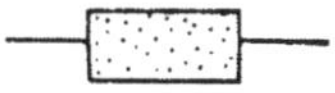
52. 증발식 응축기	evaporative condenser	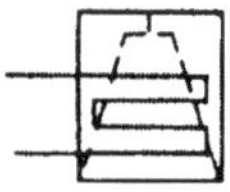
53. 증발기, 핀붙이 원형 천정식	evaporator, circular, ceiling type, finned	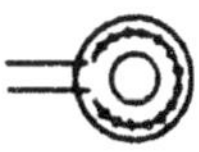
54. 증발기, 다기관형 중력 공기식	evaporator, manifolded, finned forced air	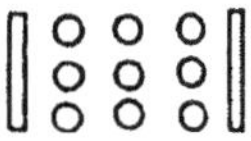
55. 증발기, 핀붙이 다기관 강제 송풍식	evaporator, manifolded, finned forced air	
56. 증발기, 핀붙이 다기관 중력 공기식	evaporator, manifolded, finned gravity air	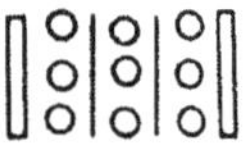
57. 증발기, 헤더드 또는 다기관 판균일식	evaporator, plate coils, headered or manifold	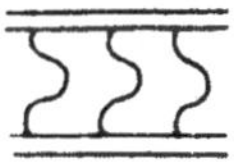
58. 여과기, 배관선상	filter, line	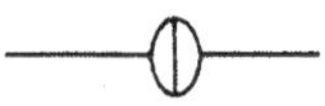
59. 여과기와 제거기, 배관선상	filter & strainer, line	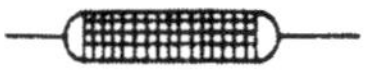
60. 핀붙이 냉각장치, 자연 대류식	finned type cooling unit, natural convection	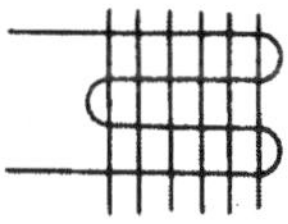
61. 강제 대류식 냉각장치	forced convection cooling unit	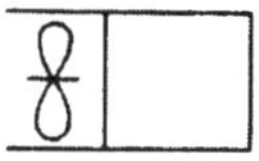
62. 게이지	gauge	
63. 고압측 플로트	high side float	
64. 침입식 냉각 장치	immersion cooling unit	
65. 저압축 플로트	low side float	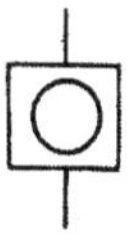

66. 전동기 구동 압축기, 직결 왕복식 밀폐형	motor-compressor, enclosed crankcase, reciprocating, direct connected	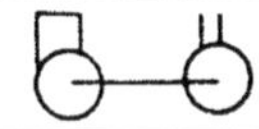
67. 전동기 구동 압축기, 직결 회전식 밀폐형	motor-compressor, enclosed crankcase, rotary, direct connected	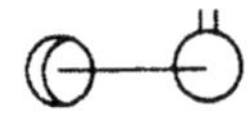
68. 진동기 구동 압축기, 왕복식 완전 밀폐형	motor-compressor, sealed crankcase, reciprocating	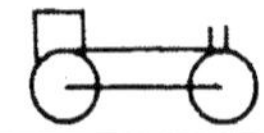
69. 전동기 구동 압축기, 회전식 완전 밀폐형	motor-compressor, sealed crankcase, rotary	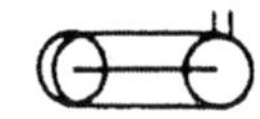
70. 압력 조절기	pressure stat	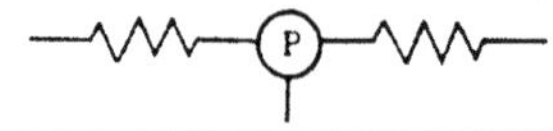
71. 압력 스위치	pressure switch	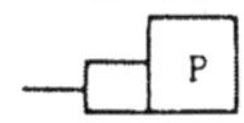
72. 고압력 제어 스위치	pressure switch with high pressure cut-out	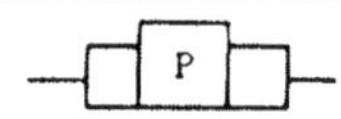
73. 수평식 수액기	receiver, horizontal	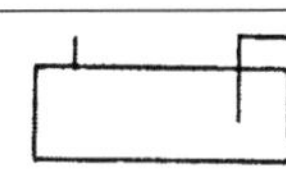
74. 스케일 트랩	receiver, horizontal	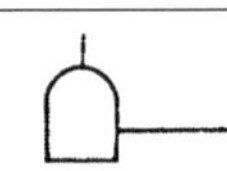
75. 스케일 트랩	scale trap	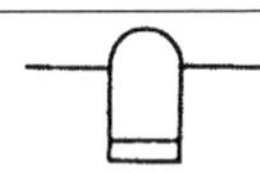
76. 분무조	spray pond	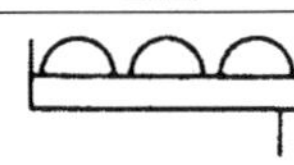
77. 감온통	thermal bulb	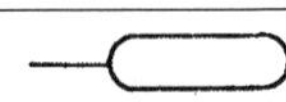
78. 온도조절기(원거리 조절)	thermostat(remote bulb)	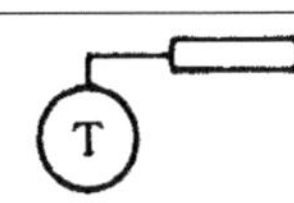
79. 밸브	valves	
79.1 자동 팽창식	automatic expansion	
79.2 드로틀형 흡입 압축기, 압력 교축식(압축기측)	compressor suction pressure limiting, throttling type(compressor side)	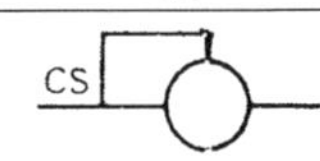
79.3 정압식, 흡입측	constant pressure, suction	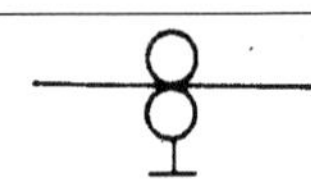
79.4 증발기 압력 조절식, 단속형	evaporator pressure regulating, snap action	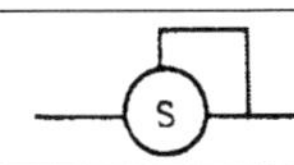
79.5 증발기 압력 조절식, 온도 조절 드로틀형	evaporator pressure regulating, thermostatic throttling type	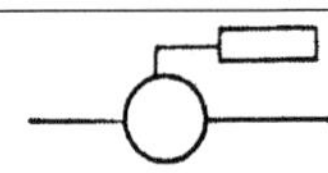
79.6 증발기 압력 조절식 드로틀형 (증발기측)	evaporator pressure regulating, throttling type(evaporator side)	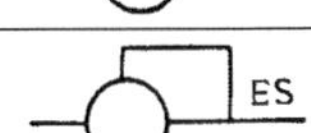

79.7 수동 팽창식	hand expansion	
79.8 전자 정지식	magnetic stop	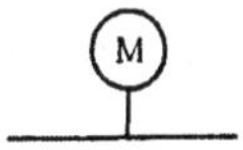
79.9 단속식	snap action	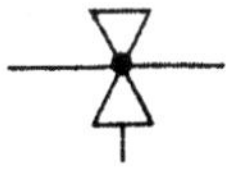
79.10 흡입 증기 조절식	suction vapor regulating	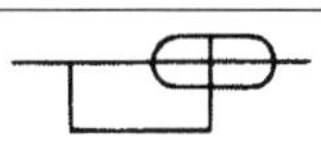
79.11 온도 작동 흡입식	thermostatic suction	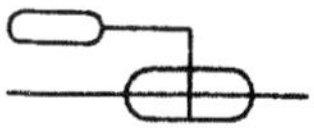
79.12 온도 작동 팽창식	thermostatic expansion	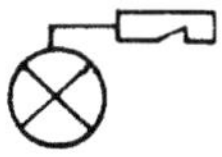
79.13 물	water	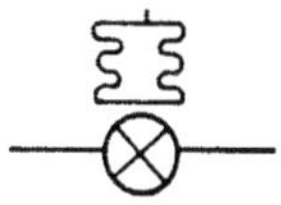
80. 진동 흡수장치, 배관선상	vibration absorber, line	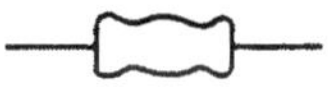

〈표 4〉 열동력 장치(Heat power apparatus)

구분	기호
1. 압축기(compressor)	
1.1 회전식(rotary)	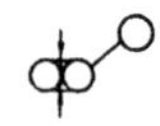
1.2 왕복식(reciprocating)	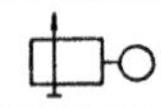
1.3 원심력식(centrifugal) m : 전동기(motor), t : 터빈(turbine)	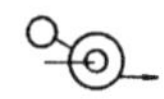
2. 응축기 condenser	
2.1 기압식(barometric)	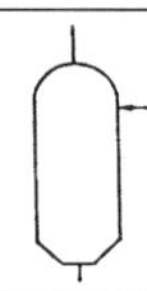
2.2 분사식(jet)	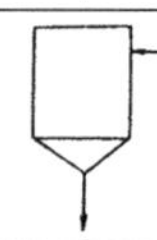
2.3 표면(surface)	
3. 냉각기 또는 열교환기(cooler or heat exchanger)	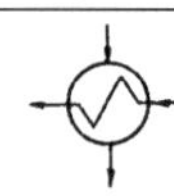
4. 냉각탑(cooling tower)	
5. 탈기기(deaerator)	
5.1 탈기기(deaerator)	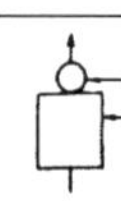
5.2 서지 탱크 붙이(with surge tank)	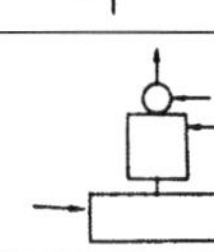
6. 드레이너 또는 액면 조절기 (drainer or liquid level controller)	
7. 기관(engine)	
7.1 증기(steam)	
7.2 s : 과급기(supercharger) d : 디젤(diesel)	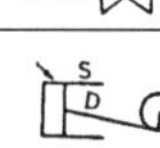
7.3 g : 가스(gas)	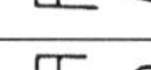
8. 증발기(evaporator)	
8.1 단식(single effect)	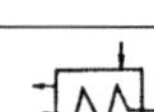

8.2. 복식(double effect)	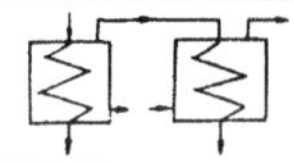
9. 축출기(extractor)	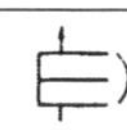
10. 송풍기(fan-blower) m : 전동기(motor), t : 터빈(turbine)	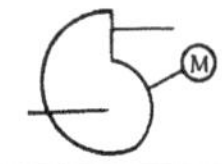
11. 여과기 filter	
12. 노즐 flow nozzle	
13. 액체 구동 fluid drive	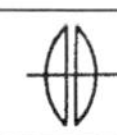
14. 가열기 heater	
14.1 공기(판 또는 관형)(air(plate or tubular))	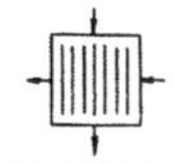
14.2 공기(회전식)(air(rotating type))	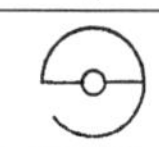
14.3 과열 방지기(desuperheater)	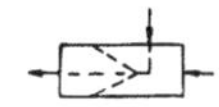
14.4 급수 직접 접속식(direct contact feed-water)	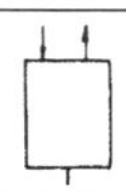
14.5 배기구 붙이 급수식(feed with air outlet) m : 전동기(motor), t : 터빈(turbine) e : 증기기관(steam engine) g : 가스기관(gas engine) d : 디젤엔진(diesel engine)	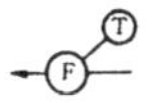
14.6 연도가스 재열기식(중간 과열기) (flue gas reheater(intermediate superheater))	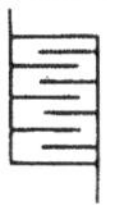
14.7 증기 과열기 또는 재열기 (live steam superheater or reheater)	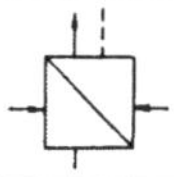
15. 액면 조절기(liquid level controller)	
16. 오리피스(orifice)	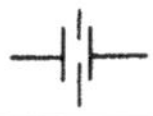
17. 침전기(precipitator) e : 정전(e-electrostatic), m : 기계(m-mechanical) w : 수분(w-wet)	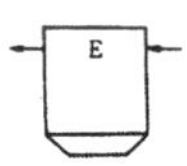
18. 펌프(pump)	
18.1 원심 및 회전식(centrifugal and rotary) f : boiler feed, s : service, d : condensate, c : cire water, v : air, o : oil	
18.2 왕복식(reciprocating)	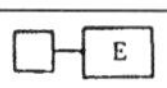
18.3 원동식(dynamic(air elector eductor))	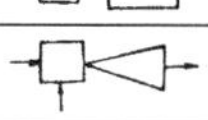

19. 분리기(separator)	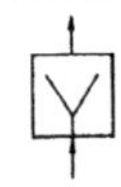
20. 증기 발생기(절단기 있는 보일러) (steam generator(boiler with economizer))	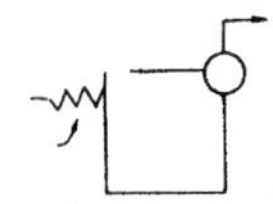
21. 증기 트랩(steam trap)	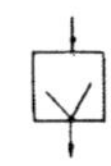
22. 여과기(strainer)	
22.1 단식(single)	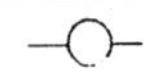
22.2 복식(double)	
23. 탱크(tank)	
23.1 폐쇄식 closed	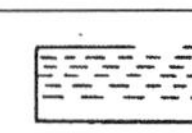
23.2 개방식 open	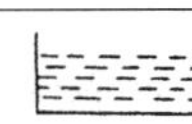
23.3 압력 flash or pressure	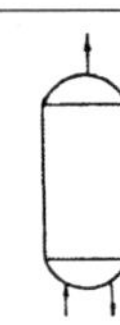
24. 터빈(turbine)	
24.1 응축(condensing)	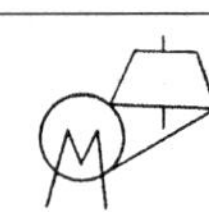
24.2 증기 터빈 또는 축류식 압축기 (steam turbine or axizl compressor)	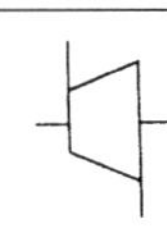
25. 벤투리관(venturi tube)	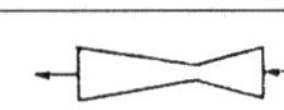

한국공업규격 KS

배관 도시 기호 B 0051-1990

Simplified Representation of Pipe-Lines

1. 적용 범위

이 규격은 일반 광공업에서 사용하는 도면에 배관 및 관련부품 등을 기호로 도시하는 경우에 공통으로 사용하는 기본적인 간략도시 방법에 대하여 규정한다.

2. 관의 표시방법

관은 원칙적으로 1줄의 실선으로 도시하고, 동일 도면 내에서는 같은 굵기의 선을 사용한다. 다만, 관의 계통, 상태, 목적을 표시하기 위하여 선의 종류(실선, 파선, 쇄선, 2줄의 평행선 등 및 그 틀의 굵기)를 바꾸어서 도시하여도 좋다. 이 경우, 각각의 선의 종류는 뜻을 도면상의 보기 쉬운 위치에 명기한다. 또한, 관을 파단 하여 표시하는 경우는 그림 1과 같이 파단선으로 표시한다.

그림 1

3. 배관계의 시방 및 유체의 종류·상태의 표시방법

이송유체의 종류·상태 및 배관계의 종류 등의 표시방법은 다음에 따른다.

(1) **표시** : 표시 항목은 원칙적으로 다음 순서에 따라 필요한 것을 글자·글자기호를 사용하여 표시한다. 또한, 추가할 필요가 있는 표시항목은 그 뒤에 붙인다. 글자기호의 뜻은 도면상의 보기 쉬운 위치에 명기한다.

(a) 관의 호칭지름

(b) 유체의 종류·상태, 배관계의 식별

(c) 배관계의 시방(관의 종류·두께·배관계의 압력구분 등)

(d) 관의 외면에 실시하는 설비·재료

보기 :

2B-S115-A10-H20

- 관의 호칭지름 (2B)
- 유체의 종류·상태 배관계의 식별(배관번호) (S115)
- 배관계의 시방 (도면에 붙이는 명세표에 기재한 기호) (A10)
- 관의 외면에 실시하는 설비·재료(보온재료) (H20)

관련규격 :	
KS A 3016	계장용 기호
KS A 0111	제도에 사용하는 투상법
KS A 0113	제도에 있어서 치수의 기입 방법
KS A 3015	진공 장치용 도시 기호
KS B 0054	유압·공기압 도면 기호
KS B 0063	냉동용 그림 기호
KS V 0060	선박 통풍 계통의 그림 기호
KS V 7016	선박용 배관 계통도 기호

(2) **도시 방법** : (1)의 표시는 관을 표시하는 선의 위쪽에 선을 따라서 도면의 밑변 또는 우변으로부터 읽을 수 있도록 기입한다.(그림 2) 다만, 복잡한 도면 등에서 오해를 일으킬 우려가 있을 때는 각각 인출선을 사용하여 기입하여도 좋다.(그림 3)

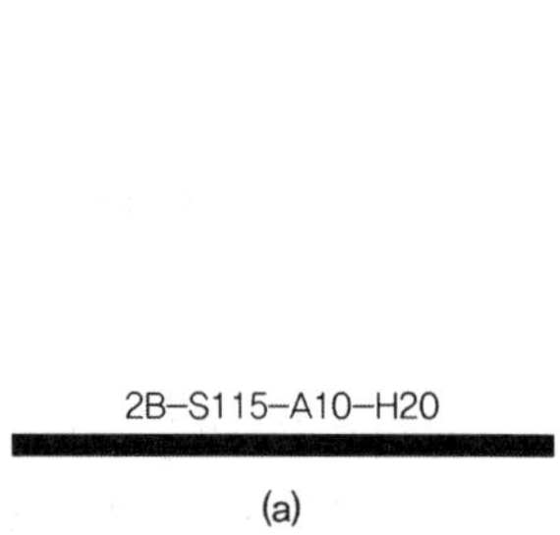

그림 2

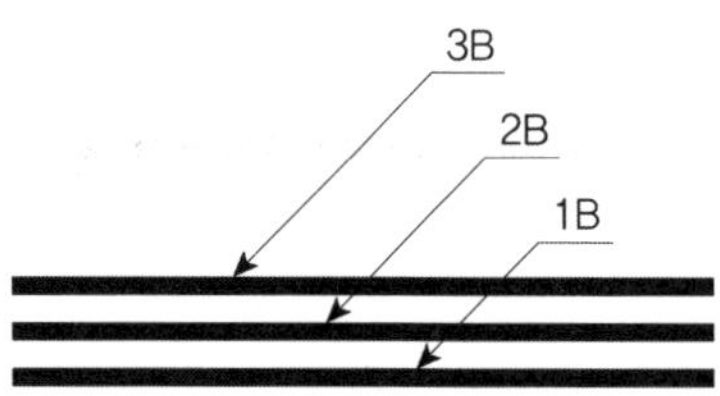

그림 3

4. **유체 흐름의 방향의 표시방법**

4.1 **관 내 흐름의 방향** : 관 내 흐름의 방향은 관을 표시하는 선에 붙인 화살표의 방향으로 표시한다. (그림 4)

그림 4

4.2 **배관계의 부속품·부품·구성품 및 기기내의 흐름의 방향** : 배관계의 부속품·기기내의 흐름의 방향을 특히 표시할 필요가 있는 경우는 그 그림 기호에 따르는 화살표로 표시한다. (그림 5)

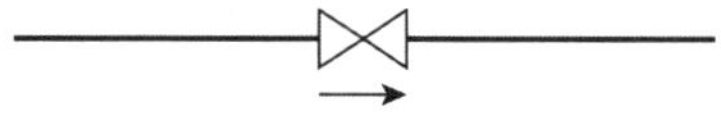

그림 5

5. **관 접속상태의 표시방법**

관을 표시하는 선이 교차하고 있는 경우에는 표 1의 표시방법에 따라 각각의 관이 접속하고 있는지, 접속하고 있지 않은지를 표시한다.

〈표 1〉 관의 접속상태의 표시방법

관의 접속상태		도시방법
접속하고 있지 않을 때		
접속하고 있을 때	교차	
	분기	

※ 비고 : 접속하고 있지 않는 것을 표시하는 선의 끊긴 자리, 접속하고 있는 것을 표시하는 검은 동그라미는 도면을 복사 또는 축소했을 때에도 명백하도록 그려야 한다.

6. **관 결합방식의 표시방법**

관의 결합방식은 표 2의 그림 기호에 따라 표시한다.

〈표 2〉 관 결합방식의 표시방법

결합방식의 종류	그림 기호
일반	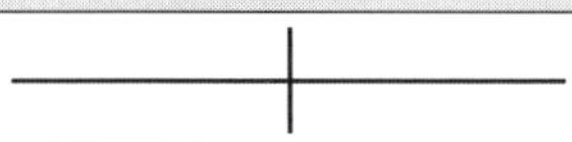
유접식	
플랜지식	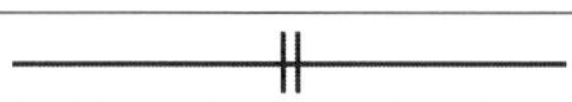
턱걸이식	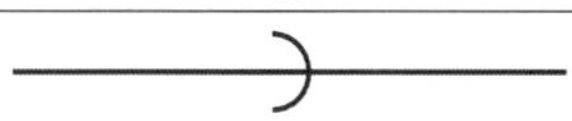
유니온식	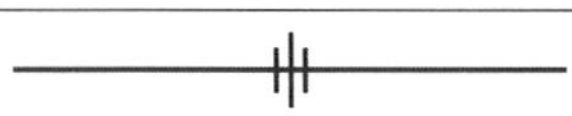

7. **관이음의 표시방법**

7.1 **고정식 관 이음쇠** : 엘보·밴드·티·크로스·리듀서·하프커플링은 표 3의 그림 기호에 따라 표시한다.

〈표 3〉 고정식 관 이음쇠의 표시방법

관 이음쇠의 종류		그림 기호	비고
엘보 및 밴드		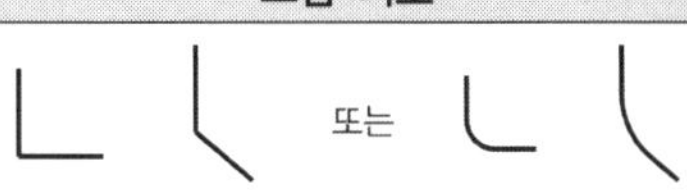	표 2의 그림 기호와 결합하여 사용한다. 지름이 다르다는 것을 표시할 필요가 있을 때는 그 호칭을 인출선을 사용하여 기입한다.
티			
크로스			
리듀서	동심	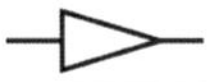	특히 필요한 경우에는 표 2의 그림 기호와 결합하여 사용한다.
	편심		
하프커플링		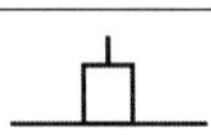	

7.2 **가동식 관 이음쇠** : 신축 이음쇠 및 플렉시블 이음쇠는 표 4의 그림 기호에 따라 표시한다.

〈표 4〉 가동식 관 이음쇠의 표시방법

관 이음쇠의 종류	그림 기호	비고
팽창 이음쇠	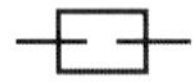	특히 필요한 경우에는 표2의 그림 기호와 결합하여 사용한다.
플렉시블 이음쇠		

8. **관 끝부분의 표시방법**

관의 끝부분은 표 5의 그림 기호에 따라 표시한다.

〈표 5〉 관 끝부분의 표시방법

끝부분의 종류	그림 기호
막힌 플랜지	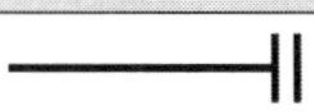
나사박음식 캡 및 나사박음식 플러그	
용접식 캡	

9. **밸브 및 콕 물체의 표시방법**

밸브 및 콕의 몸체는 표 6의 그림 기호를 사용하여 표시한다.

〈표 6〉 밸브 및 콕 물체의 표시방법

밸브 및 콕의 종류	그림 기호	밸브 및 콕의 종류	그림 기호
밸브 일반		앵글밸브	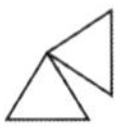
게이트밸브		3방향밸브	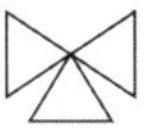
글로브밸브		안전밸브	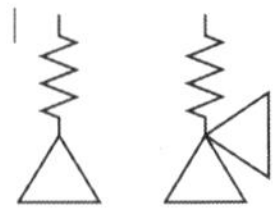
체크밸크	 또는 		
볼밸브		콕 일반	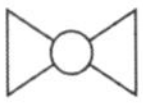
버터플라이백브	 또는 		

비고 : 1. 밸브 및 콕과 관의 결합방법을 특히 표시하고자 하는 경우는 표 2의 그림 기호에 따라 표시한다.
2. 밸브 및 콕이 닫혀 있는 상태를 특히 표시할 필요가 있는 경우에는 다음 그림과 같이 그림 기호를 칠하여 표시하든가 또는 닫혀 있는 것을 표시하는 글자("폐", "C" 등)를 첨가하여 표시한다.

10. 밸브 및 콕 조작부의 표시방법

밸브 개폐조작부의 동력·수동조작의 구별을 명시할 필요가 있는 경우에는 표 7의 그림 기호에 따라 표시한다.

〈표 7〉 밸브 및 콕 조작부의 표시방법

개폐조작	그림 기호	비고
동력조작		조작부·부속기기 등의 상세에 해아여 표시할 때에는 KS A 3016(계장용 기호)에 따른다.
수동조작	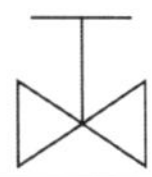	특히 개폐를 수동으로 할 것을 지시할 필요가 없을 때는, 조작부의 표시를 생략한다.

11. 계기의 표시방법

계기를 표시하는 경우에는 관을 표시하는 선에서 분기시킨 가는 선의 끝에 원을 그려서 표시한다.(그림 6 참조)

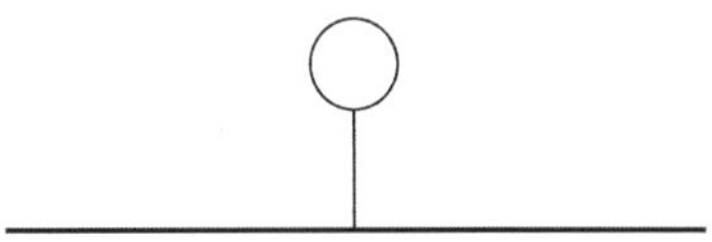

그림 6

(비고 : 계기의 측정하는 변동량 및 기능 등을 표시하는 글자기호는 KS A 3016에 따른다.

그 보기를 참고도에 표시한다.

참고도

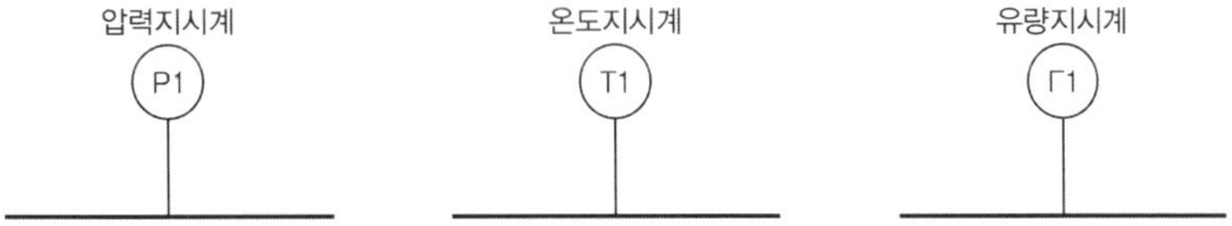

12. 지지 장치의 표시방법

지지 장치를 표시하는 경우에는 그림 7의 그림 기호에 따라 표시한다.

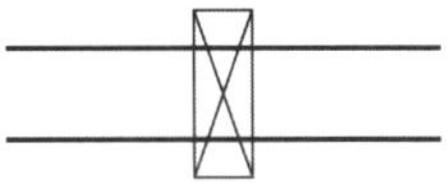

그림 7

13. 투영에 의한 배관 등의 표시방법

13.1 **관의 입체적 표시방법** : 1방향에서 본 투영조로 배관계의 상태를 표시하는 방법은 표 8 및 표 9에 따른다.

〈표 8〉 화면에 직각방향으로 배관되어 있는 경우

정투영도		각도
관 A가 화면에 직각으로 바로 앞쪽으로 올라가 있는 경우	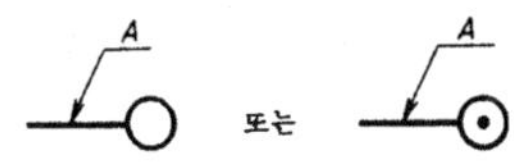	
관 A가 화면에 직각으로 반대쪽으로 내려가 있는 경우	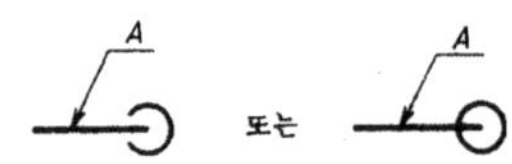	
관 A가 화면에 직각으로 바로 앞쪽으로 올라가 있고 관 B와 접촉하고 있는 경우	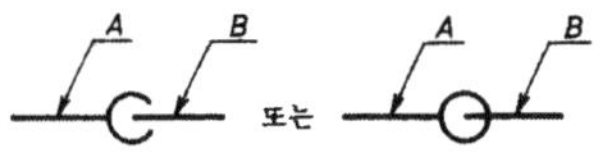	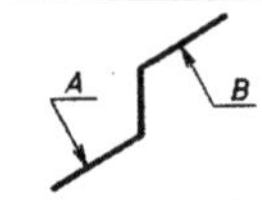
관 A로부터 분기된 관 B가 화면에 직각으로 바로 앞쪽으로 올라가 있으며 구부러져 있는 경우	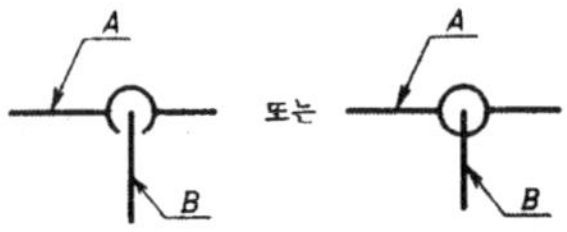	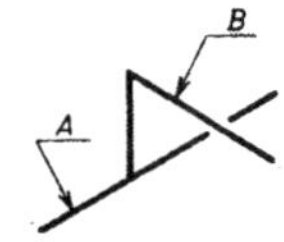
관 A로부터 분기된 관 B가 화면에 직각으로 반대쪽으로 내려가 있고 구부러져 있는 경우	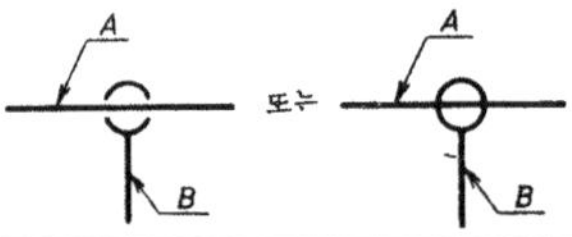	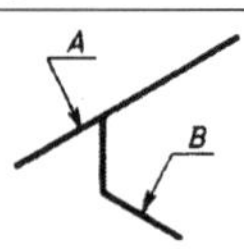

비고 : 정 투영도에서 관이 화면에 수직일 때, 그 부분만을 도시하는 경우에는 ⊙ 또는 φ의 기호에 따른다.

〈표 9〉 화면에 직각 이외의 각도로 배관되어 있는 경우

정투영도		등각도
관 A가 위쪽으로 비스듬히 일어서 있는 경우	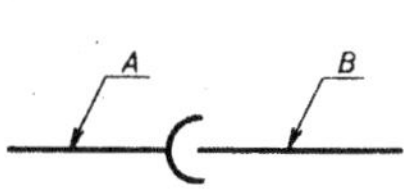	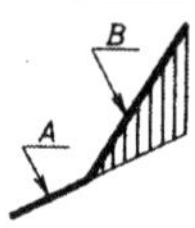
관 A가 아래쪽으로 비스듬히 내려가 있는 경우	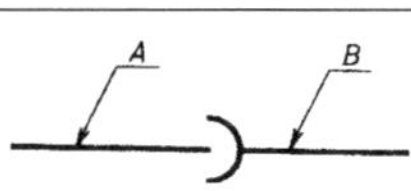	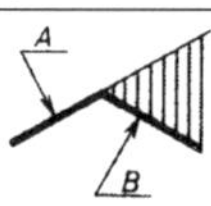
관 A가 수평방향에서 바로 앞쪽으로 비스듬히 구부러져 있는 경우	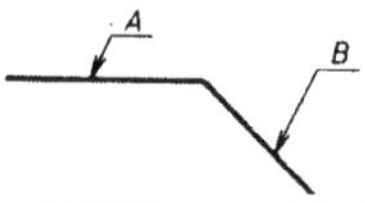	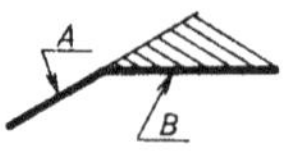
관 A가 수평방향으로 화면에 비스듬히 반대쪽 윗방향으로 일어서 있는 경우	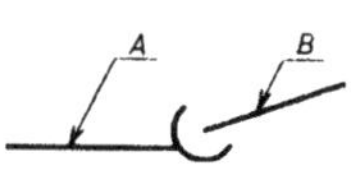	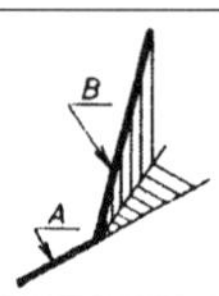
관 A가 수평방향으로 화면에 비스듬히 바로 앞쪽 윗방향으로 일어서 있는 경우	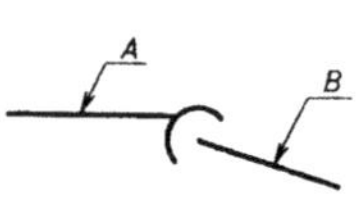	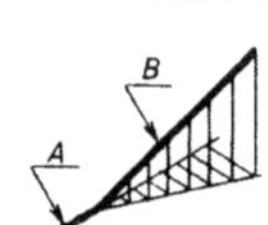

비고 : 등각로의 관의 방향을 표시하는 가는 실선의 평행선 군을 그리는 방법에 대하여는 KS A 0111(제도에 사용하는 투상법) 참조

13.2 **밸브·플랜지·배관부속품 등의 입체적 표시방법** : 밸브·플랜지·배관부속품 등의 등각도 표시방법은 다음 보기에 따른다.(그림 8, 9 참조)

(a) 수평 방향 배관

(b) 연직 방향 배관

그림 8

그림 9

14. **치수의 표시방법**

14.1 **일반 원칙** : 치수는 원칙적으로 KS A 0113(제도에 있어서 치수의 기입 방법)에 따라 기입한다.

14.2 **관 치수의 표시방법** : 간략 도시한 관에 관한 치수의 표시방법은 다음에 따른다.

(1) 관과 관의 간격(그림 10a), 구부러진 관의 구부러진 점으로부터 구부러진 점까지의 길이(그림 10b) 및 구부러진 반지름·각도(그림 10c)는 특히 지시가 없는 한, 관의 중심에서의 치수를 표시한다.

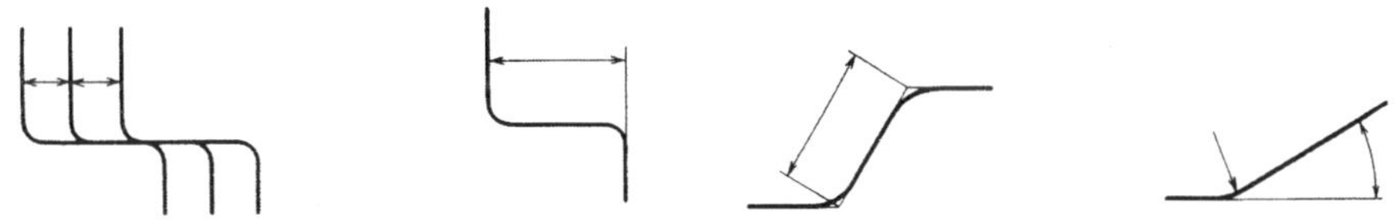

(a) (b) (c)

그림 10

(2) 특히 관의 바깥지름 면으로부터의 치수를 표시할 필요가 있는 경우에는 관을 표시하는 선을 따라서 가늘고 짧은 실선을 그리고, 여기에 치수선의 밀단기호를 댄다. 이 경우, 가는 실선을 붙인 쪽의 바깥지름 면까지의 치수를 뜻한다. (그림 11)

(a) (b) (c)

그림 11

(3) 관의 결합부 및 끝부분으로부터의 길이는 그 종류에 따라 표 10에 표시하는 위치로부터의 치수로 표시한다.

〈표 10〉 결합부 및 끝부분의 위치

결합부 및 끝부분의 종류	도시	치수가 표시하는 위치
결합부 일반		결합부의 중심
용접식	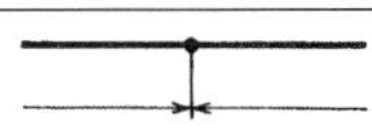	용접부의 중심
플랜지식	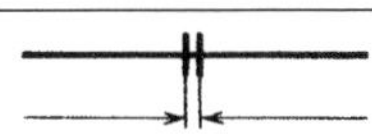	플랜지면
관의 끝		관의 끝면
막힌 플랜지	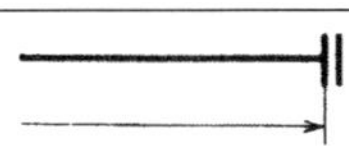	관의 플랜지면
나사막음식 캡 및 나사박음식 플러그	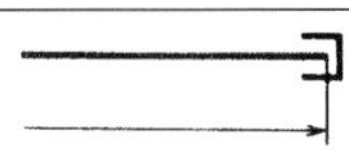	관의 끝면
용접식 캡		관의 끝면

14.3 **배관의 높이** : 배관의 기준으로 하는 면으로부터의 고저를 표시하는 치수는 관을 표시하는 선에 수직으로 댄 인출선을 사용하여 다음과 같이 표시한다.

(1) 관 중심의 높이를 표시할 때, 기준으로 하는 면으로부터 위인 경우에는 그 치수값 앞에 "+"를, 기준으로 하는 면으로부터 아래인 경우에는 그 치수값 앞에 "−"를 기입한다.(그림 12)

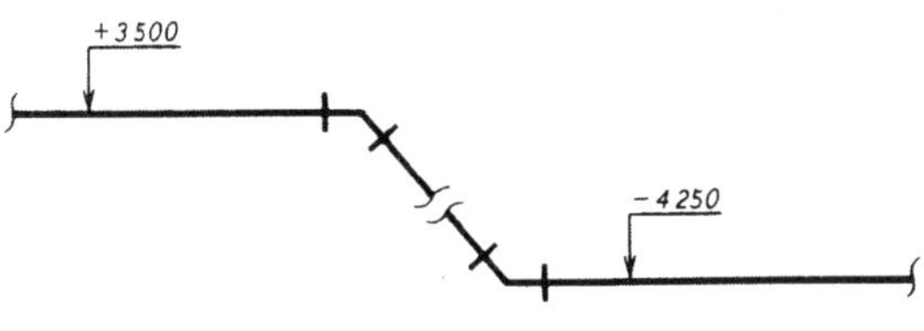

그림 12

(2) 관 밑면의 높이를 표시할 필요가 있을 때는 (1)의 방법에 따른 기준으로 하는 면으로부터의 고저를 표시하는 치수 앞에 글자기호 "BOP"를 기입한다.(그림 13)

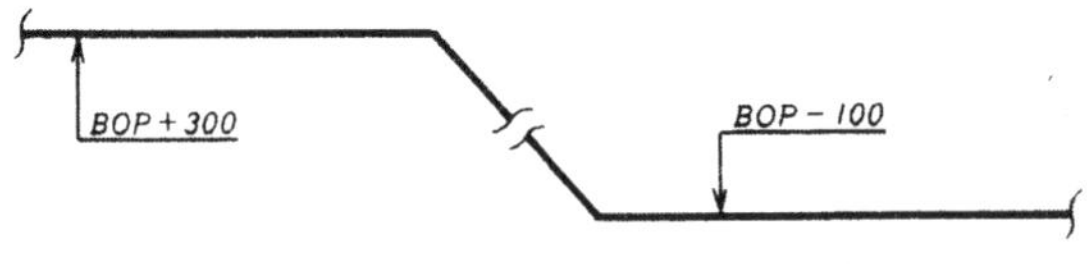

그림 13

[비고 : "BOP"는 Bottom Of a Pipe의 약자이다.(ISO/DP 6412/1)]

14.4 **관의 구배** : 관의 구배는 관을 표시하는 선의 위쪽을 따라 붙인 그림 기호 "◺" (가는 선으로 그린다)과 구배를 표시하는 수치로 표시한다.(그림 14) 이 경우, 그림 기호의 뾰족한 끝은 관의 높은 쪽으로부터 낮은 쪽으로 향하여 그린다.

(a) (b) (c) (d)

그림 14

최신개정판 **배관공학** 값 24,000원

저 자	김	동	우
	윤	경	열
발행인	문	형	진

2015년 3월 18일 제1판 제1쇄 발행
2016년 8월 10일 제1판 제2쇄 발행
2018년 2월 28일 제2판 제1쇄 발행
2020년 3월 11일 제2판 제2쇄 발행
2021년 9월 15일 제2판 제3쇄 발행
2023년 9월 13일 제2판 제4쇄 발행
2025년 1월 15일 제3판 제1쇄 발행

판 권
검 인

발행처 **세 진 사**
㊞02859 서울특별시 성북구 보문로 38 세진빌딩
TEL : 02)922-6371~3, 923-3422 / FAX : 02)927-2462
Homepage : www.sejinbook.com
〈등록. 1976. 9. 21 / 서울 제307-2009-22호〉